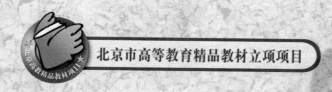

北京市高等教育精品教材立项项目

微型计算机
原理及接口技术

董洁 主编

李晓理 孙铁 王粉花 王丽君 编著

U0256223

Principle of Microcomputer
and Interface Technology

机械工业出版社
China Machine Press

图书在版编目（CIP）数据

微型计算机原理及接口技术/董洁主编．—北京：机械工业出版社，2013.4（2019.12 重印）
（北京市高等教育精品教材立项项目）

ISBN 978-7-111-41860-3

Ⅰ．微…　Ⅱ．董…　Ⅲ.①微型计算机－理论－高等学校－教材　②微型计算机－接口技术－高等学校－
教材　Ⅳ. TP36

中国版本图书馆 CIP 数据核字（2013）第 055425 号

　　本书以 Intel 系列芯片为基础重点介绍微型计算机原理及接口技术，根据微处理器的最新发展，从 x86
微处理器系列整体入手，以最基本、最常用的微处理器 8086 为例，介绍微机系统原理、微处理器结构、
指令系统、8086 汇编语言程序设计、微处理器工作方式、存储器及其与 CPU 的接口、输入/输出、中断以
及常用的微机接口电路等。

　　本书可作为各类高等院校、成人教育学校相关专业的教材，也可作为相关专业技术人员的参考用书。

机械工业出版社（北京市西城区百万庄大街 22 号　　邮政编码　100037）
责任编辑：王春华
北京市荣盛彩色印刷有限公司印刷
2019 年 12 月第 1 版第 2 次印刷
185mm×260mm·19 印张
标准书号：ISBN 978-7-111-41860-3
定　　价：35.00 元

凡购本书，如有缺页、倒页、脱页，由本社发行部调换
客服热线：（010）88378991　88361066　　　　投稿热线：（010）88379604
购书热线：（010）68326294　88379649　68995259　　读者信箱：hzjsj@ hzbook. com

前　　言

微型计算机技术在引领 IT 业最先进的设计技术和制造技术的同时，为了保持其兼容性，保留着各个发展阶段的技术精华。目前，微型计算机技术形成了技术跨度大、内容极度膨胀、学科深入交叉的局面。

"微机原理与接口技术"是电子信息、自动化、电气工程等相关专业的一门重要的专业基础课，其任务是使学生能从应用的角度出发，了解微机的工作原理，形成微机工作过程的整体概念，掌握微机接口技术和汇编语言程序设计方法，并在此基础上具备软、硬件开发的能力。本书系统地介绍了微型计算机的结构和工作原理，以及接口的实现技术，可以作为相关专业的教材。

本书充分借鉴 CDIO（Conceive、Design、Implement、Operate）工程实践能力一体化培养理念，注重理论与实践相结合，应用性强。本书首先介绍微型计算机系统原理和汇编语言程序设计，然后以各种接口控制器为核心，深入、系统地阐述微型计算机系统的接口技术和总线技术的基本原理与应用，使读者可以快速地掌握各种接口控制器的工作原理、设计方法和设计思想。本书内容丰富、完整、深入浅出，在注重完整性和系统性的前提下，坚持少而精的原则。书中配有应用案例，便于读者理解和掌握基本概念和基本方法，从而增强独立分析和解决问题的能力，对具体的工程应用也有一定的指导作用。书中的程序均调试通过，另外，各章均配有一定数量的习题。

全书分为 9 章，其中第 1 章由孙铁、王丽君共同编写，第 2、5、6 章由董洁、孙铁共同编写，第 3、9 章由董洁、王丽君共同编写，第 4、7、8 章由李晓理、王粉花共同编写。董洁、王丽君负责全书的统稿工作。

由于编者水平有限，加之时间仓促，书中难免有错误或不妥之处，欢迎同行、专家和读者批评指正。

教 学 建 议

教学章节	教学要求	课时 （共 50 学时）
第 1 章 计算机基础知识	计算机概述	2
	计算机中的数制	
	无符号二进制数的算术运算和逻辑运算	
	带符号二进制数的表示及运算	
	二进制编码	1
第 2 章 微型计算机基础	微型计算机基本结构	1
	80x86 系列微处理器结构的发展	
第 3 章 微处理器及其结构	Intel 8086 16 位微处理器	3
	Intel 80286 微处理器	2
	Intel 80386 微处理器	
	Intel 80486 微处理器	
	Pentium 32 位微处理器	
	多核微处理器技术	
第 4 章 指令系统与汇编语言	8086 微处理器的数据类型和指令格式	1.5
	Pentium 微处理器的数据类型和指令格式	
	单片机的数据类型和指令格式	
	寻址方式	1.5
	8086 微处理器的基本指令系统	7
	Pentium 微处理器的扩展指令	1
	汇编语言概述	5
	汇编语言程序设计	
	DOS 与 BIOS 中断调用	1
第 5 章 处理器总线时序和系统总线	处理器总线	2
	处理器时序	1
	常用总线	1
第 6 章 存储器系统	微型计算机的存储器系统	1
	内存系统	2
	存储器系统的设计	1

（续）

教学章节	教学要求	课时 （共 50 学时）
第 7 章 微型计算机和外设间的数据传输	I/O 概述	1
	CPU 与 I/O 设备间的信号	
	I/O 接口的功能及基本组成	
	I/O 端口的编址	
	CPU 与外设间的数据传送方式	2
	可编程 DMA 控制器 8237A	1
第 8 章 中断系统	中断概述	0.5
	8086/8088 中断系统	2
	可编程中断控制器 8259A	1.5
第 9 章 微型计算机接口技术	可编程定时/计数器芯片 8254	2
	并行通信接口	2
	串行通信接口	2
	模拟量的输入/输出	2

说明：

1）建议课堂教学全部在多媒体机房内完成，实现"讲–练"结合。

2）建议开设 3 次上机实验，每次 2 学时，合计 6 学时，主要内容为第 4 章汇编语言程序设计与调试。

3）建议开设 4 次接口实验，每次 2 学时，合计 8 学时，主要内容为接口实验，分别为中断实验 2 学时，定时/计数器、并行接口芯片实验 2 学时，串行接口实验 2 学时，综合设计实验 2 学时。

目　录

计算机基础知识

本章在计算机技术术语及发展简史的基础上，详细介绍了计算机中的数制、无符号二进制数的算术运算和逻辑运算、带符号二进制数的表示及运算、二进制编码。

1.1 计算机概述

1.1.1 初期计算机的设计思想

1945 年，美籍匈牙利科学家、数学家、化学家、"现代电子计算机之父"冯·诺依曼在参加埃尼阿克（ENIAC）研制小组后提出了计算机的体系结构，其基本思想如下：

1）根据电子元件双稳工作的特点，提出计算机以二进制形式表示指令和数据。

2）提出了程序"内存"的思想：把运算程序和数据事先存放在机器的存储器中，程序设计员只需要在存储器中寻找运算指令，计算机在操作时就能高速地从存储器中取出指令并自行计算。

3）提出计算机系统由五大部件组成，即运算器、逻辑控制器、存储器、输入设备和输出设备，并描述了这五部分的功能和相互关系。

按照冯·诺依曼的设计思想，电子计算机由各种电子器件组成，能够自动、高速、精确地进行算术运算、逻辑控制和信息处理。自从 1946 年第一台电子计算机诞生以来，各种计算机已经被广泛应用于科学计算、数据（信息）处理和过程控制等领域。

有关统计资料表明，计算机早期的主要应用领域是科学计算。在理论研究中，经过严密的论证和推导，得到非常复杂的数学方程，需要求出该方程的解。如果通过手工计算，可能要经过数月、数年的时间，有时甚至无法完成。面对这样的难题，计算机可以发挥其强大的计算功能。

1.1.2 计算机的发展

计算机的发展自始至终与电子技术的发展密切相关，特别是与微电子技术的发展密切相关。通常，按照构成计算机所采用的电子器件及其电路的变革，通过把计算机划分为若干"代"来表明计算机的发展历程。自从 1946 年世界上第一台电子计算机问世以来，计算机技术得到了突飞猛进的发展。

（1）第一代计算机：电子管计算机

1946 年，世界上第一台电子数字积分计算机——埃尼阿克（ENIAC）在美国宾夕法尼亚大学莫尔学院诞生。ENIAC 重达 30 吨，占地 170 平方米，内装 18000 个电子管，但其运算速度比当时最好的机电式计算机快 1000 倍。

1949 年，第一台存储程序计算机——EDSAC 在剑桥大学投入运行。ENIAC 和 EDSAC 均属于第一代电子管计算机。

电子管计算机采用磁鼓作为存储器。磁鼓是一种高速运转的鼓形圆筒，表面涂有磁性材料，根据每一点的磁化方向来确定该点的信息。第一代计算机由于采用电子管，因而体积大、耗电多、运算速度较低、故障率较高，而且价格极高。第一代计算机的软件处于初始发展期，符号语言已经出现并被使用，主要应用于科学计算。

（2）第二代计算机：晶体管计算机

1947 年，肖克利、巴丁、布拉顿三人发明了晶体管，它比电子管功耗少、体积小、质量轻、工作电压低、工作可靠性好。1954 年，贝尔实验室制成了第一台晶体管计算机——TRADIC，使计算机的体积大大缩小。

1957 年，美国研制成功了全部采用晶体管的计算机，标志着第二代计算机诞生了。第二代计算机的运算速度比第一代计算机提高了近百倍。

第二代计算机的主要逻辑部件采用晶体管，内存储器主要采用磁芯，外存储器主要采用磁盘，输入和输出功能有了很大的改进，价格却大幅下降。在程序设计方面，研制出了一些通用的算法和语言，其中影响最大的是 FORTRAN 语言，操作系统的雏形开始形成。

（3）第三代计算机：集成电路计算机

20 世纪 60 年代初期，美国的基尔比和诺伊斯发明了集成电路，引发了电路设计的革命。随后，集成电路的集成度以每 3～4 年提高一个数量级的速度迅速增长。

1962 年 1 月，IBM 公司采用双极型集成电路，生产了 IBM 360 系列计算机。DEC 公司生产了数千台 PDP 小型计算机。

第三代计算机用集成电路作为逻辑元件，使用范围更广，尤其是一些小型计算机在程序设计技术方面形成了三个独立的系统：操作系统、编译系统和应用程序，总称为软件。结合计算机终端设备的广泛使用，使得用户可以在自己的办公室或家中使用远程计算机。

（4）第四代计算机：大规模集成电路计算机

20 世纪 70 年代初期，以大规模集成电路应用为基础研制成功的微型计算机，是第四代计算机的重要标志。一方面，由于军事、空间及自动化技术的发展需要体积小、功耗低、可靠性高的计算机，另一方面，大规模集成电路技术的不断发展也为微型计算机的产生打下了坚实的物质基础。

1971 年发布的 Intel 4004 是微处理器（CPU）的开端，也是大规模集成电路发展的显著成果。Intel 4004 用大规模集成电路把运算器和控制器做在一块芯片上，虽然字长只有 4 位，并且功能很简单，但它却是第四代计算机在微型机方面的"先锋"。

1972～1973 年，8 位微处理器相继出现，最先出现的是 Intel 8008。尽管它的性能还不完善，但却展示了很强的生命力，驱使众多厂家投入竞争，微处理器得到了蓬勃的发展。后来相继出现了 Intel 8080、Motorola 6800 和 Zilog 公司的 Z-80。

1978 年以后，16 位微处理器相继出现，微型计算机的发展达到一个新的高峰，典型的代表有 Intel 公司的 Intel 8086、Zilog 公司的 Z-8000 和 Motorola 公司的 MC68000。

Intel 公司不断推进着微处理器的革新。紧随 8086 之后，Intel 公司又研制成功了 8088、80286、80386、80486、奔腾（Pentium）、奔腾二代（Pentium Ⅱ）、奔腾三代（Pentium Ⅲ）和奔腾四代（Pentium Ⅳ）等。

随着个人计算机（PC）不断更新换代，第四代计算机以大规模集成电路作为逻辑元件和存储器，使计算机向着微型化和巨型化两个方向发展。

从第一代到第四代，计算机的体系结构都是相同的，即都由控制器、存储器、运算器和输入/输出设备组成，称为冯·诺依曼体系结构。

（5）第五代计算机：智能计算机

1981 年，在日本东京召开了第五代计算机——智能计算机研讨会，随后制定出研制第五代计算机的长期计划。第五代计算机的系统设计中考虑了编制知识库管理软件和推理机，机器本身能根据存储的知识进行判断和推理。同时，多媒体技术得到广泛应用，使人们能用语音、图像、视频等更自然的方式与计算机进行信息交互。

智能计算机的主要特征是具备人工智能，能像人一样"思维"，并且运算速度极快，其硬件系统支持高度并行和快速推理，其软件系统能够处理知识信息。神经网络计算机（也称神经计算机）是智能计算机的重要代表。

（6）第六代计算机：生物计算机

半导体硅晶片的电路密集，散热问题难以彻底解决，大大影响了计算机性能的进一步发挥与突破。研究人员发现，遗传基因——脱氧核糖核酸（DNA）的双螺旋结构能容纳巨量信息，其存储量相当于半导体芯片的数百万倍。一个蛋白质分子就是一个存储体，而且阻抗低、能耗少、发热量极小。

研制采用基于蛋白质分子制造的基因芯片的生物计算机（也称分子计算机、基因计算机），已成为当今计算机发展的最前沿技术。相比硅晶片计算机，生物计算机在速度和性能上有质的飞跃，被视为极具发展潜力的"第六代计算机"。

1.1.3　为什么要学习汇编语言

在科学计算中，一般采用面向用户的高级语言作为计算机编程语言。因为高级语言编程相对汇编语言而言比较容易，经过短时间的高级语言学习和培训都能编写出功能较复杂的计算机程序。用高级语言编写的计算机程序具有以下两个特点：

1）没有很强的实时性要求。虽然在运行程序时也希望尽快得到运算结果，但对得到结果的时间没有严格要求，结果产生的早晚不影响结果的有效性。

2）在科学计算中，有些数据不是从物理现场采集的，就不需要有专用的数据采集输入设备，计算的结果一般也不需要对外界给出控制动作，也就不需要有专门的输出设备与其他系统相连。

而在信息处理和过程控制应用领域的情况则要复杂得多。除了对系统的实时性有很高的要求外，还要用专门的输入设备将有关信息从物理现场实时采集后输入给计算机，用专门的输出设备输出处理结果或实施控制被控对象。因为用高级语言编写的程序无法满足实时性方面的要求，所以只掌握高级语言编程是远远不够的。

实时信息（数据）处理和过程控制要求实时性，希望编写的程序更精练，运行更快。一般情况下，如果完成相同的任务，用机器语言或汇编语言编写的程序要比用高级语言编写的程序短得多，运行起来快得多。使用专用的输入/输出设备与计算机的连接和编程控制（称为接口），对于只具有高级语言编程知识的人来说是无法胜任的。

因此，控制专业的工程技术人员必须对计算机的工作原理有更深入的了解，必须学习和掌握计算机的逻辑组成、工作原理、与外界的接口技术，以及直接依赖于计算机逻辑结构的机器语言、汇编语言编程方法。

1.2　计算机中的数制

计算机的基本功能是进行数据和信息的处理。数据、信息以及为处理这些数据和信息而编写的程序都必须输入到计算机中。由于电子器件容易实现对两种状态的表示（晶体管导通/截止，电平高/低），因此，计算机中的数字、字符和指令等一般都使用二进制编码来表示。

1.2.1　常用数制的无符号数表示方法

（1）十进制数表示方法

十进制计数法的特点：

1）使用 10 个数字符号（0，1，2，…，9）的不同组合来表示一个十进制数。

2）逢十进一。

3）用后缀 D（或 d）表示十进制数（Decimal），如无任何后缀则默认为表示十进制数。

【例 1-1】

$$138.5\ (D) = 1 \times 10^2 + 3 \times 10^1 + 8 \times 10^0 + 5 \times 10^{-1}$$

（2）二进制数表示方法

二进制计数法的特点：

1）用两个数字符号（0，1）的不同组合来表示一个二进制数。

2）逢二进一。

3）用后缀 B（或 b）表示二进制数（Binary）。

【例 1-2】

$$1101.11\ (B) = 1 \times 2^3 + 1 \times 2^2 + 0 \times 2^1 + 1 \times 2^0 + 1 \times 2^{-1} + 1 \times 2^{-2} = 13.75\ (D)$$

（3）十六进制数表示方法

十六进制计数法的特点：

1）使用 16 个数字符号（0，1，2，3，…，9，A，B，C，D，E，F）的不同组合来表示一个十六进制数，其中 A~F 依次表示 10~15。

2）逢十六进一。

3）用后缀 H（或 h）表示十六进制数（Hexadecimal）。

【例 1-3】

$$0E5AD.BF\ (H) = 14 \times 16^3 + 5 \times 16^2 + 10 \times 16^1 + 13 \times 16^0 + 11 \times 16^{-1} + 15 \times 16^{-2}\ (D)$$

（4）八进制数表示方法（实际应用较少）

八进制计数法的特点是：

1）使用 8 个数字符号（0，1，2，3，…，7）的不同组合来表示一个八进制数。

2）逢八进一。

3）用后缀 O（或 o）表示八进制数（Octal）。

【例 1-4】

$$503.04\ (O) = 5 \times 8^2 + 0 \times 8^1 + 3 \times 8^0 + 0 \times 8^{-1} + 4 \times 8^{-2}\ (D)$$

对于基数为 X 的任一数可用多项式表示为：

$$N_X = \sum_{i=-m}^{n-1} k_i X^i$$

式中：X 为基数，表示 X 进制；i 为位序号；m 为小数部分的位数；n 为整数部分的位数；k_i

为第 i 位上的数值，可以为 0，1，2，…，$X-1$ 共 X 个数字符号中任一个；X^i 为第 i 位的权；N_X 则为其对应的十进制数。

1.2.2 各种数制之间的相互转换

1. 任意进制数转换为十进制数

将二进制、十六进制以及任意进制数转换为十进制数的方法非常简单，只要将各位按权展开（即该位的数值乘以该位的权）之后再求和即得到对应的十进制数，如例 1-2 ～例 1-4 所示。

2. 十进制数转换为二进制数

（1）整数部分的转换

下面通过一个简单的例子对转换方法进行分析。例如，

$$13D = 1 \quad 1 \quad 0 \quad 1B = 1 \times 2^3 + 1 \times 2^2 + 0 \times 2^1 + 1 \times 2^0$$

$$B_3 \quad B_2 \quad B_1 \quad B_0 \quad B_3 \quad B_2 \quad B_1 \quad B_0$$

可见，要确定 13D 对应的二进制数，只需从右到左分别确定系数 B_0，B_1，B_2，B_3 即可。十进制整数部分转换为二进制数的一般方法：除 2（基数）取余（数），先得到低位（B_0）后得到高位。

【例 1-5】 求十进制整数 26 对应的二进制整数。

解：采用除 2 取余法。

被除数	除数	商	余数	二进制数位
26	2	13	0	B_0
13	2	6	1	B_1
6	2	3	0	B_2
3	2	1	1	B_3
1	2	0	1	B_4

余数合在一起的时候将顺序倒过来，得到 26D = 11010B。

显然，这种方法也适用于十进制整数转换为八进制整数（基数为 8）、十六进制整数（基数为 16）以及其他任何进制整数。

（2）小数部分的转换

例如，

$$0.75D = 0.11B = 1 \times 2^{-1} + 1 \times 2^{-2}$$

$$B_{-1} \quad B_{-2}$$

要将一个十进制小数转换为二进制小数，实际上就是求 B_{-1}，B_{-2}，…。

十进制小数部分转换为二进制小数的方法：小数部分乘 2（基数）取整（数），先得到高位（B_{-1}）后得到低位。

【例 1-6】 求十进制小数 0.25 对应的二进制小数。

解：采用乘 2 取整法。

被乘数	乘数	商小数	商整数	二进制数位
0.25	2	0.5	0	B_{-1}
0.5	2	0.0	1	B_{-2}

得到 $0.25D = 0.01B$。

显然，这种方法也适用于将十进制小数转换为八进制小数（基数为8）、十六进制小数（基数为16）以及其他任何进制小数。

【例1-7】 将十进制数13.75转换为二进制数。

解：分别采用除2取余法对整数部分进行转换，采用乘2取整法对小数部分进行转换。

整数部分：$13 = 1101B$。

小数部分：$0.75 = 0.11B$。

将两部分合在一起，得到 $13.75 = 1101.11B$。

【例1-8】 将十进制数28.75转换为十六进制数。

解：整数部分采用除16取余法，$28 = 1CH$。

被除数	除数	商	余数	十六进制余数	十六进制数位
28	16	1	12	C	H_0
12	16	0	1	1	H_1

小数部分采用乘16取整法，$B_{-1} = CH$，小数部分为0，则停止计算。

被乘数	乘数	商小数	商整数	十六进制整数	十六进制数位
0.75	16	0.0	12	0	H_{-1}

因此，$28.75 = 1C.CH$。

3. 二进制数与十六进制数之间的转换

因为每位二进制数有0和1两种状态，则4位二进制数0和1的组合共有16种状态，即 $2^4 = 16$，即可用4位二进制数表示一位十六进制数，可得到二进制数与十六进制数之间的转换方法。

（1）将二进制数转换为十六进制数的方法

以小数点为界，向左（整数部分）每4位为一组，高位不足4位时用0补足；向右（小数部分）每4位为一组，低位不足4位时用0补足；最后分别用1位十六进制数表示每组中的4位二进制数。

（2）将十六进制数转换为二进制数的方法

直接将每1位十六进制数写成其对应的4位二进制数即可。

【例1-9】

$$1101110.01011B = 0110,1110.0101,1000B = 6E.58H$$
$$2F.1BH = 10\ 1111.0001\ 1011B$$

1.3 无符号二进制数的算术运算和逻辑运算

二进制的算术运算见下表。

算术运算	运算规则			
加法	$0+0=0$	$0+1=1$	$1+0=1$	$1+1=0$（进1）
减法	$0-0=0$	$1-1=0$	$1-0=1$	$0-1=1$（借位）
乘法	$0\times0=0$	$0\times1=0$	$1\times0=0$	$1\times1=1$
除法	二进制数除法运算是二进制数乘法的逆运算			

二进制数的逻辑运算见下表。

逻辑运算	逻辑表示符号	运算规则				特点
"与"（AND），又称逻辑乘	"∧"或"●"	$0 \wedge 0 = 0$	$0 \wedge 1 = 0$	$1 \wedge 0 = 0$	$1 \wedge 1 = 1$	两个变量均为"1"时，"与"运算的结果才为"1"
"或"（OR），又称逻辑加	"∨"或"+"	$0 \vee 0 = 0$	$0 \vee 1 = 1$	$1 \vee 0 = 1$	$1 \vee 1 = 1$	两个变量中只要有一个"1"，"或"的结果就为"1"
"非"运算（NOT）	-	$\overline{0} = 1$		$\overline{1} = 0$		"非"运算的结果与原来的数值相反
"异或"运算（XOR）	∀	$0 \forall 0 = 0$	$0 \forall 1 = 1$	$1 \forall 0 = 1$	$1 \forall 1 = 0$	两个变量不同时，"异或"运算的结果才为"1"

【例 1-10】　$A = 11110101B$，$B = 00110000B$，求 $A \wedge B$、$A \vee B$、$A \forall B$、$\overline{A}$ 和 $\overline{B}$。

解：　　　$A \wedge B = 00110000B$　　　$A \vee B = 11110101B$　　　$A \forall B = 11000101B$

　　　　　$\overline{A} = 00001010B$　　　　　$\overline{B} = 11001111B$

1.4　带符号二进制数的表示及运算

1.4.1　带符号二进制数的表示方法

1. 机器数与真值

除了上述无符号数外，还有带符号数。对于带符号的二进制数，就要表示出其正负符号。在计算机中，为了区别正数和负数，通常用二进制数的最高位表示数的符号。对于一个字节型二进制数来说，用 D_7 位作为符号位，$D_6 \sim D_0$ 位作为数值位。在符号位中，用"0"表示正数，用"1"表示负数，而数值位则用来表示该数的数值大小。

把在机器中的一个数及其符号位作为一组二进制数的表示形式，称为"机器数"。机器数所表示的值称为这个机器数的"真值"。

2. 机器数的表示方法

（1）原码

设数 x 的原码记作 $[x]_{原}$，如机器字长为 n，则原码定义如下：

$$[x]_{原} = \begin{cases} x, & 0 \leqslant x \leqslant 2^{n-1} - 1 \\ 2^{n-1} + |x|, & -(2^{n-1} - 1) \leqslant x \leqslant 0 \end{cases}$$

原码表示的最高位为符号位（正数为 0，负数为 1），其余数字位表示数的绝对值。

十进制数	原码（机器字长 $n = 8$）B	原码（机器字长 $n = 16$）B
$[+0]_{原}$	00000000	0000000000000000
$[-0]_{原}$	$2^7 + 0 = 10000000$	$2^{15} + 0 = 1000000000000000$
$[+8]_{原}$	00001000	0000000000001000
$[-8]_{原}$	10001000	1000000000001000
$[+127]_{原}$	01111111	0000000001111111
$[-127]_{原}$	11111111	1000000001111111
$[+32767]_{原}$	不能表示	0111111111111111
$[-32767]_{原}$	不能表示	$2^{15} + 32767 = 1111111111111111$

可以看出，原码表示数的范围：8 位二进制原码表示数的范围为 $-127 \sim +127$，16 位二进制原码表示数的范围为 $-32767 \sim +32767$；"0"的原码有两种表示法：00000000B 表示 +0，

10000000B 表示 −0。

虽然原码表示法简单、直观，而且与真值的转换很方便，但是原码不便于在计算机中进行加减运算。在进行两数相加之前，必须先判断两个数的符号是否相同。如果相同，则进行加法运算；如果不同，则进行减法运算。在进行两数相减之前，必须先比较两数绝对值的大小，再由大数减小数，结果的符号要和绝对值大的数的符号一致。按照上述运算方法设计的算术运算电路会很复杂。因此，计算机中通常使用补码进行加减运算，为此引入了反码表示法和补码表示法。

（2）反码

设数 x 的反码记作 $[x]_反$，如机器字长为 n，则反码定义如下：

$$[x]_反 = \begin{cases} x, & 0 \leq x \leq 2^{n-1} - 1 \\ (2^n - 1) - |x|, & -(2^{n-1} - 1) \leq x \leq 0 \end{cases}$$

正数的反码与其原码相同。负数的反码是在原码的基础上，符号位不变（仍为 1），数值位按位取反。

十进制数	反码（机器字长 $n=8$）B	反码（机器字长 $n=16$）B
$[+0]_反 = [+0]_原$	00000000	0000000000000000
$[-0]_反$	$(2^8-1) - 0 = 11111111$	$2^{16} - 1 = 1111111111111111$
$[+8]_反 = [+8]_原$	00001000	0000000000001000
$[-8]_反$	11110111	1111111111110111
$[+127]_反 = [+127]_原$	01111111	0000000001111111
$[-127]_反$	$(2^8-1) - 127 = 10000000$	1111111110000000
$[+32767]_反$	不能表示	0111111111111111
$[-32767]_反$	不能表示	$(2^{16}-1) - 32767 = 1000000000000000$

反码表示数的范围：8 位二进制反码表示数的范围为 −127 ~ +127，16 位二进制反码表示数的范围为 −32767 ~ +32767；0 的反码表示不唯一。

（3）补码

设数 x 的补码记作 $[x]_补$，如机器字长为 n，则补码定义如下：

$$[x]_补 = \begin{cases} x, & 0 \leq x \leq 2^{n-1} - 1 \\ 2^n - |x|, & -2^{n-1} \leq x \leq 0 \end{cases}$$

正数的补码与其原码、反码相同。负数的补码是在原码基础上，符号位不变（仍为 1），数值位按位取反，末位加 1；或在反码基础上末位加 1。

十进制数	补码（机器字长 $n=8$）B	补码（机器字长 $n=16$）B
$[+0]_补 = [+0]_原$	00000000	0000000000000000
$[-0]_补$	$2^8 - 0 = 00000000$	$2^{16} - 0 = 0000000000000000$
$[+8]_补 = [+8]_原$	00001000	0000000000001000
$[-8]_补$	$2^8 - 8 = 11111000$	1111111111111000
$[+127]_补 = [+127]_原$	01111111	0000000001111111
$[-127]_补$	$2^8 - 127 = 10000001$	1111111110000001
$[+32767]_补 = [+32767]_原$	不能表示	0111111111111111
$[-32767]_补$	不能表示	$2^{16} - 32767 = 1000000000000001$

补码表示数的范围：8 位二进制数补码表示数的范围为 −128 ~ +127，16 位二进制补码表示数的范围为 −32768 ~ +32767；0 的补码表示唯一，定义 $(-128)_补 = 10000000B$（机器字是 $n=8$）；$(-32768)_补 = 1000000000000000B$（机器字是 $n=16$）。

1.4.2　真值与补码之间的转换

（1）原码转换为真值

根据原码的定义，将原码的各数值位按权展开、求和，由符号位决定数的正负，即可由原码求出数的真值。

【例 1-11】　已知 $[x]_\text{原}=00011111\text{B}$，$[y]_\text{原}=10011101\text{B}$，求 x 和 y。

解：

$$x = +(0\times2^6+0\times2^5+1\times2^4+1\times2^3+1\times2^2+1\times2^1+1\times2^0)=31$$

$$y = -(0\times2^6+0\times2^5+1\times2^4+1\times2^3+1\times2^2+0\times2^1+1\times2^0)=-29$$

（2）反码转换为真值

若要求反码的真值，则只要先求出反码对应的原码，再按上述原码转换为真值的方法即可求出数的真值。

正数的原码是反码本身。负数的原码可在反码基础上，保持符号位为 1 不变，数值位按位取反。

【例 1-12】　已知 $[x]_\text{反}=00001111\text{B}$，$[y]_\text{反}=11100101\text{B}$，求 x 和 y。

解： $[x]_\text{原}=[x]_\text{反}=00001111\text{B}$，则

$$x = +(0\times2^6+0\times2^5+0\times2^4+1\times2^3+1\times2^2+1\times2^1+1\times2^0)=15$$

$[y]_\text{原}=10011010\text{B}$，则

$$y = -(0\times2^6+0\times2^5+1\times2^4+1\times2^3+0\times2^2+1\times2^1+0\times2^0)=-26$$

（3）补码转换为真值

若要求出补码的真值，也要先求出补码对应的原码。正数的原码与补码相同。负数的原码可在补码的基础上再次求补，即 $[x]_\text{原}=[[x]_\text{补}]_\text{补}$。

【例 1-13】　已知 $[x]_\text{补}=00001111\text{B}$，$[y]_\text{补}=11100101\text{B}$，求 x 和 y。

解： $[x]_\text{原}=[x]_\text{补}=00001111\text{B}$，则

$$x = +(0\times2^6+0\times2^5+0\times2^4+1\times2^3+1\times2^2+1\times2^1+1\times2^0)=15$$

$[y]_\text{原}=[[y]_\text{补}]_\text{补}=10011011\text{B}$，则

$$y = -(0\times2^6+0\times2^5+1\times2^4+1\times2^3+0\times2^2+1\times2^1+1\times2^0)=-27$$

1.4.3　补码运算

（1）补码加法

在计算机中，凡是带符号数一律用补码表示，运算结果自然也是补码。补码运算的特点：符号位和数值位一起参加运算，并且自动获得结果（包括符号位与数值位）。

补码加法的运算规则：$[x]_\text{补}+[y]_\text{补}=[x+y]_\text{补}$

【例 1-14】　已知 $[x]_\text{补}=00001111\text{B}$，$[y]_\text{补}=11100101\text{B}$，求 $x+y$。

解：

$$[x]_\text{补}+[y]_\text{补}=00001111\text{B}+11100101\text{B}=11110100\text{B}$$

而由例 1-13，

$$[x+y]_\text{补}=[15-27]_\text{补}=[-12]_\text{补}=11110100\text{B}$$

可见

$$[x]_\text{补} + [y]_\text{补} = [x+y]_\text{补} = 11110100B$$

即两数补码的和等于两数和的补码，则

$$[x+y]_\text{原} = [[x+y]_\text{补}]_\text{补} = 10001100B$$

$$x+y = -12$$

（2）补码减法

补码减法的运算规则：

$$[x]_\text{补} - [y]_\text{补} = [x]_\text{补} + [-y]_\text{补} = [x-y]_\text{补}$$

计算机中带符号数用补码表示时有如下优点：

1）可以将减法运算变为加法运算，因此可使用同一个运算器实现加法和减法运算，简化了电路。

2）无符号数和带符号数的加法运算可以用同一个加法器实现，结果都是正确的。

$$
\begin{array}{lll}
 & \text{无符号数} & \text{带符号数} \\
11100001B & 225 & [-31]_\text{补} \\
+）\ 00001101B & +）\ \ 13 & +）[+13]_\text{补} \\
\hline
11101110B & 238 & [-18]_\text{补}
\end{array}
$$

若两操作数为无符号数，11100001B 的真值为 225，00001101B 的真值为 13，两数和也为无符号数 11101110B，和的真值为 238，结果正确。

若两操作数为带符号数，则采用补码形式表示，11100001B 的真值为 -31，00001101B 的真值为 $+13$，计算结果为 $[11100001]_\text{补} + [00001101]_\text{补} = [11101110]_\text{补} = 10010010B$，两数和的真值为 -18，结果也是正确的。

1.4.4　溢出

（1）进位与溢出

1）进位是指运算结果的最高位向更高位的进位，用来判断无符号数运算结果是否超出了计算机所能表示的最大无符号数的范围。

2）溢出是指带符号数的补码运算溢出，用来判断带符号数补码运算结果是否超出了补码所能表示的范围。例如，字长为 n 位的带符号数，它能表示的补码范围为 $-2^{n-1} \sim +2^{n-1} - 1$，如果运算结果超出此范围，就称为补码溢出，简称溢出。

（2）溢出的判断方法

判断溢出的方法很多，常见的有：

1）通过参加运算的两个数的符号及运算结果的符号进行判断。

2）单符号位法。该方法通过符号位和数值部分最高位的进位状态来判断结果是否溢出。

3）双符号位法，又称为变形补码法。它是通过运算结果的两个符号位的状态来判断结果是否溢出。

在上述三种方法中，第 1 种方法仅适用于手工运算时对结果是否溢出的判断，第 2 和第 3 两种方法在计算机中都有使用。

1.5　二进制编码

1.5.1　十进制数的二进制编码

虽然计算机采用二进制数制，但是人们的习惯还是使用十进制数。为了解决这一问题，人们提出了一个采用二进制编码特殊形式的十进制计数系统，即将 1 位十进制数（0~9）的 10 个数字分别用 4 位二进制码的组合来表示，在此基础上可按位对任意十进制数进行编码。这就是十进制数的二进制编码，简称 BCD 码（Binary-Coded Decimal）。

4 位二进制数码有 $2^4 = 16$ 种组合（0000~1111），原则上可任选其中的 10 个来分别代表十进制中的 10 个数字。但为了便于记忆，最常采用的是 8421 BCD 码，这种编码从 0000~1111 这 16 种组合中选择前 10 个即 0000~1001 来分别代表十进制数码 0~9，8、4、2、1 分别是 BCD 编码从高位到低位每位的权值。BCD 码有两种形式，即压缩型 BCD 码和非压缩型 BCD 码，如表 1-1 所示。

（1）压缩型 BCD 码

压缩型 BCD 码用一个字节表示两位十进制数。例如，10000110B 表示十进制数 86。

（2）非压缩型 BCD 码

非压缩型 BCD 码用一个字节表示一位十进制数。高 4 位总是 0000，低 4 位用 0000~1001 中的一种组合来表示 0~9 中的某一个十进制数。

表 1-1 8421 BCD 码部分编码表

十进制数	压缩型 BCD 码	非压缩型 BCD 码	
1	00000001		00000001
2	00000010		00000010
3	00000011		00000011
⋮			
9	00001001		00001001
10	00010000	00000001	00000000
11	00010001	00000001	00000001
⋮			
19	00011001	00000001	00001001
20	00100000	00000010	00000000
21	00100001	00000010	00000001

虽然 BCD 码可以简化人机联系，但它比采用纯二进制编码效率低，对同一个给定的十进制数，用 BCD 编码表示时的位数比纯二进制码多，而且用 BCD 码进行运算所花的时间也更多，计算过程更复杂，因为 BCD 码是将每个十进制数用一组 4 位二进制数来表示，若将这种 BCD 码送给计算机进行运算，由于计算机总是将数当做二进制数来运算，所以结果可能出错，因此需要对计算结果进行修正，才能使结果为正确的 BCD 码形式。

【例 1-15】 十进制数与 BCD 数相互转换。

1）将十进制数 69.81 转换为压缩型 BCD 数：

$$69.81 = (0110\ 1001.1000\ 0001)_{BCD}$$

2）将 BCD 数 1000 1001.0110 1001 转换为十进制数：

$$(1000\ 1001.0110\ 1001)_{BCD} = 89.69$$

总结：

1）如果两个对应位 BCD 数相加的结果向高位无进位，且结果小于或等于 9，则该位不需要修正；若得到的结果大于 9 而小于 16，则该位需要加 6 修正。

2）如果两个对应位 BCD 数相加的结果向高位有进位（结果大于或等于 16），则该位需要进行加 6 修正。

因此，两个 BCD 数进行运算时，首先按二进制数进行运算，然后必须用相应的调整指令进行调整，从而得到正确的 BCD 码结果。

1.5.2 ASCII 字符编码

字符是数字、字母以及其他一些符号的总称。

现代计算机不仅用于处理数值领域的问题，而且还要处理大量的非数值领域的问题。这样就必然要求计算机能对数字、字母、文字以及其他一些符号进行识别和处理，而计算机只能处理二进制数，因此，通过输入/输出设备进行人机交换信息时使用的各种字符也必须按某种规则，用二进制数码 0 和 1 的各种组合来编码，计算机才能进行识别与处理。

目前，国际上使用的字符编码系统有很多种。在微机、通信设备和仪器仪表中广泛使用的是 ASCII（American Standard Code for Information Interchange，美国标准信息交换）码（见表 1-2）。ASCII 码用一个字节来表示一个字符，采用 7 位二进制代码来对字符进行编码，最高位一般用做校验位。7 位 ASCII 码能表示 $2^7 = 128$ 种不同的字符，其中包括数码（0~9），英文大、小写字母，标点符号及控制字符等。

表 1-2　ASCII 码（7 位代码）

低四位 $b_3b_2b_1b_0$	高三位 $b_6b_5b_4$	0	1	2	3	4	5	6	7
		000	001	010	011	100	101	110	111
0	0000	NUL	DLE	SP	0	@	P	、	p
1	0001	SOH	DC1	!	1	A	Q	a	q
2	0010	STX	DC2	"	2	B	R	b	r
3	0011	ETX	DC3	#	3	C	S	c	s
4	0100	EOT	DC4	$	4	D	T	d	t
5	0101	ENQ	NAK	%	5	E	U	e	u
6	0110	ACK	SYN	&	6	F	V	f	v
7	0111	BEL	ETB	'	7	G	W	g	w
8	1000	BS	CAN	(	8	H	X	h	x
9	1001	HT	EM	)	9	I	Y	i	y
A	1010	LF	SUB	*	:	J	Z	j	z
B	1011	VT	ESC	+	;	K	[	k	{
C	1100	FF	FS	,	<	L	\	l	|
D	1101	CR	GS	–	=	M	]	m	}
E	1110	SO	RS	.	>	N	^	n	~
F	1111	SI	US	/	?	O	–	o	DEL

【例 1-16】　数字"1"的 ASCII 码值为 0110001，即 31H，字母"A"的 ASCII 码值为 1000001，即 41H，符号"?"的 ASCII 码值为 0111111，即 3FH，删除键"DEL"的 ASCII 码值为 1111111，即 7FH。

习题

1. 填空题

　　[+38]$_原$ = _____，[−38]$_反$ = _____，[−38]$_补$ = _____。

2. 单项选择题

　　(1) 在下面几个不同进制的数中，最大的数是（　　　　）。

　　　　A. 1100010B　　　　　　B. 255O　　　　　　　C. 500　　　　　　　　D. 1FEH

（2）十进制数 –75 用二进制数 10110101 表示，其表示方式是（　　）。

    A. 原码　　　　　　　B. 补码　　　　　　C. 反码　　　　　　　D. ASCII 码

（3）若 8 位二进制数 10000000 为补码表示数，则其对应的十进制数为（　　）。

    A. –128　　　　　　　B. –0　　　　　　　C. –127　　　　　　D. 128

（4）在计算机内部，一切信息的存取、处理、传递的形式都是（　　）。

    A. BCD 码　　　　　　B. ASCII 码　　　　　C. 十六进制数　　　D. 二进制数

3. 计算题：将十进制数 8609 转换为压缩型 BCD 码和非压缩型 BCD 码。

第 2 章 Chapter

微型计算机基础

微处理机出现于 1971 年，是大规模集成电路发展的产物。大规模集成电路在 1970 年研制成功，从此开始了以大规模集成电路作为计算机的主要功能部件的时代，计算机进入了大规模集成电路时期，使计算机实现了微型化。

微型计算机的发展是以微处理器的发展来表征的。

本章在介绍微处理器、微型计算机、微型计算机系统的基础上，详细介绍了微型计算机的基本结构。

微处理器（MicroProcessor），简称 μP 或 MP，是由一片或几片大规模集成电路组成的、将运算器和控制器集成在一片硅片上制成的集成电路，是微型计算机的核心芯片。微处理器芯片也称为中央处理单元，简称为 CPU（Central Processing Unit）。

微处理器不是微型计算机，它仅仅是微型计算机的中央处理器。

微型计算机（MicroComputer），简称 μC 或 MC，是指以微处理器为核心，配上由大规模集成电路制作的存储器、输入/输出（I/O）接口电路及系统总线所组成的计算机（简称微型机或微型电脑）。有的微型计算机把 CPU、存储器和输入/输出接口电路都集成在单片芯片上，称为单片微型计算机或单片机。

微型计算机系统（MicroComputer System），简称 μCS 或 MCS，是指以微型计算机为核心，以相应的外围设备、电源、辅助电路（统称硬件）以及支持和控制微型计算机工作的系统软件所构成的计算机系统。一般人们所说的微机实际上就是微型计算机系统。

20 世纪 70 年代，微处理器和微型计算机的生产和发展一方面是由于军事工业、空间技术、电子技术和工业自动化技术的迅速发展，日益要求生产体积小、可靠性高和功耗低的计算机，这种社会的直接需要是促进微处理器和微型计算机产生和发展的强大动力；另一方面是由于大规模集成电路技术和计算机技术的飞速发展，1970 年已经可以生产 1KB 的存储器和通用异步收发器（UART）等大规模集成电路产品，并且计算机的设计日益完善，总线结构、模块结构、堆栈结构、微处理器结构、有效的中断系统及灵活的寻址方式等功能越来越强，这为研制微处理器和微型计算机打下了坚实的物质基础和技术基础。

2.1 微型计算机基本结构

2.1.1 微型计算机的概念结构

计算机系统包括硬件系统和软件系统两大部分，如图 2-1 所示。

微型计算机的硬件系统是指组成计算机的各种物理设备，是那些看得见、摸得着的实际物理设备，如图 2-2 所示。它包括计算机的主机和外部设备，具体由五大功能部件组成，即运算器、控制器、存储器、输入设备和输出设备。这五大部分相互配合，协同工作。

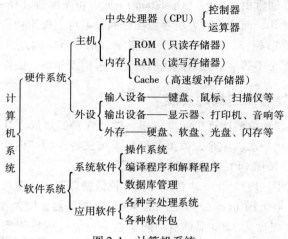

图 2-1　计算机系统

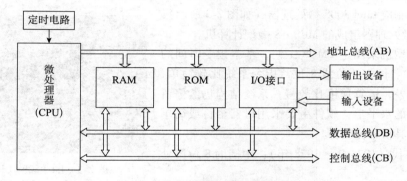

图 2-2　微型计算机硬件系统结构

　　微型计算机的软件系统是计算机系统的重要组成部分，分为两大类，即系统软件和应用软件。系统软件是指由计算机生产厂（部分由"第三方"）为使用该计算机而提供的基本软件。最常用的有：操作系统、文字处理程序、计算机语言处理程序、数据库管理程序、联网及通信软件、各类服务程序和工具软件等。应用软件是指用户为了自己的业务应用而使用系统开发出来的用户软件。系统软件依赖于机器，而应用软件则更接近用户业务。

2.1.2　微型计算机的工作过程

　　微机的工作过程就是不断地从内存中取出指令并执行指令的过程。当开始运行程序时，首先应把第一条指令所在存储单元的地址赋予程序计数器（Program Counter，PC），然后机器就进入取指阶段。在取指阶段，CPU 从内存中读出的内容必为指令，于是，数据缓冲寄存器的内容将被送至指令寄存器（IR），然后由指令译码器对 IR 中指令的操作码字段进行译码，并发出执行该指令所需要的各种微操作控制信号。取指阶段结束后，机器就进入执行指令阶段，这时 CPU 执行指令所规定的具体操作。当一条指令执行完毕后，转入下一条指令的取指阶段。这样周而复始地循环，直到遇到暂停指令时结束。

　　对于所有的机器指令而言，取指阶段都是由一系列相同的操作组成的，所用的时间都是相同的。而执行指令阶段由不同的事件顺序组成，它取决于被执行指令的类型，因此，执行阶段的时间不同，指令间存在很大差异。

需要说明的是，指令通常由操作码（Operation Code）和操作数（Operand）两部分组成。操作码表示该指令完成的操作，而操作数表示参加操作的数本身或操作数所在的地址。指令根据其所含内容的不同而有单字节指令、双字节指令及多字节指令等。因此，计算机在执行一条指令时，就可能要处理一到多个不等字节数目的代码信息，包括操作码、操作数或操作数的地址。

2.2　80x86 系列微处理器结构的发展

自从 1971 年微处理器和微型计算机问世以来，微处理器的集成度几乎每两年就翻一番，大约每隔 2～4 年就更新换代一次。至今，微型计算机系统已经经历了四代演变，进入第五代。微型计算机的换代，通常是按照 CPU 的字长和功能来划分的。

（1）第一代（1971 年～1973 年）：4 位或低档 8 位微处理器和微型机

其代表产品是 1971 年美国 Intel 公司生产的 4004 微处理器，以及由 4004 微处理器组成的 MCS－4 微型计算机（集成度为 1200 晶体管/片）。这一突破性的发明当年被应用于一种计算器中，这一创举开始了人类将智能内嵌于计算机和无生命设备的历程。

随后又研制成 Intel 8008 微处理器（如图 2-3 所示），以及由 8008 微处理器组成的 MCS－8 微型计算机。

第一代微型机采用了 PMOS 工艺，基本指令时间约为 10～20μs，字长为 4 位或 8 位，指令系统比较简单，运算功能比较差，运算速度比较慢，系统结构仍然停留在台式计算机的水平上，软件主要采用机器语言或简单的汇编语言，其价格比较低。

（2）第二代（1974 年～1978 年）：中档的 8 位微处理器和微型机

图 2-3　Intel 8008 CPU 芯片

其间又分为两个阶段：前期出现的为典型的第二代，以美国 Intel 公司的 8080 和 Motorola 公司的 MC6800 为代表，处理器芯片集成度提高 1～2 倍（Intel 8080 集成度为 4900 管/片），运算速度提高了一个数量级。Intel 8080 是划时代的产品，使得 Intel 公司有了自己真正意义上的微处理器，如图 2-4 所示。

1976 年～1978 年为高档 8 位微型计算机和 8 位单片微型计算机阶段，又称为"二代半"。高档 8 位微处理器，以美国 Zilog 公司的 Z80 和 Intel 公司的 8085 为代表，CPU 的集成度和运算速度都比典型的第二代提高了一倍以上（Intel 8085 集成度为 9000 管/片）。8 位单片微型机以 Intel 8048/8748（集成度为 9000 管/片）、MC6801、MOSTEK F81/3870、Z80 等为代表，主要用于计算机控制和智能仪器。

第二代微型机的特点是采用 NMOS 工艺，芯片集成度提高 1～4 倍，运算速度提高 10～15 倍，基本指令执行时间约为 1～2μs，指令系统比较完善，已具有典型的计算机系统结构以及中断、DMA 等控制功能，寻址能力也有所增强，软件除采用汇编语言外，还配有 BASIC、FORTRAN、PL/M 等高级语言及其相应的解释程序和编译程序，并在后期开始配上操作系统。

（3）第三代（1978 年～1981 年）：16 位微处理器和微型机

其代表产品是 Intel 8086（集成度为 29000 管/片）、Z8000（集成度为 17500 管/片）和 MC68000（集成度为 68000 管/片）。这些 CPU 的特点是采用 HMOS 工艺，基本指令时间约为 0.05μs。Intel 8086 的出现成为 20 世纪 70 年代微处理器发展过程中重要的分水岭。Intel 8086 是真正的 16 位 CPU，它将 8 位数据总线独立出来，减少了管脚数目，降低了成本，如图 2-5 所示。Intel 8088 是 Intel 8086 的一个简化版本。

图 2-4　Intel 8080 CPU 芯片　　　　　图 2-5　Intel 8086 CPU 芯片

从第三代微机的各项性能指标评价，都比第二代微型机提高了一个数量级，已经达到或超过中、低档小型机（如 PDP11/45）的水平。这类 16 位微型机通常都具有丰富的指令系统，采用多级中断系统、多重寻址方式、多种数据处理形式、段式寄存器结构、乘除运算硬件，电路功能大为增强，并都配备了强有力的系统软件。

1982 年发布了 16 位的 Intel 80286 CPU，其性能有很大提高。Intel 80286 的"闪光点"在于：首次提出了实方式和保护方式这两种对 CPU 不同的操作方式。保护方式的提出使得 Intel 80286 突破了 Intel 8086/8088 CPU 受 16 位地址总线制约而不能访问 1MB 以上存储空间的约束，其 24 位地址总线可以访问 16MB 地址空间。另外，Intel 80286 引入了描述符表的概念，可以将能访问的 1GB 虚拟地址空间的任务映射到 16MB 地址空间从而实现了多任务并行处理，对之后出现的多任务操作系统的普及至关重要。再有，就是 Intel 80286 是一款"100% 向下兼容的" Intel 微处理机。

（4）第四代（1985 年 ~ 1993 年）：32 位高档微型机

随着科学技术的迅猛发展，计算机应用日益广泛，现代社会对计算机的依赖已经越来越明显。原来的 8 位、16 位机已经不能满足广大用户的需要，因此，1985 年以后，Intel 公司在原来的基础上又发展了 Intel 80386 和 Intel 80486，分别如图 2-6 和图 2-7 所示。

图 2-6　Intel 80386 CPU 芯片　　　　　图 2-7　Intel 80486 CPU 芯片

其中，80386 的工作主频达到 25MHz，有 32 位数据线和 24 位地址线。以 80386 为 CPU 的 COMPAQ 386、AST 386、IBM PS2/80 等机种相继诞生。同时，随着内存芯片制造技术的发展和硬盘制造技术的提高，出现了配置 16MB 内存和 1000MB 外存的微型机，微机已经成为超小型机，可执行多任务、多用户作业。由微型计算机组成的网络、工作站相继出现，从而扩大了用户的应用范围。80386 提出了"虚拟 8086"工作方式，使得芯片能够同时模拟多个 8086 处理机，实现同时运行多个 8086 应用程序，从而保证了多任务处理能够向下兼容。与此同时，为了加快浮点操作速度，80386 还成功地推出了数值协同处理器 80387（浮点运算部件），为 80486 和 Pentium（奔腾）的研制奠定了技术基础。

1989 年，Intel 公司在 80386 的基础上又研制出了 80486。它是在 80386 的芯片内部增加了一个 8KB 的高速缓冲内存和 80386 的协处理器芯片 80387 而形成的新一代 CPU。

（5）第五代（1993 年以后）：32 位的 Pentium

1993 年 3 月 22 日，Intel 公司发布了它的新一代处理器 Pentium。Pentium 的名字取自拉丁文"五"（Pente）和元素周期表的公用后缀 IUM 组合而成，意指 Intel 公司的第五代 CPU 产品，人们为其翻译了一个非常好听的中文名字"奔腾"。Pentium 采用 $0.8\mu m$ 的 BicMOS 技术，集成了 310 万个晶体管，工作电压也从 5V 降到 3V。随着 Pentium 新型号的推出，CPU 晶体管的数目增加到 500 万个以上，工作主频率从 66MHz 增加到 333MHz。这种处理器成为世界上第一个 586 级微处理器。

Pentium 是第一个超频较多的微处理机。由于其制造工艺精良，所以整个系列 CPU 的浮点性能最强，可超频最大。Pentium 家族的频率有：60MHz、66MHz、75MHz、90MHz、100MHz、120MHz、133MHz、150MHz、166MHz、200MHz，CPU 的内部频率则从 60MHz 到 66MHz 不等。Pentium 微处理器芯片如图 2-8 所示。

图 2-8　Pentium 微处理器芯片

1998 年 3 月，Intel 公司在 CeBIT 贸易博览会展出了一种速度高达 702MHz 的 Pentium Ⅱ 芯片，如图 2-9 所示。1999 年 2 月，Intel 公司发布了 Pentium Ⅲ 芯片，称为"多能 Pentium Ⅱ 二代处理机"，如图 2-10 所示。作为第一款专为提高用户的互联网计算体验而研制的微处理机，Pentium Ⅲ 使用户能够尽享丰富的音频、视频、动画和生动的三维效果。同年，以 Pentium Ⅱ450、Pentium Ⅲ450 为微处理器，内存 128MB，硬盘 8.4GB 的微机在我国上市。

图 2-9　Pentium Ⅱ 微处理器芯片

图 2-10　Pentium Ⅲ 微处理器芯片

2001 年 1 月，Intel 公司推出 Pentium Ⅳ CPU，如图 2-11 所示。Pentium Ⅳ 完全不同于 Pentium Ⅱ 和 Pentium Ⅲ 微处理器芯片，它采用了 Netburst 技术，主要是为了加快以突发方式传送数据的速度，如流媒体、MP3 播放器和视频压缩程序等的传送速度，更好地处理目前互联网与用户的需求，在数据加密、视频压缩和对等网络等方面的性能都有较大幅度的提高。与 Pentium Ⅲ 处理器相比，它的体系结构的流水线深度增加了一倍，达到了 20 级，从而能极大地提高了 Pentium Ⅳ CPU 的性能和频率。

图 2-11　Pentium Ⅳ 微处理器芯片

　　除了上述特点外，Pentium Ⅳ CPU 还具有新的高速缓存。高速缓存区域是 CPU 存储经常访问的指令或数据的地方，其用途就是要提高 CPU 计算处理速度。Pentium Ⅳ CPU 采用了一个全新的、更先进的一级（L1）指令高速缓存技术，以及可提供更高性能指令高速缓存及执行跟踪高速缓存。执行跟踪高速缓存可更有效地利用高速缓存。此外，Pentium Ⅳ CPU 具有先进的 256KB 二级传输高速缓存和内建内存。

　　综上所述，微型机由于结构简单、通用性强、价格较低，已成为现代计算机领域中一个极为重要的分支，并正以难以想象的速度向前发展。

习题

1. 微型计算机的发展是以什么来表征的？
2. 什么是微处理器、微型计算机、微型计算机系统？
3. 简述微型计算机的基本结构。
4. 计算机硬件系统的核心部件是什么？
5. 计算机软件系统包括哪两个部分？

第 3 章 Chapter

微处理器及其结构

中央处理器（CPU）是指计算机内部对数据进行处理并对处理过程进行控制的部件，伴随着大规模集成电路技术的迅速发展，芯片集成度越来越高，CPU 可以集成在一个半导体芯片上，这种具有中央处理器功能的大规模集成电路器件，统称为"微处理器"。按照其处理信息的字长，CPU 可以分为：4 位微处理器、8 位微处理器、16 位微处理器、32 位微处理器以及 64 位微处理器。

本章首先详细介绍了两种 16 位微处理器，包括 Intel 8086 微处理器的内部结构、寄存器结构、工作模式、引脚功能、存储器组织及输入/输出结构，以及 Intel 80286 微处理器的结构及保护方式下的存储器寻址。然后详细介绍了三种 32 位微处理器，包括 Intel 80386 微处理器的结构、引脚，Intel 80486 微处理器内部结构、寄存器结构、引脚信号及功能、三种工作模式，以及 Pentium 微处理器的原理结构、三种工作模式、主要引脚。最后简单介绍了多核微处理器技术的设计。

3.1 Intel 8086 16 位微处理器

8086 是 Intel 公司于 1978 年推出的产品，内部 16 位数据线，外部 16 个数据引脚，为完全 16 位 CPU。由于当时所有的外设都是 8 位的，为了解决 16 个数据引脚的 CPU 与 8 个数据引脚的外设连接时的不便的问题，Intel 公司随后又推出了内部 16 位数据线，但外部 8 位（有 8 个数据引脚）的一种准 16 位 CPU——8088。8086 与 8088 在软件上完全相同，具有包括乘法和除法的 16 位运算指令，能处理 16 位数据，同时也能处理 8 位数据，硬件上稍有区别。8086/8088 有 20 条地址线，其直接寻址能力达到 1MB。采用 40 条引线封装，单相时钟，电源为 5V。

3.1.1 8086/8088 CPU 内部结构

8086/8088 CPU 内部结构，也叫功能结构，分为总线接口部件（Bus Interface Unit，BIU）和执行部件（Execution Unit，EU）两大部分，如图 3-1 所示。

BIU 负责与存储器、I/O 端口传送数据。BIU 从内存取指令送到指令队列缓冲器中（指令队列长度：8088 CPU 4 字节，8086 CPU 6 字节，是一种先进先出（FIFO）的数据结构）；CPU 执行指令时，如果需要访问存储器或 I/O，如从指定的内存单元或外设端口取数据，将数据传送给执行部件，或者将执行部件的操作结果传送到指定的内存单元或外设端口中，则请求 BIU 进入总线周期完成数据传送。

EU 主要负责指令的执行，即接受从 BIU 的指令队列中取来的指令代码，对其译码和向 EU 内各有关部分发出时序命令信号，协调执行指令规定的操作。

CPU 取指令和执行指令是分开的，但也可以是重叠的。CPU 在执行一条指令的同时，就可以取出下一条或多条指令并将其送至指令队列缓冲器中，即具有预取指令的功能；在执行完一条指令后便可立即执行下一条指令，从而减少了 CPU 为取指令而等待的时间，提高了 CPU 的利用率，加快了程序运行速度，并且降低了对与之相配的存储器的存取速度的要求。这是一种流水线操作方式，与标准 8 位机的循环工作方式不同。图 3-2 和图 3-3 分别给出了这两种不同的操作方式的示意图。在执行转移、调用等指令时，BIU 会自动清除指令队列，从存储器中装入另外的指令。

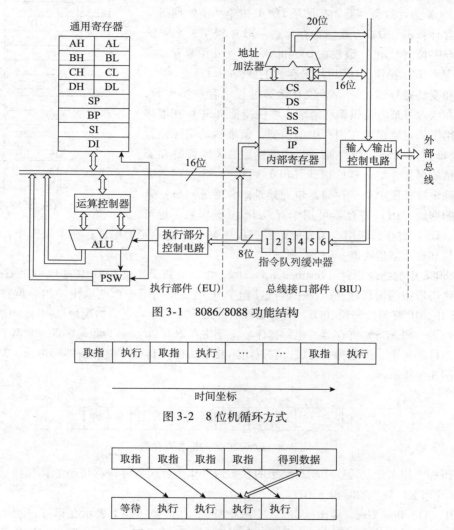

图 3-1　8086/8088 功能结构

图 3-2　8 位机循环方式

图 3-3　8086/8088 流水线操作方式

3.1.2　8086/8088 CPU 寄存器结构

在 CPU 中，寄存器是其最主要的特征。8086/8088 的寄存器结构如图 3-4 所示，包括 8 个通用寄存器，4 个段寄存器，2 个控制寄存器。

通用寄存器又分为数据寄存器和指针变址寄存器。AX、BX、CX 和 DX 均为 16 位数据寄存器，用于暂存计算过程中所用到的 16 位操作数。当 8086/8088 处理 8 位数时，这 4 个 16 位寄存器可以作为 8 个 8 位寄存器（AH、AL、BH、BL、CH、CL、DH 和 DL）使用。关于数据寄存器，需要注意的是，它们并不独立，修改一个寄存器可能会影响其他两个寄存器。例如，对 AX 的修改可能会影响寄存器 AL、AH。这一点相当重要，在汇编语言初学者所编写的程序当中，一个很常见的错误就是寄存器值的破坏。数据寄存器各自有其独特的用法。AX 为累加器，是算术运算的主要寄存器，所有 I/O 指令都使用 AL、AX 与外部设备交换数据。BX 为基址寄存器，在计算内存储器地址时，经常用来存放基址。CX 为计数寄存器，在循环 LOOP 指令和串处理指令中用做隐含计数器。DX 为数据寄存器，一般在双字长乘除法运算时，双字长（32 位）数放在 DX 和 AX 中，DX 用来存放高16 位；对某些 I/O 操作，DX 可用来存放 I/O 的端口地址。

AX	AH	AL	累加器
BX	BH	BL	基址寄存器
CX	CH	CL	计数寄存器
DX	DH	DL	数据寄存器
	SP		堆栈指针
	BP		基址指针
	SI		源变址
	DI		目的变址
	IP		指令指针
	PSW		标志寄存器
	CS		代码段
	DS		数据段
	SS		堆栈段
	ES		附加段

图 3-4　8086/8088 寄存器

指针和变址寄存器以字为单位在运算过程中存放操作数，经常用以在段内寻址时提供偏移地址。堆栈指针（SP）在堆栈操作时，用于确定堆栈顶在内存中的位置。但堆栈的实际位置需由 SP 与堆栈段（SS）寄存器一起才能确定。关于段寄存器的功能，稍后再作介绍。基址指针（BP）可以与 SS 寄存器联合使用来确定堆栈段中某一存储器单元地址。源变址（SI）寄存器、目的变址（DI）寄存器可用于存放 16 位操作数，也可与数据段（DS）寄存器联用，用来确定数据段中某一存储单元的地址；在串操作中，SI、DI 具有自动增量和自动减量功能。

8086/8088 中的指令指针（Instruction Pointer，IP）类似于 8 位 CPU 中的 PC（程序计数器），用来存储代码段中的偏移地址，程序运行过程中 IP 始终指向下一次要取出的指令偏移地址。在8086/8088 中，IP 要与代码段（CS）寄存器配合才能形成指令真正的物理地址。

状态标志（FLAGS）寄存器，也称程序状态字寄存器（Program Status Word，PSW），16 位寄存器，由条件码标志、控制标志构成，它只用了其中 9 位，其中 6 位为条件码标志，3 位为控制标志，如图 3-5 所示。

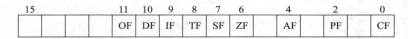

15			11	10	9	8	7	6		4		2		0
			OF	DF	IF	TF	SF	ZF		AF		PF		CF

图 3-5　8086/8088 的标志寄存器

条件码标志用来记录程序中运行结果的状态信息作为后续条件转移指令的转移控制条件，包括 6 位：CF、PF、AF、ZF、SF、OF。

1）OF（Overflow Flag，溢出标志）（一般指补码溢出），OF = 1 表示在运算过程中，如操作数超过了机器表示的范围，称为溢出；OF = 0 表示在运算过程中，如操作数未超过机器能表示的范围，称为不溢出。字节允许范围为 -128 ~ +127，字运算范围为 -32768 ~ +32767。

2）SF（Sign Flag，符号标志），SF = 1 记录运算结果的符号为负；SF = 0 记录运算结果的符号为正。

3）ZF（Zero Flag，零标志），运算结果为 0，则 ZF = 1；运算结果不为 0，则 ZF = 0。

4）CF（Carry Flag，进位标志），CF = 1 记录运算时从最高有效位产生进位值；CF = 0 记录运算时从最高有效位不产生进位值。

5）AF（Auxiliary Carry Flag，辅助进位标志），AF = 1 记录运算时第 3 位（半个字节）产生进位值；AF = 0 记录运算时第 3 位（半个字节）不产生进位值。

6）PF（Parity Flag，奇偶标志），PF = 1 表示结果操作数低 8 位中有偶数个 1；PF = 0 表示结果操作数低 8 位中有奇数个 1。用来为机器中传送信息时可能产生的代码出现情况提供检验条件。

控制标志位包括 3 位：TF、IF、DF。在设置控制标志位后，对其后的操作起控制作用。

1）TF（Trap Flag，跟踪（陷阱）标志位），TF = 1 表示每执行一条指令后，自动产生一次内部中断，使 CPU 处于单步执行指令工作方式，便于进行程序调试，用户能检查程序。TF = 0 则 CPU 正常工作，不产生陷阱。

2）IF（Interrupt Flag，中断标志位），IF = 1 表示允许外部可屏蔽中断，CPU 可以响应可屏蔽中断请求。IF = 0 表示关闭中断，CPU 禁止响应可屏蔽中断请求。IF 的状态对不可屏蔽中断和内部软中断没有影响。

3）DF（Direction Flag，方向标志位），DF = 1，每次串处理操作后使变址寄存器 SI 和 DI 减量，使串处理从高地址向低地址方向处理。DF = 0，每次串处理操作后使变址寄存器 SI 和 DI 增量，使串处理从低地址向高地址方向处理。DF 方向标志位用于串处理指令中控制处理信息的方向。

需要注意的是，控制信息是由系统程序或用户程序根据需要用指令来设置的。状态信息是由中央处理器根据计算结果自动设置的，机器提供了设置状态信息指令，必要时，程序员可以用这些指令来建立状态信息。

8086/8088 中的段寄存器共有 4 个，即上面提到的堆栈段（Stack Segment，SS）寄存器、代码段（Code Segment，CS）寄存器、数据段（Data Segment，DS）寄存器和附加数据段（Extra Segment，ES）寄存器，均为 16 位。这 4 个寄存器使 8086/8088 能在 1MB 范围内对内存寻址，表 3-1 为 8086/8088 段寄存器与提供段内偏移地址的寄存器之间的默认组合。正是由于这几个段寄存器的加入，使内存寻址更加多样化。

表 3-1　8086/8088 段寄存器与提供段内偏移地址的寄存器之间的默认组合

段寄存器	提供段内偏移地址的寄存器
CS	IP
DS	BX、SI、DI 或一个 16 位数
SS	SP 或 BP
ES	DI（用于字符串操作指令）

3.1.3　8086/8088 CPU 工作模式

8086/8088 有两种工作模式：最小模式和最大模式。

最小模式是指系统中只有一个微处理器（8086/8088）——单处理器方式，适用于较小规模的微机系统。在这种系统中，所有的总线控制信号都直接由 8086/8088 产生，系统所需的外加总线控制逻辑部件最少，这就是最小模式名称的由来。其典型系统结构如图 3-6 所示，系统主要由 8086/8088 CPU、时钟发生/驱动器 8284、地址锁存器 8282 及数据总线收发器 8286 组成。图 3-6 中的 8284A 外接晶体的基本振荡频率为 15MHz，经 8284A 三分频后，送给 CPU 作为系统时钟。8282 为 8 位地址锁存器。当 8086 访问存储器时，在总线周期的 T_1 状态下发出地址信号，经 8282 锁存后的地址信号在访问存储器操作期间始终保持不变。8086 采用 20 位地址，再加上 $\overline{BHE}$ 信号，需要 3 片 8282 作为地址锁存器。8286 为具有三态输出的 8 位数据总线收发器，用于需要增加驱动能力的系统。在 8086 系统中需要 2 片 8286，而在 8088 系统中只用 1 片即可。系统中还有一个等待状态产生电路，它向 8284A 的 RDY 端提供一个信号，经 8284A 同步后向 CPU 的 READY 线发送数据准备就绪信号，通知 CPU 数据已准备好，可以结束当前的总线周期。当 READY = 0 时，

CPU 在 T_3 之后自动插入 T_W 状态，避免 CPU 与存储器或 I/O 设备进行数据交换时，因后者速度慢而丢失数据。

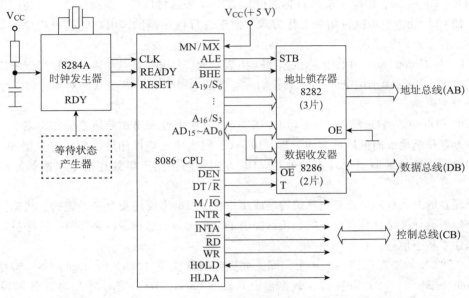

图 3-6　8086 最小模式典型系统结构

最大模式是相对最小模式而言的，指系统中含有两个或多个微处理器，其中一个为主处理器 8086/8088，其他的处理器称为协处理器，负责协助主处理器工作。在最大模式下工作时，控制信号通过 8288 总线控制器提供。其典型系统结构如图 3-7 所示。比较最大模式和最小模式的基本配置图，可以看出，最大模式和最小模式有关地址总线和数据总线的电路部分基本相同，即都需要地址锁存器及数据总线收发器，而控制总线的电路部分差别很大。在最小模式下，控制总线直接从 8086 得到，不需外加电路；最大模式是多处理器模式，需要协调主处理器和协处理器的工作。因此，控制总线不能直接从 8086 引脚引出，而需外加总线控制器 8288 对 CPU 发出的控制信号（S_0，S_1，S_2）进行变换和组合，以得到对存储器和 I/O 端口的读/写控制信号以及对地址锁存器 8282 及对总线收发器 8286 的控制信号，使总线的控制功能更加完善。最大模式用在中等规模或者大型的 8086/8088 系统中。

3.1.4　8086/8088 CPU 引脚功能

8086/8088 CPU 是 40 脚双列直插式芯片，图 3-8 是 8086/8088 的引脚图。为了减少芯片上的引脚数目，8086/8088 CPU 采用了分时复用的地址/数据总线。正是由于这种分时复用的方法，才使得 8086/8088 CPU 可用 40 个引脚实现 20 位地址、16 位数据（8 位数据）、若干控制信号、状态信号及时钟、电源、接地信号的传输。由于 8088 只传输 8 位数据，所以 8088 只有 8 个地址引脚兼作数据引脚，而 8086 有 16 根地址/数据复用引脚。这些引脚构成了 8086/8088 CPU 的外总线，包括地址总线、数据总线和控制总线。8086/8088 CPU 通过这些总线和存储器、I/O 接口等部件组成不同规模的系统并相互交换信息。

8086/8088 有两种工作模式：最小模式和最大模式。引脚 MN/$\overline{MX}$ 决定 8086/8088 的工作模式，在不同方式下工作时，8086/8088 的部分引脚（第 24 ~ 31 引脚）具有不同的功能。

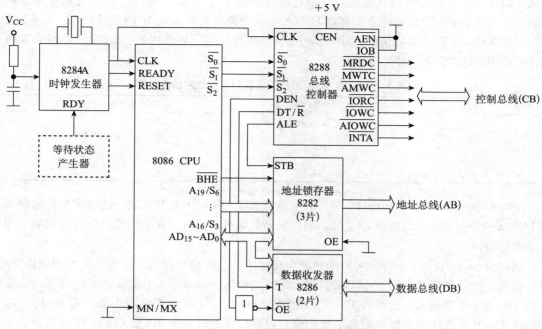

图 3-7　8086 最大模式典型系统结构

GND	1	40	$V_{CC}(+5 V)$
AD_{14}	2	39	AD_{15}
AD_{13}	3	38	A_{16}/S_3
AD_{12}	4	37	A_{17}/S_4
AD_{11}	5	36	A_{18}/S_5
AD_{10}	6	35	A_{19}/S_6
AD_9	7	34	$\overline{BHE}/S_7$
AD_8	8	33	$MN/\overline{MX}$
AD_7	9	32	$\overline{RD}$
AD_6	10	31	$HOLD(\overline{RQ}/\overline{GT_0})$
AD_5	11	30	$HLDA(\overline{RQ}/\overline{GT_1})$
AD_4	12	29	$\overline{WR}(\overline{LOCK})$
AD_3	13	28	$M/\overline{IO}(\overline{S_2})$
AD_2	14	27	$DT/\overline{R}(\overline{S_1})$
AD_1	15	26	$\overline{DEN}(\overline{S_0})$
AD_0	16	25	$ALE(QS_0)$
NMI	17	24	$\overline{INTA}(QS_1)$
INTR	18	23	$\overline{TEST}$
CLK	19	22	READY
GND	20	21	RESET

8086 CPU

GND	1	40	$V_{CC}(+5 V)$
A_{14}	2	39	A_{15}
A_{13}	3	38	A_{16}/S_3
A_{12}	4	37	A_{17}/S_4
A_{11}	5	36	A_{18}/S_5
A_{10}	6	35	A_{19}/S_6
A_9	7	34	$SS_0/(HIGH)$
A_8	8	33	$MN/\overline{MX}$
AD_7	9	32	$\overline{RD}$
AD_6	10	31	$HOLD(\overline{RQ}/\overline{GT_0})$
AD_5	11	30	$HLDA(\overline{RQ}/GT_1)$
AD_4	12	29	$\overline{WR}(\overline{LOCK})$
AD_3	13	28	$IO/\overline{M}(\overline{S_2})$
AD_2	14	27	$DT/\overline{R}(\overline{S_1})$
AD_1	15	26	$\overline{DEN}(S_0)$
AD_0	16	25	$ALE(QS_0)$
NMI	17	24	$\overline{INTA}(QS_1)$
INTR	18	23	$\overline{TEST}$
CLK	19	22	READY
GND	20	21	RESET

8088 CPU

图 3-8　8086/8088 CPU 引脚图

（1）8086 最大模式和最小模式下公共引脚

V_{CC}：电源输入线。8086 采用 ±10% 单一 +5V 电源。

GND：电源地输入线，8086 有两个接地端。

$AD_{15} \sim AD_0$（Address Data Bus，输入/输出，三态）：地址总线的低 16 位与数据总线复用。总线周期的 T_1 状态输出访问地址的低 16 位，作为数据线时是双向的；在 DMA 方式时，处于三态（高阻）。

$A_{19}/S_6 \sim A_{16}/S_3$（Address/Status）：地址/状态复用输出线。总线周期的 T_1 状态输出访问地址

的高 4 位，其他 T 状态输出状态信息。在总线周期的 $T_2 \sim T_4$ 状态中，S_6 始终为低电平，指示 8086 当前与总线相连；S_5 是标志寄存器 FLAGS 中的中断允许标志位 IF 的当前状态，$S_5 = 1$ 表明 CPU 可以响应可屏蔽中断的请求，$S_5 = 0$ 表明 CPU 禁止一切可屏蔽中断；S_4 和 S_3 的组合表明当前正在使用的段寄存器，详见表 3-2。

表 3-2　S_4 和 S_3 的组合所代表的正在使用的寄存器

S_4	S_3	当前正在使用的段寄存器
0	0	ES
0	1	SS
1	0	CS（或 I/O，中断响应）
1	1	DS

NMI（Non-Maskable Interrupt）：非屏蔽中断请求输入线，上升沿有效。此请求不受标志寄存器 FLAGS 中中断允许标志位 IF 状态的影响，只要此信号一出现，在当前指令执行结束后立即进行中断处理。

INTR（Interrupt Request）：可屏蔽中断申请输入线，高电平有效。这类中断可用软件屏蔽。CPU 在每个指令周期的最后一个 T 状态的起始时刻检测该信号是否有效，若此信号有效，表明有外设提出了中断请求，这时若 IF = 1，则当前指令执行完后立即响应中断；若 IF = 0，则中断被屏蔽，外设发出的中断请求将不被响应。程序员可通过指令 STI 或 CLI 将 IF 标志位置 1 或清零。

CLK（Clock）：时钟输入线。为 CPU 和总线控制逻辑电路提供定时信号，该引脚一般接至时钟发生器 8284A 集成电路的输出线，由 8284A 提供 CPU 所需的 4.77MHz、33% 占空比（即 1/3 周期为高电平，2/3 周期为低电平）的系统时钟信号。

RESET：系统复位信号输入线，高电平有效。8086/8088 要求该信号的有效时间至少为 4 个时钟周期。接通电源或按 RESET 键，都可产生 RESET 信号。当 CPU 接收到 RESET 信号后，处理器马上结束现行操作，对处理器内部寄存器进行初始化，恢复到机器的起始状态。复位后，内部寄存器的状态见表 3-3。同时，在具有输出能力的引脚中，具有三态功能的引脚进入高阻态，不具有三态功能的引脚则输出无效电平。复位信号 RESET 从高电平到低电平的跳变会触发 CPU 内部的一个复位逻辑电路，经过 7 个时钟周期后，CPU 就被启动而恢复正常工作，将从 FFFF0H 处开始执行程序。通常，在 FFFF0H 开始的几个单元中放一条无条件转移指令，转到一个特定的区域中，这个程序往往实现系统的初始化、引导监控程序或者引导操作系统等功能，这样的程序叫做引导和装配程序。在系统正常运行时，RESET 保持低电平。

表 3-3　复位后内部寄存器状态

内部寄存器	状态
标志寄存器	0000H
IP	0000H
CS	FFFFH
DS	0000H
SS	0000H
ES	0000H
指令队列缓冲器	空
其余寄存器	0000H

READY："准备就绪"信号输入线，高电平有效。该信号来自所寻址的存储器或 I/O 设备，当其有效时，表示内存或 I/O 设备已准备好，CPU 可以进行数据传送。若内存或 I/O 设备还未准备好，则使 READY 信号为低电平。CPU 在 T_3 周期的开始采样 READY 线，若为低，则在 T_3 周期结束后插入 T_W 周期，直至 READY 变高后，则在此 T_W 周期结束以后，进入 T_4 周期，完成数据传送。

TEST：测试信号输入线，低电平有效，与 WAIT 指令结合使用，用来使处理器与外部硬件同步。当 CPU 执行 WAIT 指令时，每隔 5 个时钟周期对该引脚进行一次测试。若为高电平，CPU 就仍处于空闲状态进行等待，直到该引脚变为低电平，CPU 结束等待状态，执行下一条指令。

$\overline{RD}$（Read）：读信号输出线，低电平有效。当 $\overline{RD}$ 为低电平时，表明 CPU 正在对内存或 I/O 端口进行读操作。

MN/$\overline{MX}$（Minimum/Maximum Mode Control）：最小/最大模式控制信号输入线。该引脚接至高电平时，表明 8086/8088 工作在最小模式；该引脚接至低电平时，表明 8086/8088 工作在最大模式。

（2）8086 最小模式下的引脚

由于地址与数据、状态线分时复用，因此系统中需要地址锁存器将地址锁存。数据线连至内存及外设，负载重，需用数据总线收发器做驱动。而控制总线一般负载较轻不需要驱动，故直接从 8086 引出。

最小模式下第 24 ~ 31 引脚信号如下。

$\overline{INTA}$（Interrupt Acknowledge）：中断响应信号输出线，低电平有效。用来对外设的中断请求做出响应，当 CPU 响应外设中断申请时，发出两个连续有效的 $\overline{INTA}$ 信号，通常与中断控制器 8259A 的 $\overline{INTA}$ 相连。

ALE（Address Latch Enable）：地址锁存允许信号输出线。地址锁存允许信号是 8086 提供给地址锁存器的控制信号。在总线周期的 T_1 状态输出高电平，表示当前地址/数据复用总线上输出的是地址信息，ALE 由高到低的下降沿将地址装入地址锁存器中。

$\overline{DEN}$（Data Enable）：数据允许信号输出线，常用做总线收发器的输出允许信号，为收发器的 OE 端提供控制信号，该信号决定是否允许数据通过数据总线收发器。当 $\overline{DEN}$ = 1 时，收发器在收或发双向都不能传送数据，当 $\overline{DEN}$ = 0 时，允许数据通过数据总线收发器。当 CPU 处于存储器直接存取（DMA）方式时，此线浮空，呈高阻态。

DT/$\overline{R}$（Data Transmit/Receive）：数据发送/接收信号输出线。该信号用来控制数据总线收发器的传送方向。该引脚为高电平时，CPU 向内存或 I/O 端口发送数据；该引脚为低电平时，CPU 从内存或 I/O 端口接收数据；当 CPU 处于 DMA 方式时，DT/$\overline{R}$ 被置为浮空态。

M/$\overline{IO}$（Memory/Input and Output）：存储器/IO 控制信号输出线，决定进行存储器还是 I/O 访问。8086 CPU 中存储器空间与 I/O 空间是独立编址的。该引脚为低电平时，表示 CPU 正与 I/O 端口进行数据传送；当其为高电平时，表示 CPU 正与内存进行数据传输；当 CPU 处于 DMA 方式时，此线浮空。此引脚电平定义，8086 与 8088 略有不同，8088 为 IO/$\overline{M}$。

$\overline{BHE}$/S_7（Bus High Enable/Status）：高 8 位数据总线允许/状态复用输出线。在总线周期的 T_1 状态，输出 $\overline{BHE}$，总线周期的其他状态输出 S_7（暂无定义）。$\overline{BHE}$ 是高 8 位数据总线允许信号输出线。因为 8086 有 16 条数据线，它可以传送一个字，也可以用高 8 位数据线或低 8 位数据线传送一个字节。$\overline{BHE}$ 在总线周期的 T_1 状态时输出，当该引脚输出为低电平时，表示当前数据总线上高 8 位数据有效。该引脚和地址引脚 A_0 配合表示当前数据总线的使用情况，见表 3-4。

$\overline{\text{WR}}$（Write）：写信号输出线，低电平有效。该引脚低电平表明 CPU 正在对内存或 I/O 端口进行写操作。当 CPU 处于 DMA 方式时，该信号置为浮空态。

表 3-4　$\overline{\text{BHE}}$ 与地址引脚 A_0 编码含义

BHE	A_0	数据总线使用情况
0	0	16 位字传送（偶地址开始的两个存储器单元的内容）
0	1	在数据总线高 8 位（$D_{15} \sim D_8$）和奇地址单元间进行字节传送
1	0	在数据总线低 8 位（$D_7 \sim D_0$）和偶地址单元间进行字节传送
1	1	无操作

HOLD（Hold Request）：总线保持请求信号输入线，高电平有效。当 8086 CPU 外的总线主设备要求占用总线时，通过该引脚向 CPU 发一个高电平的总线保持请求信号。

HLDA（Hold Acknowledge）：总线保持响应信号输出线，高电平有效。当 CPU 接收到 HOLD 信号后，如果 CPU 允许让出总线，就在当前总线周期完成时，在 T_4 状态发出高电平有效的 HLDA 信号给予响应。此时，CPU 让出总线使用权，发出 HOLD 请求的总线主设备获得总线的控制权。

（3）8086 最大模式下的引脚

当 MN/$\overline{\text{MX}}$ 接低电平时，系统工作于最大模式，即多处理器方式，8086 CPU 的部分引脚需要重新定义。

$\overline{S_2}$、$\overline{S_1}$、$\overline{S_0}$（Bus Cycle Status）：总线周期状态信号输出线，低电平有效，用于最大模式时 8086 给 8288 总线控制器发送控制代码。这三个状态信号连接到总线控制器 8288 的输入端，8288 对这些信号进行译码后产生存储器或 I/O 端口的读/写控制信号。三个状态信号的代码组合、对应的操作及 8288 产生的控制信号见表 3-5。

表 3-5　$\overline{S_2}$、$\overline{S_1}$、$\overline{S_0}$ 最大模式编码表

$\overline{S_2}$	$\overline{S_1}$	$\overline{S_0}$	8288 产生的控制信号	功能	相关指令举例
0	0	0	$\overline{\text{INTA}}$	发中断响应信号	无
0	0	1	$\overline{\text{IORC}}$	读 I/O 端口	IN AL, DX
0	1	0	$\overline{\text{IOWC}}$ 和 $\overline{\text{AIOWC}}$	写 I/O 端口	OUT DX, AL
0	1	1	无	暂停	NOP
1	0	0	$\overline{\text{MRDC}}$	取指令	无
1	0	1	$\overline{\text{MRDC}}$	读存储器	MOV AX, [BX]
1	1	0	$\overline{\text{MWTC}}$ 和 $\overline{\text{AMWC}}$	写存储器	MOV [BX], AX
1	1	1	无	无效	无

对于表中的前七种情况，三个状态信号中至少有一个为有效的低电平，每一种情况都对应一种总线操作。在总线周期的 T_3 或 T_w 状态并且 READY 信号为高电平时，$\overline{S_2}$、$\overline{S_1}$、$\overline{S_0}$ 都成为高电平（第八种情况），此时，前一个总线操作就要结束，后一个新的总线周期尚未开始，通常称为无效状态。而在总线周期的最后一个状态即 T_4 状态，$\overline{S_2}$、$\overline{S_1}$、$\overline{S_0}$ 中任何一个或几个信号的改变，都意味着下一个新的总线周期的开始。在 DMA 方式时，这 3 条线处于高阻态。

$\overline{\text{RQ}}/\overline{\text{GT}_0}$，$\overline{\text{RQ}}/\overline{\text{GT}_1}$（Request/Grant）：总线请求信号输入/总线请求允许信号输出复用线。用于 CPU 以外的总线主设备请求总线 $\overline{\text{RQ}}$（相当于最小方式时的 HOLD 信号），并促使 CPU 在现行总线周期结束后让出总线 $\overline{\text{GT}}$（相当于最小方式的 HLDA 信号）。$\overline{\text{RQ}}/\overline{\text{GT}_0}$ 比 $\overline{\text{RQ}}/\overline{\text{GT}_1}$ 有更高的优先权。这些线的内部有一个上拉电阻，允许这些引脚不接外电路。在 IBM PC 及 PC/XT 中，8086 的 $\overline{\text{RQ}}/\overline{\text{GT}_1}$ 接至 8087 的 $\overline{\text{RQ}}/\overline{\text{GT}_0}$ 端。

$\overline{\text{LOCK}}$：总线封锁信号输出线，低电平有效。当其有效时，系统中其他的总线主设备不能获得对系统总线的控制。$\overline{\text{LOCK}}$信号由指令前缀 LOCK 产生，且在下一个指令完成以前保持有效。当 CPU 处于 DMA 响应状态时，此线处于高阻态。

QS_1、QS_0（Instruction Queue Status）：指令队列状态信号输出线，它允许外部（如协处理器）跟踪 8086 内部的指令队列。QS_1、QS_0 两个信号电平的不同组合指明了 8086 内部指令队列的状态，其代码组合对应功能含义见表 3-6。

表 3-6　QS_1、QS_0 编码表

QS_1	QS_0	功能
0	0	指令队列无操作
0	1	从指令队列的第一字节中取走代码
1	0	队列空
1	1	除第一字节外，还取走队列中的其他字节

8288 总线控制器还提供了其他一些存储器与 I/O 的读/写命令以及中断响应控制信号：$\overline{\text{MRDC}}$（Memory Read Command）、$\overline{\text{MWTC}}$（Memory Write Command）、$\overline{\text{IORC}}$（I/O Read Command）、$\overline{\text{IOWC}}$（I/O Write Command）和$\overline{\text{INTA}}$等。此外，还有提前写内存/写 I/O 信号：$\overline{\text{AMWC}}$与$\overline{\text{AIOWC}}$，其功能与$\overline{\text{MWTC}}$和$\overline{\text{IOWC}}$类似，只是它们由 8288 提前一个时钟周期发出信号，这样，一些较慢的存储器和外设将得到一个额外的时钟周期执行写入操作。

3.1.5　存储器组织及输入/输出结构

（1）存储器组织

8086/8088 有 20 条地址线，可直接对 1M（2^{20}）个存储单元进行访问，每个存储单元存放一个字节型数据，每个存储单元都有一个 20 位的地址。因此，在一个 8086/8088 组成的系统中，可以有多达 1M 字节的存储器。这 1M 字节逻辑上可以组成一个线性阵列，地址从 00000H ~ FFFFFH，给定一个 20 位的地址就可以从中取出所需要的指令或操作数。问题是在 8086/8088 内部如何形成这 20 位的地址。前文已指出，8086/8088 的 ALU 和寄存器都是 16 位的，因此对地址的运算也只能是 16 位的。即对于 8086/8088 来说，各种寻址方式寻址的范围最多只能是 64K（2^{16}）。出于上述原因，把 1M 字节的存储器以 64K 的范围分为若干段，对于每一段分别管理。IBM PC 对段的起始地址有限制，即段不能从任意地址开始：必须从任一小段（paragraph）的首地址开始。从 0 地址开始每 16 字节为一小段，每个小段首地址特征：在十六进制表示的地址中，最低位为 0H。在寻址一个具体的物理单元时，必须有一个段基地址再加上由 SP、IP、BP 或 DI 等可由 CPU 处理的 16 位偏移量来形成 20 位物理地址。这个段基地址是由 CS、SS、DS 和 ES 这 4 个段寄存器中的一个形成，如图 3-9 所示。

每当需要形成一个 20 位物理地址时，会选择相应的段寄存器，其中的 16 位数会自动左移 4 位（即乘 16），然后与 16 位偏移量相加。

8086/8088 将整个存储器分为许多逻辑段，每个逻辑段的容量小于或等于 64KB，允许它们在整个存储空间中浮动，各个逻辑段之间可以紧密相连，也可以互相重叠。

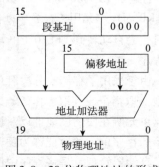

图 3-9　20 位物理地址的形成

用户编写的程序（包括指令代码和数据）分别存储在代码段、数据段、堆栈段和附加数据段中，这些段的段地址分别存储在段寄存器 CS、DS、SS 和 ES 中，而指令或数据在段内偏移地址可由对应的地址寄存器或立即数给出，在 8086/8088 系统中访问存储器时，访问数据段或堆栈段内的数据所用的段寄存器和存放偏移地址的寄存器之间的组合如表 3-7 所示。

表 3-7　存储器操作时段地址和偏移地址组合

存储器操作	段地址		偏移地址
	默认	段跨越	
取指令	CS	无	IP
存取操作数	DS	CS、ES、SS	有效地址 EA
BP 间址存取操作数	SS	CS、ES、DS	有效地址 EA
堆栈操作	SS	无	BP、SP
源字符串	DS	CS、ES、SS	SI
目的字符串	ES	无	DI

各段在存储器中的分配：

1）一般情况，各段在存储器中的分配是由操作系统负责，每个段可以独立地占用 64KB 存储区。

2）各段也可以允许重叠，这是指每个段的大小允许根据实际需要来分配，而不一定要占 64KB 的最大段空间。当然，每个存储单元的内容不允许发生冲突（段可重叠，但使用时应防止冲突）。

3）如果程序中的 4 个段都是 64KB 的范围之内，而且程序运行时所需要的信息都在本程序所定义的段区之内，程序员只要在程序的首部设定各段寄存器的值就可以了，在程序中就不用再考虑这些段寄存器。

4）如果程序的某一段（如数据段）在程序运行过程中会超过 64KB 空间，或者程序中可能访问除本身 4 个段以外的其他段区的信息，那么在程序中必须动态地修改段寄存器的内容。

上述的存储器分段方法，对于要求程序区、堆栈区和数据区互相隔离的这类任务是非常方便的。对于一个程序中要用的数据区超过 64KB，或要求从两个或多个不同区域存取操作数时，也极为方便，只要在取操作数前用指令给 DS 重新赋值即可。这种分段方法也适用于程序的再定位，可以实现同一个程序能在内存的不同区域中运行而不改变程序本身。

注意：在 8086/8088 CPU 的 IBM PC 系统中，存储器首尾地址的用途固定：00000H～003FFH 共 1KB 内存单元用于存放中断向量；FFFF0H～FFFFFH 是存储器底部的 16 个单元，系统加电复位时，会自动转到 FFFF0H 单元执行，而在 FFFF0H 处存放一条无条件转移指令，转向系统初始化程序。

由于采用了存储器分段管理方式，8080/8088 CPU 在对存储器进行访问时，根据当前的操作类型（取指令或存取操作数）以及读取操作数时指令所给出的寻址方式，CPU 就可确定要访问的存储单元所在段的段地址以及该单元在本段内的偏移地址（见表 3-7）。将用段地址和偏移地址来表示的存储单元的地址称为逻辑地址，记为"段地址：偏移地址"。

存储器管理就是将程序中逻辑地址转换为物理地址的机构。

物理地址是由 CPU 内部总线接口单元 BIU 中的地址加法器根据逻辑地址产生的。由逻辑地址形成 20 位物理地址的方法为：

$$物理地址 = 段地址 \times 10H + 偏移地址$$

例如，当前的（CS）= 3000H，（DS）= 5000H，（IP）= 2000H，则下一条要读取的指令所在存储单元的物理地址为：

$$（CS）\times 10H +（IP）= 3000H \times 10H + 2000H = 32000H$$

如果某操作数在数据段内的偏移地址为 1000H，则该操作数所在存储单元的物理地址为：

$$（DS）\times 10H + 1000H = 5000H \times 10H + 1000H = 51000H$$

8086/8088 字长是 16 位的，存储器数据存放以字节为单位，一个字存入存储器占有相邻的两个单元：低位字节存入低地址，高位字节存入高地址。字单元的地址采用它的低地址来表示。同一个地址既可以看做字节单元地址，又可看做字单元地址，需要根据使用情况确定。字单元地址可以是偶数也可以是奇数，为提高传送效率，建议字地址为偶地址，因为字操作数存放在奇地址开始两个存储单元/两个 I/O 端口中进行数据传输，8086 需要两个总线周期。

（2）8086/8088 的 I/O 组织

8086/8088 系统和外部设备之间是通过 I/O 接口电路来联系的。每个 I/O 接口都有一个或几个端口。在微机系统中，每个端口分配一个地址号，称为端口地址。一个端口通常为 I/O 接口电路内部的一个寄存器或一组寄存器。

因为 8086/8088 CPU 用地址总线的低 16 位作为对 8 位 I/O 端口的寻址线，所以 8086/8088 系统可访问的 8 位 I/O 端口有 65536（64K）个。两个编号相邻的 8 位端口可以组成一个 16 位的端口。一个 8 位的 I/O 设备既可以连接在数据总线的高 8 位上，也可以连接到数据总线的低 8 位上。一般为了使数据/地址总线的负载平衡，希望接在数据/地址总线高 8 位和低 8 位的设备数目最好相等。当一个 I/O 设备接在数据总线的低 8 位（$AD_7 \sim AD_0$）上时，这个 I/O 设备所包括的所有端口地址都将是偶数地址（$A_0 = 0$）；若一个 I/O 设备接在数据总线的高 8 位（$AD_{15} \sim AD_8$）上时，那么该设备包含的所有端口地址都是奇数地址（$A_0 = 1$）。如果某种特殊 I/O 设备既可使用偶地址又可使用奇地址，此时必须将 A_0 和 $\overline{BHE}$ 两个信号结合起来作为 I/O 设备的选择线。

8086 CPU 对 I/O 设备的读/写操作与对存储器的读/写操作类似。当 CPU 与偶地址的 I/O 设备实现 16 位数据的存取操作时，可在一个总线周期内完成；当 CPU 与奇地址的 I/O 设备实现 16 位数据的存取操作时，要占用两个总线周期才能完成。

需要说明的是，8086/8088 CPU 的 I/O 指令可以用 16 位的有效地址 $A_{15} \sim A_0$ 来寻址 0000H ~ FFFFH 共 64K 个端口，但 IBM PC 系统中只使用了 $A_9 \sim A_0$ 10 位地址来作为 I/O 端口的寻址信号，因此，其 I/O 端口的地址仅为 000H ~ 3FFH 共 1K 个。

3.2 Intel 80286 微处理器

随着微处理器技术不断向更高性能发展，1981 年 ~ 1982 年 1 月，Intel 公司相继推出了 8086 的改进型微处理器 80186 与 80286。80286 的指令操作码与 8086/8088、80186 向上兼容，具有实地址模式和保护地址模式两种运行方式，它既继承了 8086/8088、80186 的功能，又增加了一些新的功能。

从 80286 CPU 开始，在硬件设计上支持多用户、多任务的处理，支持虚拟存储器的管理及硬件保护机构的设置，而且在 80286 CPU 指令系统设置上也增加了许多新的指令，使 80286 具备更高的性能。

80286 是 16 位微处理器芯片，其内部操作和寄存器都是 16 位的。该芯片集成了 13.5 万个晶体管，以 68 引线四列双插式封装，不再使用分时复用线，具有独立的数据线 16 条，地址线 24 条，时钟频率为 8 ~ 10MHz。80286 片内具有存储管理和保护机构，对存储器采用分段的管理办法，每段最大为 64KB，并支持虚拟存储器。这样的存储器管理方法使 80286 能可靠地支持多用户。

80286 有两种工作方式，即实地址方式和虚地址保护方式。在实地址方式下，80286 就是一个快速的 8086；在虚地址保护方式下，80286 可寻址 16MB 物理地址，并能提供 1000MB 的虚拟地址空间。

3.2.1　80286 结构

80286 内部结构如图 3-10 所示。它主要由 4 个部件组成：执行部件（Execution Unit，EU）、指令部件（Instruction Unit，IU）、总线部件（Bus Unit，BU）和地址部件（Address Unit，AU）。与 8086/8088 相比，80286 的 IU 和 EU 基本相当于 8086/8088 的执行单元（EU），而 BU 和 AU 基本相当于 8086/8088 的总线接口单元（BIU）。通过 4 个部件的并行操作，进一步提高了 CPU 的工作速度，其系统的整体性能要比 5MHz 的 8086/8088 系统高 6 倍。

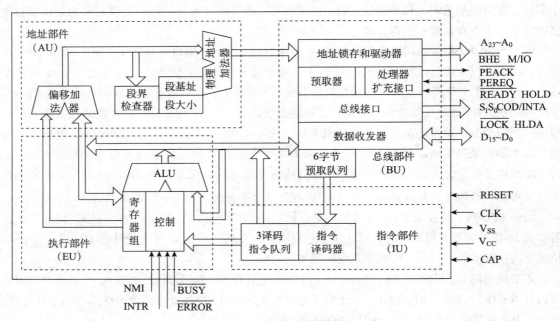

图 3-10　80286 的内部结构框图

与 8086 相比，80286 的标志寄存器增加了两个标志，占 3 位，用于保护模式，即 NT（嵌套标志）、IOPL（I/O 特权标志），如图 3-11 所示。

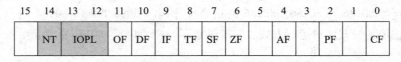

图 3-11　80286 状态标志寄存器

80286 的控制寄存器除 IP 和状态标志寄存器外，增加了机器状态字寄存器（Machine Status Word Register），只占用 4 位：保护允许（Protect Enable，PE）、协处理器监控（Monitor Coprocessor，MP）、模拟协处理器（Emulate Coprocessor，EM）和任务切换（Task Switched，TS），如图 3-12 所示。

图 3-12 80286 机器状态字寄存器

3.2.2 保护方式下的存储器寻址

在保护方式下，80286 的 24 条地址线全部发挥作用，其寻址能力为 2^{24} = 16MB。物理地址分为段基地址和段内偏移地址，其中段基地址为 24 位，段内偏移地址仍然是 16 位。段描述符用来描述段的三个特征：基地址、界限和访问权限，格式如图 3-13 所示。

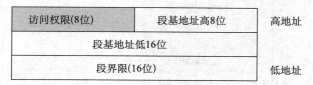

图 3-13 段描述符格式

其中访问权限共占 8 位，包括：存在（Present，P）、特权级（Descriptor Privilege Level，DPL）、段描述符特征（Segment Descriptor，S）、访问特征（Accessed，A）和 TYPE，如图 3-14 所示。TYPE 对于不同段的含义如下：

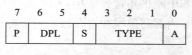

图 3-14 访问权限格式

位 3——E（Executable），E = 0 不可执行，为数据段描述符；E = 1 可执行，为代码段描述符。

位 2——数据段描述符用，ED（Expansion Direction），ED = 0 向上生长段（数据段）；ED = 1 向下生长段（堆栈）。

位 2——代码段用，C（Conforming），C = 0 忽略描述符特权级；C = 1 描述符特权级有效。

位 1——数据段用，W（Write），W = 1 数据段可以写入；W = 0 数据段不能写入。

位 1——代码段用，R（Read），R = 1 代码段可以读，R = 0 不能读。

16 位段寄存器中的内容称为段选择子（Selector），是段描述符在描述符表中起始位置的索引及其属性的相关信息，由程序或指令给出，段选择子格式如图 3-15 所示，它由 3 个字段组成。

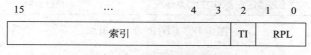

图 3-15 段选择子格式

请求特权级（Requested Privilege Level，RPL）由两位组成：0，1 位，构成了选择子的特权（0~3），其中 0 为最高级。描述符表指示器（Table Indicator，TI）表示选择子选择了哪一个描述符表：TI = 0 表示选择全局描述符表（GDT）；TI = 1 表示选择了局部描述符表（LDT）。

段基地址为 24 位，偏移量为 16 位，保护方式下的存储器寻址如图 3-16 所示。

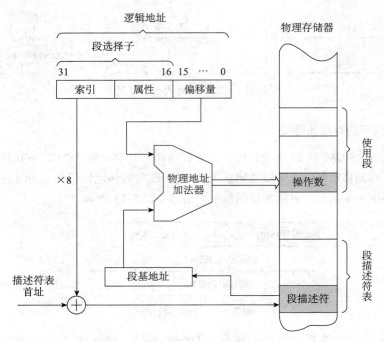

图 3-16 保护方式下的存储器寻址

描述符表是存放相关描述符的内存区，x86 微处理器中主要有三个描述符表：全局描述符表（GDT）、局部描述符表（LDT）和中断描述符表（IDT）。

段描述符缓冲寄存器是 80286 内部高速缓冲寄存器，用于存放段描述符参数。寄存器的内部数据结构如图 3-17 所示。

47 … 40	39 … 16	15 … 0
8位访问权限	24位段基地址	16位段界限

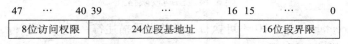

图 3-17 段描述符缓冲寄存器的字段组织

系统地址寄存器存放描述符表的地址信息及其属性，主要有 4 个系统地址寄存器：全局描述符表寄存器（GDTR）、中断描述符表寄存器（IDTR）、局部描述符表选择器（LDTR）和任务状态段选择器（TR）。GDTR 存放 GDT 的 24 位基地址和 16 位界限，格式如图 3-18 所示。IDTR 存放 IDT 的 24 位基地址和 16 位界限，格式如图 3-19 所示。

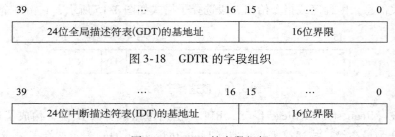

39 … 16	15 … 0
24位全局描述符表(GDT)的基地址	16位界限

图 3-18 GDTR 的字段组织

39 … 16	15 … 0
24位中断描述符表(IDT)的基地址	16位界限

图 3-19 IDTR 的字段组织

LDTR 是 16 位的寄存器，存放 LDT 的选择子，通过该选择子可从 GDT 中选择 LDT 描述符。LDT 描述符的格式与段描述符的格式相同，包括了 LDT 的基地址、界限和访问权。有了 LDT 基地址，通过段选择子就可确定该段在 LDT 中的段描述符，也就找到了段基地址，从而可得到物理地址，如图 3-20 所示。

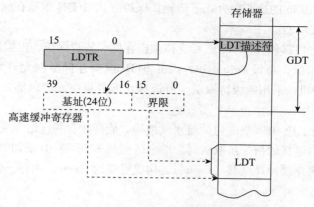

图 3-20　LDTR 的操作示意图

TR（Task Register）是 16 位寄存器，存放用于选择某一任务状态段（TSS）描述符的选择子，该任务状态段描述符存放在 GDT 中。通过该选择子就可以访问全局描述符表（GDT），并把任务状态段的基址、界限和访问权装入 TR 的高速缓存寄存器中，从而可以方便地对任务进行控制，如图 3-21 所示。

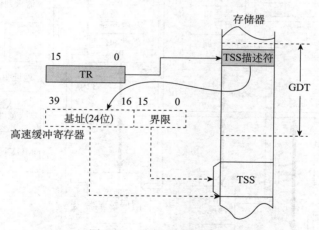

图 3-21　TR 的操作示意图

3.3　Intel 80386 微处理器

1985 年 10 月，Intel 公司发布了其第一片 32 位微处理器 80386。80386 是一种与 80286 相兼容的高性能的全 32 位微处理器，它是为需要高性能的应用领域和多用户、多任务操作系统而设计的。

在 80386 芯片内部集成了存储器管理部件和硬件保护机构，内部寄存器的结构及操作系统全都是 32 位的。它的地址线为 32 位，可寻址的物理存储空间为 4GB（2^{32}），80386 支持的虚拟地址空间（逻辑地址空间）可以达到 64TB（Tera Byte）。

80386 提供 32 位外部总线接口，最大数据传输速率为 32MB/s，具有自动切换数据总线宽度的功能。CPU 读/写数据的宽度可以在 32 位～16 位之间自由进行切换，与 8086/8088、80286 相兼容。它支持 8 位、16 位或 32 位数据类型，有 8 个通用的 32 位寄存器，分别命名为 EAX、EBX、

ECX、EDX、ESI、EDI、EBP、ESP，它们的低 16 位可以单独使用。具有三种工作方式：实地址方式、保护方式和虚拟 8086 方式。实地址方式和虚拟 8086 方式与 8086 相同，已有的 8088/8086 软件不加修改就能在 80386 的这两种方式下运行；保护方式可支持虚拟存储、保护和多任务，包括了 80286 的保护方式功能。

片内集成存储器管理部件（MMU），可支持虚拟存储和特权保护，虚拟存储器空间可达 64TB（2^{46}B）。存储器按段组织，每段最长 4GB，因此 64TB 虚拟存储空间允许每个任务可拥有多达 16384 个段。存储保护机构采用四级特权层，可选择片内分页单元。内部具有多任务机构，能快速完成任务的切换。

80386 的指令采用了比 8086 更先进的流水线结构，能高效、并行地完成取指、译码、执行和存储管理功能。它具有增强的指令预取队列，指令队列从 8086 的 6B 增加到 16B。为了加快访问速度，系统中还设置高速缓冲存储器（Cache），构成完整的 Cache、主存、辅存的 3 级存储体系。

3.3.1　80386 结构

80386 可以分解成 6 个关键部件：总线部件（BU）、指令预取部件（IPU）、指令译码部件（IDU）、执行部件（EU）、分段部件（SU）和分页部件（PU），内部结构如图 3-22 所示。

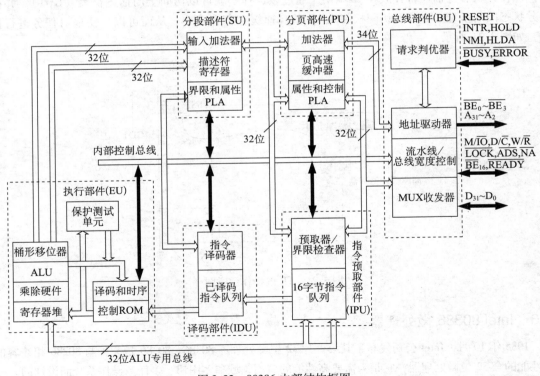

图 3-22　80386 内部结构框图

3.3.2　80386 引脚

80386 DX 有 132 根引脚，采用 PGA（Pin Grid Array，引脚网格阵列）封装，采用这种封装工艺单根引脚所占用的面积较双列直插时小，因此引脚数目可以多一些，不必再采用引脚复用技术。因此，在 80386 中数据线和地址线是分开设置的，控制信号和状态信号也不再复用引脚。其中 34 条地址线（$A_{31} \sim A_2$，$\overline{BE_3} \sim \overline{BE_0}$），32 条数据线（$D_{31} \sim D_0$），3 条中断线，1 条时钟线，13 条控制线，20 条电源线 V_{CC}，21 条地线 V_{SS}，还有 8 条为空。

与 8086/8088 相比，需要说明以下几点：

1）时钟（CLK2）：80386 的基本定时信号由 CLK2 提供。CLK2 的频率是 80386 内部时钟信号频率的两倍，输入该信号与 82384 时钟信号同步，经 80386 内部 2 分频之后得到 80386 的工作基准频率信号。

2）数据总线（$D_{31} \sim D_0$）：为 80386 和其他设备之间提供数据通路，32 位数据总线，双向三态，一次可传送 8 位、16 位或 32 位数据，由输入信号（$\overline{BE_3} \sim \overline{BE_0}$）和 $\overline{BE_{16}}$ 确定。在任何写操作周期（包括暂停周期和停机周期），80386 总是驱动数据总线的所有 32 位信号，而不管当前总线的实际宽度。

3）地址总线（$A_{31} \sim A_2$，$\overline{BE_3} \sim \overline{BE_0}$）。

- $A_{31} \sim A_2$：地址总线，输出三态，和 $\overline{BE_0} \sim \overline{BE_0}$ 相结合起到 32 位地址的作用。80386 地址总线包含 $A_2 \sim A_{31}$ 地址线和字节选通线 $\overline{BE_3} \sim \overline{BE_0}$。$\overline{BE_3} \sim \overline{BE_0}$ 线的功能与 8086 和 80286 系统的 A_0 和 $\overline{BHE}$ 非常相似，它们是内部地址信号 A_0 和 A_1 的译码。由于 80386 有一个 32 位数据总线，所以内存可以建立 4B 宽的存储体。$\overline{BE_3} \sim \overline{BE_0}$ 信号是用来选通这 4B 个存储体。这些单独选通可以使 80386 的内存传送或者接收字节、字或者双字。
- $\overline{BE_3} \sim \overline{BE_0}$：字节选通信号。用于选通在当前的传送操作要涉及 4B 数据中的哪几个字节。$\overline{BE_0}$ 对应于 $D_0 \sim D_7$，$\overline{BE_1}$ 对应于 $D_8 \sim D_{15}$，$\overline{BE_2}$ 对应于 $D_{16} \sim D_{23}$，$\overline{BE_3}$ 对应于 $D_{24} \sim D_{31}$。

4）总线周期定义信号（$M/\overline{IO}$，$W/\overline{R}$，$D/\overline{C}$，$\overline{LOCK}$，三态，输出，用来定义正在进行的总线周期类型）。

- $M/\overline{IO}$：存储器/输入输出选择信号，输出信号。高电平时访问存储器，低电平时访问 I/O 端口。80386 直接 I/O 端口简单地把 8086 和 80286 端口结构扩充成 32 位端口。32 位 I/O 端口可以通过并联 8 位 I/O 端口设备（如 8255A）来构成。80386 可以使用所有 8 位端口地址的 IN 或 OUT 指令来编址 256 个 8 位端口、128 个 16 位端口、64 个 32 位端口。使用 DX 寄存器存放 16 位端口地址，80386 可以编址 64K 个 8 位端口、32K 个 16 位端口或 8K 个 32 位端口。
- $W/\overline{R}$：读/写控制输出信号，高电平时写入，低电平时读出。
- $D/\overline{C}$：数据/指令控制信号，输出。高电平时传送数据，低电平时传送指令代码，$D/\overline{C}$ 指示总线操作是一个数据读/写还是控制字传输（如取一个操作码）。

$W/\overline{R}$、$D/\overline{C}$、$M/\overline{IO}$ 是总线周期定义信号。当 80386 驱动 ADS（地址状态）输出信号有效时，这 3 个信号被驱动为有效，根据 3 个信号的功能可得到总线周期定义，见表 3-8。

表 3-8　总线周期定义

$M/\overline{IO}$	$D/\overline{C}$	$W/\overline{R}$	总线周期类型	是否锁定
0	0	0	中断响应	是
0	0	1	不会出现	/
0	1	0	读 I/O 数据	否
0	1	1	写 I/O 数据	否
1	0	0	读存储器代码	否
1	0	1	暂停（地址 =2），停机（地址 =0）	否
1	1	0	读存储器数据	某些周期
1	1	1	写存储器数据	某些周期

- $\overline{LOCK}$：总线周期封锁信号，低电平有效。

5）总线控制信号（$\overline{ADS}$，$\overline{READY}$，$\overline{NA}$，$\overline{BE_{16}}$）。

这组信号用来表示总线周期何时开始，以及数据总线的宽度和总线周期的终结。

- $\overline{ADS}$：地址选通信号，三态输出，低电平有效。当有效时，表示总线周期中地址信号有效。当有效地址、$\overline{BE}$信号和总线周期定义信号均在总线上时，$\overline{ADS}$信号将被设置。因为80386 地址总线是不可复用的，所以8086 类型的 ALE 信号是不需要的。但是，在某些80386 系统中，$\overline{ADS}$信号用于一种称为地址流水线的模式，将地址传送到外部锁存器。地址流水线的原理：如果一个地址保持在外部锁存器的输出端，80386 就可以把地址引脚上的"老"地址清除，并在总线周期的前期输出下一个操作的地址。外部控制芯片通过设置下一个地址信号来通知80386 何时为下一个操作输出地址。对一个有 SRAM 高速缓冲的系统，流水线地址模式通常不是必需的，因为 SRAM 高速缓冲已足够快了，不需要等待状态。

- $\overline{READY}$：准备就绪，输入信号，低电平有效。$\overline{READY}$有效时表示当前总线周期已完成。信号用来在总线周期中根据低速的内存或 I/O 设备接口的需要插入等待状态。

- $\overline{NA}$：下一个地址请求信号，输入信号，低电平有效。允许地址流水线操作，当其有效时，表示当前执行中的周期结束之后，下一个总线周期的地址和状态信号可变为有效。

- $\overline{BE_{16}}$：输入信号，低电平有效，指定16 位数据总线。$\overline{BE_{16}}$输入端允许80386 以16 位和/或32 位数据总线工作。如果设置了$\overline{BE_{16}}$，那么80386 只将数据传送到32 位数据总线的低16 位上。如果设置了$\overline{BE_{16}}$并且要从16 位宽内存中读一个32 位的操作数，那么80386 将自动产生一个第二总线周期来读第二个字。对于未调整的传输，如果设置了$\overline{BE_{16}}$，那么80386 也产生所需数目的总线周期。

6）总线仲裁信号（HOLD，HLDA）：由总线请求主设备来控制该组信号。

- HOLD：总线请求信号，输入信号，高电平有效。

- HLDA：总线保持响应信号，输出信号，有效时，CPU 让出总线。

7）协处理器接口信号（PEREQ，$\overline{BUSY}$，$\overline{ERROR}$）：控制80386 同80287 或80387 之间的通信。

- PEREQ：来自协处理器的请求信号，输入信号，表示80387 要求80386 控制它们与存储器之间的信息传送。PEREQ 信号是由一个像80387 浮点处理器这样的协处理器输出的，它通知80386 为协处理器取数据字的第一部分，然后协处理器将接管总线并读数据字的其余部分。

- $\overline{BUSY}$：协处理器忙，输入信号，低电平有效。$\overline{BUSY}$信号由协处理器使用。以避免80386 在协处理器结束当前指令之前又继续下一条指令。

- $\overline{ERROR}$：协处理器错误信号，输入信号，低电平有效。如果协处理器设置了$\overline{ERROR}$信号，80386 将执行类型为16 的异常中断。

8）中断信号（INTR，NMI，RESET）：用来引起中断或中止80386 正在执行的指令流。

- INTR：可屏蔽中断请求，输入信号。80386 响应 INTR 请求时，完成两个连续的中断响应周期，在整个响应周期，$\overline{LOCK}$信号有效。在第二个周期末，$D_0 \sim D_7$ 数据线上送出8 位中断类型码，以识别中断源。INTR 信号可以由80386 的标志寄存器中的 IF 位屏蔽。

- NMI：非屏蔽中断请求，输入信号。80386 对 NMI 的处理不运行中断响应周期，而是自动产生一个中断类型 2。

- RESET：复位信号，输入信号，当 RESET 有效时，将中止 80386 正在执行的一切操作，并置于一个已知的复位状态。复位期间的 80386 的有关引脚的状态见表 3-9。

表 3-9 复位期间引脚的状态（总线空闲）

引脚	$A_{31} \sim A_2$	$D_{31} \sim D_0$	$\overline{BE_3} \sim \overline{BE_0}$	$\overline{ADS}$	$W/\overline{R}$	$D/\overline{C}$	$M/\overline{IO}$	$\overline{LOCK}$	HOLD
复位状态	1	高阻	0	1	0	1	0	1	0

80386 有许多 V_{cc} 脚，也有许多标为 V_{ss} 的地线，这些引脚均被接到 PC 板合适的电平上。

3.4 Intel 80486 微处理器

80486 是 Intel 公司的一款 CISC 架构的 x86 CPU。内外部数据总线是 32 位，地址总线为 32 位，可寻址 4GB 的存储空间，支持虚拟存储管理技术，虚拟存储空间为 64TB。它可看成是集成了浮点运算单元（FPU）和 8KB 高速缓存（L1 Cache）的 386。早期的 486 分为有协处理器的 486DX 和无协处理器的 486SX 两种。随着芯片技术的不断发展，CPU 的频率越来越快，而 PC 外部设备受工艺限制，能够承受的工作频率有限，这就阻碍了 CPU 主频的进一步提高。在这种情况下，出现了 CPU 倍频技术，该技术使 CPU 内部工作频率为处理器外频的 2~3 倍，486DX2、486DX4 的名字便是由此而来。80486 处理器集成了 125 万个晶体管，使用 $1\mu m$ 的制造工艺，时钟频率由 25MHz 逐步提升到 33MHz、40MHz、50MHz 及后来的 100MHz。

80486 支持多种数据传输，以满足高性能系统的需要。总线操作有单周期和多周期、突发和非突发、可高速缓存和不可高速缓存等。传送的数据可以是 8 位、16 位或 32 位。

3.4.1 80486 内部结构

80486 CPU 内部包括总线接口部件、指令预取部件、指令译码部件、控制和保护测试单元部件、整数执行部件、分段部件、分页部件，以及浮点运算部件和高速缓存（Cache）管理部件，其内部结构如图 3-23 所示。

（1）总线接口部件（BIU）

总线接口部件与外部总线连接，用于管理访问外部存储器和 I/O 端口的地址、数据和控制总线。对于处理器内部，BIU 主要与指令预取部件和高速缓存部件交换信息，将预取指令存入指令代码队列。

BIU 与 Cache 部件交换数据有三种情况：一是向高速缓冲存储器填充数据，BIU 一次从片外总线读取 16B 到 Cache；二是如果高速缓冲存储器的内容被处理器内部操作修改了，则修改的内容也由 BIU 写回到外部存储器中；三是如果一个读操作请求所要访问的存储器操作数不在高速缓冲存储器中，则这个读操作便由 BIU 控制总线直接对外部存储器进行操作。

在预取指令代码时，BIU 把从外部存储器取出的指令代码同时传送给代码预取部件和内部高速缓冲存储器，以便在下一次预取相同的指令时，可直接访问高速缓冲存储器。

（2）指令预取部件

80486 CPU 内部有一个 32B 的指令预取队列，在总线空闲周期，指令预取部件（pre-fetcher）形成存储器地址，并向 BIU 发出预取指令请求。预取部件一次读取 16B 的指令代码并存入预取队列中，指令队列遵循先进先出（First In First Out，FIFO）的规则，自动地向输出端移动。如果 Cache 在指令预取时命中，则不产生总线周期。当遇到跳转、中断、子程序调用等操作时，预取队列被清空。

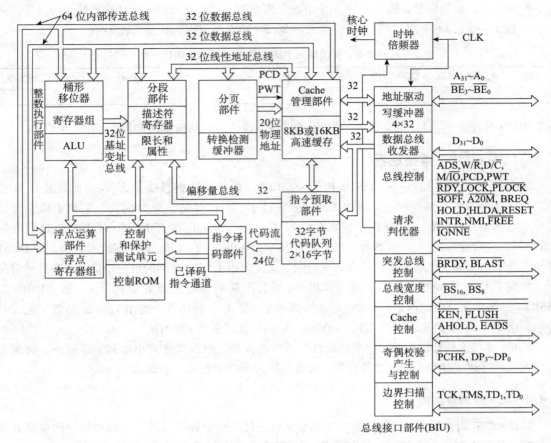

图 3-23　80486 微处理器内部结构

（3）指令译码部件（Instruction Decode Unit，IDU）

指令译码部件从指令预取队列中读取指令并译码，将其转换成相应控制信号。译码过程分两步：首先确定指令执行时是否需要访问存储器，若需要则立即产生总线访问周期，使存储器操作数在指令译码后能准备好；然后产生对其他部件的控制信号。

（4）控制和保护测试单元部件（Control and Protection Test Unit，CPTU）

控制部件对整数执行部件、浮点运算部件和分段管理部件进行控制，使它们执行已译码的指令。

（5）整数执行部件（Integer data-path Unit，IU）

整数执行部件包括 4 个 32 位通用寄存器、两个 32 位间址寄存器、两个 32 位指针寄存器、一个标志寄存器、一个 64 位桶形移位寄存器和算术逻辑运算单元等。它能在一个时钟周期内完成整数的传送、加减运算、逻辑操作等。80486 CPU 采用了 RISC 技术，并将微程序逻辑控制改为硬件布线逻辑控制，缩短了指令的译码和执行时间，一些基本指令可在一个时钟周期内完成。

两组 32 位双向总线将整数单元和浮点单元联系起来，这些总线合起来可以传送 64 位操作数。这组总线还将处理器单元与 Cache 联系起来，通用寄存器的内容通过这组总线传向分段单元，并用于产生存储器单元的有效地址。

（6）浮点运算部件（Floating Point Unit，FPU）

80486 CPU 内部集成了一个增强型 80487 数学协处理器，称为浮点运算部件，用于完成浮点数运算。由于 FPU 与 CPU 集成封装在一个芯片内，而且它与 CPU 之间的数据通道是 64 位的，所以当它在内部寄存器和片内 Cache 取数时，运行速度会极大提高。

（7）分段部件（Segmentation Unit，SU）和分页部件（Paging Unit，PU）

80486 CPU 设置了分段部件和分页部件，实现存储器保护和虚拟存储器管理。分段部件将逻辑地址转换成线性地址，采用分段 Cache 可以提高转换速度。分页部件用来完成虚拟存储，把分段部件形成的线性地址进行分页，转换成物理地址。为提高页转换速度，分页部件中还集成了一个转换后援缓冲器（the Translation Look-aside Buffer，TLB）。

（8）Cache 管理部件

80486 CPU 内部集成了一个数据/指令混合型 Cache，称为高速缓冲存储器管理部件（Cache Unit，CU）。在绝大多数的情况下，CPU 都能在片内 Cache 中存取数据和指令，减少了 CPU 的访问时间。在与 80486 DX 配套的主板设计中，采用 128～256KB 的大容量二级 Cache 来提高 Cache 的命中率，片内 Cache（L1 Cache）与片外 Cache（L2 Cache）合起来的命中率可达 98%。CPU 片内总线宽度高达 128 位，总线接口部件将以一次 16B 的方式在 Cache 和内存之间传输数据，大大提高了数据处理速度。80486 CPU 中的 Cache 部件与指令预取部件紧密配合，一旦预取代码未在 Cache 中命中，BIU 就对 Cache 进行填充，从内存中取出指令代码，同时送给 Cache 部件和指令预取部件。

3.4.2 80486 寄存器结构

80486 微处理器的寄存器按功能可分为 4 类：基本寄存器、系统寄存器、调试和测试寄存器及浮点寄存器。

80486 CPU 的寄存器总体上可分为程序可见和不可见两类。在程序设计期间要使用的并可由指令来修改其内容的寄存器，称为程序可见寄存器。在程序设计期间，不能直接寻址的寄存器，称为程序不可见寄存器，但是在程序设计期间可以被间接引用。程序不可见寄存器用于保护模式下控制和操作存储器系统。

1. 基本寄存器（base architecture register）

基本寄存器包括 8 个通用寄存器：EAX、EBX、ECX、EDX、EBP、ESP、EDI、ESI；一个指令指针寄存器 EIP；6 个段寄存器：CS、DS、ES、SS、FS 和 GS；一个标志寄存器 EFLAGS。80486 CPU 的基本寄存器如图 3-24 所示，它们都是程序可见寄存器。

（1）通用寄存器（general purpose register）

通用寄存器包括 EAX、EBX、ECX、EDX、EBP、ESP、EDI 和 ESI，其中 EAX、EBX、ECX、EDX 都可以作为 32 位寄存器、16 位寄存器或者 8 位寄存器使用。EAX 可作为累加器用于乘法、除法及一些调整指令，对于这些指令，累加器常表现为隐含形式。EAX 寄存器也可以保存被访问存储器单元的偏移地址。EBX 常用于地址指针，保存被访问存储器单元的偏移地址。ECX 经常用做计数器，用于保存指令的计数值。ECX 寄存器也可以保存访问数据所在存储器单元的偏移地址。用于计数的指令包括重复的串指令、移位指令和循环指令。移位指令用 CL 计数，重复的串指令用 CX 计数，循环指令用 CX 或 ECX 计数。EDX 常与 EAX 配合，用于保存乘法形成的部分结果，或者除法操作前的被除数，它还可以保存寻址存储器数据。

EBP 和 ESP 是 32 位寄存器，也可作为 16 位寄存器 BP、SP 使用，常用于堆栈操作。EDI 和

ESI 常用于串操作，EDI 用于寻址目标数据串，ESI 用于寻址源数据串。

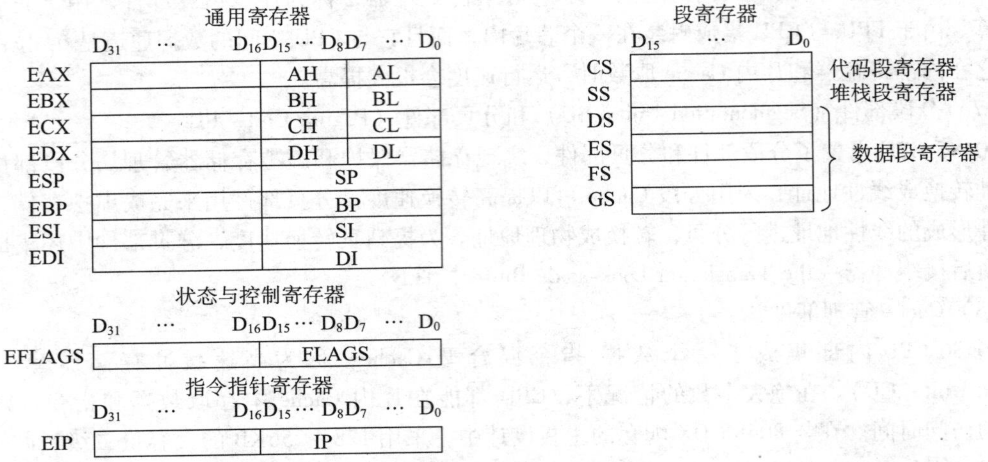

图 3-24　80486 CPU 的基本寄存器组

（2）指令指针寄存器（Extra Instruction Pointer，EIP）

指令指针寄存器存放指令的偏移地址。微处理器工作于实模式下，EIP 是 IP（16 位）寄存器。80486 CPU 工作于保护模式时，EIP 为 32 位寄存器。EIP 总是指向程序的下一条指令。EIP 用于微处理器在程序中顺序地寻址代码段内的下一条指令。当遇到跳转指令或调用指令时，指令指针寄存器的内容需要修改。

（3）标志寄存器（Extra Flag Register，EFR）

标志寄存器包括状态位、控制位和系统标志位，用于指示微处理器的状态并控制微处理器的操作。80486 CPU 标志寄存器如图 3-25 所示。

D_{31}	...	D_{19}	D_{18}	D_{17}	D_{16}	D_{15}	D_{14}	D_{13}	D_{12}	D_{11}	D_{10}	D_9	D_8	D_7	D_6	D_5	D_4	D_3	D_2	D_1	D_0
		AC	VM	RF		NT		IOPL		OF	DF	IF	TF	SF	ZF		AF		PF		CF

图 3-25　80486 CPU 标志寄存器

1）状态标志位：包括进位标志（CF）、奇偶标志（PF）、辅助进位标志（AF）、零标志（ZF）、符号标志（SF）和溢出标志（OF）。

2）控制标志位：包括陷阱标志（TF，单步操作标志）、中断标志（IF）和方向标志（DF）。80486 CPU 标志寄存器中的状态标志位和控制标志位与 8086 CPU 标志寄存器中的状态标志位和控制标志位的功能完全一样，这里不再赘述。

3）系统标志位和 IOPL 字段：在 EFR 中的系统标志和 IOPL 字段，用于控制操作系统或执行某种操作。它们不能被应用程序修改。

IOPL（I/O Privilege Level field）：输入/输出特权级标志位。它规定了能使用 I/O 敏感指令的特权级。在保护模式下，利用这两位编码可以分别表示 0、1、2、3 这四种特权级，0 级特权最高，3 级特权最低。在 80286 以上的处理器中有一些 I/O 敏感指令，如 CLI（关中断指令）、STI（开中断指令）、IN（输入）、OUT（输出），IOPL 的值规定了能执行这些指令的特权级。只有特权高于 IOPL 的程序才能执行 I/O 敏感指令，而特权低于 IOPL 的程序，若企图执行敏感指令，则会引起异常中断。

NT（Nested Task flag）：任务嵌套标志。在保护模式下，指示当前执行的任务嵌套于另一任务中。当任务被嵌套时，NT = 1，否则 NT = 0。

RF（Resume Flag）：恢复标志。与调试寄存器一起使用，用于保证不重复处理断点。当 RF = 1 时，即使遇到断点或故障，也不产生异常中断。

VM（Virtual 8086 Mode flag）：虚拟 8086 模式标志。用于在保护模式系统中选择虚拟操作模式。VM = 1，启用虚拟 8086 模式；VM = 0，返回保护模式。

AC（Alignment Check flag）：队列检查标志。如果在不是字或双字的边界上寻址一个字或双字，那么队列检查标志将被激活。

（4）段寄存器

80486 微处理器包括 6 个段寄存器，分别存放段基址（实地址模式）或选择符（保护模式），用于与微处理器中的其他寄存器联合生成存储器单元的物理地址。80486 CPU 段寄存器如图 3-26 所示。

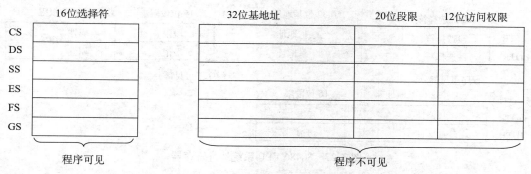

图 3-26　80486 CPU 段寄存器

代码段寄存器 CS：代码段是一个用于保存微处理器程序代码（程序和过程）的存储区域。CS 存放代码段的起始地址。在实模式下，它定义一个 64KB 存储器段的起点。在保护模式下工作时，它选择一个描述符，这个描述符描述程序代码所在存储器单元的起始地址和长度。在保护模式下，代码段的长度为 4GB。

数据段寄存器 DS：数据段是一个存储数据的存储区域，程序中使用的大部分数据都在数据段中。DS 用于存放数据段的起始地址。可以通过偏移地址或者其他含有偏移地址的寄存器，寻址数据段内的数据。在实模式下工作时，它定义一个 64KB 数据存储器段的起点。在保护模式下，数据段的长度为 4GB。

堆栈段寄存器 SS：堆栈段寄存器用于存放堆栈段的起始地址，堆栈指针寄存器（ESP）确定堆栈段内当前的入口地址。EBP 也可以寻址堆栈段内的数据。

附加段寄存器 ES：ES 存放附加数据段的起始地址，常用于存放数据段的段基址或者在串操作中作为目标数据段的段基址。

附加段寄存器 FS 和 GS：FS 和 GS 是附加的数据段寄存器，作用与 ES 相同，以便允许程序访问两个附加的数据段。

在保护模式下，每个段寄存器都含有一个程序不可见区域。这些寄存器的程序不可见区域通常称为描述符的高速缓冲存储器（descriptor Cache），因此它也是存储信息的小存储器。这些描述符高速缓冲存储器与微处理器中的一级或二级高速缓冲存储器不能混淆。每当段寄存器中的内容改变时，基地址、段限和访问权限就装入段寄存器的程序不可见区域。例如，当一个新的段基址存入段寄存器时，微处理器就访问一个描述符表，并把描述符表装入段寄存器的程序不可见的描述符高速缓冲存储器区域内。这个描述符一直保存在此处，并在访问存储器时使用，直到段号再次改变。这就允许微处理器在重复访问一个内存段时，不必每次都去查询描述符表，因此称为描述符高速缓冲存储器。

2. 系统寄存器（system level register）

在保护模式下操作时，存储器系统中增加了全局描述符表、局部描述符表和中断描述符表。为了访问和指定这些表的地址，80486 CPU 系统寄存器包括 4 个系统地址寄存器和 1 个控制寄存器。

（1）系统地址寄存器（system address register）

系统地址寄存器包括全局描述符表寄存器（Global Descriptor Table Register，GDTR）、局部描述符表寄存器（Local Descriptor Table Register，LDTR）、中断描述符表寄存器（Interrupt Descriptor Table Register，IDTR）和任务寄存器（Task Register，TR）。这些寄存器都是程序不可见的寄存器。80486 CPU 系统地址寄存器如图 3-27 所示。

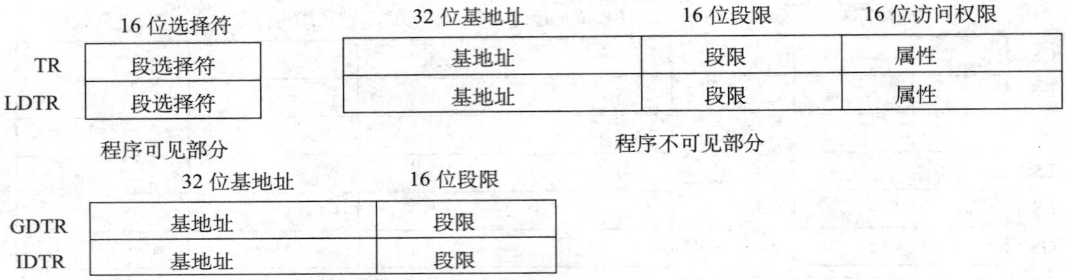

图 3-27　80486 CPU 系统地址寄存器

系统地址寄存器和段寄存器一起，为操作系统完成内存管理、多任务环境、任务保护提供硬件支持。

GDTR 是一个 48 位的寄存器，在存储器中定义了一个全局描述表（Global Descriptor Table，GDT）。GDTR 用来存放全局描述表的 32 位基地址和 16 位段限值。16 位段限值规定了全局描述符表的大小（按字节计算）。段限值要比表的实际值小 1。例如，如果表长为 256B，那么，段限值等于 00FFH。GDTR 中的 32 位基地址，指示 GDT 在存储器中的起始地址。

IDTR 是一个 48 位的寄存器，与 GDTR 一样，在存储器中定义了一个中断描述符表（Interrupt Descriptor Table，IDT）。IDTR 用来存放 IDT 的 32 位基地址和 16 位段限值。80486 微处理器为每个中断定义了一个中断描述符，所有的中断描述符集中存放在 IDT 中，IDTR 指出 IDT 在内存中的位置。

LDTR 是一个 80 位的寄存器，由 16 位段选择符（程序可见部分）和 64 位描述符（程序不可见部分）组成，用于保存局部描述符表（Local Descriptor Table，LDT）的 32 位基地址、16 位段限值和 16 位访问权限等。

TR 是一个 80 位的寄存器，由 16 位段选择符和 64 位描述符组成，提供任务状态段（Task State Segment，TSS）在内存中的位置。在微机中，任务通常就是程序的进程或应用程序。任务状态寄存器完成任务的切换。任务切换允许微处理器在足够短的时间内实现任务之间的切换，也允许多任务系统以简单、规则的方式，从一个任务切换到另一个任务。

（2）控制寄存器（CR）

80486 微处理器中有 4 个 32 位控制寄存器（Control Register）$CR_0 \sim CR_3$，用来保存全局性与

任务无关的机器状态。其中，CR_1 为与后续的 Intel CPU 兼容而保留，CR_2 中存放页故障的线性地址。下面对 CR_0、CR_3 的格式及功能分别进行说明。

1）CR_0 中包含系统操作模式控制位和系统状态控制位，共定义了 11 位，如图 3-28 所示。

D_{31}	D_{30}	D_{29}	D_{28} … D_{19}	D_{18} D_{17}	D_{16}	D_{15} … D_6	D_5	D_4	D_3	D_2	D_1	D_0
PG	CD	NW	保留	AM	WP	保留	NE	ET	TS	EM	MP	PE

图 3-28　80486 CPU 控制寄存器 CR_0

PE（Protection Enable）：保护模式允许位。PE = 1，系统在保护模式下运行；PE = 0，系统在实地址模式下运行。

MP（Monitor Coprocessor）：监视协处理器位。MP = 1，表示系统中有一个协处理器，否则 MP = 0。

EM（Emulation）：仿真协处理器位。EM = 1，表示微处理器中没有仿真协处理器，否则 EM = 0。

TS（Task Switched）：任务转换位。每次任务转换操作完成时，主处理器都自动将 TS 位置 1。在执行浮点运算指令时，需要对该位进行测试。

ET（Extension Type）：协处理器类型标志。用于指示系统中协处理器的类型。ET = 1，表示系统使用与 80387 兼容的 32 位协处理器。

NE（Numeric Error）：数值异常位。控制浮点运算中未被屏蔽的异常事故。NE = 1，允许报告浮点数值异常。当 NE = 0，且 $\overline{\text{IGNNE}}$ 输入引脚的信号有效时，则忽略数值异常；当 NE = 0，且 $\overline{\text{IGNNE}}$ 输入引脚的信号无效时，将导致处理器停止工作，产生系统外部中断。

WP（Write Protect）：写保护。当 WP = 1 时，表示禁止系统对用户级只读页的访问，实行写保护。当 WP = 0 时，允许系统对用户级只读页进行访问。

AM（Alignment Mask）：对齐标志位。当 AM = 1 时，允许自动对齐检查。当 AM = 0 时，则不允许。

NW（Not Write-through）：不通写位。当 NW = 0 和 CD = 0 时，允许对命中的 Cache 进行通写，这是 Cache 工作的必要条件。当 NW = 1，CD = 1 时，则不允许通写。

CD（Cache Disable）：允许 Cache 位。当 CD = 0 时，系统内部的 Cache 允许使用。当 CD = 1 时，若访问 Cache "脱靶"，则不填充 Cache，但是，如果访问 Cache "命中"，则 Cache 仍可正常工作。若要完全使 Cache 停止工作，则必须刷新 Cache。

PG（Paging）：允许分页位。PG 位用来指示分页管理机构是否进行工作。PG = 1，则分页管理机构工作，允许分页。PG = 0，分页管理机构不工作。

2）CR_3 为处理器提供当前任务的页目录表地址。当 CR_0 中 PG = 1 时，才能使用 CR_3，其中高 20 位存放页目录表的物理基地址，CR_3 中的 PCD 和 PWT 位仅对 80486 有效。控制寄存器 CR_3 如图 3-29 所示。

D_{31} … D_{12}	D_{11} … D_5	D_4	D_3	D_2 D_1 D_0
页目录基地址	保留	PCD	PWT	保留

图 3-29　80486 CPU 控制寄存器 CR_3

PWT（Page-level Write Transparent）：页级通写位。对内部 Cache 而言，PWT 控制现行页目录下某些 Cache 页回写，某些 Cache 页通写。当 PWT = 1 时，Cache 页进行通写；PWT = 0，Cache 页

进行回写。PWT 位驱动 PWT 引脚，以控制内部 Cache 通写或回写。

PCD（Page-level Cache Disable）：禁止页高速缓冲位。PCD = 1，对页目录不进行高速缓存；PCD = 0，则进行高速缓存。PCD 位驱动 PCD 引脚控制外部 Cache 是否工作。

3. 调试寄存器和测试寄存器（debug and test register）

80486 微处理器提供了 8 个 32 位可编程调试寄存器 $DR_0 \sim DR_7$ 和 8 个 32 位可编程测试寄存器 $TR_0 \sim TR_7$，用于支持系统的调试功能。

（1）调试寄存器（DR）

8 个 32 位的可编程调试寄存器（Debug Register）$DR_0 \sim DR_7$，用来支持系统的 debug 调试功能。$DR_0 \sim DR_3$ 为断点地址寄存器，用来存放断点的线性地址，各个断点的发生条件可由调试寄存器 DR_7 分别设定。DR_4、DR_5 保留未用。DR_6 是断点状态寄存器，用来说明是哪一种性质的断点及断点异常是否发生。DR_7 为断点控制寄存器，指明断点发生的条件及断点的类型。8 个调试寄存器如图 3-30 所示。

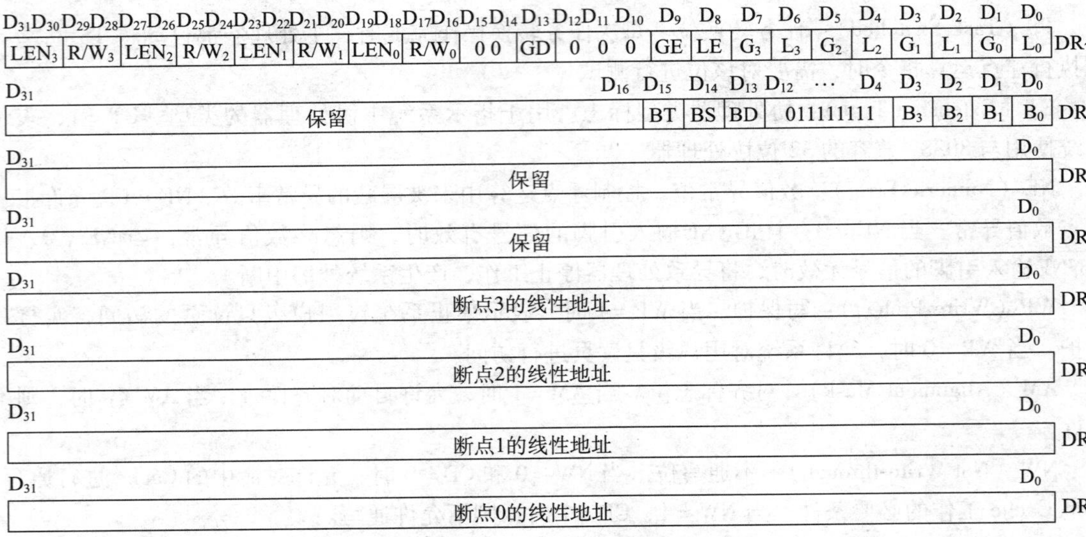

图 3-30　80486 CPU 8 个调试寄存器

1）调试控制寄存器 DR_7。

DR_7（debug control register）用于指示中断发生的条件及断点的类型。

$L_3 \sim L_0$（local breakpoint enable flag）：局部断点使能标志位。L_i（i = 0 ~ 3）设置为 1 时，表示 i 号断点局部允许使用，断点仅在某一任务内发生，L_i 位在任务转换时清零。若要使某个断点在某个任务中有效，则该任务在 TSS 中的 T 位应置为 1。此后，在任务转换取得 CPU 控制权时发生异常，则可在其处理程序中将 L_i 位置为 1，即能保证该断点在此任务内有效。

$G_3 \sim G_0$（global breakpoint enable flag）：全局断点使能标志位。G_i（i = 0 ~ 3）设置为 1 时，表示 i 号断点全局允许使用，无论是操作系统还是某一任务，只要满足条件便会产生中断。

LE 和 GE（local global exact breakpoint enable flag）：局部断点、全局断点类型标志位。当 LE 和 GE 为 1，表示全局断点或局部断点为精明断点。精明断点为立即报告的断点。非精明断点为可以隔若干条指令后再报告或不报告的断点。

GD（general detect enable flag）：调试寄存器保护标志位。当 GD 为 1 时，调试寄存器处于保护状态，并产生中断。

$R/W_3 \sim R/W_0$（read/write field）：发生中断时系统读/写标志位。$R/W_3 \sim R/W_0$ 分别指示当 $L_3 \sim L_0$ 局部断点和 $G_3 \sim G_0$ 全局断点发生时，系统在进行何种操作。

$LEN_3 \sim LEN_0$（length field）：断点地址开始存放的数据长度。$LEN_3 \sim LEN_0$ 分别指示断点地址寄存器 $DR_3 \sim DR_0$ 在存储器中存放的情况。

2）调试状态寄存器 DR_6。

DR_6（debug status register）指示调试程序时异常发生的原因，当调试异常发生时，DR_6 的有关位自动置 1。为避免在识别各种调试异常时的混乱，调试服务程序返回前应复位 DR_6。

$B_3 \sim B_0$（breakpoint condition detected flag）：断点异常发生指示位。当 B_i（$i = 0 \sim 3$）为 1 时，表示对应断点的异常已经发生。

BD（debug register access detected flag）：调试寄存器处理检测位。当 BD = 1 时，表明下一条指令将读/写调试寄存器。

BS（single step flag）：单步异常标志位。当 BS = 1 时，表示异常是由标志寄存器中 TF = 1 时单步自陷引起的。

BT（task switch flag）：任务转换标志位。当 BT = 1 时，表示因为转换而发生异常。

这些调试寄存器给 80486 微处理器带来了先进的调试功能，如设置数据断点、代码断点（包括 ROM 断点）和对任务转换进行调试。

（2）测试寄存器（TR）

80486 微处理器提供了 5 个 32 位测试寄存器（Test Register）$TR_3 \sim TR_7$，用于存放测试控制命令。其中，TR_3、TR_4 和 TR_5 用于高速缓存 Cache 的测试，TR_6 和 TR_7 用于转换后援缓冲器 TLB 的测试。

4. 浮点寄存器（floating-point register）

80486 微处理器包括 8 个 80 位通用寄存器、2 个 48 位寄存器（指令指针寄存器和数据指针寄存器）、3 个 16 位寄存器（控制寄存器、状态寄存器和标志寄存器）。这些寄存器主要用于浮点运算。

以上寄存器在 80486 微处理器不同工作模式下的应用情况，见表 3-10。

表 3-10　80486 CPU 寄存器在不同工作模式下的应用情况表

寄存器	实地址模式		保护模式		虚拟 8086 模式	
	调用	存储	调用	存储	调用	存储
通用寄存器	是	是	是	是	是	是
段寄存器	是	是	是	是	是	是
标志寄存器	是	是	是	是	IOPL	IOPL
控制寄存器	是	是	PL = 0	PL = 0	否	是
GDTR	是	是	PL = 0	是	否	是
IDTR	是	是	PL = 0	是	否	是
LDTR	否	否	PL = 0	是	否	否
TR	否	否	PL = 0	是	否	否
调试寄存器	是	是	PL = 0	PL = 0	否	否
测试寄存器	是	是	PL = 0	PL = 0	否	否

3.4.3　80486 引脚信号及功能

Intel 80486 采用 PGA（Pin Grid Array）封装，共有 168 个引脚信号，比 80386 多 36 个引脚。

其中有些新增引脚是为与设备构成更有效的连接而设置的，有些是为了新部件（如 Cache 等）而设置的，另外有些是空引脚以备用。与 80386 相比，80486 删除了其 4 个引脚，新增了 20 个引脚；接通了 19 条不活动的待用逻辑管脚。可以认为 80486 的其余 129 条引脚与 80386 在逻辑上是一致的，包括 30 个地址引脚信号、32 个数据引脚信号、35 个控制引脚信号、24 个 Vcc 引脚信号、28 个 Vss 引脚信号和 19 个空脚。80486 CPU 引脚信号如图 3-31 所示。按其功能分类，可分为数据总线、地址总线、总线控制、中断、总线周期定义、Cache 行无效、Cache 控制、突发（或成组传递）控制、总线宽度控制、数据出错报告、地址位 20 屏蔽和奇偶校验等几部分。下面分别介绍这些信号的作用。

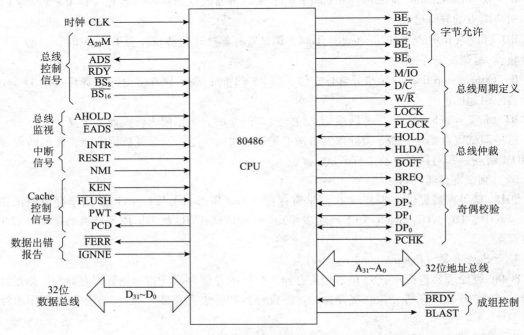

图 3-31　80486 CPU 引脚信号

（1）CLK（clock）

时钟输入信号，为 CPU 提供基本的定时信号和内部工作频率。根据 CLK 上升沿规定了所有外部定时参数。

（2）数据总线

$D_{31} \sim D_0$（data line）：32 位双向数据总线，可以传输 8 位、16 位和 32 位数据。

（3）地址总线

$A_{31} \sim A_0$（address bus）：32 位地址总线，三态，输出。

$\overline{BE_3} \sim \overline{BE_0}$（byte enable）：字节允许信号，低电平有效。由内部地址信号 A_0 和 A_1 译码得到。

$A_{31} \sim A_2$ 和 $\overline{BE_3} \sim \overline{BE_0}$ 构成 32 位地址总线，可寻址 4GB 的内存空间和 64KB 的 I/O 空间。4GB 的内存空间分为 4 个 1GB 的存储体，每个存储体分别由字节允许信号 $\overline{BE_3} \sim \overline{BE_0}$ 选通。当 80486 寻址内存时，它发出的地址 $A_{31} \sim A_2$ 与双字（4B）地址单元的内存对应，双字的 4B 由 $\overline{BE_3} \sim \overline{BE_0}$ 控制，$\overline{BE_3}$ 控制的数据字节为 $D_{31} \sim D_{24}$，$\overline{BE_2}$ 控制的数据字节为 $D_{23} \sim D_{16}$，$\overline{BE_1}$ 控制的数据字节为 $D_{15} \sim D_8$，$\overline{BE_0}$ 控制的数据字节为 $D_7 \sim D_0$。只有当字节允许信号 $\overline{BE_i}$ 有效（低电平有效）时，它控

制的存储器才能进行数据读/写操作。寻址 I/O 空间时，只有 $A_{15} \sim A_2$ 和 $\overline{BE}_i$（$i = 0 \sim 3$）有效，可寻址 64KB 的 I/O 空间。

32 位地址线中 $A_{31} \sim A_4$ 为双向（输入/输出）地址线。当其他控制器（如 DMA 控制器）控制系统总线时，CPU 通过 $A_{31} \sim A_4$ 输入地址总线上的信号，监视地址总线的活动，一旦发现主存中的数据改变，则将 CPU 芯片内 Cache 中的数据标记为过时，这样才能保证数据的一致性。80486 CPU 这个功能称为 Cache 行无效。

（4）数据奇偶校验

$DP_3 \sim DP_0$（data parity）：数据奇偶校验信号，双向。$DP_3 \sim DP_0$ 分别对应 32 位数据中字节 3 ~ 字节 0 的校验位。偶校验指在一个数据字节的 8 条线上和对应奇偶校验输入/输出线上 1 的个数为偶数。奇校验指在一个数据字节的 8 条线上和对应奇偶校验输入/输出线上 1 的个数为奇数。

$\overline{PCHK}$（parity check）：奇偶校验状态信号，输出，低电平有效。当 $\overline{PCHK}$ 为低电平时，表示 CPU 在上一个读周期采样的数据奇偶校验出错，即 CPU 在当读周期结束时采样的数据存在奇偶校验错时，在下一时钟开始，立即输出 $\overline{PCHK} = 0$ 信号。$\overline{PCHK}$ 信号不会被悬浮。

（5）数据总线宽度控制

$\overline{BS}_8$（bus size 8）：8 位数据总线宽度定义信号，输入，低电平有效。$\overline{BS}_8$ 为低电平时，定义数据总线中只有 8 位是有效的，支持 8 位数据传输。

$\overline{BS}_{16}$（bus size 16）：16 位数据总线宽度定义信号，输入，低电平有效。$\overline{BS}_{16}$ 为低电平时，定义数据总线中只有 16 位是有效的，支持 16 位数据传输。

（6）总线周期定义（bus cycle definition）

$W/\overline{R}$（write/read）：读/写信号，输出。$W/\overline{R} = 1$，表示写周期。$W/\overline{R} = 0$，表示读周期。

$M/\overline{IO}$（memory/input – output）：存储器或 I/O 访问信号，输出。$M/\overline{IO} = 1$，表示访问存储器。$M/\overline{IO} = 0$，表示访问 I/O 端口。

$D/\overline{C}$（data/control）：数据/控制信号，输出。$D/\overline{C} = 1$，表示数据传输周期；$D/\overline{C} = 0$，表示指令代码传输周期。

以上 3 个信号所指示的系统操作，见表 3-11。

表 3-11　$M/\overline{IO}$、$D/\overline{C}$、$W/\overline{R}$ 信号组合指示的系统操作

$M/\overline{IO}$	$D/\overline{C}$	$W/\overline{R}$	总线周期
0	0	0	中断响应周期
0	0	1	空闲
0	1	0	读 I/O 数据周期
0	1	1	写 I/O 数据周期
1	0	0	读存储器代码周期
1	0	1	停止/关机
1	1	0	读存储器数据周期
1	1	1	写存储器数据周期

$\overline{LOCK}$（bus lock）：总线锁定信号，输出，低电平有效。当 $\overline{LOCK}$ 为低电平时，表示当前的总线周期被锁定，此时，80486 CPU 独占系统总线。该信号由 LOCK 指令前缀设置，在该条指令执行完毕前，其他总线控制器不能获得对系统总线的控制权。

$\overline{PLOCK}$（pseudo-lock）：伪总线锁定信号，输出，低电平有效。当 $\overline{PLOCK}$ 为低电平时，表示 CPU 的现行总线需要多个总线传输才能完成，如协处理器读出/写入长字（64/80 位）操作时，段表描述符的读出和超高速缓存行。$\overline{PLOCK}$ 有效，保证了上述操作能顺利完成。

（7）总线控制（bus control）

$\overline{ADS}$（address strobe）：地址选通信号，输出，低电平有效。当$\overline{ADS}$为低电平时，表明地址总线上输出的地址有效。

$\overline{RDY}$（non-burst ready）：准备好信号，输入，低电平有效。当$\overline{RDY}$为低电平时，结束当前总线周期。

（8）突发控制（burst control）

$\overline{BRDY}$（burst ready）：突发传送就绪信号，输入，低电平有效。作用与$\overline{RDY}$（亦称为非突发准备好信号）相同。当两者都为有效信号时，80486忽略$\overline{BRDY}$信号，当前周期由$\overline{RDY}$信号结束。由$\overline{RDY}$信号结束的周期称为非突发周期，非突发周期一般由两个处理时钟完成一个数据传输。由$\overline{BRDY}$信号结束的周期称为突发周期，而突发周期又分为快突发周期和慢突发周期。对于快突发周期，除了第1个突发周期要用两个处理器时钟完成一个数据传输外，在后面的突发周期中，只要用1个处理器时钟便完成一个数据传输。对于慢突发周期，与非突发周期相同，用两个处理器时钟完成一个数据传输。突发传送是两个设备之间不间断的连续数据传送方式。

$\overline{BLAST}$（burst last）：突发传送结束信号，输出，低电平有效。当$\overline{BLAST}$为低电平时，表示下一个$\overline{BLAST}$信号输入时，突发周期结束，即最后一个$\overline{BLAST}$看做$\overline{RDY}$。

（9）中断控制（interrupt）

RESET（reset）：复位信号，输入，高电平有效。当RESET有效时，系统复位。复位后，微处理器内部寄存器的值见表3-12。

表3-12 系统复位后寄存器的值

寄存器	初值	寄存器	初值
CS	选择符=F000H，基地址=FFFF 0000H，界限=FFFFFH	EAX	0000 0000H
ES	选择符=0000H，基地址=0000 0000H，界限=FFFFFH	EBX	0000 0000H
SS	选择符=0000H，基地址=0000 0000H，界限=FFFFFH	ECX	0000 0000H
DS	选择符=0000H，基地址=0000 0000H，界限=FFFFFH	EDX	0000 04XXH
FS	选择符=0000H，基地址=0000 0000H，界限=FFFFFH	EBP	0000 0000H
GS	选择符=0000H，基地址=0000 0000H，界限=FFFFFH	ESP	0000 0000H
IDTR	基地址=0000 0000H，界限=FFFFFH	ESI	0000 0000H
CR0	6000 0010H	EDI	0000 0000H
DR7	0000 0000H	EFR	0000 0020H
浮点寄存器	不变	EIP	0000 FFF0H

INTR（maskable interrupt）：可屏蔽中断请求信号，输入，高电平有效。当INTR有效时，表明外部有可屏蔽中断请求信号输入。

NMI（non-maskable interrupt）：非屏蔽中断请求信号，输入，上升沿有效。当NMI有效时，表明有一个外部非屏蔽中断请求信号输入。

（10）总线仲裁（bus arbitration）

HOLD（bus hold request）：总线请求信号，输入，高电平有效。HOLD信号由另一个总线主控设备产生，请求 CPU 放弃对总线的控制权。

HLDA（hold acknowledge）：总线请求响应信号，输出，高电平有效。当 CPU 收到 HOLD 信号后，在当前总线周期结束时发出 HLDA 信号，表示 CPU 让出总线控制权。HOLD 与 HLDA 信号功能及作用与 80386 CPU 中对应引脚的功能完全相同。

BREQ（bus request）：内部总线请求信号，输出，高电平有效。当 BREQ 为高电平时，表明 CPU 内部提出了一个总线请求，此时 CPU 正在控制总线。

$\overline{\text{BOFF}}$（back off）：强制 CPU 放弃系统总线信号，输入，低电平有效。当 CPU 接收到该信号时，便立即放弃对系统总线的控制权，并使其所有引脚处于浮空状态。在 $\overline{\text{BOFF}}$ 变为无效前，CPU 一直处于总线保持状态。如果在 CPU 的总线周期期间，$\overline{\text{BOFF}}$ 先变为有效，然后再变为无效，则 CPU 将重新启动该周期。$\overline{\text{BOFF}}$ 信号的优先权高于 READY 和 BRDY 。

（11）高速缓存无效（Cache invalidation）

行无效周期使 80486 芯片内部超高速缓存器的内容与外部主存储器中的内容保持一致。超高速缓存行无效周期使用两个输入信号：AHOLD 和 $\overline{\text{EADS}}$。

AHOLD（address hold）：地址保持请求信号，输入，高电平有效。AHOLD 信号有效将强制 80486 浮空自己的地址总线，为从 $A_{31} \sim A_4$ 线上输入地址做好准备。此信号在高速缓存无效周期时有效。

$\overline{\text{EADS}}$（external address）：外部地址有效信号，输入，低电平有效。$\overline{\text{EADS}}$ 有效时，表示地址总线 $A_{31} \sim A_4$ 上的地址信号有效。CPU 将其读入后，在片内 Cache 中寻找该地址，若找到，则执行 Cache 行无效周期，使片内 Cache 中的该行数据无效。HOLD 信号限定 80486 的地址线 $A_{31} \sim A_4$ 输入某一地址，$\overline{\text{EADS}}$ 信号指明该地址有效。

（12）页面高速缓存控制（page cacheability）

80386、80486 和 Pentium CPU 对存储器的管理有两种模式：分段管理和分页管理，其中分段管理是常用模式，分页管理是可以选择的。只有 CPU 内部的状态寄存器、MSW 中的分页位被置位时，才允许使用分页管理模式，否则禁止分页。分页部件把 32 位线性地址转换成存储器的地址（即主机内存地址）从地址总线上输出。CPU 内部的分页部件使用二级方式：页目录和页表。页目录有 1024 项，每一项选择一个页表，即页目录由页表所组成。页表有 1024 项，每一项对应 4KB 存储器，每 4KB 存储器为一个页面。页目录、页表、页面三项的乘积（$1024 \times 1024 \times 4\text{KB} = 4\text{GB}$）为 CPU 寻址存储器的最大容量。

PWT 和 PCD 两个输出信号是专门为页表结构（页目录和页表）设置的。PWT 和 PCD 控制页面可超高速缓存性及写方式。

PWT（Page Write Through）：页面直写控制信号，输出，高电平有效。PWT = 1，规定当前 Cache 页为直写方式；当 PWT = 0，规定当前 Cache 页为回写方式。由于 80486 CPU 片内 Cache 规定为直写方式，所以 PWT 信号在 80486 内部不起作用，只是用来定义外部 Cache（二级 Cache）的写方式。它反映 CR_3、页目录项或页表项中 PWT 位的状态。

PCD（Page Cache Disable）：页面高速缓存禁止信号，输出，高电平有效。PCD = 1，禁止在 Cache 页面中进行缓存；PCD = 0，允许 Cache 页面进行缓存。它反映 CR_3、页目录项或页表项中 PCD 位的状态。

（13）高速缓存控制（cache control）

$\overline{\text{KEN}}$（Cache enable）：高速缓存允许信号，输入，低电平有效。$\overline{\text{KEN}}$ 信号用来决定当前 Cache

周期是否有效。当$\overline{\text{KEN}}$信号有效时，CPU 执行 Cache 行填充周期。

$\overline{\text{FLUSH}}$（Cache flush）：高速缓存清除信号，输入，低电平有效。当$\overline{\text{FLUSH}}$信号有效时，强制 CPU 对片内数据 Cache 进行大清除，回写所有修改的行，使全部数据无效。$\overline{\text{FLUSH}}$是异步信号，因此它保持低电平的时间至少要大于一个处理器时钟周期供 CPU 采样输入。如果在复位信号 RESET下降沿的前一个时钟采样到$\overline{\text{FLUSH}}$为低电平，将使 80486 CPU 进入三态测试方式。

（14）地址屏蔽（address mask）

$\overline{\text{A}_{20}\text{M}}$（address bit 20 mask）：第 20 位地址屏蔽信号，输入，低电平有效。当$\overline{\text{A}_{20}\text{M}}$有效时，将屏蔽 A_{20} 及以上地址，使 80486 CPU 仿真 8086 CPU 的 1MB 存储器地址。该信号是异步信号，因此该信号保持低电平的时间至少大于 1 个处理器时钟周期。只有 CPU 工作在实模式下，才有意义。

（15）数据出错报告

$\overline{\text{FERR}}$：浮点出错信号，输出，低电平有效。每当遇到未屏蔽的浮点出错时，$\overline{\text{FERR}}$信号就变为有效。

$\overline{\text{IGNNE}}$：忽略数字出错信号，输入，低电平有效。$\overline{\text{IGNNE}}=0$，将使 80486 忽略数字错误，继续执行非控制的浮点指令。如果$\overline{\text{IGNNE}}=1$，而先前的浮点指令产生了错误，那么 80486 将冻结在这个非控制的浮点指令上。控制寄存器 0（CR_0）中的 NE 位置位时，$\overline{\text{IGNNE}}$信号将不起作用。

3.4.4　80486 微处理器的工作模式

从操作系统的角度看，Intel 80486 微处理器有 3 种工作模式：实地址模式、保护模式和虚拟 8086 模式。当 CPU 复位后，系统自动进入实地址模式。通过设置控制寄存器 CR_0 中的保护模式允许位 PE，可以进行实地址模式和保护模式之间的转换。执行 IRET 指令或进行任务切换，可由保护模式转移到虚拟 8086 模式。

虚拟 8086 模式是一种既有保护功能又能执行 16 位微处理器软件的工作方式。虚拟 8086 模式的工作原理与保护模式相同，但程序指定的逻辑地址与 8086 微处理器相同。虚拟 8086 模式可以看做是保护模式的一种子方式。

3.5　Pentium 32 位微处理器

3.5.1　Pentium 微处理器介绍

Pentium 是 Intel 第五代 x86 架构微处理器，是 486 产品线的下一代产品。Pentium 本应命名为 80586 或 i586，但后来命名为 "Pentium"（通常认为 "pentium" 是希腊文 "五（penta）" 加拉丁文中代表名词的结尾语 "ium" 的造词），因为阿拉伯数字无法被用做注册商标，而 i586 被英特尔公司竞争对手制造的类 80586 的微处理器使用。

486 处理器以后的主要改变如下。

超标量（superscalar）架构：Pentium 拥有两个管线（pipeline），可以达到在一个时钟周期内完成一个以上的指令。一个管线（称为 "U"）可以处理任何的指令，另外一个（称为 "V"）可以处理简单的指令。处理器或指令编译器能够判断指令是能独立于其他顺序指令而执行，还是依赖于另一指令，必须与其按顺序执行。使用一个以上的管线是传统 RISC 处理器设计的特色。处理器使用多个执行单元同时执行两个或更多独立指令。超标量体系结构设计有时称为 "第二代 RISC"。

　　64 位管线：使得每次从存储器提取指令的信息数量变成原来的两倍。这并不表示 Pentium 可以执行所谓的 64 位应用程序，其主暂存器仍然是 32 位宽度。

　　MMX（MultiMedia eXtension，多媒体扩展）指令（只有后期的型号）：一种基本的 SIMD（Single Instruction Multiple Data，单指令多数据流）指令集扩充，设计给多媒体应用程序使用。MMX 指令是为视频信号（video signal）、音频信号（audio signal）以及图像处理（graphical manipulation）而设计的 57 条指令，因此，MMX CPU 极大地提高了计算机的多媒体（如立体声、视频、三维动画等）处理功能。

3.5.2　Pentium 微处理器的原理结构

　　Pentium CPU 内部的主要部件包括：总线接口部件、U 流水线和 V 流水线、指令 Cache、数据 Cache、指令预取部件、指令译码器、浮点处理部件（FPU）、分支目标缓冲器（BTB）、微程序控制器中的控制 ROM、寄存器组。Pentium 微处理器的原理结构如图 3-32 所示。

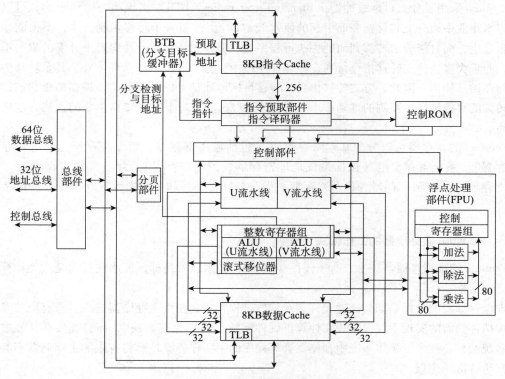

图 3-32　Pentium CPU 原理结构图

　　在 Pentium CPU 中，总线接口部件实现 CPU 与系统总线之间的连接，其中包括 64 位双向的数据线、32 位地址线和所有的控制信号线，具有锁存与缓冲等功能，总线接口部件实现 CPU 与外设之间的信息交换，并产生相应的各类总线周期。

　　Pentium 在片内设置了两个独立的 8KB Cache，分别用于存放指令代码与数据。指令 Cache 是内存中一部分程序的副本，通过触发方式从内存中每次读入一块存入某一 Cache 行中，便于 CPU 执行程序时取出并执行；数据 Cache 是可以读写的，双端口结构，每个端口与 U、V 两条指令流水线交换整数数据，或者组合成 64 位数据端口，用来与浮点运算部件交换浮点数据。指令 Cache 与数据 Cache 均与 CPU 内部的 64 位数据线以及 32 位地址线相连。互相独立的指令 Cache 和数据

Cache 有利于 U、V 两条流水线的并行操作，它不仅可以同时与 U、V 两条流水线分别交换数据，而且使指令预取和数据读/写可以无冲突地同时进行。可以通过硬件或软件方法来禁止或允许使用 Pentium CPU 内部的 Cache。

Pentium 有 U、V 两条指令流水线，称为超标量流水线。超标量流水线技术的应用，使得 Pentium CPU 的速度较 80486 有很大的提高。因此，超标量流水线是 Pentium 系统结构的核心。U、V 流水线中整数指令流水线均由 5 段组成，分别为预取指令（PF）、指令译码（D_1）、地址生成（D_2）、指令执行（EX）和结果写回（WB）。由于采用了指令流水线作业，每条指令流水线可以在 1 个时钟周期内执行一条指令。因此，在最佳情况下，一个时钟周期内可以执行两条整数指令。

Pentium CPU 内部的浮点运算部件在 80486 的基础上进行了重新设计。浮点运算部件内有专门用于浮点运算的加法器、乘法器和除法器，还有 80 位宽的 8 个寄存器构成了寄存器堆，内部的数据通路为 80 位。

Pentium 采用了分支目标缓冲器（Branch Target Buffer，BTB）实现动态转移预测，可以减少指令流水作业中因分支转移指令而引起的流水线"断流"。引入了转移预测技术，不仅能预测转移是否发生，而且能确定转移到何处去执行程序。许多分支转移指令转向每个分支的机会不是均等的，而且大多数分支转移指令排列在循环程序段中，除了一次跳出循环体外，其余转移的目标地址均在循环体内。因此，分支转移指令的转移目标地址是可以预测的，即根据历史状态预测下一次转移的目标地址。预测的准确率不可能为 100%，但是对于某些转移指令的预测，准确率却非常高。

Pentium 的寄存器可以分为基本寄存器组（包括通用寄存器、指令寄存器、标示寄存器及段寄存器）、系统寄存器组（包括系统地址寄存器、控制寄存器）、浮点部件寄存器组（包括数据寄存器堆、控制寄存器、状态寄存器、指令指针寄存器和数据指针寄存器以及标记字寄存器）。

3.5.3　Pentium 微处理器的工作模式

Pentium 的虚拟存储器技术、高速缓存（Cache）技术以及超标量流水线技术是微型计算机系统的三大支柱。

虚拟存储器的目标是如何高速允许多个软件进程共享并使用主存储器这一容量有限的存储资源。虚拟存储器的实现不仅仅体现在计算机硬件系统上的"完美无缺"，而且虚拟存储器技术是操作系统的核心技术，操作系统中存储器管理程序的主要任务就是要将有限的主存储器不断地动态分配给各活动进程。

Pentium 的工作模式分为保护模式、实模式、虚拟 86 模式三种。

保护模式是受保护的虚拟地址模式（Protected Virtual Address Mode）的简称。从 80386 CPU 开始，就具有了保护模式，Pentium CPU 内部也设有存储器管理部件（MMU），其中，仍然包括分段部件（SU）和分页部件（PU），通过系统程序员编程，Pentium 可以工作在只分段或只分页或既分段又分页三种方式下。这三种方式的关键建立在分段地址转换与分页地址转换的基础之上。

实模式是实地址模式的简称。所谓实模式，是 8088/8086 CPU 工作的一种模式，指令中只允许出现逻辑地址，逻辑地址由 16 位段值与 16 位偏移地址组成，将 16 位段值乘以 16，并加上 16 位偏移地址值，便产生 20 位的物理地址，这由 CPU 中总线接口单元的 20 位地址形成部件产生。

产生地址信号 $A_{19} \sim A_0$ 共 20 根，可寻址最大物理空间为 1MB。MS-DOS 操作系统仅支持实模式，Pentium CPU 工作在 Windows 下，可以通过切换进入到 DOS 状态，运行采用实模式的 16 位应用程序。

虚拟 8086 模式简称虚拟 86（V86）模式，它是在 32 位保护模式下支持 16 位实模式应用程序的一种保护模式。

三种工作模式是可以相互转换的，CPU 上电或复位后就进入实地址模式，通过对控制寄存器 CR_0 中的 b_0 位置 1，即保护允许位（PE）置 1，于是系统进入保护模式。若使 PE 复位，则返回到实地址模式。通过执行 IRETD 指令或者进行任务转换时，则从保护模式转变为 V86 模式，通过中断可以从 V86 模式转变到保护模式。在 V86 模式下可以复位到实地址模式。

3.5.4　Pentium 微处理器的主要引脚

Pentium 芯片有 168 个引脚，按照功能，引脚的分类如图 3-33 所示。

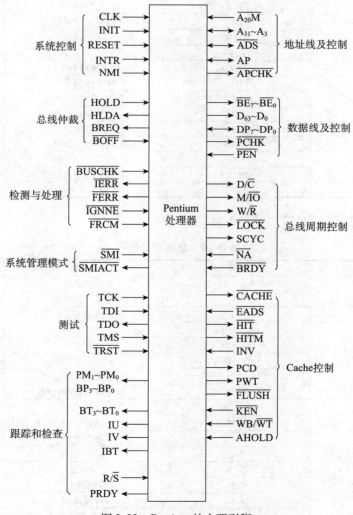

图 3-33　Pentium 的主要引脚

1）处理器控制信号有 25 个，见表 3-13。

表 3-13　处理器控制信号

类型	信号	功能	信号方向
时钟	CLK	时钟	输入
初始化	RESET	复位	输入
	INIT	初始化	输入
FRC	$\overline{FRCM}$	功能与检查方式	输出
	IERR	内部出错	输出
总线仲裁	HOLD	总线保持请求	输入
	HLDA	总线保持响应	输出
	BREQ	总线请求	输出
	$\overline{BOFF}$	总线释放	输入
Cache 窥视	AHOLD	地址保持	输入
	$\overline{EADS}$	有效外部地址	输入
	$\overline{FLUSH}$	Cache "清洗"	输入
中断	INTR	可屏蔽中断请求	输入
	NMI	不可屏蔽中断请求	输入
	$\overline{HITM}$	未命中	输出
	$\overline{HIT}$	命中	输出
	INV	使高速缓存无效	输入
执行跟踪	IU	U 流水线指令完成	输出
	IV	V 流水线指令完成	输出
	IBT	转移跟踪指令	输出
数字出错	$\overline{FERR}$	浮点出错	输出
	$\overline{IGNNE}$	忽略数字出错	输入
系统管理	$\overline{SMI}$	系统管理中断	输入
	$\overline{SMIACT}$	系统管理中断活跃	输出
其他	$A_{20}\overline{M}$	第 20 位地址屏蔽	输入

2）总线接口信号有 132 个，见表 3-14。

表 3-14　总线接口信号

类型	信号	功能	方向
地址信号	$A_{35} \sim A_3$	地址总线	输出
	AP	地址奇偶校验	输出
	$\overline{APCHK}$	地址奇偶校验出错	输出
数据信号	$\overline{BE_0} \sim \overline{BE_7}$	字节允许	输出
	$D_{63} \sim D_0$	数据总线	输入/输出
	$DP_7 \sim DP_0$	数据奇偶校验	输入/输出
	$\overline{PEN}$	数据奇偶校验允许	输入
	$\overline{PCHK}$	数据奇偶校验出错	输出
总线周期控制信号	$\overline{BUSCHK}$	总线检查	输出
	$\overline{ADS}$	地址状态	输出
	$\overline{BRDY}$	触发就绪	输出
	$D/\overline{C}$	数据/控制	输出
	$W/\overline{R}$	写/读	输出
	$M/\overline{IO}$	存储器 I/O	输出
	SCYC	分离周期	输出
	$\overline{CACHE}$	高速缓存可输出	输出
	$\overline{LOCK}$	总线封锁	输出

（续）

类型	信号	功能	方向
Cache 信号	PWT	页面通写	输出
	PCD	页面 Cache 禁止	输出
	$\overline{\text{KEN}}$	Cache 允许	输入
	$\overline{\text{NA}}$	下一地址	输入
	WB/WT	回写/通写	输出
	EWBE	外部写缓冲器空	输入

3）调试和测试信号有 10 个，见表 3-15。

表 3-15　调试和测试信号

类型	信号	功能	方向
探针方式	R/$\overline{\text{S}}$	进入或退出探针方式	输入
	PRDY	探针方式就绪	输出
断点/性能监测	PM_0/BP_0	性能监测 0/断点 0	输出
	PM_1/BP_1	性能监测 1/断点 1	输出
	$BP_3 \sim BP_2$	断点 3～断点 2	输出
边界扫描	TCK	测试时钟	输入
	TDI	测试数据输入	输入
	TDO	测试数据输出	输出
	TMS	测试方式选择	输入
	TRST	测试复位	输入

3.6　多核微处理器技术

对于传统的单核处理器来说，其性能的提高主要依赖于主频的提高。但这无论在性价比还是性能功耗比方面都遭遇到令市场无法接受的发展瓶颈。在性能提升方面，处理器主频、内存访问速度以及 I/O 访问速度的发展是十分不平衡的。处理器的主频每两年就要翻一番，而内存访问的速度要每 6 年才能提高一倍，I/O 访问的速度要提高一倍的话需要 8 年的时间，所以处理器与 I/O 的发展不均衡已经产生了很大的瓶颈，单纯依靠提高处理器主频来提升整个系统的性能已经不可行，反而会造成投资的浪费，因为大部分时间 CPU 都在等待内存或者 I/O 访问的返回才能继续下一步的工作。高频处理器的设计对工艺要求非常高，生产难度大，成品率也较低，因此造成生产的成本居高不下。另外，在系统设计时，功耗也是必须考虑的问题，性能功耗比对于整个系统的设计非常重要。相对于其提供的性能，高频的单核处理器在功耗上也是不适合大量集中式使用的。

多内核是指在一枚处理器中集成两个或多个完整的计算引擎（内核），多核处理器是单枚芯片（也称为"硅核"），能够直接插入单一的处理器插槽中，但操作系统会利用所有相关的资源，将它的每个执行内核作为分立的逻辑处理器。通过在两个执行内核之间划分任务，多核处理器可在特定的时钟周期内执行更多任务。

多核技术能够使服务器并行处理任务，多核系统更易于扩充，并且能够在更纤巧的外形中融入更强大的处理性能，这种外形所用的功耗更低、计算功耗产生的热量更少。多核架构能够使目前的软件更出色地运行，并创建一个促进未来的软件编写更趋完善的架构。尽管认真的软件厂商还在探索全新的软件并发处理模式，但随着向多核处理器的移植，现有软件无须被修改就可支持多核平台。

和单核处理器相比，多核处理器有以下 5 个显著的优点。

1）逻辑简单：相对超标量微处理器结构和超长指令字结构而言，单芯片多处理器结构的控制逻辑复杂性要明显低很多。相应的单芯片多处理器的硬件实现必然要简单得多。

2）高主频：芯片多处理器结构的控制逻辑相对简单，包含极少的全局信号，因此，在同等工艺条件下，单芯片多处理器的硬件实现要获得比超标量微处理器和超长指令字微处理器更高的工作频率。

3）低通信延迟：由于多个处理器集成在一块芯片上，且采用共享 Cache 或者内存的方式，所以多线程的通信延迟会明显降低，这样也对存储系统提出了更高的要求。

4）低功耗：调节电压/频率、负载优化分布等，可有效降低 CMP（Chip Multi Processor，单芯片多处理器）功耗。

5）设计和验证周期短：微处理器厂商一般采用现有的成熟单核处理器作为处理器核心，从而可缩短设计和验证周期，节省研发成本。

虽然多核利用集成度提高带来了以上诸多好处，让芯片的性能成倍提高，但很明显的是，原来系统级的一些问题引入到了处理器内部，因此，多核处理器面临着九大关键技术的挑战。

（1）核结构研究：同构还是异构

CMP 的构成分成同构和异构两类，同构是指内部的核结构是相同的，而异构是指内部的核结构是不同的。为此，面对不同的应用，研究核结构的实现对未来微处理器的性能至关重要。核本身的结构，关系到整个芯片的面积、功耗和性能。怎样继承和发展传统处理器的成果，直接影响多核的性能和实现周期。同时，根据 Amdahl 定律（阿姆达尔定律：系统优化某部件所获得的系统性能的改善程度，取决于该部件被使用的频率，或所占总执行时间的比例），程序的加速比决定串行部分的性能，所以，从理论上来看，似乎异构微处理器的结构具有更好的性能。

核所用的指令系统对系统的实现也是很重要的，多核之间采用相同的指令系统还是不同的指令系统、能否运行操作系统等，也将是未来研究的内容之一。

（2）程序执行模型

处理器设计的首要问题是选择程序执行模型。程序执行模型的适用性决定多核处理器能否以最低的代价提供最高的性能。程序执行模型是编译器设计人员与系统实现人员之间的接口。编译器设计人员决定如何将一种高级语言程序按一种程序执行模型转换成一种目标机器语言程序；系统实现人员则决定该程序执行模型在具体目标机器上的有效实现。当目标机器是多核体系结构时，产生的问题：多核体系结构如何支持重要的程序执行模型？是否有其他的程序执行模型更适于多核的体系结构？这些程序执行模型能在多大程度上满足应用的需要并为用户所接受？

（3）Cache 设计：多级 Cache 设计与一致性问题

处理器和主存间的速度差距对 CMP 来说是个突出的矛盾，因此必须使用多级 Cache 来缓解。目前有共享一级 Cache 的 CMP、共享二级 Cache 的 CMP 以及共享主存的 CMP。通常，CMP 采用共享二级 Cache 的 CMP 结构，即每个处理器核心拥有私有的一级 Cache，且所有处理器核心共享二级 Cache。Cache 自身的体系结构设计也直接关系到系统整体性能。但在 CMP 结构中，共享 Cache 或独有 Cache 孰优孰劣、需不需要在一块芯片上建立多级 Cache，以及建立几级 Cache 等，由于对整个芯片的尺寸、功耗、布局、性能以及运行效率等都有很大的影响，因而这些都是需要认真研究和探讨的问题。另一方面，多级 Cache 又引发一致性问题。采用何种 Cache 一致性模型和机制都将对 CMP 整体性能产生重要影响。在传统多处理器系统结构中广泛采用的 Cache 一致性模型有：顺序一致性模型、弱一致性模型、释放一致性模型等。与之相关的 Cache 一致性机制主要有总线的侦听协议和基于目录的目录协议。目前的 CMP 系统大多采用基于总线的侦听协议。

（4）核间通信技术

CMP 处理器的各 CPU 核心执行的程序之间有时需要进行数据共享与同步，因此其硬件结构必须支持核间通信。高效的通信机制是 CMP 处理器高性能的重要保障，目前比较主流的片上高效通信机制有两种，一种是基于总线共享的 Cache 结构，另一种是基于片上的互连结构。总线共享 Cache 结构是指每个 CPU 内核拥有共享的二级或三级 Cache，用于保存比较常用的数据，并通过连接核心的总线进行通信。这种系统的优点是结构简单，通信速度快，缺点是基于总线的结构可扩展性较差。基于片上互连的结构是指每个 CPU 核心具有独立的处理单元和 Cache，各个 CPU 核心通过交叉开关或片上网络等方式连接在一起。各个 CPU 核心间通过消息通信。这种结构的优点是可扩展性好、数据带宽有保证，缺点是硬件结构复杂且软件改动较大。也许这两者的竞争结果不是互相取代而是互相合作。例如，在全局范围采用片上网络而局部采用总线方式，来达到性能与复杂性的平衡。

（5）总线设计

在传统微处理器中，Cache 不命中或访存事件都会对 CPU 的执行效率产生负面影响，而总线接口单元（BIU）的工作效率会决定此影响的程度。当多个 CPU 核心同时要求访问内存或多个 CPU 核心内私有 Cache 同时出现 Cache 不命中事件时，BIU 对这多个访问请求的仲裁机制以及对外存储访问的转换机制的效率决定了 CMP 系统的整体性能。因此，寻找高效的多端口总线接口单元（BIU）结构，将多核心对主存的单字访问转为更为高效的触发（burst）访问；同时寻找对 CMP 处理器整体效率最佳的一次 burst 访问字的数量模型以及高效多端口 BIU 访问的仲裁机制将是 CMP 处理器研究的重要内容。

（6）操作系统设计：任务调度、中断处理、同步互斥

对于多核 CPU，优化操作系统任务调度算法是保证效率的关键。一般任务调度算法有全局队列调度和局部队列调度。前者是指操作系统维护一个全局的任务等待队列，当系统中有一个 CPU 核心空闲时，操作系统就从全局任务等待队列中选取就绪任务开始在此核心上执行。这种方法的优点是 CPU 核心利用率较高。后者是指操作系统为每个 CPU 内核维护一个局部的任务等待队列，当系统中有一个 CPU 内核空闲时，便从该核心的任务等待队列中选取恰当的任务执行，这种方法的优点是任务基本上无须在多个 CPU 核心间切换，有利于提高 CPU 核心局部 Cache 命中率。目前，多数多核 CPU 操作系统采用的是基于全局队列的任务调度算法。多核的中断处理和单核有很大不同。多核的各处理器之间需要通过中断方式进行通信，所以多个处理器之间的本地中断控制器和负责仲裁各核之间中断分配的全局中断控制器也需要封装在芯片内部。另外，多核 CPU 是一个多任务系统。由于不同任务会竞争共享资源，因此需要系统提供同步与互斥机制。而传统的用于单核的解决机制并不能满足多核，需要利用硬件提供的"读－修改－写"的原子操作或其他同步互斥机制来保证。

（7）低功耗设计

半导体工艺的迅速发展使微处理器的集成度越来越高，同时处理器表面温度也变得越来越高并呈指数级增长，每三年处理器的功耗密度就能翻一番。目前，低功耗和热优化设计已经成为微处理器研究中的核心问题。CMP 的多核心结构决定了其相关的功耗研究是一个至关重要的课题。低功耗设计是一个多层次问题，需要同时在操作系统级、算法级、结构级、电路级等多个层次上进行研究。每个层次的低功耗设计方法实现的效果不同——抽象层次越高，功耗和温度降低的效果越明显。

（8）存储器墙

为了使芯片内核充分工作，最起码的要求是芯片能提供与芯片性能相匹配的存储器带宽，虽然内部 Cache 的容量能解决一些问题，但随着性能的进一步提高，必须有其他一些手段来提高存储器接口的带宽，如增加单个引脚带宽的 DDR、DDR2、QDR、XDR 等。同样，系统也必须有能提供高带宽的存储器。因此，芯片对封装的要求也越来越高，虽然封装的引脚数每年以 20% 的数目提升，但还不能完全解决问题，而且还带来了成本提高的问题。为此，怎样提供一个高带宽、低延迟的接口带宽，是必须解决的一个重要问题。

（9）可靠性及安全性设计

随着技术的革新，处理器的应用渗透到现代社会的各个层面，但是在安全性方面却存在着很大的隐患。一方面，处理器结构自身的可靠性低下，由于超微细化与时钟设计的高速化、低电源电压化，设计上的安全系数越来越难以保证，故障的发生率逐渐升高。另一方面，来自第三方的恶意攻击越来越多，手段越来越先进，已成为具有普遍性的社会问题。现在，可靠性与安全性的提高在计算机体系结构研究领域备受注目。

处理器功耗正比于"电流 × 电压 × 电压 × 主频"，所以，处理器功耗正比于 IPC（Instruction Per Clock，CPU 每一时钟周期内所执行的指令多少）。

由单核处理器增加到多核处理器，如果主频不变的话，IPC 理论上可以提高 n 倍，功耗理论上也就最多提高 n 倍，因为功耗的增加是线性的。而实际情况是，多核处理器性能达到单核处理器同等性能的时候，前者的主频可以更低，因此功耗也是指数方幂下降的，反映到产品中就是多核处理器的起跳主频可以比单核处理器更低，性能更好。由此可见，将来处理器发展的趋势：为了达到更高的性能，在采用相同微架构的情况下，可以增加处理器的内核数量并维持较低的主频。这样设计的效果是，更多的并行提高 IPC，较低的主频有效地控制了功耗的上升。多核处理器通过把多个执行内核放进一个处理器，每个内核在较低的频率下来降低功耗同时提高性能。实践证明，这种多核设计方法仍然符合摩尔定律。多核处理器的高性能、低功耗的特性在满足了广大客户对性能不断追求的同时也极大地提高了性能功耗比，为广大用户提供了更好的选择。同时，随着多核生态系统及制造工艺的进一步成熟，多核技术的主流化趋势已势不可挡，因为多核处理器为商用用户带来更高的性能、更低功耗。多核的出现是技术发展和应用需求的必然产物。多核通过在一个芯片上集成多个简单的处理器核以充分利用这些晶体管资源，发挥其最大的能效。由于 CMP（单芯片多处理器）的分布式结构中全局信号较少，与集中式结构的超标量处理器结构相比，在克服线延迟影响方面更具优势，使门延迟逐渐缩短，而全局连线延迟却不断加长。此外，多核处理器里单个核的速度较慢，因此，处理器消耗较少的能量，产生较少的热量。同时，原来单核处理器里增加的晶体管可用于增加多核处理器的核。在满足性能要求的基础上，多核处理器通过关闭（或降频）一些处理器等低功耗技术，可以有效地降低能耗。随着处理器结构复杂性的不断提高，以及人力成本的不断攀升，设计成本随时间呈线性甚至超线性的增长。多核处理器通过处理器 IP 等的复用，可以极大地降低设计成本。同时，模块的验证成本也显著下降。

随着操作系统及应用软件对多核处理器的进一步支持及优化、芯片制造工艺的成熟、AMD 及 Intel 公司为代表的低功耗技术的发展、芯片级虚拟化技术的成熟等诸多因素，将推动服务器处理器多核化趋势的进一步彰显，多核技术将成为服务器技术的重要技术支点。

应用需求的不断提高是计算机发展的根本动力。例如，目前的服务器应用，要求高的吞吐率和在多处理器上的多线程应用；Internet 的应用、P2P 和普适计算的应用都促使了计算机性能的不断提升。大型企业的 ERP、CRM 等复杂应用，以及科学计算、大型数据库管理系统、数字医疗、电信、金融等都需要高性能计算，多核技术可以满足这些应用的需求。

需要说明的是，虽然芯片的制造工艺和使用的技术都有了很大的发展，但是从使用者的角度，特别是从应用程序开发者的角度看，它们是一个系列，是完全兼容的。应用编程的寄存器结构，从 8086/8088 到 80386 以上直至 Pentium 微处理器，只有字长的不同，没有本质差别。芯片的指令，80% 以上是完全相同的，只是在 80386 以上的芯片中还有另一种工作方式——保护虚地址方式，从而增加了一些保护方式下的指令。自 80486 以上，因为把数字协处理器也并入 CPU 芯片，所以增加了数字协处理器指令。8086/8088 的工作方式与 80386 以上芯片的实地址工作方式几乎完全一样。所以说 8086/8088 是 Intel 80x86 系列芯片的基础。此外，若要把微处理器用于测量、控制等应用场合，一般要构造一个小型的系统，不会采用 Pentium 等高档芯片，而是采用 8086/8088 或功能相当的单片机。所以学习微型计算机原理从 8086/8088 芯片入手是恰当的。要深入掌握 80x86 系列，就要在学习掌握了 8086/8088 的工作原理、汇编语言使用的基础上，进一步掌握保护方式的原理。

习题

1. 处理器内部具有哪 3 个基本部分？8086 分为哪两大功能部件？其各自的主要功能是什么？
2. 8086 如何实现了最简单的指令流水线？
3. 试分别说明 8086 引脚信号中 $M/\overline{IO}$、$DT/\overline{R}$、$\overline{RD}$、$\overline{WR}$、ALE 的作用？
4. 8086 的 $\overline{BHE}$ 引脚有何作用？为什么 8088 无此引脚？
5. 8086 与 8088 有何不同之处？
6. 试说明在 8086 的最大模式和最小模式下系统基本配置的差别？
7. 8086/8088 系统中，存储器为什么要分段？一个段最大为多少字节？最小为多少字节？
8. 在 8086 系统中，CPU 的哪个引脚用于与慢速外设的同步？
9. 试说明 8284A 芯片的功能。
10. 在 8086 系统中，为何需要地址锁存？用何种芯片实现？
11. 在 8086/8088 系统中，为何需要数据收发？用何种芯片实现？需用 CPU 的哪些引脚配合？
12. 试说明 8288 芯片的功能。
13. 什么是 8086 中的逻辑地址和物理地址？逻辑地址如何转换成物理地址？请将如下逻辑地址用物理地址表达：
   （1）FFFFH：0H　　（2）4000H：700H　　（3）A128H：456H
14. 什么是实地址方式、保护方式和虚拟 8086 方式？它们分别使用什么存储模型？
15. 相对于 80386，80486 引脚有哪些新增的功能和特点？

第 **4** 章

Chapter

指令系统与汇编语言

计算机完成用户指定的任务，是通过其内部一系列指令序列实现的。每种类型计算机都有一组指令集，这组指令集称为计算机指令系统。在设计微处理器时已经规定，指令系统每一条指令都严格对应微处理器要完成的规定操作，所以，指令语言的格式也直接影响计算机的内部结构。汇编语言是面向机器的程序设计语言，其基本特征是用符号语言代替机器语言的二进制码，汇编语言亦称为符号语言。

本章首先介绍 8086、Pentium 以及单片机的数据类型和指令格式，然后介绍 8086 的寻址方式（操作数的寻址方式和转移地址的寻址方式）和基本指令系统（数据传送、算术运算、逻辑运算与移位、串操作、控制转移、标志处理和处理器控制），最后介绍面向 8086 的汇编语言的程序设计方法，内容包括汇编语言源程序的格式、常用的伪指令与宏指令，还包括程序设计的步骤、程序结构、DOS 与 BIOS 的中断调用等。

4.1 8086 微处理器的数据类型和指令格式

表示一条指令的机器字，称为指令字，通常简称为指令。指令系统是微处理器所能执行的各种指令的集合，不同的微处理器有不同的指令系统。

4.1.1 8086 的数据类型

计算机执行指令过程中需要各种类型的数据，80x86 微机可处理以下 7 种类型数据。

1. 无符号二进制数

字节：无符号 8 位数。

字：两个相邻字节组成的无符号 16 位数。

双字：两个相邻字，即 4 个相邻字节组成的无符号 32 位数。

字节、字和双字在内存中的结构如图 4-1 所示。

图 4-1 数据类型

图 4-2 显示了基本数据类型作为内存中的操作数引用时的字节顺序。低字节（位 0~7）占用

内存中的最低地址，该地址也是此操作数的地址。

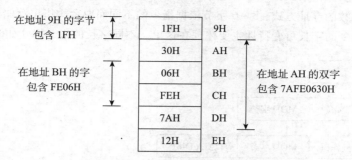

图 4-2　基本数据类型在内存中的字节顺序

2. 带符号二进制定点整数

此类数有正、负之分，有字节（8 位数）、字（16 位数）、双字（32 位数）、4 字（64 位数）四种，它们均以补码表示。CPU 只支持 8 位、16 位和 32 位带符号整数。FPU 支持 16 位、32 位和 64 位整数。

在字节中，符号位位于第 7 位；在字中，符号位位于第 15 位；在双字中，符号位位于第 31 位。8 位整数的值为 $-128 \sim +127$；16 位整数的值为 $-2^{15} \sim +2^{15} -1$；32 位整数的值为 $-2^{31} \sim +2^{31} -1$。

3. 浮点数（实数）

8086 微处理机中的浮点数由符号位、有效数和阶码（指数部分）三个字段组成，这类数由 FPU 支持。

4. BCD 码

BCD 码分为压缩 BCD 码和非压缩 BCD 码，其中压缩 BCD 码每字节包含两位十进制数。例如，10000110BCD 表示十进制 86。非压缩 BCD 码每字节包含一位十进制数，高 4 位总是 0000，低 4 位用 0000 ~ 1001 中的一种组合来表示 0 ~ 9 中的某一个十进制数。

5. 串数据

CPU 支持串数据，包括位串、字节串、字串和双字串。

位串：一串连续的二进制数。

字节串：一串连续的字节。

字串：一串连续的字。

双字串：一串连续的双字。

6. ASCII 码数据

ASCII 码（American Standard Code for Information Interchange，美国标准信息交换码）用一个字节来表示一个字符，采用 7 位二进制代码来对字符进行编码，最高位一般用做校验位。7 位 ASCII 码能表示 $2^7 = 128$ 种不同的字符，其中包括数码（0 ~ 9），英文大、小写字母，标点符号及控制字符等。

7. 指针数据类

指针是内存单元的地址，8086 定义了两种类型的指针：近指针（near）为 16 位，远指针（far）为 32 位，near 指针是段内的 16 位偏移量，也称为有效地址。

4.1.2　8086 的指令格式

8086/8088 指令系统用了一种灵活的、由 1 ~ 6 字节组成的变字长的指令格式。每条指令包括操作码、寻址方式及操作数三个部分。通常，指令的第一字节为操作码，规定指令的操作类型；第二字节规定操作数的寻址方式，3~6字节依据指令的不同而取舍，指出存储器操作数地址的位移量或立即数，指令的字长可变特性主要体现在这里。不同字长的指令格式如图4-3所示。

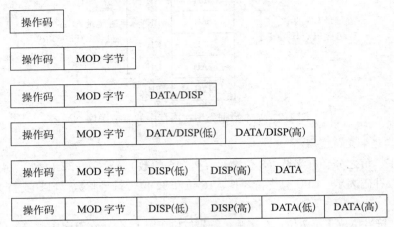

图4-3　不同字长的指令格式

操作码/寻址方式字节格式见表4-1。

表4-1　操作码/寻址方式字节格式

第一字节								第二字节							
7	6	5	4	3	2	1	0	7	6	5	4	3	2	1	0
操作码						D/S	W	MOD		REG			R/M		

第一字节：

D——双操作数指令有效。D=0，源操作数为寄存器；D=1，目标操作数为寄存器。

S——使用立即寻址方式时有效。S=0，没有符号扩展；S=1，有符号扩展。

W——指示操作数类型。W=0，为字节；W=1，为字。

第二字节：指出所用的两个操作数存放的位置，以及存储器中操作数有效地址（EA）的计算方法。

REG——规定一个寄存器操作数，见表4-2。

表4-2　REG字段编码表

REG	W=1（字操作）	W=1（字节操作）
000	AX	AL
001	CX	CL
010	DX	DL
011	BX	BL
100	SP	AH
101	BP	CH
110	SI	DH
111	DI	BH

MOD——指示另一个操作数是在寄存器中还是存储器中，若在存储器中，还用来指示该字节后有多少位移量，见表4-3。

R/M——当MOD=11（即寄存器寻址）时，指示第二操作数所在寄存器编号；当MOD=00、

01 或 10（即存储器寻址）时，指示如何计算存储器操作数的地址，见表4-4。

表 4-3 MOD 字段编码表

MOD	寻址方式
00	存储器寻址，没有位移量
01	存储器寻址，有 8 位位移量
10	存储器寻址，有 16 位位移量
11	寄存器寻址

表 4-4 各种 MOD 与 R/M 字段组合编码及有关地址的计算

R/M \ MOD	00	01	10	11	
				W = 0	W = 1
000	DS：[BX + SI]	DS：[BX + SI + D_8]	DS：[BX + SI + D_{16}]	AL	AX
001	DS：[BX + DI]	DS：[BX + DI + D_8]	DS：[BX + DI + D_{16}]	CL	CX
010	SS：[BP + SI]	SS：[BP + SI + D_8]	SS：[BP + SI + D_{16}]	DL	DX
011	SS：[BP + DI]	SS：[BP + DI + D_8]	SS：[BP + DI + D_{16}]	BL	BX
100	DS：[SI]	DS：[SI + D_8]	DS：[SI + D_{16}]	AH	SP
101	DS：[DI]	DS：[DI + D_8]	DS：[DI + D_{16}]	CH	BP
110	DS：D_{16}	SS：[BP + D_8]	SS：[BP + D_{16}]	DH	SI
111	DS：[BX]	DS：[BX + D_8]	DS：[BX + D_{16}]	BH	DI

表 4-4 中的段寄存器是指无段跨越前缀的情况下所使用的隐含的段寄存器。如果指令中指定段跨越前缀，则在机器语言中使用放在指令之前的一个字节来表示，即：

001	SEG	110

SEG 指定 4 个段寄存器中的一个，见表4-5。

表 4-5 段跨越时 SEG 编码

SEG	段寄存器
00	ES
01	CS
10	SS
11	DS

【例 4-1】

```
ADD    disp[BX][DI],DX  ;disp=2345H
```

代码格式：

OPCODE	D	W	MOD	REG	R/M	disp-Lo	disp-Hi
000000	0	1	10	010	001	01000101	00100011

指令码：01914523H

4.2 Pentium 微处理器的数据类型和指令格式

4.2.1 Pentium 微处理器的数据类型

Pentium 的数据类型包括基本数据类型、操作数类型和 FPU（Float Point Unit，浮点运算单元）

数据类型，因后两种类型涉及的知识点较多，在此不再介绍。

汇编语言所用到的基本数据类型为字节、字、双字、四字等。下面对它们进行介绍。

1）字节。一个字节由 8 位二进制数组成，其最高位是第 7 位，最低位是第 0 位。在表示带符号数时，最高位就是符号位。通常情况下，存储器按字节编址，读/写存储器的最小信息单位就是一个字节。

2）字。由连续两个字节组成一个字，其最高位是第 15 位，最低位是第 0 位。高 8 位为高字节，低 8 位为低字节。低字节存放在地址较低的字节中，这个低字节地址也是该字的地址。仅当与低半字分开而访问高半字时才使用高字节地址。字节和字是汇编语言程序中最常用的两种数据类型，也是最容易出错的数据类型。

3）双字。由连续两个字组成一个双字，其高 16 位称为高字，低 16 位称为低字。双字有较大的数据表示范围，它通常是为了满足数据的表示范围而选用的数据类型，也可用于存储远指针。低字存在地址较低的两个字节中，这个低字节的地址就是该双字的地址。仅当与较低字分开而访问较高字时，或者在访问各单个字节时才使用各个较高的地址。

4）四字。由连续 4 个字组成一个四字类型，它总共有 64 个二进制位，当然，也就有更大数据表示范围。一个四字占 8 个连续地址的 8 个字节，四字中的各位编号为 0～63。含 0～31 位的双字称为低双字；含 32～63 位的双字称为高双字。仅当与较低的双字分开而访问较高双字时，或者在访问各单个字节时才使用各个较高的地址。

4.2.2　Pentium 微处理器的指令格式

Pentium 微处理器指令的一般格式如图 4-4 所示。Pentium 指令的长度可以从 1 字节到 12 字节，一条指令由可任选的指令前缀、原操作码字节、有可能要用的地址说明符、一个位移量和一个立即操作数数据字段等元素组成，这种非固定长度的指令格式是典型的 CISC（Complex Instruction Set Computing，复杂指令集）结构特征。采用 CISC 结构，部分原因是为了与它的前身 8086 保持兼容，另一部分原因是 Pentium 希望能给编译程序作者更灵活的编程支持。

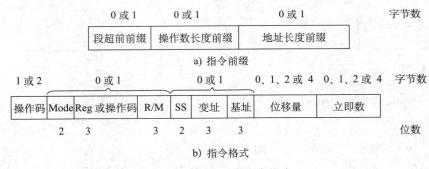

图 4-4　Pentium 的指令格式

在主操作码或操作码内可以定义少量的编码字段，用这些字段规定操作的方向、位移量的大小规模、寄存器编码或者符号的扩充，而且编码字段会根据操作的类型发生变化。绝大多数到存储器中去存取操作数的指令，在主操作码字节的后面都会有一个寻址方式字节，称为 ModR/M 字节，由这个字节来规定所采用的寻址方式。ModR/M 字节的某些编码又指示第二个寻址字节，跟在 ModR/M 字节之后的是 SIB（按比例变址基地址）字节，在说明完整的寻址方式时就会用到它。

指令的各组成部分说明如下。

1）前缀的编码为 1 字节，在一条指令前可同时使用多个指令前缀，不同前缀的前后顺序无关紧要。指令前缀分成以下 5 类。

①段超前前缀：它明确地指定一条指令应使用哪一段寄存器，这些段超前前缀如下。

2EH　CS 段超前前缀；

36H　SS 段超前前缀；

26H　ES 段超前前缀；

65H　GS 段超前前缀。

②地址长度前缀（67H）：它的作用是在 16 位寻址方式和 32 位寻址方式间切换，这两种长度中任意一种都不是默认长度，这个前缀选用非默认长度。

③操作数长度前缀（66H）：它的功能是在 16 位数据长度和 32 位数据长度间切换，这两种长度中任意一种都不是默认长度，这个前缀选用非默认长度。

④重复前缀：重复前缀和串操作指令连用，使该指令为串中的每个元素重复执行。重复前缀类型如下。

F3H　REP 前缀；

F3H　REPE／REPZ 前缀；

F2H　REPNE／REPNZ 前缀。

⑤锁定前缀（0F0H）：锁定前缀用在多处理器环境中确保共享存储器的排他性，它仅与以下指令连用：BTS、DTR、DTC、XCHG、ADD、OR、AND、SUB、XOR、NOT、NEG、INC、DEC、CMPXCH8B、CMPXCHG、XADD。

每一条指令都可以使用 5 类前缀中的任何一个，冗余前缀是没有定义的，而且会因处理器的不同，前缀可以任意次序在指令中出现。

2）操作码：由 CPU 设计人员定义，每一种操作唯一对应一个操作码。

3）寄存器说明符：一条指令可指定一个或两个寄存器操作数。寄存器说明符可出现在操作码的同一字节内，也可出现在寻址方式说明符的同一字节内。

4）寻址方式说明符：这个字段规定了指令存储器操作数的寻址方式和给出寄存器操作数的寄存器号。除少数如 PUSH、POP 这类预先规定寻址方式的指令外，绝大多数指令都有这个字段。它指定操作数在寄存器内还是在存储器单元内，如在存储器内，它就指定要使用位移量，还是使用基地址寄存器或者变址寄存器比例因子。

5）SIB（比例换算、变址、基地址）字节：ModR／M 字段的某种编码需要这个字段将寻址方式说明完整化。它由比例系数 SS（2 位）、变址（Index）寄存器号（3 位）和基址（Base）寄存器号（3 位）组成，故称 SIB 字段。

6）位移：寻址方式说明符指明用位移来计算操作数地址时，位移量被编码在指令中。位移是一个 32 位、16 位或 8 位的带符号整数。在常见的位移量足够小的情况中，用 8 位的位移量。处理器把 8 位的位移扩展到 16 位或 32 位时，会考虑到符号的作用（即按补码扩展）。

7）立即操作数：有立即操作数时，即直接提供操作数值。立即操作数可以是字节、字或双字。在 8 位立即操作数和 16 位或 32 位操作数一起使用时，处理器把 8 位立即操作数扩展成符号相同、数值相等的较大长度的整数。用同样方法，16 位操作数被扩展成 32 位。

由上可见，Pentium 提供存储器操作数的寻址方式字段是作为操作码字段的延伸，而不是与每个存储器操作数一起提供的。因此，指令中只能有一个存储器操作数，Pentium 没有存储器-存储器的操作指令。

4.3 单片机的数据类型和指令格式

4.3.1 单片机的数据类型

表 4-6 中列出了 C51 编译器所支持的数据类型。在标准 C 语言中，基本的数据类型为 char、int、short、long、float 和 double，而在 C51 编译器中，int 和 short 相同，float 和 double 相同，这里就不进行说明了。下面来看看它们的具体定义。

表 4-6　数据类型

数据类型	长度	值域
unsigned char	单字节	$0 \sim 255$
signed char	单字节	$-128 \sim +127$
unsigned int	双字节	$0 \sim 2^{16} - 1$
signed int	双字节	$-2^{15} \sim +2^{15} - 1$
unsigned long	4 字节	$0 \sim 2^{32} - 1$
signed long	4 字节	$-2^{31} \sim +2^{31} - 1$
float	4 字节	$\pm 1.175494E - 38 \sim \pm 3.402823E + 38$
*	$1 \sim 3$ 字节	对象的地址
bit	位	0 或 1
sfr	单字节	$0 \sim 255$
sfr16	双字节	$0 \sim 2^{16} - 1$
sbit	位	0 或 1

（1）char（字符类型）

char 类型的长度是一个字节，通常用于定义处理字符数据的变量或常量。char 类型分为无符号字符类型 unsigned char 和有符号字符类型 signed char，默认值为 signed char 类型。unsigned char 类型用字节中所有的位来表示数值，可以表达的数值范围是 $0 \sim 255$。signed char 类型用字节中最高位表示数据的符号，"0"表示正数，"1"表示负数，负数用补码表示，所能表示的数值范围是 $-128 \sim +127$。unsigned char 常用于处理 ASCII 字符或用于处理小于或等于 255 的整型数。

正数的补码与原码相同，负二进制数的补码等于它的绝对值按位取反后加 1。

（2）int（整型）

int 类型长度为两个字节，用于存放一个双字节数据。它分为有符号整型数 signed int 和无符号整型数 unsigned int，默认值为 signed int 类型。signed int 表示的数值范围是 $-2^{15} \sim +2^{15} - 1$，字节中最高位表示数据的符号，"0"表示正数，"1"表示负数。unsigned int 表示的数值范围是 $0 \sim 2^{16} - 1$。

（3）long（长整型）

long 类型长度为 4 个字节，用于存放一个四字节数据。它分为有符号长整型 signed long 和无符号长整型 unsigned long，默认值为 signed long 类型。signed long 表示的数值范围是 $-2^{31} \sim +2^{31} - 1$，字节中最高位表示数据的符号，"0"表示正数，"1"表示负数。unsigned long 表示的数值范围是 $0 \sim 2^{32} - 1$。

（4）float（浮点型）

float 类型在十进制中具有 7 位有效数字，是符合 IEEE - 754 标准的单精度浮点型数据，占用 4 个字节。

（5）*（指针型）

指针型本身就是一个变量，在这个变量中存放的指向另一个数据的地址。这个指针变量要占据一定的内存单元，对于不同的处理器长度也不尽相同，在 C51 中，它的长度一般为 1 ~ 3 字节。

（6）bit（位）标量

位标量是 C51 编译器的一种扩充数据类型，利用它可定义一个位标量，但不能定义位指针，也不能定义位数组。它的值是一个二进制位，不是 0 就是 1，类似一些高级语言中的 Boolean 类型中的 True 和 False。

（7）sfr（特殊功能寄存器）

sfr 也是一种扩充数据类型，占用一个内存单元，值域为 0 ~ 255。利用它可以访问 C51 单片机内部的所有特殊功能寄存器。

（8）sfr16（16 位特殊功能寄存器）

sfr16 占用两个内存单元，值域为 0 ~ 65535。和 sfr 一样，sfr16 用于操作特殊功能寄存器，所不同的是，它用于操作占两字节的寄存器，如定时器 T0 和 T1。

（9）sbit（可寻址位）

sbit 同样是 C51 中的一种扩充数据类型，利用它可以访问芯片内部的 RAM 中的可寻址位或特殊功能寄存器中的可寻址位。

4.3.2　单片机的指令格式

在指令系统中，不同的指令描述了不同的操作，但在结构上，每条指令通常由操作码和操作数两部分组成。操作码表示计算机执行该指令时将进行何种操作；操作数表示参加操作数的本身或操作数的地址。汇编语言指令有如下格式：

```
[标号:]操作码  [操作数1],[操作数2],[操作数3]  ;注释
```

整条语句必须在一行之内写完。

第一部分为标号（可以省略）。它是用户自定义的符号，实际上为符号地址，标号值代表这条指令在程序存储器中的存放地址。标号以字母开始，接着为 0 ~ 7 个英文字母或数字，后面跟冒号"："。第二部分为操作码。在汇编语言中用缩略的英文字母表示，也称助记符。它反映了指令的功能。第三部分为操作数。根据不同的指令，可以没有操作数或有 1 ~ 3 个，它与助记符之间至少留有一个空格。操作数之间用逗号"，"分开。它反映了指令的对象。第四部分为注释（可以省略）。它是以分号"；"开始，是用户对该条指令或程序段的说明，注释必须在一行之内写完，换行时需要另外以分号"；"开始。注释内容可为任何字符。

4.4　寻址方式

所谓寻址方式就是寻找操作数的方式或过程，处理器设计了许多用来指明操作数的位置。根据操作数可能的存放位置，有各种不同的寻址方式。8086/8088 提供了与操作数有关、程序转移地址有关和与 I/O 端口地址有关的 3 类寻址方式。与操作数有关的寻址方式有 3 种，分别是立即数寻址、寄存器寻址、存储器寻址；与程序转移地址有关的寻址方式有 4 种，分别是段内直接寻址、段内间接寻址、段间直接寻址和段间间接寻址；与 I/O 端口有关的寻址方式有端口直接寻址和端口间接寻址方式。

4.4.1　操作数的寻址方式

（1）立即数寻址方式（immediate addressing）

在立即数寻址（或立即寻址）方式中，指令需要的操作数紧跟在操作码之后作为指令机器代码的一部分，并随着处理器的取指令操作从主存进入指令寄存器。这种操作数常用常量形式直接表达，从指令代码中立即得到，称为立即数（immediate data）。立即数寻址方式只用于指令的源操作数，在传送指令中常用来给寄存器或存储单元赋值。

【例 4-2】　MOV AX, im

其过程如图 4-5 所示。

立即数 im 可以是 8 位的，也可以是 16 位数，则 imH 高位字节存放在高地址存储单元中，imL 低位字节存放在低地址存储单元中。若是字操作数，而且它的高位字节是由低位字节符号扩展而来的，则在指令中的立即数只有低位字节。

立即数寻址方式只能作为源操作数，不能是目的操作数。当指令中的立即数（一般使用十六进制表示）后面不加 H 时为十进制数，汇编时该立即数由汇编程序以二进制数形式存于代码段区域。

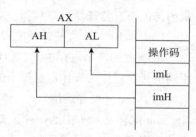

图 4-5　立即数寻址方式

（2）寄存器寻址方式（register addressing）

寄存器寻址方式的操作数存放在指令规定的寄存器中，寄存器的名字在指令中指出。

- 16 位通用寄存器（AX、BX、CX、DX、SI、DI、SP 或 BP）。
- 8 位通用寄存器（AH、AL、BH、BL、CH、CL、DH 或 DL）。
- 段寄存器（CS、DS、SS、ES、FS 和 GS）。
- FLAGS 寄存器。

【例 4-3】　MOV AL,BL
　　　　　　MOV AX,BX

如果（BL）=20H，（BX）=4321H，则指令执行情况如图 4-6 所示。执行结果为：（AL）=20H，（AX）=4321H。

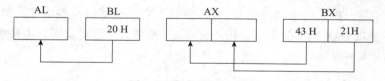

图 4-6　寄存器寻址方式

由于操作数就在 CPU 内部的寄存器中，寄存器寻址方式不需要访问存储器来取得操作数，因而可以取得较高的运行速度。

（3）存储器寻址方式（memory addressing）

数据经常都保存在主存储器中。尽管可以实现将它们取到寄存器中再进行处理，但指令也需要能够直接寻址存储单元进行数据处理。寻址主存中存储的操作数就称为存储器寻址方式，也称为主寻址方式。

存储器寻址方式的操作数存放在存储单元中。操作数在存储器中的物理地址是由段地址左移 4 位与操作数在段内的偏移地址相加得到的。段地址在实模式和保护模式下可从不同途径取得。本节要讨论的问题是，指令中是如何给出存储器操作数在段内的偏移地址的。偏移地址又称为有效地址（Effective Address，EA），存储器寻址方式即为求得有效地址（EA）的不同途径。

有效地址可以由以下 3 种地址分量组成。

1）位移量（displacement）：存放在指令中的一个 8 位或 16 位的数，但它不是立即数，而是一个地址。

2）基址（base address）：存放在基址寄存器 BX 或 BP 中的内容。

3）变址（index address）：存放在变址寄存器 SI 或 DI 中的内容。

对于某条具体指令，这 3 个地址分量可有不同的组合。如果存在两个或两个以上的分量，那么就需要进行加法运算，求出操作数的有效地址（EA），进而求出物理地址（PA）。正是因为这 3 种地址分量有不同的组合，才使得对存储器操作数的寻址产生了若干种不同的方式。上述 3 种地址分量的概念，对掌握这些寻址方式很有帮助，应予以重视。

1）直接寻址方式（direct addressing）。

直接寻址是指操作数地址的 16 位段内偏移地址直接包含在指令中，它与操作码一起存放在代码段区域。操作数一般在数据段区域中，它的地址为数据段寄存器 DS 加上这 16 位的段内偏移地址。

直接寻址方式的操作数有效地址只包含位移量一种分量，即在指令的操作码后面直接给出有效地址。对这种寻址方式有：EA = 位移量。

【例 4-4】　 `MOV  AX,DS:[2612H]`

如果（DS）= 2000H，则指令执行情况如图 4-7 所示。执行结果为：（AX）= 8633H。

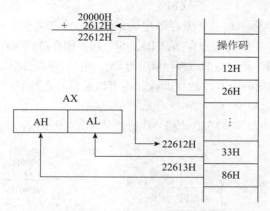

图 4-7　直接寻址方式

需要注意这种直接寻址方式与前面介绍的立即数寻址方式的不同。从指令的表示形式来看，在直接寻址方式中，对于表示有效地址的 16 位数，必须加上方括号。

如果没有特殊指明，直接寻址方式的操作数一般在存储器的数据段中，即隐含的段寄存器是 DS。但 8086/8088 也允许段超越，此时需要在指令中特别标明，方法是在有关操作数的前面写上操作数所在段的段寄存器名，再加上冒号。

在汇编语言指令中，可以用符号地址来表示位移量。例如，MOV AX，value 或 MOV AX，［value］。此时 value 为存放操作数单元的符号地址。

2）寄存器间接寻址方式（register indirect addressing）。

在寄存器间接寻址方式中，操作数存放在存储器中，操作数的 16 位段内偏移地址放在 SI、DI、BP、BX 这 4 个寄存器中。由于上述 4 个寄存器默认的段寄存器不同，因此又可以分为两种情况：

①若以 SI、DI、BX 进行间接寻址，则操作数存放在线性数据段中。此时，数据段寄存器 DS 的内容左移 4 位加上 SI、DI、BX 中的 16 位段内偏移地址，即得操作数的地址。

②若以寄存器 BP 进行间接寻址，则操作数存放在堆栈段区域。此时，堆栈段寄存器 SS 的内容左移 4 位加上 BP 中的 16 位段内偏移地址，即得操作数的地址。

寄存器间接寻址方式的有效地址表示为：

$$EA = \begin{cases} (SI) \\ (DI) \\ (BX) \\ (BP) \end{cases}$$

【例 4-5】　MOV AX,[BP]

如果（SS）=3000H，（BP）=2000H，则其过程如图 4-8 所示，执行结果：（AX）=5040H。

3）寄存器相对寻址方式（register relative addressing）。

在寄存器相对寻址方式中，操作数存放在存储器中。操作数有效地址（EA）是一个基址寄存器或变址寄存器的内容和指令中给定的 8 位或 16 位位移量相加，所以有效地址由两种分量组成。可用做寄存器相对寻址方式的寄存器有基址寄存器 BX、BP 和变址寄存器 SI、DI。即：

$$EA = \begin{cases} (SI) \\ (DI) \\ (BX) \\ (BP) \end{cases} + disp\_8/disp\_16$$

上述位移量可以看成是一个存放于寄存器中的基值的一个相对值，故称为寄存器相对寻址方式。在一般情况下，若指令中指定的寄存器是 BX、SI、DI，则存放该操作数的段寄存器默认为 DS。若指令中指定的寄存器是 BP，则对应的段寄存器应为 SS。同样，寄存器相对寻址方式也允许段超越。

位移量既可以是一个 8 位或 16 位的立即数，也可以是符号地址。

【例 4-6】　MOV AX,DISP [BP]

如果（DS）=3000H，（BP）=2000H，则指令执行情况如图 4-9 所示，执行结果：（AX）=3278H。

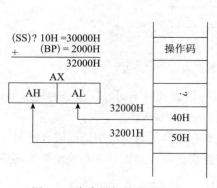

图 4-8　寄存器间接寻址方式

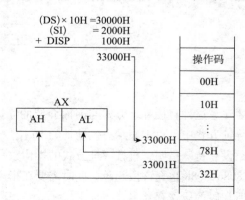

图 4-9　寄存器相对寻址方式

寄存器相对寻址方式的操作数在汇编语言指令中书写时可以是下述形式之一：

```
MOV  AL,[BP + TABLE]
MOV  AL,[BP] + TABLE
MOV  AL,TABLE [BP]
```

其实以上 3 条指令表示同一功能，其中 TABLE 为 8 位或 16 位位移量。

4）基址变址寻址方式（based indexed addressing）。

基址变址寻址方式的操作数有效地址是一个基址寄存器（BX 或 BP）和一个变址寄存器（SI 或 DI）的内容之和，所以有效地址有两种分量组成。即：

$$EA = \left\{ \begin{matrix} (SI) \\ (DI) \end{matrix} \right\} + \left\{ \begin{matrix} (BX) \\ (BP) \end{matrix} \right\}$$

在一般情况下，由基址寄存器决定操作数在哪个段中。若用 BX 的内容作为基地址，则操作数在数据段中；若用 BP 的内容作为基地址，则操作数在堆栈段中。但基址变址寻址方式同样也允许段超越。

【例 4-7】　MOV AX,[BX][SI]

设当前（DS）= 3000H，（SI）= 2000H，（BX）= 1000H，则指令执行情况如图 4-10 所示，执行结果：（AX）= 2856H。

该寻址方式的操作数在汇编语言指令中书写时可以是下列形式之一：

```
MOV  AX,[BP + SI]
MOV  AX,[BP][SI]
```

5）基址变址相对寻址方式（based indexed relative addressing）。

基址变址相对寻址方式的操作数有效地址是一个基址寄存器及一个变址寄存器内容和指令中指定的 8 位或 16 位位移量之和，所以有效地址由 3 个分量组成。即：

$$EA = \left\{ \begin{matrix} (SI) \\ (DI) \end{matrix} \right\} + \left\{ \begin{matrix} (BX) \\ (BP) \end{matrix} \right\} + disp\_8/disp\_16$$

同样，当基址寄存器为 BX 时，段寄存器应为 DS；当基址寄存器为 BP 时，段寄存器应为 SS。同样也允许段超越。

【例 4-8】　MOV AX,SS:DISP [BX][SI]

若（SI）= 2000H，（BX）= 1000H，（SS）= 5000H，DISP = 200H，则指令执行情况如图 4-11 所示，执行结果为：（AX）= 2050H。

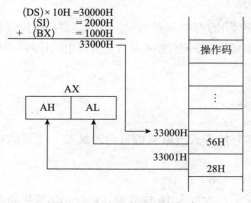

图 4-10　基址变址寻址方式

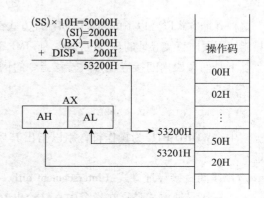

图 4-11　基址变址相对寻址方式

4.4.2 程序转移地址的寻址方式

在 8086/8088 指令系统中，有一组指令被用来控制程序的执行顺序。程序的执行顺序是由 CS 和 IP 的内容决定的。通常情况下，当 BIU 完成一次取指令周期后，就自动改变 IP 的内容以指向下一条指令的地址，使程序按预先存放在程序存储器中的指令的次序，由低地址到高地址顺序执行。如需要改变程序的执行顺序，转移到所要求的指令地址在顺序执行时，可以安排一条程序转移指令，并按指令的要求修改 IP 内容或同时修改 IP 和 CS 的内容，从而将程序转移到指令所指定的转移地址。地址寻址方式就是找出程序转移的地址。转移地址可以在段内（称段内转移），也可以跨段（称段间转移）。寻求转移地址的方法称为地址寻址方式，有如下 4 种方式。

（1）段内直接寻址方式（intrasegment direct addressing）

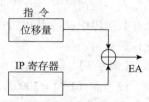

段内直接寻址方式也称为相对寻址方式。转移的地址是当前的 IP 内容和指令规定下一条指令到目标地址之间的 8 位或 16 位相对位移量之和，相对位移量可正可负，如图 4-12 所示。

以下是两条段内直接寻址方式转移指令的例子：

```
JMP  NEAR  PTR  PROGIA
JMP  SHORT  QUEST
```

图 4-12　段内直接寻址方式

其中，PROGIA 和 QUEST 均为转向的目标地址，在机器指令中，用位移量来表示。在汇编语言中，如果位移量为 16 位，则在目标地址加操作符 NEAR PTR，如果位移量为 8 位，则在目标地址之前加操作符 SHORT。

（2）段内间接寻址方式（intrasegment indirect addressing）

段内间接寻址方式的程序转移地址存放在寄存器或存储单元中。存储器可用各种数据寻址方式表示。指令的操作使用指定的寄存器或存储器中的值取代当前 IP 的内容，以实现程序的段内转移，如图 4-13 所示。

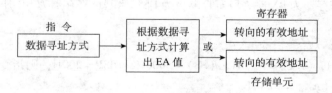

图 4-13　段内间接寻址方式

这种寻址方式以及以下的两种段间寻址方式都不能用于条件转移指令。也就是说，条件转移指令只能使用段内直接寻址的 8 位位移量，而 JMP 和 CALL 指令则可用 4 种寻址方式中的任何一种。

以下是两条段内间接寻址方式转移指令的例子：

```
JMP  BX
JMP  WORD  PTR  [BP + TABLE]
```

其中，WORD PTR 为操作符，用以指出其后的寻址方式所取得的目的地址是一个字的有效地址。

（3）段间直接寻址方式（intersegment direct addressing）

段间直接寻址方式是指在指令中直接给出 16 位的段地址和 16 位的偏移地址，用来更新当前的 CS 和 IP 的内容，如图 4-14 所示。

以下是段间直接寻址方式转移指令的例子：

```
JMP  FAR  PTR  NEXTROUTINE
```

其中，NEXTROUTINE 为转向的符号地址，FAR PTR 则是表示段间转移的操作符。

（4）段间间接寻址方式（intersegment indirect addressing）

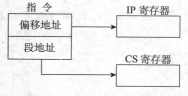

图 4-14　段间直接寻址方式

段间间接寻址方式是由指令中给出的存储器寻址方式求出存放转移地址的 4 个连续存储单元的地址。指令的操作是将存储器的前两个单元的内容送给 IP，后两个单元的内容送给 CS，以实现到另一个段的转移，如图 4-15 所示。

图 4-15　段间间接寻址方式

段间间接寻址方式转移指令的例子：

```
JMP  DWORD  PTR[INTERS + BX]
```

其中，[INTERS + BX] 说明数据寻址方式为直接变址寻址方式，DWORD PTR 为双字操作符，说明转向的地址需取双字，为段间转移指令。

4.4.3　I/O 端口的寻址方式

端口寻址方式有以下两种寻址方式。

1）端口直接寻址方式。这种寻址方式的端口地址用 8 位立即数（0~255）表示。

【例 4-9】　IN AX,60H

此指令表示将地址为 60H、61H 端口的 16 位数据送到 AX 中。假设 60H 端口提供的数据为 7AH，61H 端口提供的数据为 56H，则指令执行情况如图 4-16 所示，执行结果为（AX）=567AH。

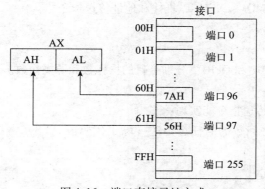

图 4-16　端口直接寻址方式

2）端口间接寻址方式。当 I/O 端口地址大于 FFH 时，必须事先将端口地址存放在 DX 寄存器中。

【例 4-10】　　MOV　DX,162H

IN　AX,DX

前一条指令将端口地址 162H 送到 DX 寄存器，后一条指令将 DX 寄存器所指定的端口地址里的内容输入到 AX 中，如图 4-17 所示。

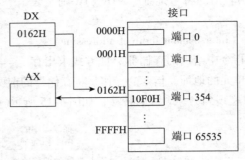

图 4-17　端口间接寻址方式

4.5　8086/8088 微处理器的基本指令系统

8086/8088 指令系统包含 133 种基本指令，这些指令与寻址方式组合，再加上不同的数据形式（字处理或字节处理），可构成上千种指令。8086/8088 的指令系统可以分为以下 6 类功能组：

- 数据传送（data transfer）
- 算术运算（arithmetic）
- 逻辑运算（logic）
- 串操作（string manipulation）
- 程序控制（program control）
- 处理器控制（processor control）

4.5.1　数据传送类指令

数据传送类指令是将数据或地址传送到寄存器或存储单元中。数据传送是最简单、最常用的一类指令，这里主要介绍 MOV、XCHG、堆栈和地址传送指令。

1. 数据传送 MOV 指令

指令格式：MOV　OPRD1,OPRD2

MOV 是操作码，OPRD1 和 OPRD2 分别是目的操作数和源操作数。

功能：完成数据传送。

具体来说，一条数据传送指令能实现：

1）CPU 内部寄存器之间数据的任意传送（除了代码段（CS）寄存器和指令指针（IP）以外）。

```
MOV  AL,BL  ;BL 中的 8 位数送 AL
MOV  CX,BX  ;BX 中的 16 位数送 CX
MOV  DS,BX  ;BX 中的 16 位数送 DS
```

2）立即数传送至 CPU 内部的通用寄存器组（即 AX、BX、CX、DX、BP、SP、SI、DI）。

```
MOV  CL,4       ;立即数 4 送 CL
MOV  AX,03FFH   ;立即数 03FFH 送 AX
MOV  SI,057BH   ;立即数 057BH 送 SI
```

3）CPU 内部寄存器（除了 CS 和 IP 以外）与存储器（所有寻址方式）之间的数据传送。

```
MOV  [2000H],  BX
MOV  AX,    [SI]
MOV  [DI],  CX
MOV  SI,    [BP+2]
MOV  AL,BUFFER
MOV  AX,[SI]
MOV  [DI],CX
MOV  SI,BLOCK[BP]
MOV  DS,DATA[SI+BX]
MOV  DEST[BP+DI],ES
```

4）能实现用立即数给存储单元赋值。

```
MOV  [SI],35H
MOV  BYTE PTR [2000H],25H  ;完成将内存数据段偏移地址 2000H 单元赋值为 25H,这里的"BYTE  PTR"意指
                          ;字节单元
```

而指令：

```
MOV  WORD PTR [2000H],25H
```

除将内存数据段偏移地址 2000H 单元赋值为 25H 外，同时将偏移地址 2001H 单元赋值为 0，"WORD　PTR"意指字单元（显然，这里 0025H 可简写为 25H）。

对于 MOV 指令应注意以下几个问题：

1）在存储器传送指令中，不允许对 CS 和 IP 进行操作。

2）在两个操作数中，除立即寻址外，必须有一个为寄存器寻址方式，即两个存储器操作数之间不允许直接进行信息传送。例如，我们需要把地址（即段内的地址偏移量）为 AREA1 的存储单元的内容传送至同一段内的地址为 AREA2 的存储单元中时，MOV 指令不能直接完成这样的传送，但我们可以 CPU 内部寄存器为"桥梁"来完成这样的传送：

```
MOV  AL,AREA1
MOV  AREA2,AL
```

3）两个段寄存器之间不能直接传送信息，也不允许用立即寻址方式为段寄存器赋初值。例如，为了将立即数传送给 DS，可执行以下两条传送指令：

```
MOV  AX,1000H
MOV  DS,AX
```

4）目的操作数，不能用立即寻址方式。

例如，将以 AREA1 为首地址的 100 字节数据搬移到以 AREA2 为首地址的内存中，若 AREA1 和 AREA2 都在当前数据段中，可以用带有循环控制的数据传送程序来实现。程序如下：

```
        MOV   SI,OFFSET AREA1        ;取 AREA1 的偏移地址给 SI
        MOV   DI,OFFSET AREA2
        MOV   CX,100
AGAIN:  MOV   AL,[SI]
        MOV   [DI],AL
        INC   SI
        INC   DI
        DEC   CX
        JNZ   AGAIN
```

2. 堆栈指令

堆栈是一种数据结构，是在内存中开辟的一个比较特殊的存储区，这个区域中数据的存取采用"后进先出"（Last In First Out，LIFO）的原则。其出入口是用堆栈指针（SP）来指示的，SP 任何时候都指向当前的栈顶。因此，入栈指令 PUSH 和出栈指令 POP 的操作，首先在当前栈顶进行，随后及时地修改地址指针，保证 SP 总指向当前的栈顶。

（1）入栈指令 PUSH

指令格式：PUSH OPRD

源操作数可以是 CPU 内部的 16 位通用寄存器、段寄存器和内存操作数（所有寻址方式）。入栈操作对象必须是 16 位数。

PUSH 指令完成如下操作：

$(SP) \leftarrow (SP) -1$

[SP] ←OPRD 的高字节

$(SP) \leftarrow (SP) -1$

[SP] ←OPRD 的低字节

例如，"PUSH BX"的执行过程为：$(SP) \leftarrow (SP) -1$，[SP] = BH；$(SP) \leftarrow (SP) -1$，[SP] = BL，如图 4-18 所示。

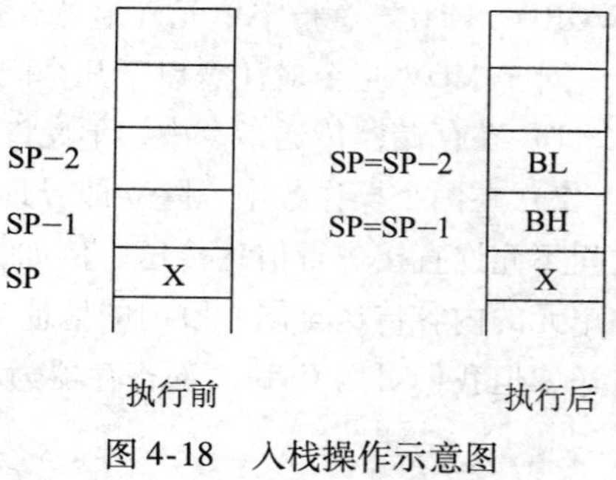

（2）出栈指令 POP

指令格式：POP OPRD

功能：将数据弹出堆栈给操作数。

上述的 OPRD 为目的操作数。POP 指令的操作与 PUSH 指令相反：

OPRD 的低字节← [SP]

$(SP) \leftarrow (SP) +1$

OPRD 的高字节← [SP]

$(SP) \leftarrow (SP) +1$

例如：

```
POP   AX
POP   [BX]
POP   DS
```

图 4-18　入栈操作示意图

堆栈在计算机中有重要作用，如果在程序中要用到某些寄存器，但它的内容却在将来还有用，这时就可以用堆栈把它们保存起来，然后到必要时在恢复其原始内容。

```
PUSH AX
PUSH BX
  …
  ;其间程序用到 AX 和 BX 寄存器
POP BX
POP AX
```

3. 交换指令 XCHG

指令格式：XCHG OPRD1,OPRD2

功能：完成数据交换。

这是一条交换指令，把一个字节或一个字的源操作数与目的操作数相交换。交换能在通用寄存器与累加器之间、通用寄存器之间、通用寄存器与存储器之间进行。但段寄存器和立即数不能作为一个操作数，不能在累加器之间进行。

例如：

```
XCHG  AX,BX
XCHG  DL,BL
XCHG  [505H],AX
XCHG  BX,[SI]
```

注意以下 3 点：

1）操作数 1 和操作数 2 不能均为内存单元，如 XCHG［1234］,［BX］是错误的。

2）CS 寄存器和 IP 寄存器不能作为交换指令的操作数，如 XCHG BX，CS 是错误的。

3）操作数 1 与操作数 2 都不能为立即数，如 XCHG BX，1234H 是错误的。

4. 累加器专用传送指令

此类型指令有 3 种，即输入（IN）、输出（OUT）和查表指令（XLAT），前两种又称为输入/输出指令。

（1）IN 指令

指令格式：

```
IN  AL,n    ;B   AL←[n]
IN  AX,n    ;W   AX←[n+1][n]
IN  AL,DX   ;B   AL←[DX]
IN  AX,DX   ;W   AX←[DX+1][DX]
```

功能：从 I/O 端口数据输入至 AL 或 AX。

例如：
```
IN    AL,50H
IN    AX,70H
```

输入指令允许把一个字节或一个字由一个输入端口传送到 AL 或 AX 中。若端口地址超过 255 时，则必须用 DX 保存端口地址，这样用 DX 做端口寻址最多可寻找 64K 个端口。

（2）OUT 指令

指令格式：

```
OUT  n,AL    ;B  AL→[n]
OUT  n,AX    ;W  AX→[n+1][n]
OUT  DX,AL   ;B  AL→[DX]
OUT  DX,AX   ;W  AX→[DX+1][DX]
```

功能：将 AL 或 AX 的内容输出至 I/O 端口。

该指令将 AL 或 AX 中的内容传送到一个输出端口。端口寻址方式与 IN 指令相同。

（3）XLAT 指令

指令格式：

```
XLAT  [转换表名]    ;(AL)=((DS)×16+(BX)+(AL))
```

功能：完成一个字节的查表转换。

首先建立一个字节表格，表格的首地址预先存入 BX 寄存器，需要转换的代码应该是相对于表格首地址的偏移量，也预先存入在 AL 寄存器中，表格的内容则是所要换取的代码，该指令执行后就可在 AL 中得到转换后的代码。

【例 4-11】　如下指令序列完成从端口地址为 1 的端口读入一个数，再以该读到的数为下标（表项序号）去查转换表，将在表中查得的值再输出到地址为 5 的输出端口：

```
MOV  BX,OFFSET  TABLE  ;转换表的偏移地址送 BX。TABLE 是一个内存单元的名称(代表转换表的首地址)
IN  AL, 1              ;从端口地址为 1 的端口读入的数送 AL 以查表
XLAT  TABLE
OUT  5,AL             ;查表结果送地址为 5 的输出端口
```

XLAT 指令可用在数制转换、函数表查表、代码转换等场合。

5. 地址目标传送指令 LEA、LDS、LES

汇编中，地址是一种特殊操作数，区别于一般数据操作数，它无符号，长度为 16 位，为了突出其地址特点，由专门的指令进行地址传送。

（1）LEA（Load Effective Address）：有效地址送寄存器

指令格式：LEA OPRD1,OPRD2

功能：把源操作数 OPRD2 的地址偏移量传送至目的操作数 OPRD1。

要求：1）源操作数必须是一个内存操作数；2）目的操作数必须是一个 16 位的通用寄存器。这条指令通常用来建立串操作指令所需的寄存器指针。

【例 4-12】　LEA BX,[BX+SI]

设指令执行前，（DS）=2100H，（BX）=100H，（SI）=10H，（DS:110H）=1234H。

指令执行后，（BX）=（BX）+（SI）=110H。

（2）LDS（Load pointer into DS）：指针送寄存器和 DS 指令

指令格式：LDS OPRD1,OPRD2

功能：完成一个地址指针的传送，即把 OPRD2 指定的内存中连续 4 个字节单元内容低 16 位数据存入 OPRD1 指定的通用寄存器中，高 16 位存入 DS 寄存器中。

要求：源操作数是一个内存操作数，目的操作数是一个通用寄存器/变址寄存器。

【例 4-13】　LDS SI,[1010H]

设指令执行前，（DS）=2000H，（21010H）=01A0H，（21012H）=1234H。

指令执行后，（SI）=01A0H，（DS）=1234H。

（3）LES（Load pointer into ES）：指针送寄存器和 ES 指令

指令格式：LES　OPRD1,OPRD2

功能：完成一个地址指针的传送，即把 OPRD2 指定的内存中连续 4 个字节单元内容低 16 位数据存入 OPRD1 指定的通用寄存器中，高 16 位存入 ES 寄存器中。

【例 4-14】　LES　DI,[BX]

设指令执行前，（DS）= B000H，（BX）= 080AH，（B080AH）= 05AEH，（B080BH）= 4000H。

指令执行后，（DI）= 05AEH，（ES）= 4000H。

以上两条指令完成将存储单元中 4 个连续字节的内容送到指令指定的 16 位通用寄存器和段寄存器中。

6. 标志寄存器传送指令 LAHF、SAHF、PUSHF、POPF

（1）LAHF（LOAD AH WITH FLAG）

将标志寄存器中的 SF、ZF、AF、PF 和 CF（即低 8 位）传送至 AH 寄存器的指定位，空位没有定义。

（2）SAHF（STORE AH WITH FLAG）

将寄存器 AH 的指定位送至标志寄存器的 SF、ZF、AF、PF 和 CF 位（即低 8 位）。根据 AH 的内容，影响上述标志位，对 OF、DF、TF 和 IF 无影响。

（3）PUSHF（PUSH FLAG）

将标志寄存器压入堆栈顶部，同时修改堆栈指针，不影响标志位。

（4）POPF（POP FLAG）

将堆栈顶部的一个字传送到标志寄存器，同时修改堆栈指针，影响标志位。

4.5.2　算术运算类指令

8086/8088 提供加、减、乘、除 4 种基本算术操作。这些操作都可用于字节或字的运算，也可以用于带符号数与无符号数的运算。操作数分为 4 种类型：无符号二进制数、带符号二进制数、无符号压缩 BCD 数、无符号非压缩 BCD 数。压缩 BCD 数可以加、减，其余 3 类数据可进行加、减、乘、除 4 种运算。带符号数用补码表示，同时 8086/8088 也提供了各种校正操作，故可以进行十进制算术运算。

1. 加法指令（addition）

（1）加法指令 ADD

一般形式：ADD　OPRD1,OPRD2

功能：OPRD1←OPRD1 + OPRD2

完成两个操作数相加，结果送至目的操作数 OPRD1。目的操作数可以是累加器，任一通用寄存器以及存储器操作数。

例如：

```
ADD  DI,SI            ;SI 和 DI 内容相加,结果放入 DI 中
ADD  AX,[BX +2000H]   ;(BX)+2000H 和(BX)+2001H 所指的两存储单元内容与 AX 内容相加,结果放入 AX
ADD  [BX + DI],CX     ;CX 内容与(BX) + (DI)和(BX) + (DI) +1 所指的两存储单元内容相加,结果放入这两
                      ;存储单元
ADD  AL,5FH           ;立即数 5FH 与 AL 内容相加,结果放入 AL
ADD  [BP],3AH         ;立即数 3AH 与堆栈中由(BP)所指的单元内容相加,结果放入(BP)所指的单元
```

这些指令对标志位 CF、DF、PF、SF、ZF 和 AF 有影响。

（2）带进位的加法 ADC

一般形式：ADC OPRD1,OPRD2;

功能：OPRD1←OPRD1 + OPRD2 + CF

该指令将目的操作数加源操作数再加低位进位的值，结果送目的操作数。ADC 指令与 ADD 指令配合使用，16 位系统中通常用于双精度字的加运算。ADD 或 ADC 指令可以完成 8 位、16 位和 32 位数的加法，两个操作数的长度必须一致。

【例 4-15】　设（DX）= 4652H，（AX）= 7348H，（BL）= 87H。

```
ADD  DX,0F0FH          ; (DX) = 5561H,OF = 0,SF = 0,ZF = 0,CF = 0
ADD  AX,3FFFH          ; (AX) = B347H,OF = 1,SF = 1,ZF = 0,CF = 0
ADD  BL,0F5H           ; (BL) = 7CH,OF = 1,SF = 0,ZF = 0,CF = 1
```

OF 位为 1 表示带符号数溢出，结果是错误的；CF 位为 1 表示无符号数溢出，考虑了进位后的结果是正确的。

【例 4-16】　8086 系统中，实现 32 位整数（双字）的加法：0002F365H + 0005E024H，将运算结果放在 DX 和 AX 寄存器中，其中 DX 存放高字，AX 存放低字。

```
MOV  AX,0F365H         ;AX 赋初值
ADD  AX,0E024H         ;低字相加:(AX) = D389H,OF = 0,SF = 1,ZF = 0,CF = 1
MOV  DX,0002H          ;DX 赋初值
ADC  DX,0005H          ;高字相加:(DX) = 0008H,OF = 0,SF = 0,ZF = 0,CF = 0
```

低字相加用 ADD 指令，高字相加用 ADC 指令，将低字相加后产生的进位传递给高字。带符号的双精度数的溢出，应该根据 ADC 指令的 OF 位来判别，而做低位加法用的 ADD 指令的溢出是无意义的。

（3）加 1 指令 INC

一般形式：INC OPRD

功能：OPRD←OPRD + 1

INC 指令不影响进位标志位 CF，但会对其他状态标志如 OF、SF、ZF 和 PF 标志有影响，如同 ADD 指令加 1 一样。该指令主要用于对计数器或地址指针的修改。操作数的长度可以是 8 位、16 位或 32 位；操作数可以是通用寄存器或存储器操作数，不可以是立即数。

例如：INC AX

　　　INC [BX]

2. 减法指令（subtraction）

（1）减法指令 SUB

一般形式：SUB OPRD1,OPRD2

功能：OPRD1←OPRD1 – OPRD2

该指令完成目的操作数减去源操作数功能，结果存于目的操作数，而源操作数内容不变。符合双操作数指令的语法规则。完成两个操作数相减，也即从 OPRD1 中减去 OPRD2，结果放在 OPRD1 中。

例如：

```
SUB  AX,BX             ;AX 减去 BX 内容,结果放入 AX 中
```

```
SUB   AX,[BX+200H]        ;AX 内容减去(BX)+200H 和(BX)+201H 所指的两存储单元内容,结果放入 AX
SUB   AL,30H              ;AL 内容减去 30H,结果放入 AL
SUB   WORD  PTR[DI],3AH   ;(DI)所指的字单元中的 16 位数减去立即数 3AH,结果存于(DI)所指的字单元
```

（2）带借位的减法指令 SBB

一般形式：`SBB  OPRD1,OPRD2`

功能：OPRD1←OPRD1 – OPRD2 – CF

该指令将目的操作数减源操作数再减来自低位的借位 CF，结果送目的操作数。SBB 指令与 SUB 指令配合，用于实现双精度减法运算。本指令对标志位 AF、CF、OF、PF、SF 和 ZF 都有影响。

同 ADC 指令一样，本指令主要用于多字节操作数相减。

例如：
```
SBB  AX,SI
SBB  AL,5
```

使用 SBB 指令时应注意：指令中有 3 个操作数，其中 CF 是本指令执行前的状态；需要完成多字节数（如 4 字节的 32 位或更多字节）相减时使用该指令；指令的目的操作数不能使立即寻址；减法操作中产生的借位进入 CF 标志位；带符号数相减要考虑溢出。

【例 4-17】　完成无符号数 5B68E270H 和 0BD6C5678H 相减的操作。由于操作数为 32 位，而 8086/8088 的寄存器只有 16 位，因此该操作要分两次进行，先对低 16 位做减法，然后对高 16 位做减法并考虑借位。

```
MOV  AX,0E270H     ;将被减数的低 16 位取到 AX 内
SUB  AX,5678H      ;与减数的低 16 位相减,并影响 CF
MOV  DX,5B68H      ;将被减数的高 16 位取到 DX 内
SBB  DX,0BD6CH     ;与减数的高 16 位相减,并减去 CF
```

（3）减 1 指令 DEC

一般形式：`DEC  OPRD`

功能：OPRD←OPRD – 1

与 INC 指令一样，DEC 指令是一个单操作数指令，操作数可以是寄存器或存储器操作数，不能是立即数。该指令实现将寄存器或存储器操作数内容减 1，常用在循环程序中修改指针或用于循环计数。它与 INC 指令一样，执行指令后不影响 CF 标志，但会对其他状态标志如 OF、SF、ZF、AF 和 PF 标志有影响。该指令主要用于对计数器或地址指针的修改。操作数的长度可以是 8 位、16 位或 32 位。

例如：
```
DEC  [SI]
DEC  CL
```

（4）求补指令 NEG

一般形式：`NEG  OPRD`

功能：（NEGDate）取补

该指令将操作数按位取反（包括符号位）后加 1，结果返回操作数。相当于 0 –（OPRD），是一种特殊的 SUB 指令。NEG 指令是单操作数指令，其操作数可以是寄存器或存储器操作数，操作数长度可以是 8 位、16 位或 32 位。NEG 指令执行后，与 SUB 指令一样，对 OF、SF、ZF、AF、PF、CF 6 个状态标志位都会产生影响。一般情况下，总是使 CF = 1，因为 0 减操作数（OPRD）必产生借位。只有当操作数（OPRD）为 0 时，才有 CF = 0。

例如：NEG AL

      NEG MULRE

若（AL）= 0011 1100B，则取补后为 1100 0100B，即 0000 0000B − 0011 1100B = 1100 0100B。若在字节操作时对 − 128 取补，或在字操作时对 − 32768 取补，则操作数没有变化，但标志 OF 置位（（OF）= 1）。

（5）比较指令 CMP

一般形式：CMP OPRD1,OPRD2

功能：OPRD1 − OPRD2

该指令与 SUB 指令一样，CMP 指令也是执行两操作数相减，但它并不保存结果，只是根据两操作数相减后的结果影响标志位 OF、SF、ZF、AF、PF 和 CF 的状态，根据受影响的标志位状态就可以判断两个操作数比较的结果。

例如：CMP AL,100

      CMP DX,DI

      CMP CX,COUNT[BP]

      CMP COUNT[SI],AX

比较指令主要用于比较两个数之间的关系。在比较指令后，根据标志即可判断两者是否相等。

1）若两者相等，相减以后结果为零，ZF 标志为 1，否则为 0。

2）若两者不相等，且如果是两个无符号数（如 CMP AX，BX）进行比较，则可以根据 CF 标志的状态判断两个数的大小。若结果没有产生借位（CF = 0），那么，显然 AX ≥ BX；若产生了借位（即 CF = 1），则 AX < BX。

3）如果为有符号数，当两个正数比较大小时，可以由 SF 来判断大小，当 SF = 1 时，AX < BX；当 SF = 0 时，AX ≥ BX。

4）比较的数有正有负时，要考虑溢出。用逻辑表达式又可简化为：

- 若 OF = 0 时，SF = 0，则 AX ≥ BX；SF = 1，则 AX < BX。
- 若 OF = 1 时，SF = 0，则 AX < BX；SF = 1，则 AX ≥ BX。

例如，若在自 BLOCK 开始的内存缓冲区中，有 100 个带符号的数字，希望找到其中最大的一个值，并将它放到 MAX 单元中，代码如下。

```
        LEA  DI,MAX
        MOV  BX,OFFSET BLOCK
        MOV  AX,[BX]
        INC  BX
        INC  BX
        MOV  CX,99
AGAIN:  CMP  AX,[BX]
        JG   NEXT              ;AX 的内容大于(BX)指向的字存储单元的内容,则转至 NEXT
        MOV  AX,[BX]
NEXT:   INC  BX
        INC  BX
        DEC  CX
        JNZ  AGAIN
        MOV  [DI],AX
        HLT
```

　　CMP 指令后往往跟着一个条件转移指令，根据比较结果产生不同的程序分支。这是分支程序设计常用的一种方法。与 MOV 指令一样，CMP 指令的两个操作数不能同时为存储器操作数，两个操作数的长度必须一致。

　　【例 4-18】　　利用上述的算术运算指令举例说明：设 X、Y、Z 均为双精度数，它们分别存放在地址为 1000H、2000H 和 3000H 的存储单元中，高字节在高地址中，低字节在低地址中，用指令实现：X + Y + 24 – Z，结果存放在 4000H 的单元中。

```
MOV   AX,[1000H]        ;取 X 的低 16 位到 AX
MOV   DX,[1002H]        ;取 X 的高 16 位到 DX
ADD   AX,[2000H]        ;把 X 的低 16 位和 Y 的低 16 位相加
ADC   DX,[2002H]        ;把 X 的高 16 位和 Y 的高 16 位带进位相加
ADD   AX,24             ;加 24 到低 16 位
ADC   DX,0              ;带进位与 0 相加到高 16 位
SUB   AX,[3000H]        ;减去 Z 低 16 位
SBB   DX,[3002H]        ;带借位减去 Z 的高 16 位
MOV   [4000H],AX        ;保存结果
MOV   [4002H],DX
```

3. 乘法指令

（1）无符号乘法指令 MUL

指令格式：MUL　OPRD

字节操作数（AX）← （AL）×OPRD

字操作数（DX，AX）← （AX）×OPRD

完成字节与字节相乘、字与字相乘，且默认的操作数放在 AL 或 AX 中，而源操作数由指令给出。8 位数相乘，结果为 16 位数，放在 AX 中；16 位数相乘结果为 32 位数，高 16 位放在 DX，低 16 位放在 AX 中。注意：源操作数不能为立即数。

　　例如：

```
MUL   BL               ;AL 和 BL 中的 8 位数相乘,乘积在 AX
MUL   CX               ;AX 和 CX 中 16 位数相乘,乘积在 DX 和 AX
MUL   BYTE  PTR[DI]    ;AL 和(DI)所指的字节单元中的 8 位数相乘,乘积在 AX 中
MUL   WORD  PTR[SI]    ;AX 和(SI)所指的字单元中的 16 位数相乘,乘积在 AX 和 DX 中
MOV   AL,LSRCBYTE      ;字节乘以字节,被乘数送 AL
MUL   RSRCBYTE         ;结果存于 AX 中
MOV   AX,LSRCWORD      ;字乘以字,一个字送 AX
MUL   RSRCWORD         ;结果的高字在 DX 中,低字在 AX 中
MOV   AL,MULBYTE       ;字节乘以字,字节被乘数送入 AL
CBW                    ;AL 中字节转换成 AX 中的字
MUL   RSRCWORD         ;结果的高字在 DX 中,低字在 AX 中
```

（2）带符号数乘法指令 IMUL

指令格式：IMUL　OPRD　　　　;OPRD 为源操作数

操作：与 MUL 相同，但必须是带符号数

　　这是一条带符号数的乘法指令，同 MUL 一样可以进行字节与字节、字和字的乘法运算。结果放在 AX 或 DX：AX 中。当结果的高半部分不是结果的低半部分的符号扩展时，标志位 CF 和 OF 将置位（（CF）=（OF）=1）。

【例4-19】
```
MOV  AX,04E8H    ;(AX)=04E8H
MOV  BX,4E20H    ;(BX)=4E20H
IMUL BX          ;(DX:AX)=(AX)×(BX)
```

以上指令的执行结果为：（DX）=017FH，（AX）=4D00H，且（CF）=（OF）=1。实际上，以上指令完成带符号数 +12556 和 +20000 的乘数运算，得到乘积为 +25120000。由于此时 DX 中结果的高半部分包含着乘积的有效数字，故状态标志位（CF）=（OF）=1。

4. 除法指令

（1）无符号数除法指令 DIV

指令格式：DIV OPRD

操作：

1）字节操作：AL←AX/OPRD 的商

　　　　　　　AH←AX/OPRD 的余数

2）字操作：AX←（DX：AX）/OPRD 的商

　　　　　　DX←（DX：AX）/OPRD 的余数

例如：

1）字除以字节。

```
MOV  AX,NUMERATORWORD    ;被除数送 AX
DIV  DIVISORBYTE         ;商在 AL 中，余数在 AH 中
```

2）字节除以字节。

```
MOV  AL,NUMERATORBYTE    ;被除数送 AL
CBW                      ;AL 中的字节扩展成 AX 中的字
DIV  DIVISORBYTE
```

3）字除以字。

```
MOV  AX,NUMERATORWORD
CWD                      ;把字转换成双字 DX:AX
DIV  DIVISORWORD         ;商在 AX 中,余数在 DX 中
```

（2）带符号数除法 IDIV

指令格式：IDIV OPRD

该指令执行过程同 DIV 指令，但 IDIV 指令认为操作数的最高位为符号位，除法运算的结果商的最高位也为符号位。

在除法指令中，在字节运算时被除数在 AX 中；运算结果商在 AL 中，余数在 AH 中。字运算时被除数为 DX：AX 构成的 32 位数，运算结果商在 AX 中，余数在 DX 中。

由于除法指令中的字节运算要求被除数为 16 位数，而字运算要求被除数是 32 位数，在 8086/8088 系统中往往需要用符号扩展的方法取得被除数所要的格式，因此指令系统中包括两条符号扩展指令。

（3）字节扩展指令 CBW

指令格式：CBW

该指令执行时将 AL 寄存器的最高位扩展到 AH，即若 D_7 = 0，则（AH）= 0；否则（AH）= 0FFH。

【例 4-20】

```
MOV  AL,4FH
CBW
```

执行后，AX = 004FH。

（4）字扩展指令 CWD

指令格式：CWD

该指令执行时将 AX 寄存器的最高位扩展到 DX，即若 $D_{15} = 0$，则 DX = 0；否则 DX = 0FFFFH。CBW、CWD 指令不影响标志位。

【例 4-21】

```
MOV  AX,834EH
CWD
```

执行后，（DX）= FFFFH，（DX：AX）= FFFF834EH。

【例 4-22】 执行运算：$(V - (X * Y + Z - 540))/X$，其中 X、Y、Z、V 均为 16 位为带符号数，已分别装入 X、Y、Z、V 单元中，要求上式计算结果的商放在 AX，余数存于 DX 中。

```
MOV  AX,X       ;取乘数 X 到 AX
IMUL Y          ;做 X * Y,结果存 DX:AX
MOV  CX,AX      ;保存结果低 16 位到 CX
MOV  BX,DX      ;保存结果高 16 位到 BX
MOV  AX,Z       ;取 Z 到 AX
CWD             ;把 Z 变成 32 位,因为现在是 32 位运算
ADD  CX,AX
ADC  BX,DX      ;加 Z,结果保存在 BX:CX
SUB  CX,540     ;减去 540
SBB  BX,0       ;结果还在 BX:CX
MOV  AX,V       ;取 V 到 AX
CWD             ;把 V 扩展为 32 位
SUB  AX,CX
SBB  DX,BX      ;用 V 减去上面的运算结果,结果保存在 DX:AX
IDIV X          ;除以 X,结果保存在 DX:AX
```

5. 十进制调整指令

计算机中的算术运算，都是针对二进制数的运算，而人们在日常生活中习惯使用十进制。为此，在 8086/8088 系统中，针对十进制算术运算有一类十进制调整指令，见表 4-7。

表 4-7 十进制调整指令

指令格式	指令说明
DAA	压缩的 BCD 码加法调整
DAS	压缩的 BCD 码减法调整
AAA	非压缩的 BCD 码加法调整
AAS	非压缩的 BCD 码减法调整
AAM	乘法后的 BCD 码调整
AAD	除法前的 BCD 码调整

在计算机中，人们用 BCD 码表示十进制数。对于 BCD 码，计算机中有两种表示方法：一类

为压缩 BCD 码，即规定每个字节表示两位 BCD 数；另一类称为非压缩 BCD 码，即用一个字节表示一位 BCD 数，在这字节的高 4 位用 0 或其他数填充。例如，十进制数 25D，表示为压缩 BCD 数时为：25H；表示为非压缩 BCD 数时为：0205H，用两字节表示。

在进行十进制数算术运算时，应分两步进行：先按二进制数运算规则进行运算，得到中间结果；再用十进制调整指令对中间结果进行修正，得到正确的结果。

（1）压缩的 BCD 码调整指令

1）DAA：加法的十进制调整指令。

指令格式：DAA

执行的操作：调整（AL）中的二进制 BCD 码的和。

调整步骤：

若 AF = 1 或者（AL）的低 4 位在 0AH ~ 0FH 之间，则（AL）加 06H，且自动置 AF = 1；

若 CF = 1 或者（AL）的高 4 位在 0AH ~ 0FH 之间，则（AL）加 60H，且自动置 CF = 1。

说明：

① 本条指令对 PSW 中的 OF 标志无定义，会影响所有其他标志位。

② 使用本条指令之前，需将十进制数先用 ADD 或 ADC 指令相加，和值存入 AL 中。

2）DAS：减法的十进制调整指令。

指令格式：DAS

执行的操作：调整（AL）中的二进制 BCD 码的差。

调整步骤：

若 AF = 1，或者（AL）的低 4 位在 0AH ~ 0FH 之间，则（AL）减 06H，且自动置 AF = 1；

若 CF = 1，或者（AL）的高 4 位在 0AH ~ 0FH 之间，则（AL）减 60H，且自动置 CF = 1。

说明：

① 本条指令对 PSW 中的 OF 标志无定义，会影响其他所有标志位。

② 在使用本条指令前，需将十进制数 BCD 码用 SUB 或 SBB 指令相减，差值存入 AL 中。

（2）非压缩的 BCD 码调整指令

1）AAA：加法的非压缩调整指令。

指令格式：AAA

执行的操作：调整（AL）中的和值，其中和值是非压缩 BCD 码或准非压缩 BCD 码格式。

调整步骤：

① 若 AF = 1 或者（AL）的低 4 位在 0AH ~ 0FH 之间，则（AL）+ 06H，（AH）←（AH）+ 1，置 AF = 1。

② 清除（AL）的高 4 位。

③ CF←AF。

说明：

① 本条指令除影响 AF 和 CF 标志位外，对其余标志位均无定义。

② 在使用本条指令前，先将非压缩 BCD 码的和值存入 AL 中。

2）AAS：减法非压缩调整指令。

指令格式：AAS

执行的操作：调整（AL）中的差，其中 AL 中的内容是非压缩的 BCD 码或准非压缩 BCD 码格式。

调整步骤：

① 若 AF = 1，或者（AL）的低 4 位在 0AH ~ 0FH 之间，则（AL）– 06H，（AH）←（AH）– 1。

② 清除（AL）高 4 位。

③ CF←AF。

说明：

① 本条指令除影响 AF 和 CF 标志位外，对其余标志位均无定义。

② 在使用本条指令前，先将非压缩 BCD 码的差值存入 AL 中。

【例 4-23】　ADD　AL,BL

　　　　　　DAA

若执行前：（AL）= 28H，（BL）= 68H，则执行 ADD 后：（AL）= 90H，AF = 1，再执行 DAA 指令后，正确的结果为：（AL）= 96H，CF = 0，AF = 1。

【例 4-24】　ADD AL,BL

　　　　　　AAA

若指令执行前：（AX）= 0535H，（BL）= 39H，则第一条指令执行完后，（AL）= 6EH，AF = 0，第二条指令进行调整的结果使（AX）= 0604H，AF = 1，CF = 1。

4.5.3　逻辑运算与移位类指令

本节介绍逻辑运算、移位和循环移位指令。

1. 逻辑运算指令

（1）逻辑"非"指令

指令格式：NOT　OPRD

功能：对操作数求反，然后送回原处，操作数可以是寄存器或存储器内容。此指令对标志无影响。例如：若当前（AL）= 05H，则执行完 NOT AL 后（AL）= 0FAH。

（2）与、或及异或运算指令

格式：AND　OPRD1,OPRD2　　;"与"运算

　　　OR　OPRD1,OPRD2　　;"或"运算

　　　XOR　OPRD1,OPRD2　　;"异或"运算

功能：上述 3 类指令分别完成对两个操作数进行按位的逻辑"与"、"或"及"异或"运算，结果送回目的操作数。

其中目的操作数 OPRD1 可以是累加器、任一通用寄存器，或内存操作数（所有寻址方式）。源操作数 OPRD2 可以是立即数、寄存器，也可以是内存操作数（所有寻址方式），但不能是两个操作数均为内存操作数。指令将使 CF = OF = 0，AF 无定义，而 SF、ZF 和 PF 则根据运算结果而定。

例如：AND　AL,0FH　　;AL 高 4 位置 0,低 4 位保持不变

　　　OR　BX,00FFH　　;BH 保持不变,BL 置为 0FFH

　　　XOR　SI,SI　　;将 SI 清零

（3）测试指令 TEST

指令格式：TEST　OPRD1,OPRD2

功能：完成与 AND 指令相同的操作，结果反映在标志位上，但并不送回。通常使用它进行测试。

例如，若要检测 AL 中的最低位是否为1，如果为1，则转移。可用以下指令：

```
TEST  AL,01H
JNZ   THERE
```

2. 移位和循环移位指令

（1）算术/逻辑移位指令

1）算术左移或逻辑左移指令。

指令格式：SAL/SHL OPRD,M

左移1位，相当于无符号数乘以2，右移 CL 位，相当于无符号数乘以 2^{CL}。

2）算术右移指令。

指令格式：SAR OPRD,M

算术右移1位，相当于带符号数除以2，算术右移 CL 位，相当于带符号数除以 2^{CL}。

3）逻辑右移指令。

指令格式：SHR OPRD,M

逻辑右移1位，相当于无符号数除以2，逻辑右移 CL 位，相当于无符号数除以 2^{CL}。

以上4条指令中，M 是移位次数，可以是1或寄存器 CL；OPRD 可以是通用寄存器或内存操作数（所有寻址方式），B/W。

综上，移位指令的功能如图4-19所示。

这些指令可以对寄存器操作数或内存操作数进行指定的移位，也可以进行字节或字操作；可以一次只移1位，也可以移位由寄存器 CL 中的内容规定的次数。

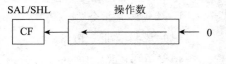

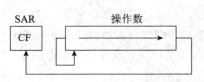

【例4-25】 将一个16位无符号数乘以10。该数原来存放在以 FACTOR 为首地址的两个连续的存储单元中（低位在前，高位在后）。

因为 FACTOR × 10 =（FACTOR × 8）+（FACTOR × 2），故可用左移位指令实现以上乘法运算。代码如下：

图4-19 移位指令的功能

```
MOV  AX, FACTOR          ;(AX)←被乘数
SHL  AX,1                ;(AX) = FACTOR ×2
MOV  BX, AX             ;暂存 BX
SHL  AX,1                ;(AX) = FACTOR ×4
SHL  AX,1                ;(AX) = FACTOR ×8
ADD  AX,BX              ;(AX) = FACTOR ×10
HLT
```

例如：
```
     SAR  AL,1                     ;寄存器算术右移1位
     SAR  DI,CL                    ;寄存器算术右移(CL)位
     SAR  WORD  PTR  TABLE[SI],1   ;存储器算术右移1位
     SAR  BYTE  PTR  STATUS,CL     ;存储器算术右移(CL)位
```
例如：
```
     SHR  BL,1                     ;寄存器逻辑右移1位
     SHR  AX,CL                    ;寄存器逻辑右移(CL)位
     SHR  BYTE  PTR  [DI+BP],1     ;存储器逻辑右移1位
     SHR  WORD  PTR  BLOCK,CL      ;存储器逻辑右移(CL)位
```

（2）循环移位指令

循环移位指令的功能如图 4-20 所示。

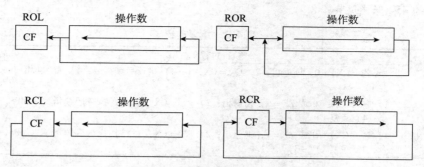

图 4-20　循环移位指令的功能

指令格式：

```
ROL  OPRD,M                          ;左循环移位
ROR  OPRD,M                          ;右循环移位
RCL  OPRD,M                          ;带进位左循环移位
RCR  OPRD,M                          ;带进位右循环移位
```

前两条循环指令，未把标志位 CF 包含在循环的环中，而后两条把标志位 CF 包含在循环的环中，作为整个循环的一部分。

循环指令可以对字节或字进行操作。操作数可以是寄存器操作数，也可以是内存操作数。可以是循环移位一次，也可以循环移位由 CL 的内容所决定的次数。

左移一位，只要左移以后的数未超出一个字节或一个字的表达范围，则原数的每一位的权增加了一倍，相当于原数乘 2。右移一位相当于除以 2。

```
例如：ROL  BH,1                       ;寄存器循环左移 1 位
     ROL  DX,CL                      ;寄存器循环左移(CL)位
     ROL  WORD PTR [DI],1            ;存储器循环左移 1 位
     ROL  BYTE PTR ALPHA,CL          ;存储器循环左移(CL)位
     ROR  CX,1                       ;寄存器循环右移 1 位
     ROR  BH,CL                      ;寄存器循环右移(CL)位
     ROR  BYTE PTR BETA,1            ;存储器循环右移 1 位
     ROR  WORD PTR ALPHA,CL          ;存储器循环右移(CL)位
```

例如，在数的输入/输出过程中，乘 10 的操作是经常要进行的。而 $X \times 10 = X \times 2 + X \times 8$，可以采用移位和相加的办法来实现乘以 10。为保证结果完整，先将 AL 中的字节扩展为字。

```
MOV  AH,0
SAL  AX,1                            ;X×2
MOV  BX,AX                           ;移至 BX 中暂存
SAL  AX,1                            ;X×4
SAL  AX,1                            ;X×8
ADD  AX,BX                           ;X×10
```

4.5.4　串操作类指令

串操作类指令可以用来实现内存区域的数据串操作。这些数据串可以是字节串，也可以是字串。

1. 重复指令前缀

串操作类指令可以与重复指令前缀配合使用，从而可以使操作得以重复进行，及时停止。重复指令前缀的几种形式见表4-8。

表4-8　重复前缀

指令格式	执行过程	后续指令
REP	1）若（CX）=0，则退出；2）CX=CX−1；3）执行后续指令；4）重复1）~3）	MOVS, STOS, LODS
REPE/REPZ	1）若（CX）=0或ZF=0，则退出；2）CX=CX−1；3）执行后续指令；4）重复1）~3）	CMPS, SCAS
REPNE/REPNZ	1）若（CX）=0或ZF=1，则退出；2）CX=CX−1；3）执行后续指令；4）重复1）~3）	CMPS, SCAS

2. 串操作指令

所谓"串"，是指一组数据，因此，串操作指令的操作对象不是一个字节或一个字，而是内存中地址连续的一组字节或一组字。串操作指令共有5种，具体见表4-9。

表4-9　串操作指令

功能	指令格式	执行操作
串传送	MOVS DST, SRC	由操作数说明是字节或字操作；其余同 MOVSB 或 MOVSW
	MOVSB	[（ES：DI）]←[（DS：SI）]；SI=SI±1，DI=DI±1；REP 控制重复前两步
	MOVSW	[（ES：DI）]←[（DS：SI）]；SI=SI±2，DI=DI±2；REP 控制重复前两步
串比较	CMPS DST, SRC	由操作数说明是字节或字操作；其余同 CMPSB 或 CMPSW
	CMPSB	[（DS：SI）]−[（ES：DI）]；SI=SI±1，DI=DI±1；重复前缀控制前两步
	CMPSW	[（DS：SI）]−[（ES：DI）]；SI=SI±2，DI=DI±2；重复前缀控制前两步
串搜索	SCAS DST	由操作数说明是字节或字操作；其余同 SCASB 或 SCASW
	SCASB	AL−[（ES：DI）]；DI=DI±1；重复前缀控制前两步
	SCASW	AX−[（ES：DI）]；DI=DI±2；重复前缀控制前两步
存串	STOS DST	由操作数说明是字节或字操作；其余同 STOSB 或 STOSW
	STOSB	AL→[（ES：DI）]；DI=DI±1；重复前缀控制前两步
	STOSW	AX→[（ES：DI）]；DI=DI±2；重复前缀控制前两步
取串	LODS SRC	由操作数说明是字节或字操作；其余同 LODSB 或 LODSW
	LODSB	[（DS：SI）]→AL；SI=SI±1；重复前缀控制前两步
	LODSW	[（DS：SI）]→AX；SI=SI±2；重复前缀控制前两步

对于串操作指令，要注意以下几个问题：

1）各指令所使用的默认寄存器是：SI（源串地址）、DI（目的地址）、CX（字串长度）和AL或AX（存取或搜索的默认值）。

2）源串在数据段，目的串在附加段。

3）方向标志与地址指针的修改。若 DF=1，则修改地址指针时用减法；若 DF=0，则修改地址指针时用加法，MOVS、STOS、LODS 指令不影响标志位。

MOVS 指令的功能是把数据段中由 SI 间接寻址的一个字节（或一个字）传送到附加段中由 DI 间接寻址的一个字节单元（或一个字单元）中，然后，根据方向标志 DF 及所传送数据的类型（字节或字）对 SI 及 DI 进行修改，在指令重复前缀 REP 的控制下，可将数据段中的整串数据传送到附加段中。

【例4-26】　将首地址为 BUFFER1 的 200 字节数据传送到附加数据段首地址为 BUFFER2 的内存区中。使用字节串传送指令的程序段如下：

```
LEA  SI,BUFFER1          ;(SI)←源串首地址指针
LEA  DI,BUFFER2          ;(DI)←目的串首地址指针
MOV  CX,200             ;(CX)←字节串长度
CLD                     ;清方向标志 DF
REP  MOVSB              ;传送 200 字节
HLT                     ;停止
```

【例 4-27】   在数据段中有一字符串，其长度为 17，要求把它们传送到附加段中的一个缓冲区中，其中源串存放在数据段中从符号地址 MESS1 开始的存储区域内，每个字符占一个字节；MESS2 为附加段中用以存放字符串区域的首地址。

实现上述功能的程序段如下。

方法一：

```
        MOV SI,OFFSET MESS1
        MOV DI,OFFSET MESS2
        MOV CX,17
        CLD
MOVE1B: MOV AL,[SI]
        MOV ES:[DI],AL
        INC SI
        INC DI
        DEC CX
        JNZ MOVE1B
```

方法二：

```
        MOV SI,OFFSET MESS1
        MOV DI,OFFSET MESS2
        MOV CX,17
        CLD
MOVE1B: MOVSB
        DEC CX
        JNZ MOVE1B
```

方法三：

```
LEA  SI,MESS1          ;置源串偏移地址
LEA  DI,MESS2          ;置目的串偏移地址
MOV  CX,17             ;置串长度
CLD                    ;方向标志复位
REP  MOVSB             ;字符串传送
```

其中，最后一条指令也可写成

```
REP  MOVS  ES:BYTE PTR[DI],DS:[SI]
```

或

```
REP MOVS  MESS2,MESS1
```

CMPS 指令的功能如下：

数据段中由 SI 间接寻址的一个字节（或一个字）与附加段中由 DI 间接寻址的一个字节（或一个字）进行比较操作，使比较的结果影响标志位，然后根据方向标志 DF 及所进行比较的操作

数类型（字节或字）对 SI 及 DI 进行修改，在指令重复前缀 REPE/REPZ 或者 REPNE/REPNZ 的控制下，可在两个数据串中寻找第一个不相等的字节（或字），或者第一个相等的字节（或字）。

【例 4-28】 比较两个字符串，找出其中第一个不相等字符的地址。如果两个字符全部相同，则转到 ALLMATCH 进行处理，若不相等，找出它们之间不相匹配的位置。这两个字符串长度均为 20，首地址分别为 STRING1 和 STRING2。

```
          LEA  SI,STRING1      ;(SI)←字符串 1 首地址
          LEA  DI,STRING2      ;(DI)←字符串 2 首地址
          MOV  CX,20           ;(CX)←字符串长度
          CLD                  ;清方向标志 DF
          REPE  CMPSB          ;若相等,则重复进行比较
          JZ  ALLMATCH         ;若(ZF)=0,则跳至 ALLMATCH
          DEC  SI              ;否则(SI)-1
          DEC  DI              ;(DI)-1
          HLT                  ;停止
ALLMATCH: MOV  SI,0
          MOV  DI,0
          HLT                  ;停止
```

在上述程序段执行后，SI 或 DI 的内容即为两字符串中第一个不匹配字符的下一个字符的位置。若两字符串中没有不匹配的字符，则当比较完毕后，CX = 0，退出重复操作状态。

SCAS 指令的功能如下：

用由指令指定的关键字节或关键字（分别存放在 AL 及 AX 寄存器中），与附加段中由 DI 间接寻址的字节串（或字串）中的一个字节（或字）进行比较操作，使比较的结果影响标志位，然后根据方向标志 DF 及所进行操作的数据类型（字节或字）对 DI 进行修改，在指令重复前缀 REPE/REPZ 或 REPNE/REPNZ 的控制下，可在指定的数据串中搜索第一个与关键字节（或字）匹配的字节（或字），或者搜索第一个与关键字节（或字）不匹配的字节（或字）。

【例 4-29】 在包含 100 个字符的字符串中寻找第一个回车符 CR（其 ASCII 码为 0DH），找到后将其地址保留在 DI 中，并在屏幕上显示字符'Y'。如果字符串中没有回车符，则在屏幕上显示字符'N'。该字符串的首地址为 STRING。

根据要求，编程如下：

```
          LEA  DI,STRING;      (DI)←字符串首地址
          MOV  AL,0DH          ;(AL)←回车符
          MOV  CX,100          ;(CX)←字符串长度
          CLD                  ;清状态标志位 DF
          REPNE  SCASB         ;如果未找到,则重复扫描
          JZ  MATCH            ;如果找到,则转到 MATCH
          MOV  DL,'N'          ;若字符串中无回车,则(DL)←'N'
          JMP  DSPY            ;转到 DSPY
MATCH:    DEC  DI              ;(DI)←(DI)-1
          MOV  DL,'Y'          ;(DL)←'Y'
DSPY:     MOV  AH,02H
          INT  21H             ;显示字符
          HLT
```

【例 4-30】 在附加段中有一个字符串，存放在以符号地址 MESS2 开始的区域中，长度为 17，要求在该字符串中搜索空格符（ASCII 码为 20H）。

实现上述功能的程序段如下：

```
LEA  DI,MESS2              ;装入目的串偏移地址
MOV  AL,20H               ;装入关键字节
MOV  CX,17               ;装入字符串长度
REPNE  SCASB
```

在上述程序段执行后，DI 的内容即为相匹配字符的下一个字符的地址，CX 中是剩下还未比较的字符个数。若字符串中没有要搜索的关键字节（或字），则当查完后，（CX）=0，退出重复操作状态。

STOS 指令的功能如下：

把指令中指定的一个字节或一个字（分别存放在 AL 及 AX 寄存器中）传送到附加段中由 DI 间接寻址的字节内存单元（或字内存单元）中，然后，根据方向标志 DF 及所进行操作的数据类型（字节或字）对 DI 进行修改操作。在指令重复前缀的控制下，可连续将 AL（AX）的内容存入到附加段中的一段内存区域中，该指令不影响标志位。

【例 4-31】 将字符'#'装入以 AREA 为首地址的 100 个字节中。

```
LEA  DI,AREA
MOV  AX,'##'
MOV  CX,50
CLD
REP  STOSW
HLT
```

上段程序采用了送存 50 个字（'##'）而不是送存 100 个字节（'#'）的方法。使用这两种方法，程序执行的结果是相同的，但前者执行速度要更快一些。

【例 4-32】 要对附加段中从 MESS2 开始的 5 个连续的内存字节单元进行清零操作，可用下列程序段实现：

```
LEA  DI,MESS2              ;装入目的区域偏移地址
MOV  AL,00H               ;为清零操作准备
MOV  CX,5                ;设置区域长度
REP  STOSB
```

LODS 指令的功能：从串中取指令实现从指定的字节串（或字串）中读出信息的操作。

【例 4-33】 内存中以 BUFFER 为首地址的缓冲区有 10 个以非压缩型 BCD 码形式存放的十进制数，它们的值可能是 0~9 中的任意一个，将这些十进制数顺序地显示在屏幕上。

在屏幕上显示一个字符的方法是：

```
MOV  AH,02H               ;(AH)←DOS 系统功能号(在屏幕上显示)
MOV  DL,'Y'               ;(DL)←待显示字符 Y 的 ASCII 码值
INT  21H                ;调用 DOS 的 21H 中断
```

根据题意，可编程如下：

```
        LEA  SI,BUFFER            ;(SI)←缓冲区首址
        MOV  CX,10               ;(CX)←字符串长度
        CLD                   ;清状态标志位 DF
        MOV  AH,02H              ;(AH)←功能号
GET:    LODSB                  ;取一个 BCD 码到 AL
```

```
        OR   AL,30H              ;BCD 码转换为 ASCII 码
        MOV  DL,AL               ;(DL)←字符
        INT  21H                 ;显示
        DEC  CX                  ;(CX)←(CX)-1
        JNZ  GET                 ;若未完成 10 个字符,则重复
        HLT
```

【例 4-34】　　比较 DEST 和 SOURCE 中的 500 个字节，找出第一个不相同的字节，如果找到，则将 SOURCE 中的这个数送到 AL 中。

```
        CLD
        LEA  DI,ES:DEST
        LEA  SI,SOURCE
        MOV  CX,500
        REPE CMPSB
        JCXZ NEXT
MATCH:  DEC    SI
        MOV  AL,BYTE PTR [SI]
NEXT:
        …
```

4.5.5　程序控制类指令

控制转移类指令用来改变程序的执行顺序，执行转移就是将目的地址传送给码段寄存器 CS 与指针寄存器 IP。如果跳转目的地与被转移点在同一代码段，称为“段内转移”，此时只需指明目标地址的有效地址（16 位）。如果跳转目的地与被转移点不在同一代码段，称为“段间转移”，此时需要知道目标地址的段地址（16 位）及有效地址（16 位）。

程序控制转移指令中包括 4 类指令：无条件转移和条件转移指令；子程序调用和返回指令；循环控制指令；中断指令及中断返回指令。

转移指令是一种主要的程序控制指令，其中无条件转移指令使编程者能够跳过程序的某些部分而转移到程序的任何地方去。条件转移指令可使编程者根据测试结果来决定转移到何处。测试的结果保存在标志位中，然后又被条件转移指令检测。

1. 无条件转移指令 JMP

JMP 指令的功能就是无条件地转移到指令指定的地址去执行从该地址开始的指令序列。它在实际使用中有以下 4 种格式。

（1）段内直接转移

1）段内直接短转移。

指令格式：JMPS SHORT 转移地址标号

执行的操作：（IP）←（当前 IP）+8 位位移量

转移的范围：转到本条指令的下一条指令的 -128 ~ +127 字节范围内。

功能：无条件转移到指定的地址标号处并开始往下执行指令。

2）段内直接近转移。

指令格式 1：JMP NEAR PTR 转移地址标号

指令格式 2：JMP 数值偏移地址

执行的操作：（IP）←（IP）+16 位位移量

功能：无条件转移到指令指定的地址标号处并往下执行。可转移到当前代码段中的任何地方。

（2）段内间接转移

指令格式 1：JMP　16 位寄存器名

执行的操作：（IP）←16 位寄存器的内容

功能：无条件转移到当前段的指定偏移地址处。

指令格式 2：JMP　WORD　PTR　存储器寻址方式（或 JMP 存储器寻址方式）

执行的操作：（IP）←寻址到的存储单元的一个字

功能：无条件转移到当前段的指定偏移地址处。

（3）段间直接转移

指令格式 1：JMP　FAR　PTR　转移地址标号

执行的操作：（IP）←转移地址标号的偏移地址

　　　　　　（CS）←转移地址标号的段地址

功能：无条件转移到指定标号地址处并往下执行。

指令格式 2：JMP　段地址值：偏移地址

执行的操作：（IP）←偏移地址值

　　　　　　（CS）←段地址值

功能：无条件转移到指定段的指定偏移地址处并往下执行。

（4）段间间接转移

指令格式：JMP　DWORD　PTR　存储器寻址方式

执行的操作：（IP）←寻址到的存储单元的第一个字

　　　　　　（CS）←寻址到的存储单元的第二个字

功能：无条件转移到指定段的指定偏移地址处。

需要说明的是，所有 JMP 指令都不影响状态标志位。

【例 4-35】　段内直接短转移。

```
        XOR   BX,BX
START:  MOV   AX,1
        ADD   AX,BX
        JMP   SHORT  NEXT
        …
NEXT:   MOV   BX,AX
        JMP   START
```

【例 4-36】　段内直接近转移。

```
        XOR   BX,BX
START:  MOV   AX,1
        ADD   AX,BX
        JMP   NEXT
        …
NEXT:   MOV   BX,AX
        JMP   START
```

2. 子程序调用和返回指令

CALL 指令用来调用一个过程或子程序。由于过程或子程序有段间（即远程 FAR）和段内调用（即近程 NEAR）之分，所以 CALL 也有 FAR 和 NEAR 之分。因此，RET 也分段间返回与段内返回两种。

（1）段内直接调用

指令格式：CALL　NEAR　PTR　子程序名（或 CALL　子程序名）

机器指令格式：同段内直接近转移一样，是一条三字节指令，一个字节的操作码后紧跟着两个字节的 16 位位移量。

执行的操作：（SP）←（SP）－2

　　　　　　（（SP）+1,（SP））←（IP）

　　　　　　（IP）←（IP）+16 位位移量

（2）段内间接调用

指令格式 1：CALL　16 位寄存器名

指令格式 2：CALL　WORD　PTR　存储器寻址方式

机器指令格式：同段内间接转移一样，操作码之后紧跟着操作数的寻址方式。

执行的操作：（SP）←（SP）－2

　　　　　　（（SP）+1,（SP））←（IP）

　　　　　　（IP）←16 位寄存器内容或寻址到的存储单元的一个字

（3）段间直接调用

指令格式：CALL　FAR　PTR　子程序名

机器指令格式：同段间直接转移一样，是一条五字节指令，一个字节的操作码后紧跟着子程序入口地址的偏移地址及段地址。

执行的操作：（SP）←（SP）－2

　　　　　　（（SP）+1,（SP））←（CS）

　　　　　　（SP）←（SP）－2

　　　　　　（（SP）+1,（SP））←（IP）

　　　　　　（IP）←子程序入口地址的偏移地址(指令的第 2、3 字节)

　　　　　　（CS）←子程序入口地址的段地址(指令的第 4、5 字节)

（4）段间间接调用

指令格式：CALL　DWORD　PTR　存储器寻址方式

机器指令格式：同段间间接转移一样，操作码后紧跟着操作数的寻址方式。

执行的操作：（SP）←（SP）－2

　　　　　　（（SP）+1,（SP））←（CS）

　　　　　　（SP）←（SP）－2

　　　　　　（（SP）+1,（SP））←（IP）

　　　　　　（IP）←寻址到的存储单元的第一个字

　　　　　　（CS）←寻址到的存储单元的第二个字

返回指令格式有：

```
RET          ;IP = ((SP +1),SP),(SP) = (SP) +2
RET  n       ;IP = ((SP +1),SP),(SP) = (SP) +2,  (SP) = (SP) +n
```

RET n 指令要求 n 为偶数，当 RET 正常返回后，再做（SP）=（SP）+n 操作。段内返回，把

SP 所指栈顶的一个字的内容送回到指定指令 IP 中，且 SP + 2；段间返回，则要继续弹出一个字的内容再送给 CS，且 SP + 2。

3. 条件转移指令

8088 有 18 个不同的条件转移指令。它们根据标志寄存器中各标志位的状态，决定程序是否进行转移。条件转移指令的目的地址必须在现行的代码段（CS）内，并且以当前指针寄存器 IP 内容为基准，其位移必须在 − 128 ~ 127 的范围之内，见表 4-10。

表 4-10　条件转移指令表

指令格式	操作
标志位转移指令	
JZ/JE/JNZ/JNE　OPRD	结果为零/结果不为零转移
JS/JNS　　　OPRD	结果为负数/结果为正数转移
JP/JPE/JNP/JPO　OPRD	结果奇偶校验为偶/结果奇偶校验为奇转移
JO/JNO　OPRD	结果溢出/结果不溢出转移
JC/JNC　OPRD	结果有进位（借位）/结果无进位（借位）转移
无符号数比较转移指令	
JA/JNBE　OPRD	高于或不低于等于转移
JAE/JNA　OPRD	高于等于或不低于转移
JB/JNAE　OPRD	低于或不高于等于转移
JBE/JNA　OPRD	低于等于或不高于转移
带符号数比较转移指令	
JG/JNLE　OPRD	大于或不小于等于转移
JGE/JNL　OPRD	大于等于或不小于转移
JL/JNGE　OPRD	小于或不大于等于转移
JLE/JNG　OPRD	小于等于或不大于转移
测试转移指令	
JCXZ　OPRD	CX = 0 时转移

从表 4-10 可以看出，条件转移指令是根据两个数的比较结果或某些标志位的状态来决定转移的。在条件转移指令中，有的根据对符号数进行比较和测试的结果实现转移。这些指令通常对溢出标志位 OF 和符号标志位 SF 进行测试。对无符号数而言，这类指令通常测试标志位 CF。对于带符号数，分为大于（G）、等于（E）、小于（L）3 种情况；对于无符号数，分为高于（A）、等于（E）、低于（B）3 种情况。在使用这些条件转移指令时，一定要注意被比较数的具体情况以及比较后出现的预期结果。

下面分 4 组来讨论条件转移指令。

1）汇编语言程序常常根据某一个标志位的值来决定是否有转移的指令，测试的标志位有 SF、ZF、CF、PF 和 OF 等 5 个，每个标志位有两个可能取值"0"和"1"，因此，这组指令有 10 条，每条对应每个标志位的一种可能值。这组指令一般适用于测试某一次运算的结果，并根据不同的结果做不同处理的情况，见表 4-11。

表 4-11　简单条件转移指令表

汇编语言指令名	测试条件	操作
JZ（或 JE）	ZF = 1	结果为零（或相等）则转移
JNZ（或 JNE）	ZF = 0	结果不为零（或不相等）则转移

（续）

汇编语言指令名	测试条件	操作
JS	SF = 1	结果为负则转移
JNS	SF = 0	结果非负则转移
JO	OF = 1	结果溢出则转移
JNO	OF = 0	结果无溢出则转移
JP（或 JPE）	PF = 1	奇偶位为 1 则转移
JNP（或 JPO）	PF = 0	奇偶位为 0 则转移
JC（或 JNAE 或 JB）	CF = 1	有进位则转移
JNC（或 JAE 或 JNB）	CF = 0	无进位则转移

【例 4-37】 比较两个数，若两数相等，则转移，否则顺序执行。

```
      CMP  AX,BX
      JZ   SS2
SS1:  …
SS2:  …
```

2）比较两个无符号数的大小，并根据比较结果转移的指令，见表 4-12。当两个无符号数据比较大小时，机器根据 CF 标志位来判断大小。具体来讲，两个无符号数相减，若不够减，则最高位有借位，CF = 1；否则，CF = 0。所以，当 CF = 1 且 ZF = 0 时，说明被减数低于减数；当 CF = 0 且 ZF = 0 时，说明被减数高于减数；当 CF = 0 且 ZF = 1 时，说明被减数等于减数。

表 4-12   无符号数比较条件转移指令表

汇编语言指令名	测试条件	操作
JB（或 JNAE 或 JC）	CF = 1 ∧ ZF = 0	低于，或不高于或等于，或进位位为 1 则转移
JNB（或 JAE 或 JNC）	CF = 0 ∨ ZF = 1	不低于，或高于或等于，或进位位为 0 则转移
JA（或 JNBE）	CF = 0 ∧ ZF = 0	高于，或不低于或等于则转移
JNA（或 JBE）	CF = 1 ∨ ZF = 1	不高于，或低于或等于则转移

【例 4-38】 变量 TABLE 中存放了一个偏移地址，当无符号数 X 低于、等于或高于此偏移地址时，应去执行下面 3 个不同的程序段。

```
      MOV  BX,TABLE
      MOV  AX,X
      CMP  AX,BX
      JA   SS3
      JZ   SS2
SS1:  …            ;低于程序段
SS2:  …            ;等于程序段
SS3:  …            ;高于程序段
```

3）比较两个有符号数，并根据比较结果实现不同的转移的指令，见表 4-13。当两个有符号数比较大小时，机器根据 SF 标志位来判断大小，即若被减数小于减数，差值为负，则 SF = 1，否则 SF = 0。但这个判断规则有个前提条件，那就是结果无溢出，OF = 0，若结果超出了表示范围，则产生溢出，OF = 1。此时，SF 标志位显示的正负性正好与应该得的正确结果值的正负性相反。也就是说，SF = 0，表示被减数小于减数；SF = 1，表示减数大于减数。因此，当 OF = 0 且 SF = 1 或者 OF = 1 且 SF = 0 时，即 SF "异或" OF = 1，表示被减数一定小于减数；当 OF = 0 且 SF = 0

且 ZF = 0 或 OF = 1 且 SF = 1 时（此时 ZF = 0），即（SF "异或" OF）= 0 且 ZF = 0 时，前数一定大于后数。

表 4-13 有符号数比较条件转移指令

汇编语言指令名	测试条件	操作
JL（或 JNGE）	（SF "异或" OF）= 1 且 ZF = 0	小于，或不大于等于则转移
JNL（或 JGE）	（SF "异或" OF）= 0	不小于，或大于等于则转移
JG（或 JNLE）	（SF "异或" OF）= 0 且 ZF = 0	大于，或不小于等于则转移
JNG（或 JLE）	（SF "异或" OF）= 1	不大于，或小于等于则转移

4）测试 CX 的值为 0 则转移的指令。

指令格式：JCXZ　地址标号

功能：若 CX 寄存器的内容为零，则转移到指定地址标号处。

测试条件：（CX）= 0

【例 4-39】　比较两个字属性的符号数 X、Y 的大小，如果 X > Y，则 AL 为 1；如果 X = Y，则 AL 为 0；如果 X < Y，则 AL 为 0FFH。

解：设 X、Y 为内存变量，功能实现的主要代码如下：

```
        MOV   AX,X
        CMP   AX,Y
        JLE   LE
        MOV   AL,1          ;如果 X > Y,则 AL = 1
        JMP   DONE
    LE:JL    L
        MOV   AL,0          ;如果 X = Y,则 AL = 0
        JMP   DONE
    L:MOV   AL,0FFH        ;如果 X < Y,则 AL = 0FFH
    DONE: HLT
```

【例 4-40】　统计 AX 中 1 的个数。

```
        MOV   AX,1AFFH      ;测试数据
        MOV   BX,0          ;计数器清零
        MOV   CX,16
        TEST  AX,0FFFFH     ;测试 AX 是否为零
        JZ    EXT           ;(AX) = 0 则转移
    R:  SHR   AX,1          ;右移一位
        DEC   CX
        JZ    EXT
        JNC   R             ;CF = 0 则转移
        INC   BX            ;CF = 1 则计数器加 1
        JMP   R             ;重复
    EXT:
        MOV   AH,4CH        ;返回 DOS
        INT   21H
        HLT
```

4. 循环控制指令

对于需要重复进行的操作，微机系统可用循环程序结构来执行。8086/8088 系统为了简化程序设计，设置了一组循环指令，这组指令主要对 CX 或标志位 ZF 进行测试，确定是否循环，见表 4-14。

表4-14　循环指令表

指令格式	执行操作
LOOP　OPRD	CX = CX − 1；若 CX ≠ 0，则循环
LOOPNZ/LOOPNE　OPRD	CX = CX − 1，若 CX ≠ 0 且 ZF = 0，则循环
LOOPZ/LOOPE　OPRD	CX = CX − 1，若 CX ≠ 0 且 ZF = 1，则循环

【例 4-41】　初始化 256 个元素的字节数组 ARRAY 为 0，1，2，…，255，程序如下。

```
    MOV  ECX,255     ;此程序段适用于 32 位 CPU
NEXT: MOV  ARRAY [ECX],CL
    LOOP  NEXT
    MOV  ARRAY,0     ;该指令是必需的,因为 CX = 0 时 LOOP 不转移
```

5. 中断指令及中断返回指令

中断是另外一种改变程序执行顺序的方法。8086/8088 提供软件中断指令 INT n 及中断返回指令 IRET。8086/8088 可以管理 256 个中断，各个中断用一个中断向量编号来区别。在内存 0：0 ~ 0：3FFH 地址区域存放了对应每个中断向量编号的中断服务程序的入口地址（该地址区域内容称为中断向量表），其中 0 号中断的中断服务程序的入口地址存于地址 0000H：0000H 处，1 号中断的中断服务程序的入口地址存于地址 0000H：0004H 处，依此类推。执行软件中断指令 INT n 时的操作为（指令中的 n 为中断向量编号）：

1）标志寄存器压入堆栈。

2）清中断允许标志 IF 及单步跟踪标志 TF。

3）将主程序下一条指令地址（断点地址）的段值及偏移量压入堆栈。

4）将存放在地址为 0：(n * 4) 处的中断服务程序的入口地址从中断向量表中读出，将地址较低的两单元内容送入 IP，地址较高的两单元内容送入 CS，CPU 转入中断服务程序。

另外，对应于中断向量编号 4 的中断为溢出中断。8086/8088 设置了一条专门的溢出中断指令 INTO，其总是跟在有符号数的加法或减法运算的后面，用来判断有符号数加、减法运算是否溢出。

中断返回指令 IRET 是中断服务程序执行的最后一条指令，其功能是退出中断处理过程并返回到中断发生时的主程序断点处，指令具体操作是：从堆栈中恢复断点地址及恢复标志寄存器的内容。

4.5.6　标志处理和处理器控制类指令

标志处理类指令用来控制标志，主要有 CF、DF 和 IF 3 个。处理器控制类指令用以控制处理器的工作状态，均不影响标志位，本书仅列出一些常用指令，具体见表 4-15。

表4-15　标志处理和处理器控制类指令

汇编语言格式	执行操作
标志处理类指令	
STC	置进位标志，CF = 1
CLC	清进位标志，CF = 0
CMC	进位标志取反
CLD	清方向标志，DF = 0
STD	置方向标志，DF = 1
CLI	关中断标志，IF = 0，不允许中断
STI	开中断标志，IF = 1，允许中断

（续）

汇编语言格式	执行操作
处理器控制类指令	
HLT	使处理器处于停止状态，不执行指令
WAIT	使处理器处于等待状态，在 TEST 线为低时，退出等待
ESC	使协处理器从系统指令流中取得指令
LOCK	封锁总线指令，可放在任一条指令前作为前缀
NOP	空操作指令，常用于程序的延时和调试

4.6　Pentium 微处理器的扩展指令

Pentium 系列处理器的指令集是向下兼容的，它保留了 8086 和 80x86 微处理器系列的所有指令，因此，所有早期的软件可直接在奔腾机上运行。Pentium 处理器指令集中新增加了以下几条指令。

4.6.1　专用指令

（1）比较和交换 8 字节数据指令

格式：CMPXCHG8B　M64

操作：这条指令是 64 位的比较交换指令（实际上是实现条件传送）。该指令将 EDX 和 EAX 中的 8 字节数与指定的目标存储单元 M64 中的数据比较，若相等则将 ECX 和 EBX 中的 8 字节数存入 M64 中，并且将 ZF 置 1；若不相等，则将 M64 中的 8 字节数存入 EDX 和 EAX，并且 ZF 清零。

（2）读 CPU 标识指令

格式：CPUID（无操作数）

操作：使用该指令可以辨别微机中 Pentium 处理器的类型和特点。在执行 CPUID 指令前，EAX 寄存器必须置为 0 或 1，根据 EAX 中设置值的不同，软件会得到不同的标志信息。

（3）读时间标记计数器指令

格式：RDTSC（无操作数）

操作：Pentium 处理器有一个片内 64 位计数器，称为时间标记计数器。计数器的值在每个时钟周期内都递增，执行 RDTSC 指令可以读出计数器的值，并送入寄存器 EDX：EAX，EDX 保存 64 位计数器中的高 32 位，EAX 保存低 32 位。

一些应用软件需要确定某个时间已执行了多少个时钟周期，在执行该事件前后分别读出时钟标志计数器的值，计算两次值的差就可得出时钟周期数。

4.6.2　新增系统控制指令

（1）读/写模式专用寄存器指令

格式：RDMSR/WRMSR（无操作数）

操作：RDMSR 和 WRMSR 指令使软件可访问模式专用寄存器的内容，这两个模式专用寄存器是机器地址检查寄存器（MCA）和机器类型检查寄存器（MCT）。若要访问 MCA，指令执行前需将 ECX 置为 0；而为了访问 MCT，需要将 ECX 置为 1。执行指令时，在访问的模式专用寄存器组 EDX：EAX 之间进行 64 位的读/写操作。

（2）恢复系统管理模式指令

格式：RSM（无操作数）

操作：Pentium 处理器有一种称为系统管理模式（SMM）的操作模式，这种模式主要用于进行系统电源管理。外部硬件的中断请求使系统进入 SMM 模式，执行 RSM 指令后返回原来的实模式或保护模式。

（3）寄存器与 CR4 传送指令。

格式：MOV　CR4，reg32

　　　　MOV　reg32，CR4

操作：该指令实现 32 位寄存器与 CR4 间的数据传送。

4.7　汇编语言概述

汇编语言（assembly language）是指用指令的助记符、符号地址、标号、伪指令等符号编写程序的语言。用这种汇编语言编写的程序称为汇编语言源程序（source program）。将汇编语言源程序生成为在机器上能执行的目的代码程序（object program）的过程称做汇编，完成汇编过程的系统程序称为汇编程序。

汇编语言是面向机器的语言。用汇编语言编写的程序能够直接利用硬件的特性（如寄存器、标志位、中断系统等）直接对位、字节或字寄存器，或者存储单元、I/O 端口进行处理，同时也能直接使用 CPU 指令系统和指令系统提供的各种寻址方式。

4.7.1　语句格式

由汇编语言编写的源程序是由许多语句（也可称为汇编指令）组成的，每个语句由 1～4 个部分组成，其格式是：

［名称］指令助记符［操作数］　　　；［注释］

其中用方括号括起来的部分可有可无。每个部分之间用空格（至少一个）分开，这些部分可以在一行的任意位置输入，一行最多可有 132 个字符。

名称是给指令或某一存储单元地址所起的名字，它可由下列字符组成：字母（A～Z，a～z）、数字（0～9）、特殊字符（"?"、"."、"@ "、" –"、" $"）。其中数字不能作为名称的第一字符，而圆点仅能用做第一字符。标号最长为 31 个字符。当名称后跟冒号时，表示是标号，它代表该行指令的起始地址，其他指令可以引用该标号作为转移的符号地址。当名称后不带冒号时，名称有可能是标号，也可能是变量。伪指令前的名称不加冒号，而且当标号用于段间调用时，后面也不能跟冒号。

指令助记符表示不同操作的指令，也可以是伪指令。如果指令带有前缀（如 LOCK、REP、REPE/REPZ、REPNE/REPNZ），则指令前缀和指令助记符要用空格分开。

操作数可能没有，也可能有一个、两个或者多个，取决于具体指令或伪指令。当操作数超过一个时，操作数之间应用逗号分开。

可以作为操作数的有常数、寄存器、标号、变量和表达式等。

常数就是指令中出现的固定值，可以分为数值常数和字符串常数两类。例如，立即数、直接寻址中的地址、ASCII 字符串等都是常数。数值常数可有二进制数（B）、八进制数（O）、十进制数（D 或不写）、十六进制数（H）等几种不同表示形式，用不同的后缀加以区别。还应指出，汇编语言中的数值常数的第一位必须是数字，否则汇编时将被看成是标识符，如常数 F6H 应写成 0F6H，AH 应写成 0AH。字符串常数是由单引号括起来的一串字符，如'ABC'和'8086'。单引号内的字符在汇编时都以 ASCII 码形式存放在存储单元中。如上述两字符串的 ASCII 码为 41H，42H，43H 和 38H，30H，38H，36H。字符串最长允许有 255 个字符。

变量是存储器中某个数据区的名字，所以在指令中可以作为存储器操作数。

汇编语言语句中的表达式可分为数值表达式和地址表达式。数值表达式产生一个数值结果，只有大小，没有属性。地址表达式的结果不是一个单纯的数值，而是一个表示存储器地址的变量或标号，它有三种属性：段、偏移量和类型。

表达式中常用的运算符有以下几种：

1）算术运算符：常用的有 +（加），−（减），*（乘），/（除）和 MOD（模除，即两个整数相除后取余数）等，可用于数值表达式，运算结果是一个数值。在地址表达式中通常只使用其中的 + 和 −（加和减）两种运算符。

2）逻辑运算符：AND（逻辑"与"），OR（逻辑"或"），XOR（逻辑"异或"）和 NOT（逻辑"非"）。逻辑运算符只用于数值表达式中对数值进行按位逻辑运算，并得到一个数值结果。对地址进行逻辑运算无意义。

3）关系运算符：EQ（等于），NE（不等），LT（小于），GT（大于），LE（小于或等于），GE（大于或等于）等。参与关系运算的必须是两个数值或同一段中的两个存储单元地址，但运算结果只可能是两个特定的数值之一：当关系不成立（假）时，结果为 0（全 0）；当关系成立（真）时，结果为 0FFFFH（全 1）。

例如：

```
MOV  AL,1 EQ 2        ;关系不成立,故(AL)←0
MOV  AL,1 NE 2        ;关系成立,故(AL)←0FFH
```

4）分析运算符：用于分析存储器操作数的属性，如段值、偏移量和类型等，或取得它所定义的存储空间的大小。分析运算符有 SEG、OFFSET、TYPE、LENGTH 和 SIZE 等。

● SEG 运算符，得到标号或变量所在段的段地址。

例如，下面的指令将变量 BLOCK 的段地址送入 DS 寄存器。

```
MOV  AX,SEG BLOCK
MOV  DS,AX
```

● OFFSET 运算符，得到标号或变量的偏移地址。

例如：

```
MOV  DI,OFFSET VALUE
```

● TYPE 运算符，运算结果是一个数值，这个数值与存储器操作数类型属性的对应关系见表 4-16。

表 4-16　TYPE 返回值与类型的关系

TYPE 返回值	存储器操作数的类型
1	BYTE
2	WORD
4	DWORD
8	QWORD
10	TBYTE
−1	NEAR
−2	FAR

例如：

```
VAL   DW  ?                        ;变量 VAR 的类型为字
ARRAY DD  5 DUP(?)                 ;变量 ARRAY 的类型为双字
STR   DB  'ABC'                    ;变量 STR 的类型为字节
```

则

```
MOV   AL,TYPE VAL                  ;(AL)←2
MOV   AL,TYPE ARRAY                ;(AL)←4
MOV   AL,TYPE STR                  ;(AL)←1
```

- LENGTH 运算符，若一个变量已用重复操作符 DUP 说明其变量的个数，利用 LENGTH 运算符可得到该变量的个数。如果未用 DUP 说明，则得到的结果总是 1。

例如，上面例子中执行指令

```
MOV   AL,LENGTH ARRAY              ;(AL)←5
MOV   AL,LENGTH VAL                ;(AL)←1
MOV   AL,LENGTH STR                ;(AL)←1
```

- SIZE 运算符，若一个变量已用重复操作符 DUP 说明，利用 SIZE 运算符可得到分配给该变量的字节总数。如果未用 DUP 说明，则得到的结果是 TYPE 运算的结果，即 SIZE 的运算结果等于 LENGTH 的运算结果乘以 TYPE 的运算结果。

例如，上面例子中执行指令

```
MOV   AL,SIZE ARRAY               ;(AL)←20
MOV   AL,SIZE VAL                 ;(AL)←2
MOV   AL,SIZE STR                 ;(AL)←1
```

5）合成运算符：用来建立或临时改变变量或标号的类型或存储器操作数的存储单元类型，常用的有 PTR、THIS、SHORT 等。

- PTR 运算符，指定或修改存储器操作数的类型。

例如：

```
INC   WORD  PTR[BX][SI]           ;利用 PTR 运算符明确规定了存储器操作数的类型是 WORD(字)，
                                  ;因此，本指令将一个字型存储器操作数加 1
```

- THIS 运算符，也可指定存储器操作数的类型。使用 THIS 运算符可以使标号或变量更具灵活性。例如，要求对同一个数据区既可以字节为单位，又可以字为单位进行存取，则可用以下语句：

```
TAB1  EQU  THIS WORD
TAB2  DB  10 DUP(?)
```

TAB1 和 TAB2 实际上代表同一个数据区，其中共有 10 个字节，但 TAB1 的类型为 WORD（字类型），而 TAB2 的类型为 BYTE（字节类型）。

- SHORT 运算符，用于指定标号的类型为 SHORT（短标号），即标号到引用该标号指令之间的距离在 −128 ~ +127 个字节的范围内。

注释可有可无，它是为源程序所加的注解，用于提高程序的可读性。在注释前要加分号，它可位于操作数之后，也可位于一行的开头。汇编时，对注释不做处理，仅在列源程序清单时列出，供编程人员阅读。

4.7.2　程序结构

汇编语言源程序由若干个代码段、数据段、附加段和堆栈段组成，各段之间的顺序可以随意安排，通常数据段在前，代码段在后。程序通过修改段寄存器的值实现段的切换，附加段实质上也是数据段，只是其段地址在 ES 中。

一个完整的汇编源程序一般应由 3 个程序段（即代码段、数据段和堆栈段）组成。

代码段包括了许多以符号表示的指令，其内容就是程序要执行的指令。

堆栈段用来在内存中建立一个堆栈区，以便在中断、调用子程序时使用。堆栈段一般可以为几十字节至几千字节。如果太小，则可能导致程序执行时的堆栈溢出错误。

数据段用来在内存中建立一个适当容量的工作区，以存放常数、变量等程序需要对其进行操作的数据。

可见，源程序模块一般都有相同的结构。一个标准的程序结构如下：

```
STACK   SEGMENT  PARA  STACK  'STACK'
        DB    500DUP(0)
STACK   ENDS
DATA    SEGMENT
…
DATA    ENDS
CODE    SEGMENT
        ASSUME  CS:CODE,DS:DATA,ES:DATA,SS:STACK
START:  MOV  AX,DATA
        MOV  DS,AX
        MOV  ES,AX
        …
        MOV  AH,4CH
        INT  21H
CODE    ENDS
        END  START
```

上述标准结构只是一个框架，而在形成实际程序模块时，还需对它进行修改，如堆栈大小、堆栈段、数据段是否需要，组合类型、类别等。但是作为主模块，下面几个部分是必不可少的。

1）必须用 ASSUME 伪指令告诉汇编程序哪一个段和哪一个段寄存器相对应，即某一段地址应放入哪一个段寄存器。这样，在对源程序模块进行汇编时，才能确定段中各项的偏移量。

2）操作系统的装入程序在装入执行时，将把 CS 初始化为正确的代码段地址，把 SS 初始化为正确的堆栈段地址，因此，在源程序中不需要再对它们进行初始化。因为装入程序已将 DS 寄存器留作他用（这是为了保证数据段地址的正确性），所以在源程序中应有以下两条指令对它进行初始化：

```
MOV  AX,DATA
MOV  DS,AX
```

3）在 DOS 环境下，通常调用 DOS 的 4CH 号中断功能，使汇编语言返回 DOS，即采用如下两条指令：

```
MOV  AH,4CH
INT  21H
```

如果不是主模块，那么这两条指令是不需要的。

4.7.3 常用伪指令

机器指令是计算机在程序运行期间执行的指令，而伪指令（伪操作命令）是汇编程序对源程序汇编期间由汇编程序处理的一种操作，它不产生目标代码。伪指令很多，约有 50～60 种。伪指令主要完成数据定义、子程序定义、存储器分配、程序结束等功能。伪指令语句格式为：

［名字］　伪指令　　［参数表］　　　；［注释］

其中，"名字"可以是标识符定义的常量名、变量名、过程名、段名及宏名等。

1. 定义数据伪指令

语句格式：

［变量名］数据定义伪指令 操作数 1［，操作数 2...］

该类伪指令用来定义存储空间及其所存数据的长度。常见的定义数据伪指令如下。

DB：定义字节，其后的每一个表达式占一个字节。

DW：定义字，其后的每一个表达式占两个字节，低字节在低地址，高字节在高地址。

DD：定义双字，其后的每一个表达式占四个字节，低字在低地址，高字在高地址。

DQ：定义四字长，其后的每一个表达式占八个字节，低字节在低地址，高字节在高地址。

DT：定义十个字节长，其后的每一个表达式占十个字节，低字节在低地址，高字节在高地址，用于压缩型十进制数。

【例 4-42】　　DATA1　DB　5,6,8,100

表示从 DATA1 单元开始，连续存放 5、6、8、100，共占 4 个字节地址。

　　DATA2　DW　7,287

表示从 DATA2 单元开始，连续存放 7、287 两个字，共占 4 个字节地址。

定义一个存储区时，也可以不放数据，如：

　　TABLE　DB　?

表示在 TABLE 单元中存放的内容是随机的。

要使一个存储区内的每一个单元放置同样的数据，可用 DUP 操作符。例如：

　　BUFFER　DB　100DUP(0)

表示以 BUFFER 为首地址的 100 个字节存放 00H 数据。

【例 4-43】　　先定义变量，再判断下列指令单独执行后的结果。内存中变量存放情况如下图所示。

```
BDATA   DB 10,?,3*2,'AB'        ;字符串写在单引号中间,字符的 ASCII 码存入内存
WDATA   DW 100H                 ;定义字变量
ARRAY   DB 2 DUP(0,2,?)         ;使用重复操作符 DUP,等价于:ARRAY  DB 0,2,?,0,2,?
MOV  AL,BDATA                   ;执行指令后,(AL)=0AH
MOV  AX,WORD PTR ARRAY          ;用 PTR 临时指定 ARRAY 为字变量,执行指令后,(AX)=0200H
MOV  BDATA,41H                  ;执行指令后,变量 BDATA 的第一个字节单元内容是 41H
```

汇编程序在汇编期间，为变量分配内存单元，并将数据存入相应的存储单元；注意，变量与标号是不同的。

1）变量是指数据区的名字，而标号是指某条执行指令起始地址的符号表示。

2）变量的类型是指数据项存取单位的字节数；标号的类型是指使用该标号的指令之间的距离是段内（NEAR）或段间（FAR 型）。

BDATA	0AH
	00H
	06H
	41H
	42H
WDATA	00H
	01H
ARRAY	00H
	02H
	00H
	00H
	02H
	00H

2. 符号定义伪指令

符号包括汇编语言的变量名、标号名、过程名、寄存器名及指令助记符等。常用符号定义伪指令有：EQU、=、LABEL。

（1）EQU

格式：名字　EQU　表达式

表达式可以是一个常数、已定义的符号、数值表达式或地址表达式。

功能：给表达式赋予一个名字。定义后，可用名字代替表达式。

例如：

```
VB  EQU  64×1024              ;VB 代表数值表达式的值
A  EQU  7
B  EQU  A-2
```

注意，在 EQU 语句的表达式中，如果有变量的表达式，则在该语句前应先给出它们的定义；EQU 语句不能给某一变量重复定义。

（2）=（等号）

格式：名字 = 表达式

功能：与 EQU 基本相同，但它可以对同一个名字重新定义。

例如：

```
COUNT = 10
MOV  AL,COUNT
…
COUNT = 5
…
```

（3）LABEL

格式：变量/标号　LABEL　类型

变量的类型有：BYTE、WORD、DWORD、DQ、DT；标号的类型有：NEAR、FAR。

例如，利用 LABEL 使同一个数据区有一个以上的类型及相关属性。

```
AREAW  LABEL  WORD       ;AREAW 与 AREAB 指向相同的数据区,AREAW 类型为字,而 AREAB 类型为字节
AREAB  DB  100 DUP(?)
…
MOV  AX,1234H
MOV  AREAW,AX            ;(AREAW)=1234H
…
MOV  BL,AREAB            ;BL=34H
```

3. 段定义伪指令

段定义伪指令可将源程序划分成若干段。汇编源程序以段为其基本组织结构，段定义伪指令

用于汇编源程序中段的定义，相关指令有：SEGMENT、ENDS、ASSUME。

段定义伪指令的指令格式为：

段名 SEGMENT［定位类型］［组合类型］［类别］

…

段名 ENDS

SEGMENT 和 ENDS 应成对使用，缺一不可。段名是给定义段所起的名称，不可省略；其他可选项是赋予段名的属性，可以省略。例如：

```
STACK   SEGMENT
    DW  200  DUP(?)
STACK   ENDS
DATA  SEGMENT
    BUF  DB  1,2,3
    TAB  DW?
DATA  ENDS
```

伪指令 ASSUME 用于通知汇编程序哪一个段寄存是该段的段寄存器，以便对使用变量或标号的指令汇编出正确的目的代码，其格式为：

ASSUME   段寄存器：段名［，段寄存器：段名，…］

例如：

```
CODE  SEGMENT
    ASSUME  CS:CODE,DS:DATA,SS:STACK
    MOV  AX,DATA
    MOV  DS,AX
    …
CODE  ENDS
```

由于 ASSUME 伪指令只是指明某一段地址应存于哪一个段寄存器中，并没有包含将段地址送入该寄存器的操作，因此要将真实段地址装入段寄存，还需要汇编指令来实现。这一步是不可缺少的。

4. 过程定义伪指令

在程序设计中，可以将具有一定功能的程序段定义为一个过程，它可以被别的程序调用（用 CALL 指令）或由 JMP 指令转移到此执行。

过程定义伪指令用于定义过程。指令格式如下：

过程名   PROC   ［类型］

…

RET

…

过程名   ENDP

过程名按汇编语言命名规则设定，汇编连接后，该名称表示过程程序的入口地址，供调用使用。

PROC 与 ENDP 必须成对出现，PROC 开始一个过程，ENDP 结束一个过程。成对的 PROC 与 ENDP 的前面必须有相同的过程名。

类型取值为 NEAR 或 FAR，表示该过程是段内调用或段间调用，默认值为：NEAR。

5. 模块定义和结束伪指令

在编写规模比较大的汇编语言程序时，可以将整个程序划分为几个独立的源程序（或模块），然后将各个模块分别进行汇编，生成各自的目标程序，最后将它们连接成为一个完整的可执行程序。

（1）NAME

格式：NAME　模块名

功能：为源程序的目标程序指定一个模块名。

如果程序中没有 NAME 伪指令，则汇编程序将 TITLE 伪指令（TITLE 属于列表伪指令）定义的标题名前 6 个字符作为模块名；如果程序中既没有 NAME，又没有 TITLE，则汇编程序将源程序的文件名作为目标程序的模块名。

（2）END

伪指令 END 表示源程序的结束，执行后令汇编程序停止汇编。因此，任何一个完整的程序均应有 END 指令。

格式：END　［标号］

功能：表示源程序的结束。

标号指示程序开始执行的起始地址。如果多个程序模块相连接，则只有主程序要使用标号，其他子模块则只用 END 而不必指定标号。

6. 其他伪指令

（1）ORG 伪指令

ORG 伪指令也称为定位伪指令，用来指出源程序或数据块在内存中的起点偏移地址，语句格式为：

ORG　数值表达式

汇编程序把该语句中的表达式的值作为起始地址，连续存放程序和数据，若省略 ORG，则从本段起始地址 0 开始连续存放。所以，如果需要将存储单元分配在指定位置，那么可以使用 ORG 语句。利用 ORG 伪指令也可以改变位置计数器 $ 的值。例如：

```
DATA    SEGMENT                  ;从 64H 处开始安排数据
        ORG  64H
        BUF  DB 06H,07H,08H
        ORG  $ +4               ;使位置计数器当前值 $ 加 4（用 $ 指出下一个存储单元的偏移地址）
        VAR  DW 1234H           ;跳过 4 个字节单元后再给 VAR 分配存储单元
DATA    ENDS
```

ORG 伪指令也可以用在代码段中，用来指定下一条指令的偏移地址。

（2）对准指令 EVEN

格式：EVEN

功能：使下一个分配地址为偶地址。

在 8086 中，一个字的地址最好为偶地址，因为在 8086 CPU 同样存取一个字时，如果地址是偶地址，则需要一个读或写周期，如果是奇地址，则需要两个读或写周期。因此，该伪指令常用于字定义语句之前。

（3）基数控制伪指令 RADIX

格式：RADIX　表达式

表达式取值为 2～16 内任何整数。

功能：指定汇编程序使用的默认数制。默认为十进制。

4.7.4　宏指令

宏（macro）是源程序中一段有独立功能的语句序列，它只要在程序中定义一次，就可以多次调用。

1. 宏定义、宏调用、宏展开

在使用宏指令前首先要对宏指令进行定义，宏定义由一对伪指令——MACRO 与 ENDM 实现。宏指令的指令格式为：

```
宏指令名　MACRO　　[形式参量表]
           …              ;宏体
           ENDM
```

其中，宏指令名在同一源文件中不能重复出现，宏体可以是任意语句序列，可选的形式参数表是以逗号分隔的若干参数名，这些参数名是所在宏定义内的局部标识符。通常，将宏定义放在源程序的开头。宏指令是一个定义调用（或称宏调用）的依据，也是不同宏定义互相区别的标志，是必需的。对宏指令名的规定与标号一样。

宏定义中的形式参量可有可无；形式参量可以仅有一个，也可以有多个。若有多个形式参量，各形式参量之间应用逗号分开。

经过定义的宏指令即可在源程序中调用，称为宏调用，其形式如下：

```
宏指令名　　[实参数表]
```

需要注意的是，在调用时的实参量如果多于一个时，也要用逗号分开，并且它们与形式参量在顺序上要一一对应。但是，在 IBM 宏汇编中并不要求它们在数量上一致。当源程序被汇编时，MASM 用相应的宏体取代每个宏调用，并用实参数按位置替换宏定义中的形式参数，称为宏展开。若调用时的实参量多于形式参量，则多余部分被忽略；若实参量少于形式参量，则多余的形式参量变为 NULL（空）。

例如：

```
GADD  MACRO  X,Y,ADD1
      MOV  AX,X
      ADD  AX,Y
      MOV  ADD1,AX
      ENDM
```

其中，X、Y、ADD1 是形式参量。调用时，下面的宏指令书写格式是正确的：

```
GADD DATA1,DATA2,SUM
```

其中，DATA1、DATA2、SUM 是实参量。

实际上，与该宏指令对应的源程序为：

```
MOV  AX,DATA1
ADD  AX,DATA2
MOV  SUM,AX
```

宏指令与子程序有许多类似之处，它们都是一段相对独立的、用来完成某种功能的、可调用的程序模块；定义后可多次调用。不同之处是，在形成目的代码时，子程序只形成一段目的代码，调用时转来执行，而宏命令是将形成的目的代码插到主程序调用的地方。因此，前者占内存少，但执行速度稍慢，而后者刚好相反。

宏定义只是告诉 MASM 用一个名字来表示一段语句序列，其本身不被汇编。

宏指令的参数非常灵活，可以出现在指令的操作数或操作码部分，MASM 在宏展开时对参数进行文本替换。例如，对于下列宏定义：

```
SHIFT  MACRO  X,Y,Z
     MOV  CL,X
     Y  Z,CL
     END
```

宏调用为：

```
SHIFT  4,SHL,AX
```

被展开为：

```
MOV CL,4
SHL AX,CL
```

2. 与宏有关的伪指令

（1）LOCAL 伪指令

LOCAL 伪指令用来指定宏内部局部符号，其格式如下：

LOCAL　符号名，…，符号名

LOCAL 的作用是声明宏体中的局部标号，以免在宏扩展时，同一个标号在源程序中多次出现，从而产生标号多重定义的错误。

```
MAX  MACRO  A,B,C
     LOCAL  SKIP,DONE
     MOV  AX,A
     CMP  AX,B
     JGE  SKIP
     MOV  AX,B
SKIP:CMP  AX,C
     JGE  DONE
     MOV  AX,C
DONE:
     ENDM
```

注意，用于宏定义体内的 LOCAL 伪指令必须是宏定义体内的第一条语句。

（2）EXITM 伪指令

EXITM 伪指令用来立即终止宏展开，通常与条件汇编结合使用。MASM 忽略 EXITM 与 ENDM 之间的所有语句。

例如，已知宏定义如下：

```
BYTES  MACRO  COUNT
     IF  COUNT  EQ 0
     DB  COUNT
     EXITM
     ENDIF
```

```
        DB   COUNT  DUP(0)
        ENDM
```

宏调用为：

```
BYTES  0            ;在汇编时被展开为 DB 0
BYTES  10           ;在汇编时被展开为 DB 10 DUP(0)
```

3. 宏操作符

MASM 提供了一些宏操作符，使宏指令的参数更加灵活。这些操作符不仅可用于宏定义和宏调用，而且适用于后面介绍的重复块。

（1）宏操作符"< >"

在宏调用时，当实参数包含空格或逗号等间隔符时，必须使用"<"和">"作为参数的定界符。例如：

```
DATA  MACRO  THEDATA      ;宏定义
      DB  THEDATA
      ENDM
      …                   ;以下为宏调用
      DATA  5,4,3         ;展开为 DB 5
      DATA  <5,4,3>       ;展开为 DB 5,4,3
```

（2）宏操作符"&"

在宏定义时，当形式参数作为标识符或字符串的一部分时，必须使用"&"作为分隔符。例如，为了在程序的多个执行点输出不同的调试信息，可使用下列宏定义：

```
DEBUGMSG  MACRO  POINT,STRING
          LOCAL  SKIPDATA
          PUSH  DS
          PUSH  CS
          POP  DS
          LEA  DX,MSG&POINT&
          MOV  AH,9
          INT  21H
          POP  DS
          JMP  SKIPDATA
MSG&POINT&  DB  'AT POINT &POINT&:&STRING',0DH,0AH,'S'
SKIPDATA:
          ENDM
```

若执行下列宏调用：

```
DEBUGMSG  2,<INVALID OPERAND>
```

则输出信息"POINT2：INVALID OPERAND"。这里，宏定义中的语句：

```
MSG&POINT&  DB  'AT POINT &POINT&:&STRINGS',0DH,0AH,'$'
```

被展开为

```
MSG2  DB  'AT POINT 2:INVALID OPERAND',0DH,0AH,'$'
```

若 DB 后定义的字符串中不包含 &，则展开后的结果为：

```
MSG2  DB  'AT POINT POINT:STRING',ODH,OAH,'$'
```

（3）宏操作符"%"

当宏调用时，若在实参数中使用"%"，则 MASM 将"%"后常数表达式的值作为参数，而非表达式本身。例如下面这段程序：

```
GETDATA  MACRO  PARAM          ;定义宏
         MOV  AX,ARRAY[PARAM*2]
         ENDM
         …                      ;以下为宏调用
         GETDATA  100+6         ;展开为 MOV  AX,ARRAY[100+6*2]
         GETDATA  %100+6        ;展开为 MOV  AX,ARRAY[106*2]
```

（4）宏操作符"!"

对于包含在"＜"和"＞"之间的文本串，MASM 将出现在"!"后的特殊字符（＜、＞、%、、'、,)作为普通字符处理。若将"!"作为普通字符，则使用"!!"。"!"不适用于包含在引号中的字符串。例如，

宏定义：

```
DEFSTRING  MACRO  STRING
           DB  '&STRING& $'
           ENDM
```

宏调用：

```
DEFSTRING  <INPUT A  INTEGER (!>0):>
```

宏展开：

```
DB 'INPUT A  INTEGER(>0):$'
```

又如：

```
<20! % !> 10! % >        ;被汇编为文本串20% >10%
```

（5）宏注释符";;"

在宏定义中，以";;"开始的宏注释在宏展开时被忽略。

4.7.5　上机操作过程

1. 汇编语言的工作环境

当进行上机操作时，在计算机上建立和运行汇编语言程序时，首先要用编辑程序（如行编辑程序 EDLIN 或全屏编辑程序 EDIT 等）建立汇编语言源程序（其扩展名必须为.ASM）。源程序就是用汇编语言的语句编写的程序。汇编语言源程序是不能被计算机所识别和运行的，必须经过汇编程序（MASM 或 ASM）加以汇编（翻译），把程序文件转换为用机器码（二进制代码）表示的目标程序文件（其扩展名为.OBJ），如图 4-21 所示。若在汇编过程中没有出现语法错误，则汇编结束后，还必须经过连接程序（LINK）把目标程序文件与库文件或其他目标文件连接再一起形成可执行文件（其扩展名为.EXE）。这时就可以在 DOS 下直接键入文件名运行此程序。若程序执行过程出现错误，如不能正常终止或不符合功能要求等，则可通过调试器找到错误。以上过程可能需要反复多次，如执行时发现功能性错误，则需要修改源程序，然后汇编、连接再运行，直到程序功能满足要求为止。

目前，8086/8088 汇编语言程序在一般的 PC 上都能运行，汇编语言对机器无特殊要求。支持

汇编语言程序运行和帮助建立汇编语言源程序的一些软件必须有：

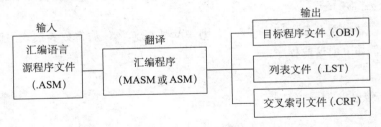

图 4-21　汇编过程图

1）DOS 操作系统。汇编语言的建立和运行都是在 DOS 操作系统的支持下进行的。

2）编辑程序。它是用来输入和建立源程序的一种通用的磁盘文件，源程序的修改也是在编辑状态下进行的。常用的编辑程序有 EDLIN.COM、EDIT、记事本软件等。在装有 Windows 操作系统的计算机上，记事本是系统自带的编辑器，使用简单、方便。

3）汇编程序。8086/8088 的汇编程序有小汇编 ASM.EXE 和宏汇编 MASM.EXE 两种。小汇编 ASM.EXE不支持宏操作，只能有限制地使用伪指令，可在 64KB 的内存中执行。宏汇编程序必须在 96KB 以上的内存条件下运行，可以使用所有的宏指令和伪指令。因此，一般选用宏汇编 MASM.EXE。

4）连接程序。8086/8088 汇编语言使用的连接程序是 LINK.EXE。

5）辅助工具。辅助工具帮助程序员进行程序的调试、文件格式的转换等工作，常用的有：动态调试程序 DEBUG.COM；EXE 文件到 COM 文件转换程序 EXE2BIN.EXE（COM 文件也是一种执行文件）。

2. 建立和运行汇编语言程序的过程

建立和运行汇编语言程序的过程介绍如下。

1）关于源程序的输入和修改，这里推荐使用 Windows 操作系统自带的编辑器——记事本，因为记事本使用起来简单、方便，可以使用鼠标操作，还有复制、剪切的功能，所以比需要命令行的其他编辑器更容易使用。打开记事本，输入源程序清单后进行保存时注意，汇编语言源程序的文件扩展名一定要用.ASM，不可以省略也不可以更改，否则在汇编时会出错。

例如，完成 1010H + 2020H 运算，并将结果保存在数据段中。exam.asm 文件的源程序清单为：

```
stack      segment  para stack 'stack'
           db  100 dup(?)
stack      ends
code       segment
           assume  cs:code,ss:stack
begin:     push ds
           mov  ax,0
           push ax
           mov  bx,1010H
           add  bx,2020H
           mov  [1000H],bx
           mov  ah,4CH
           int  21H
code       ends
           end  begin
```

2）汇编。在对源程序文件（简称 ASM 文件）汇编时，汇编程序将对 ASM 文件进行两遍扫描，若程序文件中有语法错误，则结束汇编后，汇编程序将指出源程序中存在的错误，这时应返回编辑环境并修改源程序中的错误，再经过汇编，直到最后得到无错误的目标程序，即 OBJ 文件。因此，汇编程序的主要功能可以概括为以下 3 点：

- 检查源程序中的语法错误，并给出错误信息。
- 产生目标程序文件（OBJ 文件）。
- 展开宏指令。

完成汇编功能的是汇编程序 ASM 或宏汇编程序 MASM，二者区别在于：MASM 有宏处理功能，而 ASM 没有，因此，MASM 比 ASM 的功能更强大，但是 MASM 需要占据较大的内存空间，当内存空间较小时（如 64KB），只能使用 ASM。

例如，源程序的文件名为 exam. asm，宏汇编程序的路径为 C:\\masm\masm. exe。

操作与汇编程序的应答如下：

```
C:\masm>masm exam.asm↙
Microsoft(R)Macro Assembler Version 5.00
Copyright(C)Microsoft Corp 1981 -1985,1987.Allrights reserved
Object filename  [exam.OBJ]:↙
Source listing[NUL.LST]:↙
Cross-reference  [NUL.CRF]:↙
0 Warning Errors
0 Severe Errors
```

汇编程序的输入文件是 ASM 文件，而输出文件有 3 个。第一个是 OBJ 文件，由于这是汇编的主要目的，所以这个文件是我们所需要的。对于[exam.OBJ]后的回答，应该是↙，这样磁盘上就建立了一个目标文件 exam.OBJ。但当源程序中有错误时，不会生成这个文件。因此，应特别注意给出的信息 Warning Errors（警告错误）和 Severe Errors（严重错误）的类型和数目。当严重错误数目不为 0 时，不会生成 OBJ 文件，这时应根据错误信息回到编辑状态并修改源程序。而当警告错误数目不为 0 时，可以生成 OBJ 文件。

第二个生成的是 LST 文件，即列表文件。这个文件同时列出源程序和机器语言程序清单，并给出符号表。这个文件可有可无，如果不需要，则对[NUL. LST]：回答↙；如果需要，则可以回答文件名，即对［NUL. LST]：回答 exam ↙。

汇编程序可以生成的第三个文件是 CRF 文件，这个文件用来产生交叉引用表 REF。对于一般程序，不需要建立此文件，可直接用↙回答。

3）用 LINK 程序产生 EXE 文件。

经汇编后产生的二进制的目标程序文件（OBJ 文件）并不是可执行程序文件（EXE 文件），必须经连接才能成为可执行文件。连接程序并不是专为汇编语言程序设计的。如果一个程序是由若干个模块组成的，那么可通过连接程序 LINK 把它们连接在一起。这些模块可以是汇编程序产生的目标文件，也可以是高级语言编译程序产生的目标文件。还以上面的示例为例来介绍连接命令。

例如：

```
C:\masm>link  exam.obj↙
Microsoft(R)Overlay Linker Version3.60
Copyright(C)Microsoft Corp 1983 -1987.Allrights reserved
```

```
RunFile   [exam.EXE]:↙
ListFile  [NUL.MAP]:↙
Libraries [.LIB]:↙
```

LINK 程序有两个输入文件：OBJ 和 LIB，OBJ 是要连接的目标文件，LIB 是程序中需要用到的库文件，如无特殊要求，则应对 [. LIB]：回答↙。但当汇编语言与高级语言接口时，高级语言可能需要一定的库文件，此时输入相应的库文件名就行了。LINK 程序有两个输出文件，一个是 EXE 文件，这是需要生成的可执行文件，如要生成同名的.EXE 文件，直接回答↙即可；另一个输出文件是 MAP 文件，它是连接程序的列表文件，又称为连接映像文件（LINKMAP）。它给出每个段在存储区的分配情况。一般不需要 MAP 文件，直接对 [NUL. MAP]：回答↙即可。如需要 MAP 文件，则回答文件名即可。

在连接过程中也可能产生错误信息，如果有错误就不能生成 EXE 文件，这时应回到编辑状态并修改源程序，然后重新汇编和连接，最后生成正确的 EXE 文件。

4）程序的执行。在建立 EXE 文件后，可以直接在 DOS 下执行程序，如下所示：

```
C:\masm>exam.exe↙
```

到此为止，完成了汇编语言源程序的编辑、汇编、连接和运行的四大步骤。若在整个过程中，只需要生成必要的源文件、目标文件和执行文件，而不需要 LST 文件、CRF 文件和 MAP 文件，那么用下面的命令格式就可以避免屏幕提问信息，加快汇编和连接的速度。

```
C:\masm>masm  exam;↙
C:\masm>link  exam;↙
```

上述命令中的分号告诉系统省略屏幕提示，并承认系统的默认值，不生成 LST 文件、CRF 文件和 MAP 文件。扩展名为 . CRF 的文件是宏汇编软件 MASM 提供的一个随机交叉参考（cross reference）文件，它提供一个按字母排序的列表文件，其中包含源文件中所有用到的指令、标号和数字。这对包含有多个代码段、数据段的大型源文件程序来说是非常有帮助的。扩展名为 . MAP 的文件是宏汇编软件 MASM 为包含有多个代码段、数据段的大型源文件程序提供的一个随机文件。该文件提供了各个段的起始地址、结束地址和段长等信息。

5）程序的调试。在汇编、连接成功后，只能说明程序没有语法错误，但程序执行的结果未必正确。这时，可用 DEBUG 对目标程序进行动态调试，在执行过程中观察各寄存器、相关存储单元及标志寄存器的值，跟踪执行情况，判断结果是否正确。这里只介绍几个最常用的 DEBUG 命令。

在 DOS 提示符下，输入需要调试的文件名，DEBUG 程序将指定的文件装入存储器，由用户采取单步、设置断点等方式进行调试。

例如，进入 DEBUG 并装入要调试的程序 exam. exe。

输入如下：

```
C:\masm>debug exam.exe
```

DEBUG 以短线 "-" 作为提示符，用户在提示符后可以使用 DEBUG 命令来调试程序。DEBUG 的主要命令有 U、G、D、Q 等。

①反汇编命令 U（Unassemble）。

格式：-u [地址范围] 或 [地址]

功能：对指定地址范围或地址的目标代码进行反汇编，若不给出地址，则从当前 CS：IP 位置开始显示其后 32 个字节的目标代码。

我们的目的是查看程序的运行结果，因此希望程序启动运行后应停在返回 DOS 以前，为此，可先用反汇编命令 U 来确定要设定的断点地址。例如，进入 DEBUG 并装入要调试的程序 exam. exe，在 DEBUG 提示符"-"后输入 U。

```
-U
```

输入 U 后显示信息如下所示。

```
C:\MASM>debug  exam.exe
-U
1455:0000    1E              PUSH    DS
1455:0001    B80000          MOV     AX,0000
1455:0004    50              PUSH    AX
1455:0005    BB1010          MOV     BX,1010
1455:0008    81C32020        ADD     BX,2020
1455:000C    891E0010        MOV     [1000],BX
1455:0010    B44C            MOV     AH,4C
1455:0012    CD21            INT     21
```

在上述输入 U 命令后的显示信息中，左边给出了指令所在的段地址：偏移地址，中间是机器语言指令，右边是汇编语言指令。由于想查看加法运算后的结果，并且需要的断点是在 MOV DS：[1000H]，BX 指令运行完以后，所以选择 MOV[1000H]，BX 的下一条指令的偏移地址 0010 作为断点。

②运行命令 G（Go）。

格式：- g［=起始地址］［结束地址］

功能：执行指定地址段内的程序。这个命令往往与 U 命令配合使用。

在确定断点后，可以用 G 命令使程序启动运行，同时设定断点。例如，输入 G10 后显示信息如下所示（10 为断点地址）。

```
-G10
AX=0000  BX=3030  CX=0085  DX=0000  SP=0060  BP=0000  SI=0000  DI=0000  DS=143E
ES=143E  SS=144E  CS=1455  IP=0010   NV UP EI PL NZ NA PE NC  1455:0010  B44C
```

程序停在断点处，并显示出所有寄存器以及 F 寄存器中标志位的当前值，最后一行给出的是下一条将要执行指令的地址、机器语言及汇编语言。可以从显示的寄存器内容来判断程序运行是否正确。从上段显示信息可以看出，BX 的值变为 3030H，说明程序运行正确。

③显示存储单元命令 D（Dump）。

格式：- D［地址］或-d［地址范围］

功能：将指定地址或地址范围内的存储单元的内容显示出来。

如果从寄存器中还看不到程序运行的结果，则需要用 D 命令分别查看数据段和附加段的相关区域。例如，从 G 命令的显示情况中得到 DS=143EH，从 U 命令显示情况的汇编程序中得到偏移地址为 1000H。输入 D143E:1000 查看存储单元 143EH:1000H 的内容，如下所示。

```
-D143E:1000
143E:1000   30 30 00 75 03 E9 5E FF-8A 46 06 2A E4 50 52 FF    00.u..^.F.*.PR.
143E:1010   36 3A 21 E8 FA FD 83 C4-06 5E 5F 8B E5 5D C3 90    6:!......^_ .].
143E:1020   A1 3A 21 8B 16 3C 21 89-46 FC 89 56 FE C4 5E FC    .:!..<!.F..V..^
```

```
143E:1030  8B 46 FA 26 39 47 0A 75 - 47 8B 5E 04 8A 07 8B 5E    .F.&9G.uG.^..^
143E:1040  FC 26 38 47 0C 75 39 A0 - 47 07 2A E4 50 8B C3 05    .&8G.u9.G.*.P...
143E:1050  0C 00 52 50 FF 76 04 E8 - 22 4A 83 C4 08 0A C0 74    ..RP.v..''J...t
143E:1060  1F 8A 46 08 2A E4 50 8A - 46 06 50 FF 36 3C 21 FF    ..F.*.P.F.P.6<!.
143E:1070  36 3A 21 E8 1A FE 83 C4 - 08 5E 5F 8B E5 5D C3 90    6:!.....^..]..
```

其中，最左边给出每一小段的起始地址（用段地址：偏移地址表示），然后顺序给出每一小段中每个字节单元的内容，字节单元的内容分别采用十六进制和 ASCII 字符表示。可以看出，数据段中偏移地址为 1000H 的单元存放的是程序运行的结果 3030H。

④退出命令 Q（Quit）。

当看到程序运行的目的达到后，可以用 Q 命令退出 DEBUG 程序回到 DOS。

除上述常用的命令外，还有 R（Register，显示当前寄存器的内容）命令和 T（Trace，逐条跟踪执行指令）命令等。初学汇编语言程序设计的人员要学会使用 DEBUG 调试程序，因为使用 DEBUG 会使调试变得相对容易。

4.8　汇编语言程序设计

本节介绍汇编语言程序设计的基本步骤、顺序结构、分支结构、循环结构，以及子程序设计及过程定义。

4.8.1　汇编语言程序设计的基本步骤

汇编语言程序设计与高级语言程序设计一样：首先，分析问题、确定算法。这是把问题向计算机处理转化的基础，在此，需要确定符合计算机运算的算法。其次，绘制流程图。流程图常用于复杂的问题，给出解决问题的具体步骤。流程图是由特定的几何图形、指向线、文字说明来表示数据处理的步骤，形象地描述逻辑控制结构以及数据流程的示意图。流程图具有简洁、明了、直观的特点。再次，根据流程图编制程序。依照具体步骤，按指令系统规则编制程序。最后，调试程序。对于已编制的程序，先做静态的语法检查，再上机进行动态调试。因此，程序设计的步骤一般可以描述如下：

1）分析问题，抽象出描述问题的数学模型。

2）确定算法。

3）绘制流程图。

4）分配存储空间和工作单元。

5）编写程序。

6）静态检查。

7）上机调试运行。

4.8.2　顺序结构

程序有顺序、分支、循环和子程序 4 种结构形式。顺序结构（见图 4-22）的程序没有分支、循环和转移，只能顺序执行。顺序结构的程序从执行开始到最后一条指令为止，指令指针的内容线性增加，程序一般很简单，没有跳转等语句。例如，表达式程序、查表程序就属于这种结构。

【例 4-44】　求两个 16 位数相加之和。这两个数从地址 10050H 开始

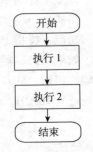

图 4-22　顺序结构图

连续存放，低位在低地址一端，结果放在两个数之后。

分析：16 位数相加，应考虑低 8 位相加后进位，相加时用
ADC 指令。程序流程图如图 4-23 所示。

内存空间分配如下：

10050H：存放被加数低 8 位。

10051H：存放被加数高 8 位。

10052H：存放加数低 8 位。

10053H：存放加数高 8 位。

10054H：存放和低 8 位。

10055H：存放和高 8 位。

寄存器分配如下：

DS = 1000H。

被加数指针 SI = 50H。

加数指针 DI = 52H。

和指针 BX = 54H。

方法 1：用字操作

```
MOV   AX,1000H
MOV   DS,AX
MOV   SI,0050H
MOV   DI,0052H
MOV   BX,0054H
CLC
XOR   AX,AX
MOV   AX,[SI]
ADC   AX,[DI]
MOV   [BX],AX
HLT
```

方法 2：用字节操作

```
MOV   AX,1000H
MOV   DS,AX
MOV   SI,0050H
MOV   DI,0052H
MOV   BX,0054H
CLC
MOV   AL,[SI]
ADD   AL,[DI]
MOV   [BX],AL
INC   SI
INC   DI
INC   BX
MOV   AL,[SI]
ADC   AL,[DI]
MOV   [BX],AL
HLT
```

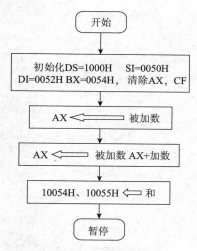

图 4-23　例 4-44 程序流程图

方法 3：求和 3456H + ABCDH

```
DATA    SEGMENT
        X DW 3456H
        Y DW 0ABCDH
        Z DW 0
DATA    ENDS                    ;设置数据段,取名 DATA
CODE    SEGMENT
        ASSUME  DS:DATA,CS:CODE
START: MOV AX,DATA              ;取数码段 DATA 段地址至 AX
        MOV DS,AX               ;段地址送 DS
        LEA SI,X                ;将 X 的有效地址送 SI
        LEA DI,Y                ;将 Y 的有效地址送 DI
        MOV AX,[SI]             ;将 X 的值送 AX
        ADD AX,[DI]             ;AX + Y 的值送回 AX
        MOV Z,AX                ;将 AX 的值送到存储单元 Z
        MOV AH,4CH              ;设置功能号
        INT 21H                 ;系统功能调用,返回 DOS
CODE ENDS
END  START
```

【例 4-45】　已知某班学生的英语成绩按学号（从 1 开始）从小到大的顺序排列在 TAB 表中，要查的学生的学号放在变量 NO 中，查表结果放在变量 ENGLISH 中。实现程序如下。

```
STACK  SEGMENT  STACK
    DB  200  DUP(0)
STACK  ENDS
DATA  SEGMENT
TAB  DB  80,85,86,71,79,96
     DB  83,56,32,66,78,84
NO  DB  10
ENGLISH    DB  ?
DATA    ENDS
CODE  SEGMENT
        ASSUME  DS:DATA,SS:STACK,CS:CODE
BEGIN: MOV  AX, DATA
        MOV  DS, AX
        LEA  BX, TAB
        MOV  AL, NO
        DEC  AL
        XLAT  TAB
        MOV  ENGLISH,AL
        MOV  AH, 4CH
        INT  21H
CODE  ENDS
  END  BEGIN
```

4.8.3　分支结构

分支结构程序是指程序在按指令先后的顺序执行过程中，遇到不同的计算结果值，需要计算机自动进行判断、选择，以决定转向下一步要执行的程序段。分支程序一般是利用比较、转移指

令来实现的。

【例4-46】 试编写程序实现如下符号函数：

$$Y = \begin{cases} 1 & X > 0 \\ 0 & X = 0 \\ -1 & X < 0 \end{cases}$$

分析：X 值与 0 进行大小比较，根据比较后所设置的标志位进行相应转移。程序如下：

```
DATA    SEGMENT                          ;数据段
XX  DW  12                               ;定义存放 X 值的存储单元
YY  DW  ?                                ;定义存放结果 Y 的存储单元
DATA ENDS
STACK   SEGMENT  STACK 'STACK'           ;堆栈段
        DB  100H  DUP (?)
STACK  ENDS
CODE    SEGMENT                          ;代码段
        ASSUME  CS:CODE,DS:DATA,SS:STACK
main proc far
START: PUSH  DS
       XOR  AX,AX
       PUSH  AX
       MOV  AX,DATA
       MOV  DS,AX
       MOV  AX,XX          ;X 值送 AX
       CMP  AX,0           ;X 与 0 比较
       JGE  BIGPR          ;X0,转到 BIGPR
       MOV  YY,0FFFFH      ;X < 0,-1 送 YY 单元
       JMP  EXIT           ;退出
BIGPR: JE  EQUPR           ;X = 0,转到 EQUPR
       MOV  YY,1           ;X > 0,1 送 YY 单元
       JMP  EXIT
EQUPR: MOV  YY,0           ;X = 0,0 送 YY 单元
EXIT:  MOV  AX,YY          ;结果已在 YY 单元中,将结果送 AX
       RET                 ;返回 DOS
main endp
CODE   ENDS
       END  START
```

【例4-47】 比较两个无符号数的大小，把大数存入 MAX 单元，程序流程图如图 4-24 所示。

程序如下：

```
DSEG       SEGMENT
NUMBER    DB  X1,X2        ;X1 和 X2 为两个无符号具体数
MAX       DB  ?
DSEG      ENDS
CSEG      SEGMENT
          ASSUME  CS:CSEG,DS:DSEG
          MOV  AX,DSEG
          MOV  DS,AX
          MOV  AL,NUMBER     ;取第一个数 X1
          CMP  AL,NUMBER+1   ;与第二个数 X2 比较
          JNC  BRANCH        ;若 X1≥X2,转到 BRANCH
```

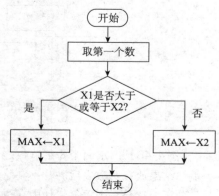

图 4-24 例 4-47 程序流程图

```
              MOV  AL,NUMBER +1  ;否则,第二个数为较大数
     BRANCH:  MOV  MAX,AL        ;保存较大数
              MOV  AH,4CH
              INT  21H
     CSEG     ENDS
              END
```

4.8.4　循环结构

如果程序中的某些部分要重复执行，那么设计者不可能也没必要将重复部分反复书写，因为那样程序会显得很冗长，这时，需要使用循环结构（见图4-25）。循环结构每次测试循环条件时，如果条件满足，则重复执行循环体；否则，结束循环，顺序向下执行。一个循环结构由以下几部分组成：

（1）初始化部分

初始化部分用于对循环过程中的工作单元及寄存器置初值。

（2）循环体

循环体是指要求重复执行的程序段，又分为循环工作部分和循环控制部分。循环控制部分每循环一次后就检查循环结束的条件，当满足条件时停止循环。

（3）循环结束条件

在循环程序中必须给出循环结束条件，否则程序就会进入死循环。常见的循环是计数循环，即循环一定次数后结束循环。在微型机中，常用一个内部寄存器（或寄存器对）作为计数器，通常这个计数器的初值置为循环次数，每循环一次令其减1，当计数器减为0时，停止循环。也可以将初值置为0，每循环一次加1，再与循环次数相比较，若两者相等，就停止循环。循环结束条件还可以有好多种。在通用寄存器中，CX就是计数器。

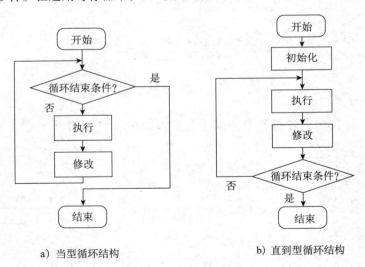

a) 当型循环结构　　　　　　b) 直到型循环结构

图4-25　循环结构图

【例4-48】　求两个8字节数之和，这两个数在10050H地址开始连续存放，低位在低地址一端，结果放在两数之后。

分析：这是一个重复累加内存单元中数的问题，用循环结构。用16位数相加4次，用8位数

相加 8 次 (如果是 BCD 码数相加,则在 ADC 指令后面加 DAA)。

流程图如图 4-26 所示。

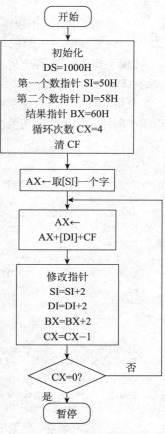

```
START: MOV  AX,1000H
       MOV  DS,AX
       MOV  SI,50H
       MOV  DI,58H              ;初始化
       MOV  BX,60H
       MOV  CX,04H
       CLC
AA:    MOV  AX,[SI]
       ADC  AX,[DI]
       MOV  [BX],AX
       PUSHF
       ADD  SI,2
       ADD  DI,2
       ADD  BX,2
       POPF
       LOOP AA
       HLT
```

图 4-26 例 4-48 程序流程图

【例 4-49】 把数据区的数据按正、负数分开,并分别送到 PLUS-DATA 和 MINUS-DATA 两个缓冲区中。

分析:1) 有 3 个数据区指针分别设为 SI、DI、BX。

2) 测试每个数的符号位用 TEST 指令。

实现程序如下:

```
START: MOV  SI,OFFSET  BLOCK         ;源数据区指针 SI
       MOV  DI,OFFSET  PLUS - DATA    ;正数区指针 DI
       MOV  BX,OFFSET  MINUS - DATA   ;负数区指针 BX
       MOV  CX,  COUNT                ;计数器
       CLD
GO:    LODSB                          ;从源数据区取数
       TEST AL, 80H                   ;测试符号
       JNZ  MINUS                     ;AL 是负数则转到 MINUS
       STOSB                          ;若是正数,则存入正数区中
       JMP  AGAIN
MINUS: XCHG BX,DI
       STOSB                          ;若是负数,则存入负数区
       XCHG BX,DI
AGAIN: LOOP GO
       HLT
```

4.8.5 子程序设计及过程定义

汇编语言中多次使用的程序段应当写成一个相对独立的程序段,将这样的程序段定义为"过程"或称为子程序。每一个子程序包括在过程定义语句 PROC…ENDP 中间。子程序调用与返回由 CALL 和 RET 指令实现。一般,有共用性、重复性或相对性的程序可设计成子程序。一个完整的子程序一般由现场保护、功能子程序和恢复现场三部分构成。

1）现场保护：保护调用子程序的现场，即保护子程序中会用到的寄存器，将这些寄存器入栈。

2）功能子程序：子程序要完成的功能。

3）恢复现场：为了使计算机返回到主程序调用时的状态，将入栈的数据出栈。

【例4-50】　内存中的一串1位十六进制数转换为其对应的ASCII码。例如，十六进制2对应的ASCII码为32H，而十六进制数C对应的ASCII码为43H。

分析：将一个十六进制数转换为其对应的ASCII码的功能设计为子程序。主程序分若干次调用该子程序，但每次调用的参数为不同的待转换的十六进制数。程序如下：

```
DATA      SEGMENT
HEXBUF    DB  02H,08H,0AH,09H,0FH      ;待转换的一串1位十六进制数
COUNT     EQU  $ -HEXBUF              ;COUNT的值为这一串十六进制数的个数
DATA      ENDS
STACK     SEGMENT  STACK'STACK'
          DB  100 DUP(?)
STACK     ENDS
CODE      SEGMENT
ASSUME    CS:CODE,DS:DATA,SS:STACK
HEXD      PROC  NEAR                  ;子程序HEXD:将1位十六进制数转换为其对应的ASCII码
          CMP  AL,0AH                 ;入口参数:AL为待转换的1位十六进制数
          JL  ADDZ                    ;出口程序:AL为转换完的结果(ASCII码)
          ADD  AL,'A' - '0' -0AH
ADDZ:     ADD  AL,'0'
          RET
HEXD      ENDP
BEGIN:    MOV  AX,DATA                ;以下为主程序
          MOV  DS,AX
          MOV  BX,OFFSET  HEXBUF
          MOV  CX,COUNT
REPEAT0:  MOV  AL,[BX]
          CALL  HEXD                  ;转换
          MOV  [BX],AL
          INC  BX
          LOOP  REPEAT0
          MOV  AX,4C00H
          INT  21H
CODE      ENDS
          END  BEGIN
```

4.9 DOS与BIOS中断调用

微型计算机系统为汇编用户提供了两个程序接口：一个是DOS（Disk Operation System）系统功能调用；另一个是ROM中的BIOS（Basic Input/Output System）。DOS系统功能调用和BIOS由一系列的服务子程序构成，但调用与返回不是使用子程序调用指令CALL和返回指令RET，而是通过软中断指令INT n和中断返回指令IRET调用和返回的。每执行一条中断指令INT n，就调用一个相应的中断服务程度，当n＝5H～1FH时，调用BIOS中的服务程序，当n＝20H～3FH时，调用DOS中的服务程序。其中，INT 21H是一个具有多种功能的服务程序，一般称为DOS系统调用。

DOS是IBM PC及PC/XT的操作系统，负责管理系统的所有资源，协调微型计算机的操作，

其中包括大量的可供用户调用的程序，完成设备的管理及磁盘文件的管理。用户与 DOS 的关系如图 4-27 所示。DOS 的 3 个模块（图 4-27 虚线框内）之间只可单向调用，如图 4-27 中箭头所示。3 个层次模块文件是：COMMAND. COM（命令处理系统）、MSDOS. SYS（文件管理系统）和 IO. SYS（输入/输出管理系统）。

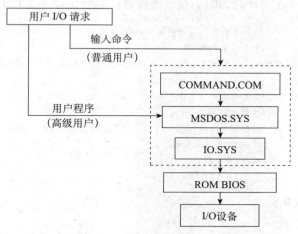

图 4-27　用户与 DOS 之间的关系

用户可以通过两种途径使用 DOS 的功能。第一个途径是普通用户从键盘输入命令，DOS 的 COMMAND. COM 模块接收、识别、处理输入的命令。第二个途径是高级用户通过用户程序去调用 DOS 和 BIOS 中的服务程序，高级用户需要对操作系统有较深入的了解。

DOS 系统功能调用和 BIOS 的服务子程序，调用和编写的程序简单、清晰、可读性好而且代码紧凑，调试方便，使得程序设计人员不必设计硬件就可以使用系统的硬件，尤其是 I/O 的使用与管理。

BIOS 是 IBM PC 及 PC/XT 的基本 I/O 系统，包括系统测试程序、初始化引导程序、一部分矢量装入程序及外部设备的服务程序。由于这些程序固化在 ROM 中，只要机器通电，用户便可以调用它们。

4.9.1 DOS 功能调用

1. DOS 功能调用概述

DOS 在更高层次上给出了与 BIOS 相同的功能，一般来说，DOS 调用需要的入口和出口参数较 BIOS 简单，调用也容易、方便，不需要编程者对硬件有更多的了解，通过调用 DOS，还可以充分利用操作系统提供的所有功能，编制的程序可移植性也较高，但 DOS 完成的功能没有 BIOS 的丰富，即对于某些特殊的要求，DOS 调用也许不能实现。此外，DOS 调用的执行效率也比 BIOS低。

选择哪种方式应根据不同的需要来选择，首先必须是以完成任务为目的，一般按 DOS、BIOS 到硬件直接控制的顺序选择。另外，编程者还可以根据程序应用的场合，权衡程序的可移植性、编程的复杂性和目标代码长短等因素选择相应的方式。此外，在选择 DOS 调用时，应注意操作系统的版本，一般高版本操作系统兼容低版本操作系统。

2. DOS 功能调用的一般步骤

DOS 功能调用的一般步骤如下：

1）将入口参数装入到规定的寄存器。

2）装入功能号到 AH 中，装入子功能号到 AL 中。

3）调用 DOS 相应功能的中断（这里一般指 INT 21H）

4）取出返回结果或出错信息。

【例 4-51】　使用 INT 21H 的 2BH 系统功能设置日期为 2012 年 5 月 1 日。其程序段为：

```
MOV  DL,1        ;入口参数送入指定寄存器:把日子放入 DL 中
MOV  DH,5        ;把月份放入 DH 中
MOV  CX,2012     ;把年份放入 CX 中,CX 中的年份值是以 1980 为基准的偏移值
SUB  CX,1980     ;减去 1980 才为年份设定值
MOV  AH,2BH      ;设置日期功能号送入 AH 寄存器
INT  21H         ;执行 DOS 调用
CMP  AL,0FFH     ;根据出口参数,若 AL = 00H,设置成功;若 AL = FFH,判断失败
JE   ERROR       ;不成功,转错误处理
   ⋮              ;成功,往下执行
ERROR: …
```

3. DOS 功能调用的分类

（1）DOS 软中断指令

DOS 软中断指令（中断号为 20H ~ 27H）的功能及参数见表 4-17。

表 4-17　DOS 软中断指令

软中断指令	功能	入口参数	出口参数
INT 20H	程序正常退出		
INT 21H	系统功能调用	AH = 功能号 功能调用相应的入口参数	功能调用相应出口参数
INT 22H	结束退出		
INT 23H	< Ctrl + Break > 退出		
INT 24H	出错退出		
INT 25H	读盘	CX = 读入扇区 DX = 起始逻辑扇区号 DS：BX = 缓冲区地址 AL = 盘号	CF = 1 出错
INT 26H	写盘	CX = 读入扇区 DX = 起始逻辑扇区号 DS：BX = 缓冲区地址 AL = 盘号	CF = 1 出错
INT 27H	驻留退出		
INT 28H ~ INT 2FH	DOS 专用		

（2）DOS 系统功能调用

DOS 系统功能调用服务程序具有 00H ~ 62H 个不同的功能，大致可以分为设备管理、文件管理及其他共 3 个方面，包括键盘输入、显示器（CRT）输出、打印机输出、磁盘文件管理、传统文件管理及扩充文件关联等。

（3）DOS 系统功能调用的几个常用功能

DOS 系统功能调用最常用的功能就是数据的输入和输出，这里只讨论键盘输入和显示器输出，见表 4-18。调用系统功能需要提供入口参数及所调用的功能号，调用结束返回结果。

表 4-18 键盘和显示器的 DOS 调用

调用号	功能	入口参数	出口参数
1	输入并显示一个字符		输入字符的 ASCII 码在 AL 中
2	显示器显示一个字符	DL 中置输出字符的 ASCII 码	
5	打印机打印一个字符	DL 中置输出字符的 ASCII 码	
8	键盘输入一个字符		输入字符的 ASCII 码在 AL 中
9	显示器显示一个字符串	DS：DX 置字符串首址，字符串以 " $ " 结束	
10 (0AH)	输入并显示字符串	DS：DX 置字符串首址，第 1 单元置允许输入的字符数（含一个回车符）	输入的实际字符数在第 2 单元中，输入的字符从第三单元开始存放
11 (0BH)	检测有无输入		有输入，AL = FFH，无输入，AL = 0

1）从键盘输入一个字符。

```
MOV  AH, 1              ;功能号 =1
INT  21H
```

2）从键盘输入字符串。

此功能调用从键盘输入一串字符并把它存入用户指定的缓冲区中。

```
MOV  AH,0AH             ;功能号 =0AH
LEA  DX,<字符串缓冲区首地址 >
INT  21H
```

3）在显示器上显示一个字符。

```
MOV  AH,2              ;功能号 =2
MOV  DL,<需要显示的字符 >
INT  21H
```

4）显示字符串。

```
MOV  AH,9              ;功能号 =9
LEA  DX,<字符串 9 >     ;注意:被显示的字符串必须以'$'结束
INT  21H
```

【例 4-52】 从键盘上输入一串字符，并反顺序输出，实现程序如下。

```
DATA   SEGMENT
INF01  DB  0DH,0AH,'INPUT  STRING:$ '
INF02  DB  0DH,0AH,'OUTPUT  STRING:$ '
BUFA   DB  81
       DB  ?
       DB  80 DUP(0)
BUFB   DB  81 DUP(0)
DATA   ENDS
STACK  SEGMENT
       DB  200 DUP(0)
STACK  ENDS
CODE   SEGMENT
    ASSUME  DS:DATA,SS:STACK,CS:CODE
START:MOV  AX,DATA
      MOV  DS,AX
```

```
            LEA   DX,INFO1
            MOV   AH,9                  ;9 号调用,显示输入提示信息
            INT   21H
            LEA   DX,BUFA
            MOV   AH,10                 ;10 号调用,键盘输入字符串到缓冲区 BUFA
            INT   21H
            LEA   SI,BUFA +1
            MOV   CH,0                  ;取字符长度→CX
            MOV   CL,[SI]
            ADD   SI,CX                 ;SI 指向字符串尾部
            LEA   DI,BUFB               ;指向字符串变量 BUFB
    NEXT:   MOV   AL,[SI]
            MOV   [DI],AL
            DEC   SI
            INC   DI
            LOOP  NEXT
            MOV   BYTE  PTR[DI],'$'
            LEA   DX,INFO2
            MOV   AH,9                  ;9 号调用,显示输出提示信息
            INT   21H
            LEA   DX,BUFB
            MOV   AH,9                  ;反向显示字符串
            INT   21H
            MOV   AH,4CH
            INT   21H
    CODE  ENDS
    END   START
```

4.9.2　BIOS 中断调用

1. BIOS 中断调用概述

BIOS 是驻留在 ROM 中的一组 I/O 服务程序,它不仅处理系统的全部中断,还提供对主要 I/O 接口的控制功能,如键盘、显示器、磁盘、打印、日期和时间等。BIOS 是模块化的结构形式,每个功能模块的入口地址都在中断矢量表中。在 1K 中断矢量表中,共有 256(00H～FFH)个中断调用的入口地址。对这些中断的调用是通过软中断 INT 来实现的。软中断指令的操作数就是中断类型码。

这样,用户可以在不必了解终端服务程序的内部结构的基础上使用终端服务程序。DOS 是磁盘操作系统,是由 BIOS 在开机后自动装入内存的,DOS 中断是建立在 BIOS 之上的中断,它借用了 BIOS 软中断的功能来调用系统的中断服务程序,它们之间的关系如图 4-28 所示。

用户可以通过 DOS 中断与外部设备交换数据。DOS 系统面向用户,使用较为方便:用户也可以直接通过 BIOS 中断与外部设备交换数据,BIOS 中断功能要比 DOS 的中断功能多一些,用户可以根据实际应用的需求来选择使用哪种中断调用。

2. BIOS 中断调用的基本操作

BIOS 调用的基本操作步骤如下:

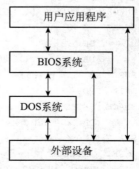

图 4-28　DOS 中断和 BIOS 中断与外部设备之间交换数据的层次关系

1）设置子功能号。

2）设置入口参数。

3）指令中断语句 INT n。

4）分析出口参数。

3. BIOS 中断调用的特点

与 DOS 功能调用相比，BIOS 有如下特点：

1）虽然调用 BIOS 中断程序比调用 DOS 中断程序要复杂一些，但 BIOS 中断程序运行速度快，功能更强。

2）DOS 的中断功能只是在 DOS 环境下适用，而 BIOS 功能调用不受任何操作系统的约束。

3）某些功能只有 BIOS 具有。

在控制底层方面，BIOS 功能调用比 DOS 功能调用更强大，能完成许多 DOS 功能调用无法完成的事情。但需要强调的是，可以用 DOS 功能调用实现的，最好不要用 BIOS 功能调用。

实际上，对于硬件的访问控制，有 3 种方法可以考虑：DOS 功能调用、BIOS 功能调用、直接访问硬件。

在这 3 种方法中，DOS 功能调用层次最高，需要了解的硬件细节少，往往参数也少，而且兼容性好，即只要能启动 DOS，这项功能调用就保证能用。

BIOS 功能调用在层次上低于 DOS 功能调用，但高于直接访问硬件。因为它比 DOS 更接近硬件，故硬件控制功能更强，而且执行速度更快，但需要了解的硬件细节也更多，兼容性也比 DOS 功能调用差。

直接访问硬件层次最低，可以控制实现硬件的全部功能，但需要了解的硬件细节也最多，而且不同机器间若被访问硬件有差异，程序可能不通用。当需要的功能 BIOS 中断调用也未提供时，只能直接访问硬件实现。例如，要想编写一个播放音乐的程序，只能直接访问硬件实现。

4. BIOS 常用中断类型

在 BIOS 中断类型中，0H～9H 号中断为硬中断，一般不用程序来调用，而是由 I/O 硬件事件来触发，其他中断是可以由用户通过指令来调用的，其主要的 I/O 设备有键盘、显示器、打印机、磁盘、异步通信端口、时钟等。常用的 BIOS 中断类型见表 4-19。

表 4-19 常用 BIOS 中断类型

中断类型号	功能	中断类型号	功能
0H	除法出错	10H	显示器
1H	单步中断	11H	设备检验
2H	非屏蔽中断	12H	内存大小
3H	断点	13H	磁盘
4H	溢出	14H	通信
5H	打印屏幕	15H	I/O 系统扩充
6H	保留	16H	键盘
7H	保留	17H	打印机
8H	8254 系统定时器	18H	驻留 BASIC
9H	键盘	19H	引导
0AH	保留	1AH	时钟
0BH	保留（通信）	1BH	键盘 Break
0CH	保留（通信）	1CH	定时器
0DH	保留（Alt 打印机）	1DH	显示器参量
0EH	键盘	1EH	软盘参量
0FH	打印机	1FH	图形字符扩充

BIOS 中断依功能可分为两种，一种为系统服务程序，另一种为设备驱动程序。在这里仅介绍设备驱动程序中中断程序类型号为 10H、16H 和 17H 的显示器、键盘和打印机的服务程序。调用 BIOS 程序类似 DOS 系统调用，即先将功能号送 AH，并按约定设置入口参数，然后用软中断指令 INT n 实现调用。

（1）键盘服务程序

当键盘服务程序的中断类型号为 16H 时，表示键盘输入，用 INT 16H 调用。软中断 INT 16H 服务程序有 3 个功能，功能号分别为 0、1、2，功能号及出口参数见表 4-20。

表 4-20　INT 16H 的功能

功能号	功能	出口参数
0	从键盘读字符	输入字符的 ASCII 码在 AL 中
1	检测键盘是否敲击了字符	输入了字符，ZF = 0，未输入字符，ZF = 1
2	读键盘各转换键的当前状态	各转换键的状态在 AL 中

【例 4-53】　用 BIOS 功能实现：从键盘输入一个字符并显示在屏幕上。

```
MOV   AH,0      ;功能号送 AH 中
INT   16H       ;BIOS 调用:从键盘读字符,输入字符的 ASCII 码→AL(出口参数)
MOV   BX,0      ;设置入口参数,字符的 ASCII 码在 AL 中
MOV   AH,0EH    ;功能号送入 AH 中
INT   10H       ;BIOS 调用:显示 AL 中的字符
```

（2）打印机服务程序

打印机服务程序的中断类型号为 17H，用 INT 17H 调用。软中断 INT 17H 服务程序有 3 个功能，功能号为 0、1、2，其中打印一个字符的功能号为 0，入口参数是将打印字符的 ASCII 码送 AL，打印机号 0～2 送 DX。

（3）显示器服务程序

显示器服务程序的中断类型号为 10H，用 INT 10H 调用。软中断 INT 10H 服务程序有 16 个功能，功能号为 0～15，常用功能见表 4-21。

表 4-21　INT 10H 的功能

功能号	功能	入口参数或出口参数（及功能号 15）
0	设置显示方式	AL = 显示方式
2	设置光标位置	DH = 光标行 DL = 光标列 BH = 页号
6（7）	屏幕上（下）滚动	AL = 上（下）滚动行数（0 为清屏幕） CH、CL = 滚动区域左上角行、列 DH、DL = 滚动区域左下角行、列 BH = 上（下）滚动后空留区的显示属性
9	在当前光标位置写字符和属性	AL = 要写字符的 ASCII 码 BH = 页号 BL = 字符的显示属性 CX = 重复次数
10	在当前光标位置写字符	除无显示属性外，其他同 9
11	图形方式设置彩色组或背景色	BH = 1（设置彩色组）或 0（设置背景色） BL = 0～1（彩色组）或 0～15（背景色）

（续）

功能号	功能	入口参数或出口参数（及功能号 15）
12	图形方式写像点	DX = 行号 CX = 列号 AL = 彩色值（1 ~ 3）
14	写字符到光标位置，光标进一	AL = 欲写字符 BL = 前台彩色（图形方式）
15	读取当前显示状态	AL = 显示方式 BH = 显示页号 AH = 屏幕上字符列数

【例 4-54】 设置光标到 0 显示页的（20，25）位置，并用正常属性显示一个星号（*）。

```
MOV  AH,2        ;设置光标位置功能
MOV  BH,0        ;设置为 0 页
MOV  DH,20       ;设置为 20 行
MOV  DL,25       ;设置为 25 列
INT  10H         ;调用显示中断
MOV  AH,9        ;设置为显示字符功能
MOV  AL,'*'      ;设置为显示字符'*'
MOV  BH,0        ;选择为 0 页
MOV  CX,1        ;设置带显示字符数
INT  10H         ;调用显示中断
```

习题

1. 单片机的数据类型有哪几种？

2. 说明以下单片机指令各部分的含义：

```
LOOP1:MOV  A,#40H        ;取参数
```

3. 8086 汇编语言指令的寻址方式有哪几类？

4. 指出下列各指令中操作数的寻址方式。

（1）MOV BX,WORD PTR [2200H]

（2）JMP 2200H

（3）IDIV WORD PTR [DI]

（4）LES DI,[2100H]

（5）MOV [BX + SI + 8],BX

（6）OUT DX,AL

（7）MOV SI,300

（8）ADD AX,[BX][SI]

（9）AND AX,CX

（10）MOV [BP],AX

5. 设（DS）= 2100H，（SS）= 5200H，（BX）= 1400H，（BP）= 6200H，说明下面两条指令所进行的具体操作：

```
MOV  BYTE  PTR[BP],200
MOV  WORD  PTR[BX],2000
```

6. 写出下列指令中存储器操作数物理地址的计算表达式：

（1）MOV AL,[DI]

（2）MOV AX,[BX + SI]

（3）MOV 5[BX + DI],AL

（4）ADD AL,ES:[BX]

（5）SUB AX,[1000H]

（6）ADC AX,[BX + DI + 2000H]

（7）MOV CX,[BP + SI]

（8）INC BYTE PTR[DI]

7. 若（DS）= 3000H，（BX）= 2000H，（SI）= 0100H，（ES）= 4000H，计算下列各指令中存储器操作数的物理地址。

（1）MOV [BX],AH

（2）ADD AL,[BX + SI + 1000H]

（3）MOV AL,[BX + SI]

（4）SUB AL,ES:[BX]

8. 设（BX）= 0400H，（DI）= 003CH，执行 LEA BX，[BX + DI + 0F62H] 后，（BX）= ?

9. 设（DS）= C000H，（C0010H）= 0180H，（C0012H）= 2000H，执行 LDS SI，[10H] 后，（SI）= ?，（DS）= ?

10. 下面这些指令中哪些是正确的？哪些是错误的？若是错误的，说明原因。

（1）XCHG CS, AX

（2）MOV [BX], [1000]

（3）XCHG BX, IP

（4）PUSH CS

（5）POP CS

（6）IN BX, DX

（7）MOV BYTE[BX],1000

（8）MOV CS, [1000]

11. 若（SS）= 1000H，（SP）= 1000H，（AX）= 1234H，（BX）= 5678H，Flag = 2103H，试说明顺序执行指令

```
PUSH BX
PUSH AX
PUSHF
POP CX
```

之后，（SP）= ?（SS）= ?（CX）= ? 并画图指出栈中各个单元的内容。

12. 若（AX）= 0ABCDH，（BX）= 7F8FH，CF = 1。求分别执行 8086CPU 指令

（1）ADD AX,BX

（2）ADC AX,BX

（3）SBB AX,BX

（4）NEG AX

（5）AND AX,BX

（6）OR AX,BX

（7）XOR AX,BX

（8）IMUL BL

之后，AX 寄存器中的内容，并分别指出标志寄存器 SF、ZF、AF、PF、CF 及 OF 的状态。

13. 若把一个 4 字节数放在寄存器 BX 间址的内存中（低地址对应低字节），要求这个 4 字节数整个左移一位，如何实现？右移一位又如何实现？

14. 用串操作指令设计实现如下功能的程序段：首先将 100H 个数从 2170H 处转移到 1000H 处，然后从中检索出与 AL 中字符相等的单元，并将此单元的值转换成空格符。

15. 读下面程序段，试问：在什么情况下本段程序的执行结果是（AH）=0？

```
START: IN  AL,5FH
       ADD AL,0
       MOV AH,0
       JZ  BRCH
       MOV AH,0
       JMP STOP
BRCH:  MOV AH,0FFH
STOP:  INT 20H
```

16. 若从 0200H 单元开始存有 100 个字节数，编写一个程序检查这些数，正数保持不变，负数都取补后送回。

17. 若起始地址偏移量为 2000H 的内存单元存放着 100 个 ASCII 码字符，现给这些字符添加奇偶校验位（bit7），使每个字符中"1"的个数为偶数，再顺序输出到地址为 100H 的端口。

18. 在自 BUFFER 单元开始的数据块中，前两个单元存放的是数据块的长度，自 BUFFER+2 开始存放的是二进制的数据块。把每一个存储单元的两位十六进制数分别转换为各自的 ASCII 码，并且存放在自 BLOCK 开始的存储区中（开始两个单元存放新的数据）。

19. 下列语句在存储器中分别为变量分配了多少字节？

```
ONE      DW    10
TWO      DW    4 DUP(?),5
THREE    DB    2 DUP(?,8 DUP(0))
COUNT    EQU   10
FOUR     DD    COUNT DUP(?)
FIVE     DB    'HOW ARE YOU?'
```

20. 对于下面的数据定义，在各条 MOV 指令单独执行后，有关寄存器的内容是什么？

```
FLDB DB ?
TABLEA DW 20 DUP(?)
TABLEB DB 'ABCD'
MOV  AX,TYPE FLDB        ;(AX) = _____
MOV  AX,TYPE TABLEA      ;(AX) = _____
MOV  CX,LENGTH TABLEA    ;(CX) = _____
MOV  DX,SIZE TABLEA      ;(DX) = _____
MOV  CX,LENGTH TABLEB    ;(CX) = _____
```

21. 写出下面数据段中每个符号或变量所对应的值。

```
DATA  SEGMENT
ORG  1000H
MAX EQU  0FFH
ONE EQU  MAX MOD 10
TWO EQU  ONE ×4
SIZE1   EQU((TWO LT 20H)AND 10H)+10H
```

```
BUF     DB  SIZE×2  DUP(?)
COUNT   EQU   $ - BUF
DATA  ENDS
```

22. （1）写一个宏定义，使 8086 CPU 的 8 位寄存器之间的数据能实现任意传送。

（2）写一个宏定义，能把任一个内存单元中的最低位移至另一个内存单元的最高位中。

23. 编写一个程序，使存放在 DATA 和 DATA +1 的两个字节无符号数分别与在 DATA +2 及 DATA + 3 中的无符号数相乘，乘积接着原来的数存放（高位在高字节）。

24. 若自 STRING 开始有一个字符串（以'#'号作为字符串的结束标志），编写一个程序，查找此字符串中有没有字符 $ ，有多少个 $ （放在 NUMBER 单元中。若没有 $ ，则其为 0，否则即为 $ 的个数）；把每个 $ 字符所存放的地址存入自 POINTR 开始的连续的存储单元中。

25. 试编写一个汇编语言程序，要求使用 DOS 功能调用 0AH 从键盘输入 40 个字符的字符串并将其送入一个输入缓冲区。要求在按下 < Enter > 键后，显示这些字符。

26. 试编写一个汇编程序，要求将一个二进制数转换为十六进制。

27. 试编写一个汇编程序，要求在屏幕上显示一串英文字符。

28. 试编写一个汇编程序，要求使用至少 5 种不同的属性在屏幕上显示字符串"HOW ARE YOU，WELCOME!"，当按下任意键后，清除屏幕并返回 DOS。

处理器总线时序和系统总线

　　微机总线是连接计算机各个部件的公共信号线，是计算机系统中 CPU 和其他模块、模块和模块之间传输某种信息的公共通道。输入/输出设备一般通过总线和接口单元将主机与 I/O 设备有机地组合在一起。总线是影响微机系统性能的一个重要元素，由若干条通信线和起驱动、隔离作用的各种三态门器件组成。微型计算机在结构形式上总是采用总线结构，即构成微机的各功能部件（微处理器、存储器、I/O 接口电路等）之间通过总线相连接，这是微型计算机系统结构上的独特之处。采用总线结构后，使系统中各功能部件间的相互关系转变为各部件面向总线的单一关系，一个部件（功能板/卡）只要符合总线标准，就可以连接到采用这种总线标准的系统中，从而使系统功能扩充或更新容易、结构简单、可靠性大大提高。

　　微机接口技术的核心问题是 CPU 与内存和各外设之间如何通过总线正确地连接以达到正常工作的目的。因此，考虑到本书以 IBM PC 系列微机为基本机型，而 PC 的 XT 总线和 AT 总线以及以 AT 总线为基础的工业标准总线 ISA 总线实际上是将 CPU 的芯片总线缓冲后直接映射到系统总线上形成的，故本章将以系统总线中的 XT 总线为基础，介绍 PC/XT 的 CPU 系统，包括处理器总线、处理器时序、常用总线。

5.1　处理器总线

5.1.1　总线的概念

　　总线是连接计算机内部多个部件之间的信息传输线，是各部件共享的传输介质。多个部件和总线相连，在某一时刻，只允许有一个部件向总线发送信号，而多个部件可以同时从总线上接收相同的信息。总线由许多传输线或通路组成，每条线可传输一位二进制代码，一串二进制代码可在一段时间内逐一传输完成。若干条传输线可以同时传输若干位二进制代码，如 16 条传输线组成的总线，可同时传输 16 位二进制代码。

　　CPU 通过总线完成与存储器、I/O 端口之间的操作。在总线结构的微机系统中：任一时刻只能有一个设备利用总线进行数据传送（时序），输入/输出设备的数据线应通过三态门/锁存器与系统相连。

　　采用总线结构可以简化系统结构，便于实现模块化；减少连线，提高可靠性；便于接口设计标准化。缺点是信息传输需分时完成，降低了传输速率。

5.1.2　总线的分类

　　总线的应用很广泛，广义地讲，任何连接两个以上电子元器件的导线都可以称为总线。从不同角度来看，可以有不同的分类方法。例如，按数据传送方式可分为并行传输总线和串行传输总线，在并行传输总线中，又可按传输数据宽度分 8 位、16 位、32 位、64 位等传输总线；若按总线的使用范围划分，则又有计算机总线、测控总线、网络通信总线等。

通常分为以下几类：

1）按信号性质划分，可分为数据总线（Data Bus）、地址总线（Address Bus）、控制总线（Control Bus）。

2）按层次划分，可分为：

- 片内总线，它位于微处理器芯片内部，故称为芯片内部总线。如在 CPU 芯片内部，寄存器与寄存器之间、寄存器与算术逻辑单元之间都有总线连接。由于受芯片面积及对外引脚数的限制，片内总线大多采用单总线结构，有利于提高芯片集成度和成品率，若要求加快内部数据传输速率，可采用双总线或三总线结构。
- 片总线，又称元件级（芯片级）总线或局部总线，用于集成电路芯片内部各部分的连接。微机主板、单板机及其他一些插件板/卡（如各种 I/O 接口板/卡），它们本身就是一个完整的子系统，板/卡上包含 CPU、RAM、ROM、I/O 接口等各种芯片，这些芯片间也是通过总线来连接的，因为这有利于简化结构、减少连线、提高可靠性、方便信息传送与控制。
- 内总线，又称系统总线或板级总线。因为该总线是用来连接微机各功能部件而构成一个完整微机系统的，所以称为系统总线。系统总线是微机系统中最重要的总线，人们平常所说的微机总线就是指系统总线。系统总线上传送的信息包括数据信息、地址信息、控制信息，因此，系统总线包含 3 种不同功能的总线，即数据总线（DB）、地址总线（AB）和控制总线（CB）。内总线的性能直接影响整个计算机系统的性能。
- 外总线，又称通信总线，用于微机之间、微机系统与其他电子仪器或电子设备之间的通信，如 RS232C、USB 等。外总线不是微机系统本身固有的，只有微型机应用系统中才有。

微机总线层次结构示意图如图 5-1 所示。

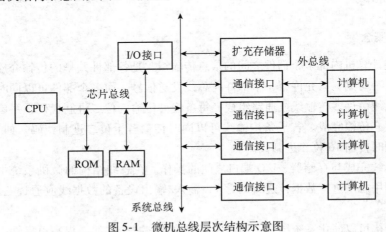

图 5-1　微机总线层次结构示意图

5.1.3　总线结构的形式

总线结构有如下几种形式：

（1）以 CPU 为中心的双总线结构

在这种结构中，存储总线（M 总线）用来连接 CPU 和主存，输入/输出总线（I/O 总线）用来建立 CPU 和各 I/O 之间交换信息的通道。各种 I/O 设备通过 I/O 接口挂到 I/O 总线上。这种结构在 I/O 设备与主存交换信息时仍然要占用 CPU，因此会影响 CPU 的工作效率。

（2）单总线结构

在这种结构中，将 CPU、主存和 I/O 设备都挂到一组总线上，形成单总线结构的计算机。这种结构的特点：当 I/O 与主存交换信息时，原则上不影响 CPU 的工作，CPU 仍可继续处理不访问主存或 I/O 的操作，使 CPU 工作效率提高。但是，因为只有一组总线，当某一时刻各部件都要占用总线时，就会出现"争夺"现象。

（3）以存储器为中心的双总线结构

在单总线基础上，这种总线又单独开辟一条 CPU 与主存之间的通路，称做存储总线。这组总线传输速度快，只供主存与 CPU 之间传输信息，这样既提高了传输效率，又减轻了系统总线的负担，还保留了 I/O 与存储器交换信息时不经过 CPU 的特点。

5.1.4　总线标准化

为了便于部件或系统间的互连，或使不同供应商的产品能互换与兼容，给用户更多的选择，总线的技术规范要标准化。所谓总线标准，可视为系统与各模块、模块与模块之间一个互连的标准界面，该界面对两端的模块都是透明的，即界面的任一方只需根据总线标准的要求完成自身接口的功能要求，无须了解对方接口与总线的连接要求。典型标准系统总线有 ISA 总线、PC–104 总线、USB 总线、PCI 总线等。

5.1.5　总线特性及性能

作为标准总线，必须在以下方面做出规定：

1）机械特性（或物理特性），指总线在机械方式上的一些性能，如插头与插座使用的标准，几何尺寸、形状、引脚排列，以及接头处的可靠接触等。

2）功能特性，即每条传输线的功能。

3）电气特性，指每条传输线上信号的传递方向、有效的电平范围、动态转换时间、驱动能力等。电气特性通常规定：由 CPU 发出的信号称做输出信号，而送入 CPU 的信号称做输入信号。总线的电平定义与 TTL 一致。如 RS–232C（串行总线接口标准），其电气特性规定低电平表示逻辑"1"，并要求电平低于 $-3V$；用高电平表示逻辑"0"，并要求高电平需高于 $+3V$，额定信号电平约为 $-10V$ 和 $+10V$。

4）时序特性，指每条传输线的有效电平时间顺序，即总线中的任一根线在什么时间内有效。每条总线上的各种信号，互相存在着一种有效时序的关系，因此，时序特性一般可用信号时序图来描述。

总线的性能指标包括：

1）总线宽度：即总线能同时传送的二进制数据的位数或数据总线的位数，用 bit（位）表示，如 8 位、16 位、32 位、64 位。

2）标准传输：也称做总线的带宽，即在总线上每秒能传输的最大字节量，用 MB/s 表示。总线的带宽 = 总线的工作频率 × 总线宽度/8，总线的工作时钟频率以 MHz 为单位。例如，PCI 总线的宽度为 32 位，总线时钟频率为 33MHz，则最大数据传输速率为 $32/8 \times 33 = 132$MB/s。但有些总线采用了一些新技术（如在时钟脉冲的上升沿和下降沿都选通等），使最大数据传输速率比上面的计算结果高。

3）时钟同步/异步：总线上的数据与时钟同步工作的总线称为同步总线，而与时钟不同步工作的总线称为异步总线。

4）总线复用：通常，地址总线与数据总线在物理上是分开的两种总线。地址总线传输地址信息，数据总线传输数据信息。为了提高总线的利用率、优化设计，可将地址总线和数据总线共用一条物理线路，只是某一时刻该总线传输地址信号，另一时刻传输数据信号或命令信号，即总线的多路复用。

5）信号线数：即地址总线、数据总线和控制总线3种总线数的总和。信号线数与性能不成正比，但反映了总线的复杂程度。

6）总线控制方式：包括并发工作、自动配置、仲裁方式、逻辑方式、计数方式等。

7）负载能力：表明总线带负载的能力。负载能力强，表明可多接一些总线板卡。当然，不同的板卡对总线的负载是不一样的，所接板卡负载的总和不应超过总线的最大负载能力。

5.1.6　总线控制

总线控制主要包括总线判优控制和总线通信控制，介绍如下。

1. 总线判优控制

总线上所连接的各类设备，按其对总线有无控制功能可分为主控模块和从属模块。主控模块是有控制总线能力的模块，如CPU、DMA控制器。总线从属模块则没有控制总线的能力，它可以对总线上传来的信号进行地址译码，并且接收和执行总线主控模块的命令信号。总线上信息的传送是由主控模块（主设备）启动的，如某个主设备欲与另一个设备（从设备、从属模块）进行通信时，首先由主设备发出总线请求信号，若多个主设备同时要使用总线时，就由总线控制器的判优、仲裁逻辑按一定的优先等级顺序，确定哪个主设备能使用总线。只有获得总线使用权的主设备才能开始传送数据。

总线判优控制可分为集中式和分布式两种，前者将控制逻辑集中在一处（如在CPU中），后者将控制逻辑分散在与总线连接的各个部件或设备上。

2. 总线通信控制

众多部件共享总线，在争夺总线使用权时，只能按各部件的优先等级来解决。而在传送通信时间上，按分时方式来解决，即哪个部件获得使用权，此刻就由它传送，下一部件获得使用权，接着下一时刻传送。这样一个接一个轮流交替传送。

总线在完成一次传输周期时，可分为申请分配、寻址、传输、结束4个阶段。

总线通信控制主要解决通信双方如何获知传输开始和传输结束，以及通信双方如何协调和配合等问题。一般常用4种方式：同步通信、异步通信、半同步通信和分离式通信。

（1）同步通信

通信双方由统一时标控制数据传送。同步通信动作简单，但要解决各种速率的模块的时间匹配。当把一个慢速设备连接至同步系统上时，要求降低时钟速率来"迁就"此慢速设备。一般用于总线长度较短、各部件存取时间比较一致的场合。

（2）异步通信

异步通信允许各模块传输速率不一致，这给设计者充分的灵活性和选择余地。它没有公共的时钟标准；不要求所有部件严格地统一动作时间，而是采用"应答式（又称握手方式）"传输技术，用"请求"（Request，REQ）和"应答"（Acknowledge，ACK）两条信号线来协调传输过程。它可以根据模块的传输速率自动调整响应的时间，连接任何类型的外围设备，都不需要考虑该设备的传输速率，从而避免同步通信的上述不足。

异步通信方式可分为不互锁、半互锁和全互锁 3 种类型。

（3）半同步通信

半同步通信集成了同步通信与异步通信的优点，既保留了同步通信的基本特点，如所有的地址、命令、数据信号的发出时间，都严格参照系统时钟的某个前沿开始，而接收方都采用系统时钟后沿时刻来进行判断识别，又像异步通信那样，允许不同传输速率的模块协同工作。

半同步通信适用于系统工作效率不高，但又包含了许多工作效率差异较大的各类设备的简单系统。半同步通信控制方式比异步通信简单，在全系统内，各模块又在统一的系统时钟控制下同步工作，可靠性较高，同步结构较方便。其缺点是对系统时钟频率不能要求太高，故从整体上来看，系统工作的效率还不是很高。

（4）分离式通信

分离式通信的基本思想是将一个传输周期（或总线周期）分解为两个子周期。在第一个子周期中，主模块 A 在获得总线使用权后将命令、地址以及其他有关信息，包括该主模块编号（当有多个主模块时，此编号尤为重要）发送到系统总线上，经总线传输后，从模块 B 接收。主模块 A 一旦向系统总线发送完这些信息，立即放弃总线使用权，以便其他模块使用。在第二个子周期中，当 B 模块收到 A 模块发来的有关命令信号后，经选择、译码、读取等一系列内部操作，将 A 模块所需的数据准备好，便由 B 模块申请总线使用权，一旦获准，B 模块便将 A 模块的编号、B 模块的地址，A 模块所需的数据等信息送到总线上，供 A 模块接收。两个传输子周期都只有单方向的信息流，每个模块都变成了主模块。

分离式通信方式的特点：

1）各模块如果想获取总线使用权，那么必须提出申请。

2）在得到总线使用权后，主模块在限定的时间内向对方传送信息，采用同步方式传送，无须等待对方的回答信号。

3）各模块在准备数据传送的过程中都不占用总线，使总线可接受其他模块的请求。

4）总线被占用时都在做有效工作，即通过总线发送命令或者传送数据，不存在空闲等待时间，让总线的有效占用十分充分，从而实现了总线为多个主从模块间进行信息交叉重叠并行式传送，这对大型计算机系统是极为重要的。当然，这种方式控制比较复杂，一般的普通微机系统很少采用。

5.2　处理器时序

在微机系统中，CPU 在时钟信号控制下，按顺序执行指令操作。以时钟信号为节拍，各操作执行的时间顺序称为时序。时序是计算机操作运行的时间顺序，也是信号高低电平（有效或无效）变化及相互间的时间顺序关系。

对使用微机的工程技术人员来说，学习和了解 CPU 的时序是必要的，因为：

1）可以进一步了解在微机系统的工作过程中，CPU 各引脚上信号之间的相对时间关系。由于微处理器内部电路、部件的工作情况用户是看不到的，所以检测 CPU 引脚信号线上各信号之间的相对时间关系，是判断系统工作是否正常的一种重要途径。

2）可以深入了解指令的执行过程。

3）可以使用户在程序设计时选择合适的指令或指令序列，以缩短程序代码长度及程序运行时间。因为对于实现相同的功能，可以采用不同的指令或指令序列，而这些指令或指令序列的字节数及执行时间有可能是不同的。

4）对于学习各功能部件与系统总线的连接及硬件系统的调试，都十分有意义，因为在 CPU 与存储器、I/O 端口协调工作时，存在一个时序上的配合问题。

5）能更好地处理微机用于过程控制以及解决实时控制的问题。

尽管不同的 CPU 有不同的指令和时序关系，但是也有很多相同的地方。因此，掌握了一种 CPU 的时序后，对学习和了解其他 CPU 的时序会有相当大的帮助。

5.2.1　8086/8088 最小模式下的操作时序

第 3 章中已经介绍过，8086/8088 有两种工作模式：最小模式和最大模式。不同工作模式，部分引脚功能不同，操作时序亦有差别。

（1）相关的几个概念

1）时钟周期，又称 T 状态（T 周期），CPU 的基本时间计量单位，是控制微处理器工作的时钟信号的一个周期（下降沿、低电平、上升沿、高电平）。时钟信号是一个按一定电压幅度、一定时间间隔发出的脉冲信号。CPU 按严格的时间标准发出地址、控制信号，存储器、接口也按严格的时间标准发送或接收数据。这个时间标准由时钟信号确定。它由计算机的主频决定，如当 8086 CPU 的主频为 5MHz 时，1 个时钟周期就是 200ns。

2）主频，也称内频，指 CPU 的内部工作频率。主频是表示 CPU 工作速度的重要指标，在 CPU 其他性能指标相同时，主频越高，CPU 的速度越快。

3）外频，或系统频率，指 CPU 的外部总线频率。

4）倍频系数，指 CPU 主频和外频的相对比例系数。8088/8086/80286/80386 的主频和外频值相同，从 80486 DX2 开始，CPU 的主频和外频不再相同，将外频按一定的比例倍频后得到 CPU 的主频，PC 各子系统时钟（存储系统、显示系统、总线等）是由系统频率按照一定的比例分频得到的。

5）总线周期，表示 CPU 通过系统总线对外部存储器或 I/O 接口进行一次访问所需的时间。在 8086/8088 CPU 中，一个基本的总线周期由 4 个时钟周期组成，习惯上将 4 个时钟周期分别称为 4 个状态，即 T_1、T_2、T_3 和 T_4 状态。当存储器和外设速度较慢时，要在 T_3 状态之后插入 1 个或几个等待状态 T_w。80486 微处理器的基本总线周期由 T_1 和 T_2 两个时钟周期组成。常用的总线操作和对应的总线周期见表 5-1。

表 5-1　总线操作与总线周期

总 线 操 作	总线周期
读存储器操作（取指令、取操作数）	存储器读周期
写存储器操作（将结果存放到内存）	存储器写周期
读 I/O 端口操作（取 I/O 端口中的数）	I/O 端口读周期
写 I/O 端口操作（往 I/O 端口写数）	I/O 端口写周期
中断响应操作	中断响应周期

6）总线空闲状态 T_i。CPU 的时钟周期一直存在，总线周期并非一直存在。只有当 BIU 需要补充指令队列的空缺，或当 EU 执行指令过程中需经外部总线访问存储器或 I/O 接口时才需要申请一个总线周期，BIU 也才会进入执行总线周期的工作时序。两个总线周期之间可能会出现一些没有 BIU 活动的时钟周期，这时的总线状态称为空闲状态。空闲状态可以包含一个或几个时钟周期。在空闲状态，总线高 4 位（$A_{19}/S_6 \sim A_{16}/S_3$）仍输出与前一总线周期相同的状态信号。如果

前一个总线周期是写周期，则 CPU 在总线低 16 位（$AD_{15} \sim AD_0$）上继续驱动数据信息；如果前一个总线周期是读周期，则总线低 16 位（$AD_{15} \sim AD_0$）为高阻状态。T_I 如图 5-2 所示。

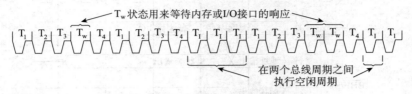

图 5-2　典型的 8086 总线周期序列

需要注意的是，在总线空闲周期内，CPU 的各种信号线上的状态维持不变。还要注意的是，总线空操作并不意味着 CPU 不工作，只是总线接口部件（BIU）不工作，而总线执行部件（EU）仍在工作，如进行计算、译码、传送数据等。实质上，在总线空操作期间，是 BIU 对 EU 的一种等待。

7）指令周期，CPU 执行某一条指令所需的时间（包括取指令的总线周期和执行指令所代表的具体操作所需的时间），用所需的时钟周期数表示。不同指令的执行时间不同；同一类型的指令，由于操作数不同，指令周期也不同。在执行指令的过程中，若需从存储器或 I/O 端口读取或存放数据，则一个指令周期通常包含若干个总线周期。8086/8088 CPU 取指令、执行指令分别由 BIU、EU 完成，取指令和执行指令是并行的，故 8086/8088 CPU 的指令周期不考虑取指时间。

例如：

```
MOV  AX,BX        ;2 个 T 周期
MUL  BL           ;70 ~ 77 个 T 周期
MOV  [BX],AX      ;14 个 T 周期,需存放结果到(DS：BX)内存单元,包括存储器写周期
```

对总线操作时序的了解是理解 CPU 对外操作的关键。

8）时序图，是指在描述某一操作过程中，芯片/总线上相关引脚信号随时间发生变化的关系图。时序图以时钟脉冲信号为横坐标轴，表示时间顺序；相关操作的引脚信号随时间发生变化的情况为纵轴，如图 5-3 所示。

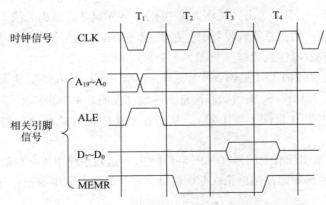

图 5-3　IBM PC/XT 总线周期上存储器读周期时序

（2）总线读操作时序

总线读操作是指 CPU 从存储器或 I/O 端口读取数据。图 5-4 是 8086 在最小模式下的总线读操作时序图。

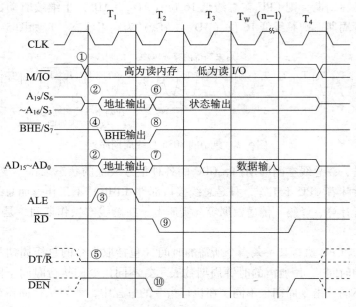

图 5-4　8086 读周期的时序

1）T_1 状态。为了从存储器或 I/O 端口读出数据，首先要用 M/$\overline{\text{IO}}$ 信号指出 CPU 是要从内存还是 I/O 端口读，所以 M/$\overline{\text{IO}}$ 信号在 T_1 状态成为有效（见图 5-4 中①）。M/$\overline{\text{IO}}$ 信号的有效电平一直保持到整个总线周期的结束，即 T_4 状态。

为指出 CPU 要读取的存储单元或 I/O 端口的地址，8086 的 20 位地址信号通过多路复用总线 $A_{19}/S_6 \sim A_{16}/S_3$ 和 $AD_{15} \sim AD_0$ 输出，送到存储器和 I/O 端口（见图 5-4 中②）。

只有锁存地址信息，才能在总线周期的其他状态，利用这些引脚传输数据和状态信息。为了实现地址锁存，CPU 在 T_1 状态从 ALE 引脚输出一个正脉冲作为地址锁存信号（见图 5-4 中③）。在 ALE 下降沿到来前，M/$\overline{\text{IO}}$ 信号、地址信号均已有效。锁存器 8282 利用 ALE 下降沿对地址进行锁存。

$\overline{\text{BHE}}$ 信号通过 $\overline{\text{BHE}}/S_7$ 引脚送出（见图 5-4 中④），表示高 8 位数据总线上的信息可用。

此外，当系统中接有数据总线收发器时，在 T_1 状态 DT/$\overline{\text{R}}$ 输出低电平，表示本总线周期为读周期，即让数据总线收发器接收数据（见图 5-4 中⑤）。

2）T_2 状态。地址信号消失（见图 5-4 中⑦），$AD_{15} \sim AD_0$ 进入高阻状态，为读入数据做准备；而 $A_{19}/S_6 \sim A_{16}/S_3$ 和 $\overline{\text{BHE}}/S_7$ 输出状态信息 $S_7 \sim S_3$（见图 5-4 中⑥和⑧）。

$\overline{\text{DEN}}$ 信号变为低电平（见图 5-4 中⑩），从而在系统中接有总线收发器时，获得数据允许信号。

CPU 在 $\overline{\text{RD}}$ 引脚上输出读有效信号（见图 5-4 中⑨），送到系统中所有存储器和 I/O 接口芯片，但是，只有被地址信号选中的存储单元或 I/O 端口，才会被从中读出数据，并将数据送到系统数据总线上。

3）T_3 状态。在 T_3 状态前沿（下降沿处），CPU 对引脚 READY 进行采样，如果 READY = 1，则 CPU 在 T_3 状态后沿（上升沿处）通过 $AD_{15} \sim AD_0$ 获取数据；如果 READY = 0，将插入等待状态 T_W，直到 READY 信号变为高电平。

4）T_W 状态。当系统中所用的存储器或外设的工作速度较慢，不能用最基本的总线周期执行读操作时，系统就要用一个电路来产生 READY 信号。低电平的 READY 信号必须在 T_3 状态启动之前向 CPU 发出，否则 CPU 将会在 T_3 状态和 T_4 状态之间插入若干个等待状态 T_w，直到 READY 信号变高。在执行最后一个等待状态 T_w 的后沿（上升沿）处，CPU 通过 $AD_{15} \sim AD_0$ 获取数据。

5）T_4 状态。总线操作结束，相关系统总线变为无效电平。

（3）总线写操作时序

总线写操作是指 CPU 向存储器或 I/O 端口写入数据。图 5-5 是 8086 在最小模式下的总线写操作时序图。

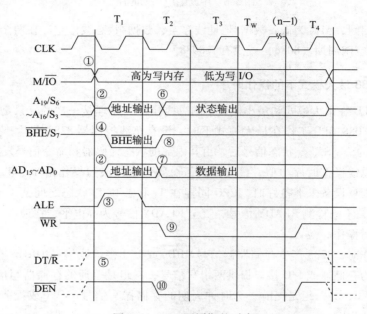

图 5-5　8086 写周期的时序

总线写操作时序与总线读操作时序基本相同，区别在于：

1）对存储器或 I/O 端口操作选通信号的不同。总线读操作中选通信号是 $\overline{RD}$，而总线写操作中是 $\overline{WR}$，全部总线周期 DT/$\overline{R}$ 输出高电平。

2）T_2 状态 $AD_{15} \sim AD_0$ 上地址信号消失后的状态不同。在总线读操作中，此时 $AD_{15} \sim AD_0$ 进入高阻状态，并在随后的状态中为输入方向；而在总线写操作中，此时 CPU 立即通过 $AD_{15} \sim AD_0$ 输出数据，并一直保持到 T_4 状态中间。

（4）中断响应周期

CPU 在每条指令的最后一个 T 状态，采样 INTR 信号（要求 INTR 信号是一个高电平信号，并且维持两个时钟周期，因为 CPU 在一条指令的最后一个时钟周期采样 INTR，进入中断响应后，它在第一个时钟周期仍需采样 INTR）若有效，且 IF = 1，则 CPU 在当前指令执行完毕以后响应，进入中断响应周期。图 5-6 是中断响应周期时序图。

在最小模式下，中断应答信号 $\overline{INTA}$ 来自 8086 的引脚，而在最大模式下，中断应答信号 $\overline{INTA}$ 则是通过 $\overline{S_2}$、$\overline{S_1}$、$\overline{S_0}$ 的组合由总线控制器产生。

第一个总线周期通过 $\overline{INTA}$ 通知外设，CPU 准备响应中断，第二个总线周期通过 $\overline{INTA}$ 通知外设送中断类型码，该类型码通过数据总线的低 8 位传送，来自中断源。CPU 据此转入中断服务子程序。

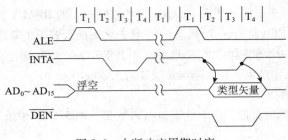

图 5-6　中断响应周期时序

在中断响应期间，ALE 为低，数据/地址线浮空，数据/状态线浮空。在两个中断响应周期之间可安排 2～3 个空闲周期（8086）或没有（8088）。

5.2.2　8086/8088 最大模式下的操作时序

8086/8088 CPU 在最大模式和最小模式下的总线操作的原理是一样的，只是控制信号和时序有所不同。8086/8088 CPU 工作在最大模式下时，设有总线控制器 8288 芯片，控制信号由 8288 接收 CPU 传送来的 $\overline{S_2}$、$\overline{S_1}$、$\overline{S_0}$ 状态信号后，由其内部的状态译码器和命令信号发生器产生。

与最小模式总线操作时序类似，最大模式下总线读操作或写操作由 T_1、T_2、T_3、T_4 状态组成。当存储器或 I/O 设备未准备好时，CPU 同样在 T_3 状态和 T_4 状态之间插入一个或几个 T_w 状态。在 T_w 状态时，不断检测 READY 信号，直至 READY 信号为高电平，在最后一个 T_w 和 T_4 状态交界处完成读或写操作。

在总线读操作时，8288 产生存储器读信号 $\overline{MRDC}$ 或 I/O 接口读信号 $\overline{IORC}$。在总线写操作时，通过总线控制器为存储器或 I/O 接口提供两组写信号，一组是普通的存储器写信号 $\overline{MWTC}$ 或普通的 I/O 写信号 $\overline{IOWC}$；另一组是提前一个时钟周期的存储器写信号 $\overline{AMWC}$ 或提前一个时钟周期的 I/O 端口写信号 $\overline{AIOWC}$。

最大模式下的总线读、写操作时序图分别如图 5-7 和图 5-8 所示，具体工作过程不再赘述。

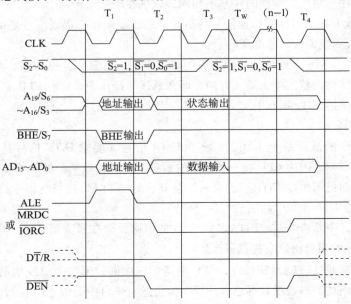

图 5-7　最大模式下的总线读操作时序图

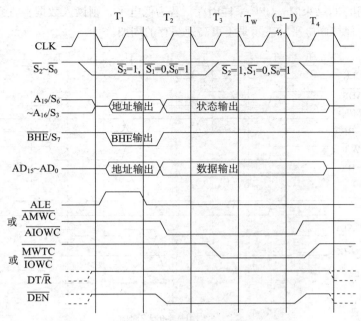

图 5-8　最大模式下的总线写操作时序图

5.2.3　80486 微处理器时序

80486 内、外部数据总线是 32 位，地址总线为 32 位，可寻址 4GB 的存储空间，支持虚拟存储管理技术，虚拟存储空间为 64TB。80486 可看成是集成了浮点运算单元（FPU）和 8KB 高速缓存（L1 Cache）的 386。

80486 微处理器总线操作有单周期和多周期、突发和非突发、可高速缓存和不可高速缓存等。这里仅对几种重要的总线操作进行介绍。

（1）不可高速缓存的非突发单周期总线操作

不可高速缓存的非突发单周期总线操作（non-cacheable，non-burst，single cycle bus transfers）的读周期和写周期均含有两个时钟周期，称为基本的 2 - 2 总线周期，时序如图 5-9a 所示（T_i 表示空闲周期）。CPU 在第一个时钟周期 T_1 使 $\overline{ADS}=0$，表明地址总线上输出的地址信号和总线周期定义的信号有效。在第二个时钟周期 T_2 结束时，CPU 采样 $\overline{RDY}$ 信号。如果 $\overline{RDY}=0$，表示数据读/写完成，并结束当前总线周期。如果 $\overline{RDY}=1$，表示数据读/写未完成，则需要插入等待状态 T_2 周期，并在该周期结束时，再去采样 $\overline{RDY}$ 信号，为低电平，表示数据读/写完成，结束当前总线周期。这种方式的读/写周期均由 3 个时钟周期构成，称为基本的 3 - 3 周期，时序如图 5-9b 所示。事实上，只要 CPU 采样 $\overline{RDY}$ 信号为无效状态，就可以在总线周期中插入任意多个等待周期，直到采样 $\overline{RDY}$ 信号为低电平时，才可以结束当前的总线周期。

（2）不可高速缓存的非突发多周期总线操作

不可高速缓存的非突发多周期总线操作（non-cacheable，non-burst，multiple cycle bus transfers）时序如图 5-10 所示。CPU 在第一个数据周期的 T_2 内，若 $\overline{BLAST}$ 输出为高电平，表明外部系统为非突发多周期数据传输。在 T_2 结束时，CPU 采样 $\overline{RDY}$，为低电平时，读入数据。在第二个数据周期的 T_2 内，若 $\overline{BLAST}$ 输出为低电平，指示外部系统结束多周期数据传输，否则重复上述过程。在每个读周期的 T_2 结束时，CPU 采样 $\overline{RDY}$，若为低电平，则读入数据，直到结束。$\overline{KEN}$ 在整个数据传输过程中保持高电平，表示是不可高速缓存的周期。

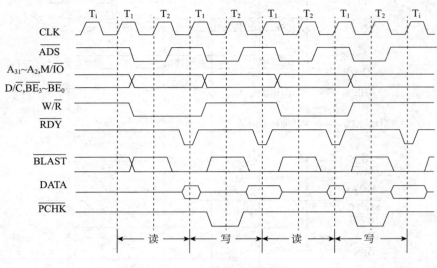

a)基本的2-2周期

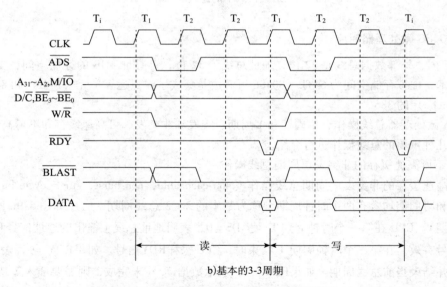

b)基本的3-3周期

图 5-9　不可高速缓存的非突发单周期时序图

（3）不可高速缓存的突发周期总线操作

不可高速缓存的突发周期总线操作（non-cacheable, burst cycle bus transfers）的特点：

1）信号仅在第一个周期的 T_1 内有效。

2）除第一个周期外，后面的周期只有 T_2，没有 T_1。

3）T_2 结束时，外部送回的有效信号是 $\overline{BRDY}$，而 RDY 信号为高电平无效。

4）每个 T_2 周期内读入一个数据。

5）在最后一个 T_2 时，CPU 输出信号 $\overline{BLAST}$ 为低电平，通知系统将下一个 $\overline{BRDY}$ 看成是 $\overline{RDY}$。

对需要多周期传输的任何要求，80486 微处理器都可以接收突发周期。如果在第一个数据读周期，外部系统送回的有效信号是$\overline{BRDY}$而不是$\overline{RDY}$，则将多周期数据传输的请求转换成一个突发周期，时序如图 5-11 所示。

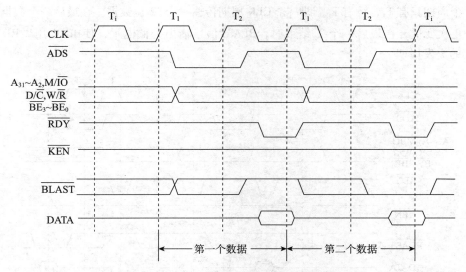

图 5-10 不可高速缓存的非突发多周期时序图

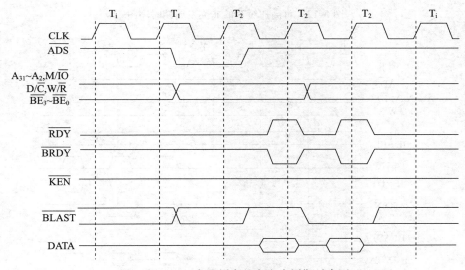

图 5-11 不可高速缓存的突发多周期时序图

（4）可高速缓存的非突发周期总线操作

可高速缓存的非突发周期总线操作（cacheable，non-burst cycle bus transfers）时序如图 5-12 所示。80486 CPU 在第一个周期的 T_1 结束时，若采样到$\overline{KEN}$信号为低电平，则表示该周期为 Cache 行填充，此时 CPU 在 T_2 状态输出$\overline{BLAST}$高电平信号。片内 Cache 进行一次行填充，需要从存储器中读取 4 个双字，当存储器数据线宽度为 32 位时，需要 4 个周期。在最后一个周期中，$\overline{BLAST}$信号应再次变低，在最后一个周期的 T_2 结束时，$\overline{BLAST}$输出低电平，结束行填充。

（5）可高速缓存的突发周期总线操作

80486 CPU 在第一个周期的 T_1 结束时，采样到$\overline{KEN}$信号为低电平，在 T_2 结束时，外部送回的是$\overline{\text{BRDY}}$低电平信号，进入可高速缓存的突发周期总线操作（cacheable，burst cycle bus transfers），时序如图 5-13 所示。片内 Cache 进行一次行填充需要 4 个周期，但这时除第一个周期有 T_1 外，随后的 3 个周期只有 T_2，没有 T_1，即一个 CLK 周期传输一个 32 位数据。在最后一个数据读入前，$\overline{\text{KEN}}$信号再次变低，在最后一个 T_2 结束时，$\overline{\text{BLAST}}$信号输出为低电平，使$\overline{\text{BRDY}}$用做$\overline{\text{RDY}}$，结束高速缓存的突发周期。

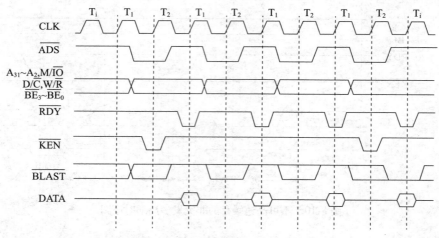

图 5-12　可高速缓存的非突发周期时序图

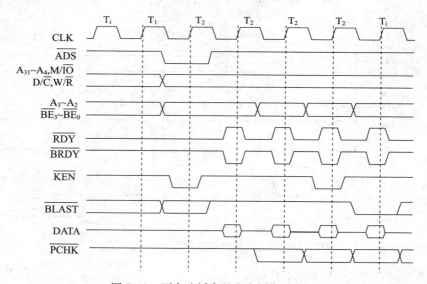

图 5-13　可高速缓存的突发周期时序图

5.2.4　Pentium 微处理器时序

（1）Pentium 微处理器总线周期

Pentium 微处理器的读/写信号、存储器或 I/O 访问信号、数据/控制信号、总线锁定信号与 80486 微处理器中信号功能相同。

SCYC（split cycle）：分隔周期信号，输出，高电平有效，用于总线锁定周期，表示未对齐操作锁定周期期间有两个以上的周期被锁定。

$\overline{CACHE}$：可高速缓存信号，输出，低电平有效。在读总线周期，$\overline{CACHE}$有效表明从存储器读出的数据可送入高速缓冲存储器。当$\overline{CACHE}=1$时，即使 Cache 控制信号$\overline{KEN}$有效，对读回的数据也不进行缓存。在写总线周期，$\overline{CACHE}$有效表明写操作对片内高速缓冲存储器中被修改的数据执行突发式回写操作。

由 $M/\overline{IO}$、$D/\overline{C}$、$W/\overline{R}$、$\overline{CACHE}$和$\overline{KEN}$信号定义的总线周期，见表 5-2。

表 5-2　Pentium 微处理器总线周期

$M/\overline{IO}$	$D/\overline{C}$	$W/\overline{R}$	可高速缓存$\overline{CACHE}$	$\overline{KEN}$	总线周期类型	传送次数
0	0	0	1	×	中断响应（两个锁定周期）	每周期 1 次
0	0	1	1	×	专用周期	1
0	1	0	1	×	I/O 读，32 位，16 位，8 位，非高速缓冲	1
0	1	1	1	×	I/O 写，32 位，16 位，8 位，非高速缓冲	1
1	0	0	1	×	读代码，64 位非高速缓冲	1
1	0	0	×	1	读代码，64 位高速缓冲	1
1	0	0	0	0	读代码，256 位，组成 CACHE 行填充	4
1	0	1	×	×	Intel 填充	
1	1	0	1	×	存储器读，32 位，16 位，8 位，非高速缓冲	1
1	1	0	×	1	存储器读，32 位，16 位，8 位，高速缓冲	1
1	1	0	0	0	存储器读，256 位，组成 CACHE 行填充	4
1	1	1	1	×	存储器写，32 位，16 位，8 位，非高速缓冲	1
1	1	1	0	×	256 位成组回写	4

（2）总线控制（bus control）

Pentium 微处理器中地址选通信号、突发就绪信号与 80486 微处理器中这些信号功能相同。

$\overline{NA}$（next address）：下一个地址信号，输入，低电平有效，用于形成流水线式总线周期。$\overline{NA}$为低电平有效时，表明即使当前总线周期还没有完成，外部存储系统已经准备就绪，将下一个地址输出到总线上，用以开始一个新的总线周期。

（3）高速缓存控制（Cache control）

Pentium 微处理器中的地址保持请求信号 AHOLD、页面通写控制信号 PWT、页面高速缓存禁止信号 PCD、高速缓存允许信号、高速缓存清除信号与 80486 微处理器中这些信号功能相同。

（4）初始化（initialization）

RESET：复位信号，输入，高电平有效。当 RESET 有效时，内部 Cache 全部无效，同时，在数据 Cache 中的修改行不再回写。RESET 的基本功能与 80486 微处理器的 RESET 信号相同。

INIT（initialization）：初始化引脚，输入，高电平有效。INIT 的作用与 RESET 的作用类似，不过，它在进行微处理器初始化时，将保持片内 Cache、写缓冲器和浮点寄存器的内容不变，所以 INIT 不能取代 RESET 系统上电后的复位工作。当 RESET 信号由高电平变为低电平时，如果 INIT 为高电平，则 Pentium 在程序执行前进行内部自检测。

（5）中断请求（interrupt）

可屏蔽中断请求 INTR 信号、非屏蔽中断请求 NMI 信号与 80486 微处理器中这些信号功能相同。

（6）总线仲裁（bus arbitration）

Pentium 微处理器中的总线请求信号 HOLD、总线请求响应信号 HLDA、内部总线请求信号 BREQ、强制 CPU 放弃系统总线信号与 80486 微处理器中这些信号功能相同。

（7）断点/性能检测（breakpoint/performance monitoring）

$BP_3 \sim BP_0$（breakpoint）：断点匹配检测，输出，高电平有效。$BP_3 \sim BP_0$ 与调试寄存器 $DR_3 \sim DR_0$ 相对应，当调试寄存器编程设置为断点匹配测试时，若 $BP_3 \sim BP_0$ 输出为高电平，则表明断点匹配。

PM_1、PM_0（performance monitoring）：性能监测，输出，高电平有效，与 BP_1 和 BP_0 多路复用，由调试模型寄存器（debug mode control register）中的 PB_1 和 PB_0 位来确定它们是用于断点匹配 BP_1、BP_0 还是性能监测 PM_1、PM_0。

（8）执行跟踪

$BT_3 \sim BT_0$（branch trace）：分支跟踪，输出。在分支跟踪的特殊周期，$BT_3 \sim BT_0$ 提供分支目标的线性地址的位 2～位 0，BT_3 代表特定的操作尺度。

IU（instruction U-pipeline）：U 流水线指令执行完成，输出。

IV（instruction V-pipeline）：V 流水线指令执行完成，输出。

IBT（instruction branch trace）：指令分支发生，输出。

5.3　常用总线

计算机系统总线包括早期的 PC 总线、ISA 总线、PCI/AGP 总线、PCI-X 总线，以及目前主流的 PCI Express、Hyper Transport 高速串行总线。几种常见的总线如图 5-14 所示。

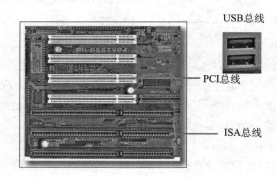

图 5-14　主板上的系统总线

下面介绍一些常用的总线。

1. 常见标准内总线

（1）PC 总线

IBM－PC 及 XT 使用的总线称为 PC 总线，共有 62 条引线。

（2）ISA 总线

ISA（Industrial Standard Architecture，工业标准结构）总线，又称 AT 总线，它向上与更早的 PC 总线兼容。在 80286 至 80486 时代应用非常广泛，以至于现在奔腾机中还保留有 ISA 总线插槽。ISA 总线有 98 只引脚，是在 PC 总线 62 个插座信号的基础上，再扩充另一个 36 个信号的插座而构成的。采用独立于 CPU 的总线时钟，因此 CPU 可采用比总线频率更高的时钟，有利于 CPU 性能的提高。但由于 ISA 总线没有支持总线仲裁的硬件逻辑，因此不支持多台主设备系统，且 ISA 上的所有数据传送必须通过 CPU 或 DMA 接口来管理，CPU 将花费大量时间来控制与外部设备交换数据。ISA 总线时钟频率为 8MHz，最大传输速率为 16MB/s。

ISA 总线主要包括 24 条地址线，16 条数据线，控制总线（内存读写、接口读写、中数请求、中断响应、DMA 请求、DMA 响应等），±5V、±12V 电源，地线等。

（3）EISA 总线

EISA（Extended Industrial Standard Architecture，扩展工业标准结构）总线在 ISA 总线的基础上使用双层插座，在原来 ISA 总线的 98 条信号线上又增加了 98 条信号线，即在两条 ISA 信号线之间添加一条 EISA 信号线，完全兼容 ISA 总线信号。它是 32 位总线，具有即插即用的功能，利用总线插座与 ISA 完全兼容，插板插在上层为 ISA 总线信号，而将插板插到下层便是 EISA 总线。它从 CPU 中分离出总线控制权，是一种智能化的总线，支持多总线主控和突发方式的传输。EISA总线的时钟频率为 8MHz，最大传输速率可达 33MB/s，EISA 总线定义了 32 位地址线、32 位数据线，以及其他控制信号线、电源线、地线等共 196 个接点。

（4）VESA 总线

VESA（Video Electronics Standard Association）总线简称为 VL（VESA Local）总线。它的推出为微机系统总线体系结构的革新奠定了基础。该总线系统考虑到 CPU 与主存和 Cache 的直接相连，通常把这部分总线称为 CPU 总线或主总线，其他设备通过 VL 总线与 CPU 总线相连，所以 VL 总线称为局部总线。它定义了 32 位数据线，且可通过扩展槽扩展到 64 位，使用 33MHz 时钟频率，最大传输速率达 132MB/s，可与 CPU 同步工作。它是一种高速且高效的局部总线，可支持 386SX、386DX、486SX、486DX 及奔腾微处理器。

（5）PCI 总线

PCI（Peripheral Component Interconnect，外部设备互连）总线是由 Intel 公司提供的总线标准，伴随着 Pentium 芯片的出现和发展，PCI 总线得到广泛的应用，是目前微型机上广泛采用的内总线，已经成为目前总线的主流。PCI 总线有两种标准：适于 32 位机的 124 个信号的标准和适于 64 位机的 188 个信号的标准。PCI 总线的传输速率至少为 133MB/s，64 位 PCI 总线的传输速率为 266MB/s。它具有很好的兼容性，与 ISA 总线、EISA 总线均可兼容，可以转换为标准的 ISA、EISA。PCI 总线的工作与处理器的工作是相互独立的，也就是说，PCI 总线时钟与 CPU 时钟频率无关，自身采用 33MHz 总线时钟。PCI 总线为用户提供了真正的即插即用功能。PCI 总线上的外设与 CPU 可以并行工作。PCI 总线支持两种电压标准：5V 与 3.3V。3.3V 电压的 PCI 总线可用于便携式微机中。

（6）PCI - E 总线

PCI - E（PCI Express）总线采用的也是目前业内流行的点对点串行连接，比起 PCI 以及更早期的计算机总线的共享并行架构，每个设备都有自己的专用连接，不需要向整个总线请求带宽，而且可以把数据传输速率提高到一个很高的频率，达到 PCI 所不能提供的高带宽。相对于传统 PCI 总线在单一时间周期内只能实现单向传输，PCI - E 总线的双单工连接能提供更高的传输速率和质量，它们之间的差异跟半双工和全双工类似。

对部分总线的规格、性能进行的比较见表 5-3。

表 5-3　总线的规格、性能比较

名　称	PC（PC - XT）	ISA（PC - AT）	EISA	PCI
适用机型	8086 个人计算机	80286、386、486 系列 个人计算机	386、486、586 系列 个人计算机	P5 个人机、PowerPC、 Alpha 工作站
最大传输速率	4MB/s	16MB/s	33MB/s	133MB/s
总线宽度	8 位	16 位	32 位	32 位
总线工作频率	4MHz	8MHz	8.33MHz	0～133MHz

（续）

名　称	PC（PC – XT）	ISA（PC – AT）	EISA	PCI
同步方式			同步	同步
仲裁方式	集中	集中	集中	
逻辑时序	边缘敏感	边缘敏感		边缘敏感
地址宽度	20	24	32	32/64
负载能力	8	8	6	3
信号线数	49	80	143	76/148
64 位扩展	不可以	不可以	无规定	可以
自动配置	无	无		可以
并发工作				可以
触发方式				可以
引脚使用	非多路复用	非多路复用	非多路复用	多路复用

2. 常见标准外总线

（1）RS – 232C

RS – 232C 是一条串行外总线，其主要特点：传输线比较少，最少只需 3 条线（一条发送、一条接收、一条地线）即可实现全双工通信；传送距离远，用电平传送为 15m，电流环传送可达数千米；有多种可供选择的传送速率；具有较好的抗干扰性。

（2）SCSI

SCSI（小型计算机系统接口）是一条并行外总线，广泛用于连接软硬磁盘、光盘、扫描仪等。该接口总线早期是 8 位的，后来发展到 16 位。传输速率由 SCSI – 1 的 5MB/s 到 16 位的 Ultra2SCSI 的 80MB/s。目前的传输速率已高达 320MB/s。该总线上最多可接 63 种外设，传送距离可达 20m。

（3）USB

USB（Universal Serial Bus，通用串行总线）是 1994 年底由康柏、IBM、微软等众多公司联合发布的，近年来得到广泛应用。USB 由 4 条信号线组成，其中两条用于传送数据，另外两条传送 +5V 容量为 500mA 的电源。可以经过集线器（hub）进行树状连接，最多可达 5 层。该总线上可接 127 个设备。USB 提供全速 12MB/s、低速 1.5MB/s 和高速 480MB/s（USB 2.0）3 种速率来适应各种不同类型的外设。为了满足不同的通信要求，USB 提供了 4 种传输方式：控制（control）方式传输、等时（isochronous）方式传输、中断（interrupt）方式传输及批（bulk）方式传输。每种传输模式应用到具有相同名字的终端时，具有不同的性质。

USB 最大的优点是支持即插即用（Plug and Play，PnP）并支持热插拔（hot plug）。

作为计算机外设接口技术的重要变革，USB 在传统的计算机组织结构的基础上，引入网络的拓扑结构思想。其具有终端用户的易用性、广泛的应用性、带宽的动态分配、优越的容错性能、较高的性价比等特点，方便外设的添加，适应现代计算机的多媒体功能拓展，已逐步成为目前计算机的主流接口。

（4）IEEE 1394

IEEE 1394 是一种串行接口标准，这种接口标准允许把计算机、计算机外设、各种家电非常简单地连接在一起。从 IEEE 1394 可以连接多种不同外设的功能特点来看，它也可以称为总线，即一种连接外设的机外总线。IEEE 1394 由 6 条信号线组成，其中两条用于传送数据，两条传送控制信号，两条传送 8 ~ 40V 容量为 1 500mA 的电源。IEEE 1394 总线上最多可接 63 个设备，设备间采用树形或菊花链结构。设备间电缆的最大长度是 4.5m，采用树形结构时可达 16 层，从主机到最末端外设总长可达 72m。IEEE 1394 连接的设备不仅数量多，而且种类广，通用性强。总线采用 64 位的地址宽度（10 位网络 ID，6 位节点 ID，48 位内存地址），将资源看做寄存器和内存单元，可以按照 CPU – 内存的传输速率进行读/写操作，因此具有高速的传输能力。对于高品质的多媒体数据，可实现"准实时"传输。IEEE 1394 的传输速率从 400Mbit/s、800Mbit/s 和 1600Mbit/s 直到 3.2Gbit/s。该总线最大的优点是支持即插即用并支持热插拔。

IEEE 1394 定义了数据的传输协议及连接系统，可用较低的成本达到较高的性能，增强了计算机与外设（如硬盘、打印机、扫描仪）及消费性电子产品（如数码相机、DVD 播放机、视频电话等）的连接能力。

（5）IEEE 1394 和 USB 的比较

IEEE 1394 和 USB 的共性包括：

1）信号线条数少，都使用细而柔的轻便电缆和小巧的连接器。

2）连接器通用，可连接不同类型的外设，连接快速、简单。

3）都可以提供即插即用及热插拔的功能。

4）采用"级联"方式，可以连接多台设备，解决了计算机背板仅能提供少量插座、只能与少数设备连接的限制。

5）支持同步传输模式，适合多媒体数据实时处理，可保证图像等数据显示不间断，提高了画面质量，同时确保实时播放。

下面对 USB 1.0 和 IEEE 1394 加以比较，以说明 IEEE 1394 和 USB 的主要差别。

1）目前，IEEE 1394 的传输速率为 100～400MB/s，因此它可连接高速设备，如 DVD 播放机、数码相机、硬盘等。而 USB 受到 12MB/s 传输速率的限制，只能连接低速的键盘、麦克风、软驱、电话等设备。

2）在 IEEE 1394 的拓扑结构中，不需要集线器就可连接 63 台设备，并且可以用网桥将独立的设备子网连接起来。IEEE 1394 并不强制用计算机控制这些设备，各种设备可以独立工作。而在 USB 的拓扑结构中，必须通过 Hub 来实现多重连接，而且一定要有计算机进行总体控制。

3）当外部设备增减时，IEEE 1394 会重设网络，其中包括短暂的网络等待状态。而在 USB 网络中，由 Hub 来判断其连接设备的增减，因此可以减少网络动态重设的情况。

USB 和 IEEE 1394 都是新一代多媒体 PC 的外设接口标准。从性能上看，USB 有很多方面不如 IEEE 1394，但由于 USB 有更大的价格优势，所以，在未来一段时间内，USB 将与 IEEE 1394 共存。

USB 主要用于连接中低速外设，其应用局限于 PC 领域，而 IEEE 1394 则可连接高速外设和数字化家电设备等（尤其适合连接高档视频设备），其应用领域将十分广阔。

习题

1. 微型计算机采用总线结构有什么优点？

2. 什么是时钟周期？什么是总线周期？8086 CPU 的基本总线周期是多少个时钟周期？

3. 当存储器或 I/O 设备读/写速度较慢时，应如何向 CPU 申请等待状态？

4. 在 8086 系统总线中，为什么要有地址锁存器？

5. 什么是时序？为什么要讨论时序？

6. 8086/8088 CPU 读/写总线周期各包含多少个时钟周期？什么情况下需要插入 T_w 周期？插入多少个 T_w 取决于什么？

7. 简述 8086/8088 系统在最小模式时从存储器读数据时的时序过程。

第 **6** 章 Chapter

存储器系统

本章首先介绍各种典型的半导体存储器、微型计算机的存储器组织、高速缓存系统等微型计算机的存储器系统，然后介绍内存系统，包括内存条的构成、内存结构、内存组织、存储器系统的设计。

6.1 微型计算机的存储器系统

存储器是计算机用来存储信息的部件，按存取速度和用途可以分为两大类：内存储器（内存）和外存储器（外存）。

（1）内存

把通过系统总线直接与 CPU 相连、具有一定容量、存取速度快的存储器称为内存储器，简称内存。内存是计算机的重要组成部分，CPU 可直接对内存进行访问，计算机要执行的程序和要处理的数据等都必须事先调入内存后才能被 CPU 读取并执行。

（2）外存

把通过接口电路与系统相连、存储容量大而速度较慢的存储器称为外存储器，简称外存。外存用来存放当前暂不被 CPU 处理的程序或数据，以及一些需要永久性保存的信息。如硬盘、软盘、光盘和 U 盘等都是外存。

外存的容量很大，如 CD-ROM 光盘可达 650MB，DVD-ROM 光盘可达 4GB，硬盘则可达几百GB 甚至几 TB，而且容量还在不断增加。通常将外存看做是计算机的外部设备，外存中存放的信息必须调入内存后才能被 CPU 使用。

早期的内存使用磁芯。随着大规模集成电路的发展，半导体存储器集成度大大提高，存取速度也大大加快，成本却迅速下降，因此，目前微型计算机中的内存一般都使用半导体存储器。

6.1.1 半导体存储器

半导体存储器（semi-conductor memory）是一种以半导体电路作为存储媒体的存储器，内存储器就是由称为存储器芯片的半导体集成电路组成的。

1. 半导体存储器分类

从应用的角度可将半导体存储器分为两大类：随机读写存储器（Random Access Memory，RAM）和只读存储器（Read Only Memory，ROM）。

半导体存储器的分类如图 6-1 所示。

（1）随机读写存储器（RAM）

RAM 是可读、可写的存储器，CPU 可以对 RAM 的内容随机地进行读写访问，RAM 中的信息断电后即丢失。当关机或断电时，RAM 中的信息都会随之丢失。

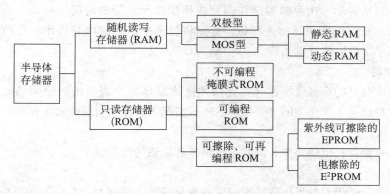

图 6-1 半导体存储器的分类

根据制造工艺的不同，RAM 主要分为双极型存储器和 MOS 型存储器两类。

1）双极型存储器具有存取速度快、集成度较低、功耗较大、成本较高等特点，适用于对速度要求较高的高速缓冲存储器。

2）MOS 型存储器具有集成度高、功耗低、价格低等特点，适用于内存储器。

MOS 型存储器按信息存放方式的不同，又可分为静态 RAM（Static RAM，SRAM）和动态 RAM（Dynamic RAM，DRAM）。SRAM 存储电路以双稳态触发器为基础，状态稳定，只要不掉电，信息不会丢失，其优点是不需要刷新，控制电路简单，但集成度较低，适用于不需要大存储容量的计算机系统。DRAM 存储单元以电容为基础，电路简单，集成度高，但也存在问题，即电容中的电荷由于漏电会逐渐丢失，因此，DRAM 需要定时刷新，它适用于大存储容量的计算机系统。DRAM 主要用于主存（内存的主体部分），SRAM 主要用于高速缓冲存储器。

（2）只读存储器（ROM）

断电后 ROM 的信息不会丢失，因此常用来存放不需要改变的信息（如某些系统程序），信息一旦写入就固定不变了。ROM 主要用于 BIOS 存储器。

ROM 在使用过程中，只能读出存储的信息而不能用通常的方法将信息写入存储器。目前常见的有：掩膜式 ROM，用户不可对其编程，其内容已由厂家设定好，不能更改；可编程 ROM（Programmable ROM，PROM），用户只能对其进行一次编程，写入后不能更改；可擦除的 PROM（Erasable PROM，EPROM），其内容可用紫外线擦除，用户可对其进行多次编程；电擦除的 PROM（Electrically Erasable PROM，EEPROM 或 E^2PROM），能以字节为单位擦除和改写。

2. 半导体存储器的主要技术指标

（1）存储容量的表示方法

1）用字数×位数表示容量，以位为单位。常用来表示存储芯片的容量，如 1K×4 位，表示该芯片有 1K 个单元（1K = 1024），每个存储单元的长度为 4 位。

2）用字节数表示容量，以字节为单位，如 128B，表示该芯片内有 128 个单元，每个存储单元的长度为 8 位。现代计算机存储容量很大，常用 KB、MB、GB 和 TB 为单位表示存储容量的大小。其中，1KB = 2^{10} B = 1024B；1MB = 2^{20} B = 1024KB；1GB = 2^{30} B = 1024MB；1TB = 2^{40} B = 1024GB。显然，存储容量越大，所能存储的信息越多，计算机系统的功能就越强。

（2）存取时间

存取时间是指从启动一次存储器操作到完成该操作所经历的时间。例如，读出时间是指从CPU向存储器发出有效地址和读命令开始，直到将被选中单元的内容读出为止所用的时间。显然，存取时间越小，存取速度就越快。

（3）存储周期

连续启动两次独立的存储器操作（如连续两次读操作）所需要的最短间隔时间称为存储周期。它是衡量主存储器工作速度的重要指标。一般情况下，存储周期略大于存取时间。

（4）功耗

功耗反映了存储器耗电的多少，同时也反映了其发热的程度。

（5）可靠性

可靠性一般指存储器对外界电磁场及温度等变化的抗干扰能力。存储器的可靠性用平均故障间隔时间（Mean Time Between Failure，MTBF）来衡量。MTBF可以理解为两次故障之间的平均时间间隔。MTBF越长，可靠性越高，存储器正常工作能力越强。

（6）集成度

集成度指在一块存储芯片内能集成多少个基本存储电路，每个基本存储电路存放一位二进制信息，所以集成度常用位/片来表示。

（7）性能/价格比

性能/价格比（简称性价比）是衡量存储器经济性能好坏的综合指标，它关系到存储器的实用价值。其中性能包括前述的各项指标，而价格是指存储单元本身和外围电路的总价格。

3. 半导体存储器芯片的基本结构

半导体存储器的组成如图6-2所示。

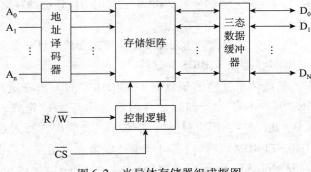

图6-2 半导体存储器组成框图

（1）存储体

存储体是存储器中存储信息的部分，由大量的基本存储电路组成。每个基本存储电路存放一位二进制信息，这些基本存储电路有规则地组织起来（一般为矩阵结构）就构成了存储体（存储矩阵）。不同存取方式的芯片，采用的基本存储电路也不相同。

在存储体中，可以由N个基本存储电路构成一个并行存取N位二进制代码的存储单元（N的取值一般为1、4、8等）。为了便于信息的存取，给同一存储体内的每个存储单元赋予一个唯一的编号，该编号就是存储单元的地址。这样，对于容量为2^n个存储单元的存储体，需要n条地址线对其编址，若每个单元存放N位信息，则需要N条数据线传送数据，芯片的存储容量就可以表示为$2^n \times N$位。

（2）外围电路

外围电路主要包括地址译码电路和由三态数据缓冲器、控制逻辑两部分组成的读/写控制电路。

1）地址译码电路。存储芯片中的地址译码电路对 CPU 从地址总线发来的 n 位地址信号进行译码，经译码产生的选择信号可以唯一地选中片内某一存储单元，在读/写控制电路的控制下可对该单元进行读/写操作。

2）读/写控制电路。读/写控制电路接收 CPU 发来的相关控制信号，以控制数据的输入/输出。三态数据缓冲器是数据输入/输出的通道，数据传输的方向取决于控制逻辑对三态门的控制。CPU 发往存储芯片的控制信号主要有读/写信号（$R/\overline{W}$）、片选信号（$\overline{CS}$）等。值得注意的是，不同性质的半导体存储芯片其外围电路部分也各有不同，如在动态 RAM 中还要有预充、刷新等方面的控制电路，而对于 ROM 芯片，在正常工作状态下，只有输出控制逻辑等。

3）地址译码方式。芯片内部的地址译码主要有两种方式，即单译码方式和双译码方式。单译码方式适用于小容量的存储芯片，而对于容量较大的存储器芯片，则应采用双译码方式。

单译码方式只用一个译码电路对所有地址信息进行译码，译码输出的选择线直接选中对应的单元，如图 6-3 所示。一根译码输出选择线对应一个存储单元，故在存储容量较大、存储单元较多的情况下，这种方法不适用。

以一个简单的 16 字 ×4 位存储芯片为例，如图 6-3 所示。将所有基本存储电路排成 16 行 ×4 列（图 6-3 中未详细画出），每一行对应一个字，每一列对应其中的一位。每一行的选择线和每一列的数据线是公共的。图 6-3 中，$A_0 \sim A_3$ 4 根地址线经译码输出 16 根选择线，用于选择 16 个单元。

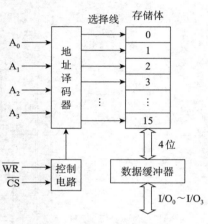

图 6-3　单译码方式

例如，当 $A_3 A_2 A_1 A_0 = 0000$，而片选信号为 $\overline{CS} = 0$、$\overline{WR} = 1$ 时，将 0 号单元中的信息读出。

双译码方式把 n 位地址线分成两部分，分别进行译码，产生一组行选择线 X 和一组列选择线 Y，每一根 X 线选中存储矩阵中位于同一行的所有单元，每一根 Y 线选中存储矩阵中位于同一列的所有单元。当某一单元的 X 线和 Y 线同时有效时，相应的存储单元被选中。图 6-4 给出了一个容量为 1 K 字（单元）×1 位的存储芯片的双译码电路。1K（1024）个基本存储电路排成 32×32 的矩阵，10 根地址线分成 $A_0 \sim A_4$ 和 $A_5 \sim A_9$ 两组。$A_0 \sim A_4$ 经 X 译码输出 32 条行选择线，$A_5 \sim A_9$ 经 Y 译码输出 32 条列选择线。行、列选择线组合可以方便地找到 1024 个存储单元中的任何一个。例如，当 $A_4 A_3 A_2 A_1 A_0 = 00000$，$A_9 A_8 A_7 A_6 A_5 = 00000$ 时，第 0 号单元被选中，通过数据线 I/O 实现数据的输入或输出。在图 6-4 中，X 向译码器和 Y 向译码器的输出线各有 32 根，总输出线数仅为 64 根。若采用单译码方式，将有 1024 根译码输出线。

4. 随机读写存储器（RAM）

（1）静态 RAM 的基本存储电路

静态 RAM 的基本存储电路通常由 6 个 MOS 管组成，如图 6-5 所示。电路中 V_1、V_2 为工作管，V_3、V_4 为负载管，V_5、V_6 为控制管。其中，由 V_1、V_2、V_3 及 V_4 管组成了双稳态触发器电路，V_1 和 V_2 的工作状态始终为一个导通，另一个截止。V_1 截止、V_2 导通时，A 点为高电平，B 点为低电平；V_1 导通、V_2 截止时，A 点为低电平，B 点为高电平。因此，可用 A 点电平的高低来表示"0"和"1"两种信息。

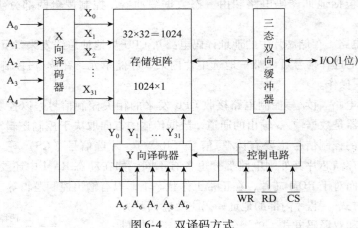

图 6-4　双译码方式

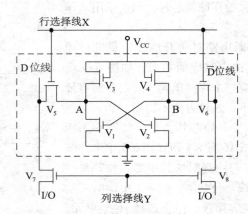

图 6-5　六管静态 RAM 存储电路

V_7、V_8 管为列选通管,配合 V_5、V_6 两个行选通管,可使该基本存储电路用于双译码电路。当行选择线 X 和列选择线 Y 都为高电平时,该基本存储电路被选中,V_5、V_6、V_7、V_8 管都导通,于是 A、B 两点与 I/O、$\overline{\text{I/O}}$ 分别连通,从而可以进行读/写操作。

写操作时,如果要写入"1",则在 I/O 线上加上高电平,在 $\overline{\text{I/O}}$ 线上加上低电平,并通过导通的 V_5、V_6、V_7、V_8 4 个晶体管,把高、低电平分别加在 A、B 点,即 A = "1",B = "0",使 V_1 管截止,V_2 管导通。当输入信号和地址选择信号(即行、列选通信号)消失以后,V_5、V_6、V_7、V_8 管都截止,V_1 和 V_2 管保持强迫写入的状态不变,从而将"1"写入存储电路。此时,各种干扰信号不能进入 V_1 和 V_2 管。因此,只要不掉电,写入的信息不会丢失。写入"0"的操作与其类似,只是在 I/O 线上加上低电平,在 $\overline{\text{I/O}}$ 线上加上高电平。

读操作时,若该基本存储电路被选中,则 V_5、V_6、V_7、V_8 管均导通,于是 A、B 两点与位线 D 和 $\overline{\text{D}}$ 相连,存储的信息被送到 I/O 与 $\overline{\text{I/O}}$ 线上。读出信息后,原存储信息不会改变。

由于静态 RAM 的基本存储电路中管子数目较多,故集成度较低。此外,T_1 和 T_2 管始终有一个处于导通状态,使得静态 RAM 的功耗比较大。但由于静态 RAM 不需要刷新电路,所以简化了外围电路。

（2）静态 RAM 芯片 Intel 2114 SRAM

Intel 2114 SRAM 芯片的容量为 1K×4 位，18 脚封装，+5V 电源，芯片内部结构以及芯片引脚和逻辑符号分别如图 6-6 和图 6-7 所示。

由于 1K×4＝4096，所以 Intel 2114 SRAM 芯片有 4096 个基本存储电路，将 4096 个基本存储电路排成 64 行×64 列的存储矩阵，每根列选择线同时连接 4 位列线，对应于并行的 4 位（位于同一行的 4 位应作为同一单元的内容被同时选中），从而构成了 64 行×16 列＝1 K 个存储单元，每个单元有 4 位。1 K 个存储单元应有 $A_0 \sim A_9$ 10 个地址输入端，2114 片内地址译码采用双译码方式，$A_3 \sim A_8$ 6 根用于行地址译码输入，经行译码产生 64 根行选择线，A_0、A_1、A_2 和 A_9 4 根用于列地址译码输入，经过列译码产生 16 根列选择线。

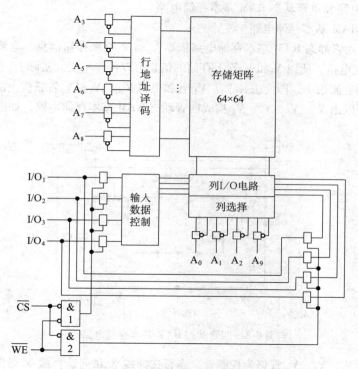

图 6-6　Intel 2114 内部结构

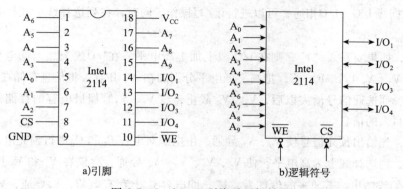

a)引脚　　　　　b)逻辑符号

图 6-7　Intel 2114 引脚及逻辑符号

地址输入线 $A_0 \sim A_9$ 送来的地址信号分别送到行、列地址译码器，经译码后选中一个存储单元（有 4 个存储位）。当片选信号 $\overline{CS} = 0$ 且 $\overline{WE} = 0$ 时，数据输入三态门打开，I/O 电路对被选中单元的 4 位进行写入；当 $\overline{CS} = 0$ 且 $\overline{WE} = 1$ 时，数据输入三态门关闭，而数据输出三态门打开，I/O 电路将被选中单元的 4 位信息读出送数据总线；当 $\overline{CS} = 1$，即 $\overline{CS}$ 无效时，不论 WE 为何种状态，各三态门均为高阻状态，芯片不工作。

（3）动态 RAM 的基本存储电路

动态 RAM 和静态 RAM 不同，动态 RAM 的基本存储电路利用电容存储电荷的原理来保存信息，由于电容上的电荷会逐渐泄漏，因而对动态 RAM 必须定时进行刷新，使泄漏的电荷得到补充。动态 RAM 的基本存储电路主要有六管、四管、三管和单管等几种形式，本书只介绍四管动态 RAM 基本存储电路和单管动态 RAM 基本存储电路。

1）四管动态 RAM 基本存储电路。

图 6-5 所示的六管静态 RAM 基本存储电路依靠 V_1 和 V_2 管来存储信息，电源 V_{CC} 通过 V_3、V_4 管向 V_1、V_2 管补充电荷，所以 V_1 和 V_2 管上存储的信息可以保持不变。实际上，由于 MOS 管的栅极电阻很高，泄漏电流很小，即使去掉 V_3、V_4 管和电源 V_{CC}，V_1 和 V_2 管栅极上的电荷也能维持一定的时间，于是可以由 V_1、V_2、V_5、V_6 构成四管动态 RAM 基本存储电路，如图 6-8 所示。

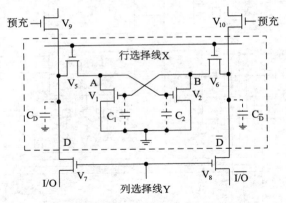

图 6-8　四管动态 RAM 基本存储电路

电路中，V_5、V_6、V_7、V_8 管仍为控制管，当行选择线 X 和列选择线 Y 都为高电平时，该基本存储电路被选中，V_5、V_6、V_7、V_8 管都导通，则 A、B 点与位线 D、$\overline{D}$ 分别相连，再通过 V_7、V_8 管与外部数据线 I/O、$\overline{I/O}$ 相通，可以进行读/写操作。同时，在列选择线上还接有两个公共的预充管 V_9 和 V_{10}。

写操作时，如果要写入"1"，则在 I/O 线上加上高电平，在 $\overline{I/O}$ 线上加上低电平，并通过导通的 V_5、V_6、V_7、V_8 4 个 MOS 管，把高、低电平分别加在 A、B 点，将信息存储在 V_1 和 V_2 管栅极电容上。行、列选通信号消失以后，V_5、V_6 截止，靠 V_1、V_2 管栅极电容的存储作用，在一定时间内可保留写入的信息。

读操作时，先给出预充信号使 V_9、V_{10} 导通，由电源对电容 C_D 和 $C_{\overline{D}}$ 进行预充电，使它们达到电源电压。行、列选择线上为高电平，使 V_5、V_6、V_7、V_8 导通，存储在 V_1 和 V_2 上的信息经 A、B 点向 I/O、$\overline{I/O}$ 线输出。若原来的信息为"1"，即电容 C_2 上存有电荷，V_2 导通，V_1 截止，则电容 C_D 上的预充电荷通过 V_6 经 V_2 泄漏，于是，I/O 线输出 1，$\overline{I/O}$ 线输出 0。同时，电容 C_D 上的电

荷通过 V_5 向 C_2 补充电荷，所以，读出过程也是刷新的过程。

2）单管动态 RAM 基本存储电路。

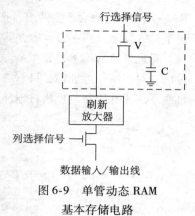

图 6-9　单管动态 RAM
基本存储电路

单管动态 RAM 基本存储电路只有一个电容和一个 MOS 管，是最简单的存储元件结构，如图 6-9 所示。在这样一个基本存储电路中，存放的信息到底是"1"还是"0"，取决于电容中有没有电荷。在保持状态下，行选择线为低电平，V 管截止，使电容 C 基本没有放电回路（当然还有一定的泄漏），其上的电荷可暂存数毫秒或者维持无电荷的"0"状态。

对由这样的基本存储电路组成的存储矩阵进行读操作时，若某一行选择线为高电平，则位于同一行的所有基本存储电路中的 V 管都导通，于是刷新放大器读取对应电容 C 上的电压值，但只有列选择信号有效的基本存储电路才受到驱动，从而可以输出信息。刷新放大器的灵敏度很高，放大倍数很大，并且能将读得的电容上的电压值转换为逻辑"0"或者逻辑"1"。在读出过程中，选中行上所有基本存储电路中的电容都受到了影响，为了在读出信息之后仍能保持原有的信息，刷新放大器在读取这些电容上的电压值后又立即进行重写。

在写操作时，行选择信号使 V 管处于导通状态，如果列选择信号也为"1"，则此基本存储电路被选中，于是由数据输入/输出线送来的信息通过刷新放大器和 V 管送到电容 C。

3）动态 RAM 的刷新。

动态 RAM 是利用电容 C 上充积的电荷来存储信息的。当电容 C 有电荷时，为逻辑"1"，没有电荷时，为逻辑"0"。但由于任何电容都存在漏电现象，因此，当电容 C 存有电荷时，过一段时间由于电容的放电过程导致电荷流失，信息也就丢失。因此，需要周期性地对电容进行充电，以补充泄漏的电荷，通常把这种补充电荷的过程叫刷新或再生。随着器件工作温度的增高，放电速度会变快。刷新时间间隔一般要求在 $1 \sim 100\text{ms}$。工作温度为 70℃时，典型的刷新时间间隔为 2ms，因此 2ms 内必须对存储的信息刷新一遍。尽管对各个基本存储电路在读出或写入时都进行了刷新，但对存储器中各单元的访问具有随机性，无法保证一个存储器中的每一个存储单元都能在 2ms 内进行一次刷新，因此，需要系统地对存储器进行定时刷新。

对整个存储系统来说，各存储器芯片可以同时刷新。对每块 DRAM 芯片来说，则是按行刷新，每次刷新一行，所需时间为一个刷新周期。如果某存储器有若干块 DRAM 芯片，其中容量最大的一种芯片的行数为 128，则在 2ms 中至少应安排 128 个刷新周期。

在存储器刷新周期中，将一个刷新地址计数器提供的行地址发送给存储器，然后执行一次读操作，便可完成对选中行的各基本存储电路的刷新。由于每刷新一行，计数器加 1，所以它可以顺序提供所有的行地址。因为每一行中各个基本存储电路的刷新是同时进行的，故不需要列地址，此时芯片内各基本存储电路的数据线为高阻状态，与外部数据总线完全隔离，所以，尽管刷新进行的是读操作，但读出数据不会送到数据总线上。

（4）动态 RAM 芯片 Intel 2164A

Intel 2164A 芯片的存储容量为 $64\text{K} \times 1$ 位，采用单管动态 RAM 基本存储电路，每个单元只有一位数据，其内部结构如图 6-10 所示。2164A 芯片的存储体本应构成一个 256×256 的存储矩阵，为提高工作速度（需减少行列线上的分布电容），将存储矩阵分为 4 个 128×128 矩阵，每个 128×128 矩阵配有 128 个读出放大器，各有一套 I/O 控制（读/写控制）电路。

64K 容量本来需要 16 位地址，但芯片引脚（见图 6-11）只有 8 根地址线，$A_0 \sim A_7$ 需分时复用。在行地址选通信号$\overline{RAS}$控制下先将 8 位行地址送入行地址锁存器，锁存器提供 8 位行地址 $RA_7 \sim RA_0$，译码后产生两组行选择线，每组 128 根，然后在列地址选通信号$\overline{CAS}$控制下将 8 位列地址送入列地址锁存器，锁存器提供 8 位列地址 $CA_7 \sim CA_0$，译码后产生两组列选择线，每组 128 根。行地址 RA_7 与列地址 CA_7 选择 4 个 128×128 矩阵之一。因此，16 位地址是分成两次送入芯片的，对于某一地址码，只有一个 128×128 矩阵和它的 I/O 控制电路被选中。$A_0 \sim A_7$ 这 8 根地址线还用于在刷新时提供行地址，因为刷新是一行行进行的。

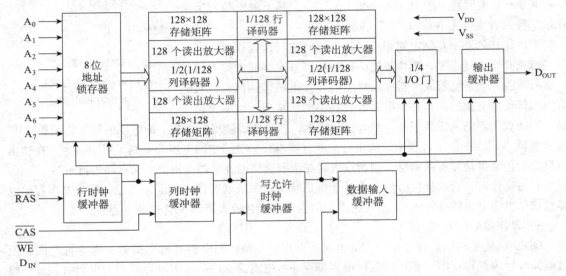

图 6-10　Intel 2164A 内部结构示意图

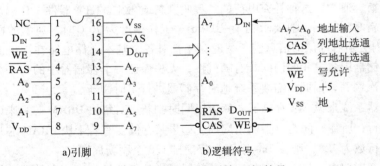

a)引脚　　　　　　b)逻辑符号

图 6-11　Intel 2164A 引脚与逻辑符号

2164A 的读/写操作由 $\overline{WE}$ 信号来控制，读操作时，$\overline{WE}$ 为高电平，选中单元的内容经三态输出缓冲器从 D_{OUT} 引脚输出；写操作时，$\overline{WE}$ 为低电平，D_{IN} 引脚上的信息经数据输入缓冲器写入选中单元。2164A 没有片选信号，实际上用行地址和列地址选通信号$\overline{RAS}$和$\overline{CAS}$作为片选信号，可见，片选信号已分解为行选信号与列选信号两部分。

5. 只读存储器（ROM）

（1）掩膜式只读存储器（MROM）

MROM 的内容是由生产厂家按用户要求在芯片的生产过程中写入的，写入后不能修改。MROM 采用二次光刻掩膜工艺制成，首先要制作一个掩膜板，然后通过掩膜板曝光，在硅片上刻出图形。制作掩膜板工艺较复杂，生产周期长，因此生产第一片 MROM 的费用很大，而复制同样的 MROM 就很便宜了，所以适合于大批量生产，不适用于科学研究。MROM 有双极型、MOS 型等几种电路形式。

图 6-12 是一个简单的 4×4 位 MOS 管 MROM，采用单译码结构，两位地址线 A_1、A_0 译码后可有 4 种状态，输出 4 条选择线，分别选中 4 个单元，每个单元有 4 位输出。在此矩阵中，行和列的交点处有的连有管子，表示存储 "0" 信息；有的没有管子，表示存储 "1" 信息。若地址线 $A_1A_0 = 00$，则选中 0 号单元，即字线 0 为高电平，若有管子与其相连（如位线 2 和 0），其相应的 MOS 管导通，位线输出为 0，而位线 1 和 3 没有管子与字线相连，则输出为 1。因此，单元 0 输出为 1010。对于图 6-12 中矩阵，各单元内容见表 6-1。

（2）可编程只读存储器（PROM）

PROM 出厂时各单元内容全为 0，用户可用专门的 PROM 写入器将信息写入，这种写入是破坏性的，即某个存储位一旦写入 1，就不能再变为 0，因此，对这种存储器只能进行一次编程。根据写入原理，PROM 可分为两类：P-N 结破坏型和熔丝型。图 6-13 是熔丝型 PROM 的一个存储元示意图。

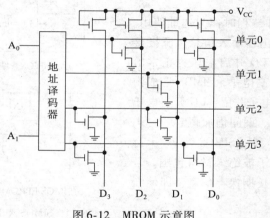

图 6-12　MROM 示意图

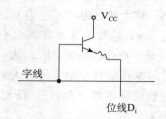

图 6-13　熔丝型 PROM 的一个存储元

表 6-1　MROM 的内容

单元 \ 位	D_3	D_2	D_1	D_0
0	1	0	1	0
1	1	1	0	1
2	0	1	0	1
3	0	1	1	0

基本存储电路由 1 个三极管和 1 根熔丝组成，可存储一位信息。出厂时，每一根熔丝都与位线相连，存储的都是 "0" 信息。如果用户在使用前根据程序的需要，利用编程写入器对选中的基本存储电路通以 $20 \sim 50$ mA 的电流，将熔丝烧断，则该存储元将存储信息 "1"。由于熔丝烧断后无法再接通，因而 PROM 只能进行一次编程，编程后不能再修改。

写入时，按给定地址译码后，选通字线，根据要写入信息的不同，在位线上加不同的电位，若 D_i 位要写 "0"，则对应位线 D_i 悬空（或接较大电阻）而使流经被选中基本存储电路的电流很小，不足以烧断熔丝，该位仍保持 "0" 状态；若要写 "1"，则位线 D_i 加负电位（-2 V），瞬间通过被选基本存储电路的电流很大，致使熔丝烧断，即改写为 "1"。在正常只读状态工作时，加到字线上的是比较低的脉冲电位，但足以开通存储元中的晶体管。这样，被选中单元的信息就一并读出了，若是"0"，则对应位线有电流；若是"1"，则对应位线无电流。在只读状态，工作电流将很小，不会造成熔丝烧断，即不会破坏原存信息。

（3）可擦除、可再编程的只读存储器

PROM虽然可供用户进行一次编程，但仍有局限性。为了便于研究工作，以及试验各种ROM程序方案，可以使用可擦除、可再编程ROM。因此，该存储器在实际中得到了广泛应用。这种存储器利用编程器写入信息，此后便可作为只读存储器来使用。

目前，根据擦除芯片内已有信息的方法不同，可擦除、可再编程ROM可分为两种类型：紫外线擦除PROM（EPROM）和电擦除PROM（EEPROM或E^2PROM）。

初期的EPROM元件用的是浮栅雪崩注入MOS，记为FAMOS。它集成度低、使用不方便、速度慢，因此很快被性能和结构更好的叠栅注入MOS（即SIMOS）取代。

SIMOS管结构如图6-14a所示。它属于NMOS，与普通NMOS不同的是，它有两个栅极，一个是控制栅CG，另一个是浮栅FG。FG在CG的下面，被SiO_2包围，与四周绝缘。单个SIMOS管构成一个EPROM存储元件，如图6-14b所示。

与CG连接的线W称为字线，读出和编程时作为选址使用。漏极与位线D相连接，读出或编程时输出、输入信息。源极接V_{ss}（接地）。当FG上没有电子驻留时，CG开启电压为正常值Vcc，若W线上加高电平，源、漏间也加高电平，SIMOS形成沟道并导通，称此状态为"1"。当FG上有电子驻留，CG开启电压升高超过Vcc，这时若W线加高电平，源、漏间仍加高电平，SIMOS不导通，称此状态为"0"。人们就是利用SIMOS管FG上有无电子驻留来存储信息的。因为FG上电子被绝缘材料包围，若不获得足够能量很难"跑掉"，所以可以长期保存信息，即使断电也不丢失。

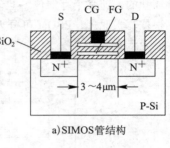

a) SIMOS管结构

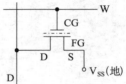

b) SIMOS EPROM元件电路

图6-14　SIMOS型EPROM

SIMOS EPROM芯片出厂时FG上是没有电子的，即都是"1"信息。对它编程，就是在CG和漏极都加高电压，向某些元件的FG注入一定数量的电子，把它们写为"0"。EPROM封装方法与一般集成电路不同，需要有一个能通过紫外线的石英窗口。擦除时，将芯片放入擦除器的小盒中，用紫外灯照射约20分钟，若读出各单元内容均为FFH，说明原信息已被全部擦除，恢复到出厂状态。写好信息的EPROM为了防止因光线长期照射而引起的信息破坏，常用遮光胶纸贴于石英窗口上。

EPROM的擦除是对整个芯片进行的，不能只擦除个别单元或个别位，擦除时间较长，且擦写均需离线操作，使用起来不方便，因此，能够在线擦写的E^2PROM芯片近年来得到广泛应用。

E^2PROM是一种采用金属-氮-氧化硅（MNOS）工艺生产的可擦除、可再编程的只读存储器。擦除时只需加高压对指定单元产生电流，形成"电子隧道"，将该单元信息擦除，其他未通电流的单元内容保持不变。E^2PROM具有对单个存储单元在线擦除与编程的能力，而且芯片封装简单，对硬件线路没有特殊要求，操作简便，信息存储时间长，因此，E^2PROM给需要经常修改程序和参数的应用带来了极大的便利。但与EPROM相比，E^2PROM具有集成度低、存取速度较慢、完成程序在线改写需要较复杂的设备等缺点。

EPROM芯片有多种型号，常用的有2716（2K×8）、2732（4K×8）、2764（8K×8）、27128（16K×8）、27256（32K×8）等。下面介绍Intel 2716芯片。

1）Intel 2716 芯片的内部结构和外部引脚。

Intel 2716 芯片采用 NMOS 工艺制造，双列直插式 24 引脚封装。其引脚、逻辑符号及内部结构如图 6-15 所示。

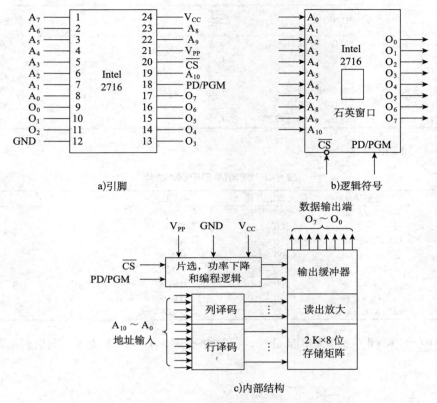

图 6-15　Intel 2716 的引脚、逻辑符号及内部结构

$A_0 \sim A_{10}$：11 条地址输入线。其中 7 条用于行译码，4 条用于列译码。

$O_0 \sim O_7$：8 位数据线。编程写入时是输入线，正常读出时是输出线。

$\overline{CS}$：片选信号。当 $\overline{CS} = 0$ 时，允许 2716 芯片读出。

PD/PGM：待机/编程控制信号，输入。

V_{PP}：编程电源。在编程写入时，$V_{PP} = +25V$；正常读出时，$V_{PP} = +5V$。

V_{CC}：工作电源，为 +5V。

2）Intel 2716 芯片的工作方式。

Intel 2716 芯片的工作方式见表 6-2。

①读出方式：当 $\overline{CS} = 0$ 时，此方式可以将选中存储单元的内容读出。

②未选中方式：当 $\overline{CS} = 1$ 时，不论 PD/PGM 的状态如何，2716 均未被选中，数据线呈高阻态。

③待机方式：当 PD/PGM = 1 时，Intel 2716 处于待机方式。这种方式和未选中方式类似，但其功耗由 525mW 下降到 132mW，下降了 75%，所以又称为功率下降方式。这时数据线呈高阻态。

④编程输入方式：当 $V_{PP} = +25V$，$\overline{CS} = 1$，并在 PD/PGM 端加上 52ms 宽的正脉冲时，可以将数据线上的信息写入指定的地址单元。数据线为输入状态。

⑤校验编程内容方式：此方式与读出方式基本相同，只是 $V_{PP} = +25V$。在编程后，可将 Intel

2716 中的信息读出，与写入的内容进行比较，以验证写入内容是否正确。数据线为输出状态。

⑥禁止编程方式：此方式禁止将数据总线上的信息写入 Intel 2716。

表 6-2　Intel 2716 的工作方式

方式 \ 引脚	PD/PGM	$\overline{CS}$	V_{PP}	数据线状态
读出	0	0	+5V	输出
未选中	×	1	+5V	高阻
待机	1	×	+5V	高阻
编程输入	宽 52ms 的正脉冲	1	+25V	输入
校验编程内容	0	0	+25V	输出
禁止编程	0	1	+25V	高阻

常用的一些 EPROM 芯片见表 6-3。

表 6-3　常用的 EPROM 芯片

型号	容量结构	最大读出时间/ns	制造工艺	需用电源/V	引脚数
2708	$1K \times 8$ bit	$350 \sim 450$	NMOS	± 5，+12	24
2716	$2K \times 8$ bit	$300 \sim 450$	NMOS	+5	24
2732A	$4K \times 8$ bit	$200 \sim 450$	NMOS	+5	24
2764	$8K \times 8$ bit	$200 \sim 450$	HMOS	+5	28
27128	$16K \times 8$ bit	$250 \sim 450$	HMOS	+5	28
27256	$32K \times 8$ bit	$200 \sim 450$	HMOS	+5	28
27512	$64K \times 8$ bit	$250 \sim 450$	HMOS	+5	28
27513	$4 \times 64K \times 8$ bit	$250 \sim 450$	HMOS	+5	28

Intel 2816 是 $2K \times 8$ 位的 $E^2 PROM$ 芯片，有 24 条引脚，单一 +5V 电源。其引脚配置如图 6-16 所示。

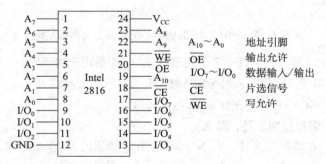

图 6-16　Intel 2816 的引脚

Intel 2816 的工作方式见表 6-4。

表 6-4　Intel 2816 的工作方式

方式 \ 引脚	$\overline{CE}$	$\overline{OE}$	V_{PP}	数据线状态
读出	0	0	$+4 \sim +6V$	输出
待机（备用）	1	×	$+4 \sim +6V$	高阻
字节擦除	0	1	+21V	输入为全 1
字节写入	0	1	+21V	输入
整片擦除	0	$+9 \sim +15V$	+21V	输入为全 1
擦写禁止	1	×	$+4 \sim +22V$	高阻

1）读出方式。当 $\overline{CE}=0$，$\overline{OE}=0$，并且 V_{PP} 端加 $+4\sim+6V$ 电压时，Intel 2816 处于正常的读工作方式，此时数据线为输出状态。

2）待机（备用）方式。当 $\overline{CE}=1$，$\overline{OE}$ 为任意状态，且 V_{PP} 端加 $+4\sim+6$ V 电压时，Intel 2816 处于待机状态。与 2716 芯片一样，待机状态下芯片的功耗将下降。

3）字节擦除方式。当 $\overline{CE}=0$，$\overline{OE}=1$，数据线（$I/O_0\sim I/O_7$）都加高电平且 V_{PP} 加幅度为 $+21V$、宽度为 $9\sim15ms$ 的脉冲时，Intel 2816 处于以字节为单位的擦除方式。

4）字节写入方式。当 $\overline{CE}=0$，$\overline{OE}=1$，V_{PP} 加幅度为 $+21V$、宽度为 $9\sim15ms$ 的脉冲时，来自数据线（$I/O_0\sim I/O_7$）的数据字节可写入 Intel 2816 的存储单元中。可见，字节写入和字节擦除方式实际是同一种操作，只是在字节擦除方式中，写入的信息为全 "1" 而已。

5）整片擦除方式。当 $\overline{CE}=0$，数据线（$I/O_0\sim I/O_7$）都为高电平，$\overline{OE}$ 端加 $+9\sim+15$ V 电压及 V_{PP} 加 $+21V$、$9\sim15ms$ 的脉冲时，约经 10ms 可擦除整片的内容。

6）擦写禁止方式。当 $\overline{CE}=1$，V_{PP} 为 $+4\sim+22V$ 时，不管 $\overline{OE}$ 是高电平还是低电平，Intel 2816 都将进入禁止状态，其数据线（$I/O_0\sim I/O_7$）呈高阻态，内部存储单元与外界隔离。

常用的 E^2PROM 芯片见表 6-5。

表 6-5 常用的 E^2PROM 芯片

型号 参数	2816	2816A	2817	2817A	2864A
取数时间/ns	250	$200\sim250$	250	$200\sim250$	250
读电压 V_{PP}/V	5	5	5	5	5
写/擦电压 V_{PP}/V	21	5	21	5	5
字节擦写时间/ms	10	$9\sim15$	10	10	10
写入时间/ms	10	$9\sim15$	10	10	10
封装	DIP24	DIP24	DIP28	DIP28	DIP28

6.1.2 微型计算机的存储器组织

（1）物理地址与逻辑地址

8088/8086 有 20 条地址线，因此可寻址的最大物理内存空间为 1MB（2^{20}）。存储器中任何一个存储单元都有一个 20 位的地址，称为存储单元的物理地址。而程序员在编写程序时，往往要使用逻辑地址来访问存储器。逻辑地址就是把物理地址表示为段基地址和段内偏移形式的地址。如图 6-17 所示为存储器逻辑地址示意图。

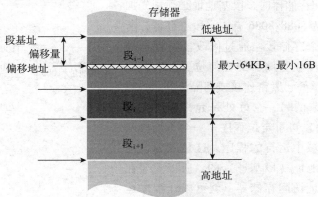

图 6-17 存储器逻辑地址示意图

　　逻辑地址的表示形式为"xxxx：yyyy"，其中xxxx是段基址，yyyy是段内偏移地址（简称偏移地址，即相对于段基址的相对偏移量）。

　　物理地址与逻辑地址的关系如下：

$$物理地址 = 段基址 \times 16 + 偏移地址$$

【例6-1】　把逻辑地址3A00H：12FBH转换为物理地址。

　　解：物理地址 $= 3A00H \times 16 + 12FBH = 3A000H + 12FBH = 3B2FBH$

【例6-2】　如果要访问物理地址为12003H存储单元中的内容，那么需写出逻辑地址，并画出示意图。

　　解：物理地址12003H对应的逻辑地址有很多种分解方法，例如：

$$12003H = 1200H \times 16 + 0003H$$
$$12003H = 1000H \times 16 + 2003H$$
$$12003H = 1100H \times 16 + 1003H$$
$$\vdots$$

下面分别观察上述各种逻辑地址及其示意图。

1）逻辑地址1200H：0003H示意图如图6-18所示。

2）逻辑地址1000H：2003H示意图如图6-19所示。

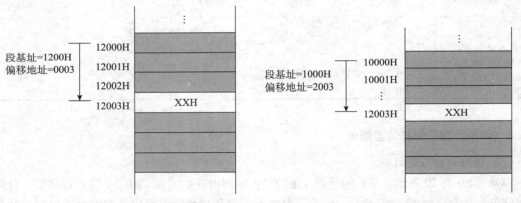

图6-18　逻辑地址1200H：0003H示意图　　　图6-19　逻辑地址1000H：2003H示意图

3）逻辑地址1100H：1003示意图如图6-20所示。

在8088/8086访问存储器时，段基地址必须预先加载到段寄存器中。因为8088/8086有4个段寄存器，所以它同时可以访问4个存储段。通过修改段寄存器的内容，可将存储段定位在存储器的任何位置上。段与段之间也可以重合、重叠、紧密连接或间隔分开。

存储器分段所带来的另一个好处是允许程序在存储器内重定位（浮动）。可重定位程序是一个不加修改就可以在任何存储区域中运行的程序。这是因为段内偏移总是相对段起始地址（段基址）的，所以只要在程序中不使用绝对地址访问存储器，就可以让程序运行在任何一个段中。在DOS中，程序载入内存时是由

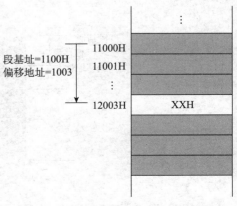

图6-20　逻辑地址1100H：1003示意图

操作系统来指定段寄存器的内容,以实现程序的重定位。

（2）段寄存器的使用

段寄存器的设立不仅使 8088/8086 的存储空间扩大到 1MB,而且为信息按特征分段存储带来了便利。在存储器中,信息按特征可分为程序代码、数据、参数等。为了操作方便,存储器可以相应地进行如下划分。

1）代码段:存放程序的指令代码。

2）数据段:存放数据和运算结果。

3）堆栈段:堆栈存储区,用于传递参数,以及保存返回地址和状态信息。

8088/8086 对访问不同内存段所使用的段寄存器和相应的偏移地址的来源有一些约定,见表 6-6。

表 6-6　8088/8086 对访问不同内存段的一些约定

内存访问类型	默认段寄存器	可指定段寄存器	段内偏移地址来源
取指令	CS	无	IP
堆栈操作	SS	无	SP
源数据串	DS	CS、ES、SS	SI
目的数据串	ES	无	DI
BP 用做基址寻址	SS	CS、ES、DS	按寻址方式计算得到
一般数据存取	DS	CS、ES、SS	按寻址方式计算得到

根据表 6-6,在访问存储器时,段基址可以由"默认"的段寄存器提供,也可以由"指定"的段寄存器提供。当指令中没有显式地"指定"使用某一个段寄存器时,就由"默认"段寄存器来提供段基址。

表 6-6 中前 4 类内存操作的偏移地址只能来自于一个 16 位的指针寄存器或变址寄存器。例如,取指令时为 IP;堆栈操作时为 SP;串操作时分别为 SI 和 DI,而后两类内存操作,则根据不同寻址方式来计算偏移地址。

内存是设置在主机内部的存储器,能被 CPU 直接访问,主要用来存放当前运行的程序和所需的数据,以便随时向 CPU 提供信息。它与 CPU 的联系最为密切,若把 CPU 比作生产成品的工厂,那么内存就是原材料供应处,随时为 CPU 提供原材料。了解 8086 系统对内存的管理方式,有助于理解 CPU 的工作原理。

6.1.3　高速缓存（Cache）系统

Cache 也是我们经常遇到的概念,也就是平常看到的一级缓存（L1 Cache）、二级缓存（L2 Cache）、三级缓存（L3 Cache）。这些数据,它位于 CPU 与内存之间,是一个读写速度比内存更快的存储器。当 CPU 向内存中写入或读出数据时,这个数据也存储进 Cache 中。当 CPU 再次需要这些数据时,CPU 就从 Cache 读取数据,而不是访问较慢的内存,当然,如果需要的数据在 Cache 中没有,CPU 会再去读取内存中的数据。

如果将 CPU 比作一个城里的家具厂,而将存储系统比作郊区的木料厂,那么实际情况就是木料厂离家具厂越来越远,即使使用更大的卡车来运送木料,家具厂也得停工来等待木料送来。在这样的情况下,一种解决方法是在市区建立一个小型仓库,在里面放置一些家具厂最常用到的木料。这个仓库实际上就是家具厂的"Cache",家具厂就可以从仓库不停地及时运送需要的木料。当然,仓库越大,存放的木料越多,效果就越好,因为这样即使是些不常用的东西也可以在仓库里找到。如果我们需要的木料仓库里没有，就要到城外的木料厂里继续找，而家具厂就得等着了。

L1 缓存相当于仓库，可以由 CPU 及时快速的读写，存储的是 CPU 最常用代码和数据。L1 缓存的速度比系统内存快得多，因为它使用的是 SRAM，这种内存单晶元使用 4～6 个晶体管。这也使得 SRAM 的造价相当的高，因此不能拿来用在整个存储系统上。

在大多数 CPU 中，L1 缓存和核心一起在一块芯片上。如果以家具厂为例，就好比工厂和仓库在同一条街上。这样的设计使 CPU 可以从最近的地方以最快的方式得到数据，但这也使得"城外的木料厂"到"仓库"和到"家具厂"的距离差不多远。这样，如果 CPU 需要的数据不在 L1 缓存中，也就是"Cache Miss"，从存储设备取数据就要很长时间了。处理器速度越快，两者之间的差距就越大。

RAM 和 ROM 是相对的，RAM 在掉电以后，其中的信息消失，而 ROM 在掉电以后，信息不会消失。

RAM 又分两种，一种是静态 RAM（SRAM）；另一种是动态 RAM（DRAM）。前者的存储速度要比后者快得多，我们现在使用的内存一般都是动态 RAM。

有人会问，如果为了增加系统的速度，把缓存扩大不就行了吗？扩大得越多，缓存的数据就越多，系统不就越快了吗？

缓存通常都是静态 RAM，速度是很快，但是静态 RAM 集成度低（存储相同的数据，静态 RAM 的体积是动态 RAM 的 6 倍）、价格高（同容量的静态 RAM 是动态 RAM 的 4 倍）。

由此可见，扩大静态 RAM 作为缓存是不明智的做法，但为了提高系统的性能和速度，我们必须要扩大缓存，这样就有了一个折中的方法，不扩大原来的静态 RAM 缓存，而是增加一些高速动态 RAM 作为缓存。这些高速动态 RAM 速度要比常规动态 RAM 快，但比原来的静态 RAM 缓存慢。我们把原来的静态 RAM 缓存叫一级缓存，而把后来增加的动态 RAM 叫二级缓存。

一级缓存和二级缓存中的内容都是内存中访问频率高的数据的复制品（映射），它们的存在都是为了减少高速 CPU 对慢速内存的访问。

通常，CPU 寻找数据或指令的顺序是：先到一级缓存中寻找，若找不到，那么再到二级缓存中寻找，如果还找不到，就只有到内存中寻找了。

6.2　内存系统

内存就是暂时存储程序及数据的地方，如在使用 Word 处理文稿时，在键盘上敲击字符，字符就被存入内存中，当选择存盘时，内存中的数据才会存入硬盘。

6.2.1　内存结构

（1）ROM

在制造 ROM 时，信息（数据或程序）就被存入并永久保存。这些信息只能读出，一般不能写入，即使机器停电，这些数据也不会丢失。ROM 一般用于存放计算机的基本程序和数据，如 BIOS ROM。其物理外形一般是双列直插式（DIP）的集成块。

（2）RAM

RAM 表示既可以从中读取数据，也可以向其写入数据。当机器电源关闭时，存于其中的数据就会丢失。现在在组装台式机时半导体存储器是以内存条的形式提供的。我们通常购买或升级的内存条就是用做计算机的内存，内存条（SIMM）就是将 RAM 集成块集中在一起的一小块电路板，它插在计算机中的内存插槽上，以减少 RAM 集成块占用的空间。目前，市场上常见的内存条有 1G/条、2G/条、4G/条等，如图 6-21 所示。

6.2.2　内存条的构成

内存一般采用半导体存储单元，包括随机存储器（RAM）、只读存储器（ROM），以及 Cache，其中 RAM 是最重要的存储器。内存条有很多种类，从先前的 EDO（扩展数据输出）RAM 到 SDRAM 以及 DDRSDRAM、RDRAM（突发存取的高速动态随机访问存储器）等。SDRAM 是同步动态随机存取存储器，具有 168 个引脚，

图 6-21　内存条

是目前 Pentium 及以上机型使用的内存。SDRAM 将 CPU 与 RAM 通过一个相同的时钟锁在一起，使 CPU 和 RAM 能够共享一个时钟周期，两者以相同的速度同步工作，在每一个时钟脉冲的上升沿便开始传递数据，其速度水平比普通内存提高 50%。DDR（Double Data Rate，双数据速率）RAM 是 SDRAM 的更新换代产品，它允许在时钟脉冲的上升沿和下降沿传输数据，这样在不需要提高时钟频率的情况下就能加倍提高 SDRAM 的速度。

内存中被 CPU 访问最频繁的数据和指令复制到 CPU 的缓存中，这样 CPU 就可以不经常到较慢的内存中去取数据了，因为缓存的速度要比内存快很多。

6.2.3　内存组织

物理存储器和存储地址空间是两个不同的概念，但由于这两者有十分密切的关系，而且两者都用 B、KB、MB、GB 等来度量其容量大小，因此容易产生认识上的混淆。物理存储器是指实际存在的具体存储器芯片，如主板上装插的内存条和装载有系统的 BIOS 的 ROM 芯片、显示卡上的显示 RAM 芯片和装载显示 BIOS 的 ROM 芯片，以及各种适配卡上的 RAM 芯片和 ROM 芯片。

存储地址空间是指对存储器编码（编码地址）的范围。所谓编码就是对每一个物理存储单元（一个字节）分配一个号码，通常叫做"编址"。分配一个号码给一个存储单元的目的是为了便于找到它，完成数据的读写，这就是所谓的"寻址"（有时也把地址空间称为寻址空间）。

地址空间的大小和物理存储器的大小并不一定相等。举例说明，某层楼共有 17 个房间，其编号为 801～817。这 17 个房间是物理的，而其地址空间采用了 3 位编码，其范围是 000～999，共 1000 个地址，可见，地址空间是大于实际房间数量的。

对于 386 以上档次的微机，其地址总线为 32 位，因此地址空间可达 2^{32}，即 4GB。虽然如此，但是我们一般使用的一些操作系统，如 Windows XP，却最多只能识别或者使用 3.25G 内存，而 64 位的操作系统能识别并使用 4G 或 4G 以上的内存。

6.3　存储器系统的设计

存储器系统是指计算机中由存放程序和数据的各种存储设备、控制部件，以及管理信息调度的设备（硬件）和算法（软件）组成的系统。

计算机的主存储器不能同时满足存取速度快、存储容量大和成本低的要求，在计算机中必须有速度由慢到快、容量由大到小的多级层次存储器结构，以最优的控制调度算法和合理的成本构成具有性能可接受的存储系统。存储系统的性能在计算机中的地位日趋重要，主要原因如下：

1）冯·诺依曼体系结构是建立在存储程序概念基础上的，访问存储器操作约占 CPU 时间的 70% 左右。

2）存储管理与组织的好坏影响到整机效率。

3）现代的信息处理，如图像处理、数据库、知识库、语音识别、多媒体等对存储系统的要求很高。

6.3.1　存储芯片的扩展

在实际应用中，由于单片存储芯片的容量总是有限的，很难满足实际存储容量的要求，因此需要将若干个存储芯片连接在一起，构成大容量的存储器。存储器芯片的扩展通常有位扩展、字扩展，以及字和位同时扩展 3 种方式。

（1）位扩展

位扩展是指存储芯片的字数（单元个数）满足要求而位数不够，需对每个存储单元的位数进行扩展。图 6-22 给出了使用 8 个 8K×1 位的 RAM 芯片通过位扩展构成 8K×8 位的存储器系统的连线图。

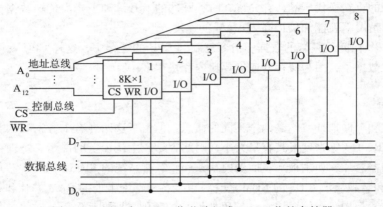

图 6-22　用 8 个 8K×1 位芯片组成 8K×8 位的存储器

位扩展的基本思路：

1）确定每个芯片的地址引脚数、数据引脚数。

2）整个存储空间与存储芯片的地址空间一致，其所需的地址总线也是一样。

3）计算所需存储器芯片的数量，确定每个存储器芯片在整个存储空间中的地址空间范围、位空间范围。

4）所有芯片的地址引脚全部连接到地址总线对应的地址线上。

5）同一字空间的存储芯片$\overline{\text{CS}}$信号连在一起。

6）不同位空间的数据线连接到对应的数据总线上。

7）所有芯片的$\overline{\text{CS}}$逻辑连接在一起。

8）统一读写控制。

由于存储器的字数与存储器芯片的字数一致，$8\text{ K} = 2^{13}$，故只需 13 根地址线（$A_{12} \sim A_0$）对各芯片内的存储单元寻址，每一芯片只有一条数据线，需要 8 片这样的芯片，将它们的数据线分别接到数据总线（$D_7 \sim D_0$）的相应位。在此连接方法中，每一条地址线有 8 个负载（同时接到 8 片存储器相同的位），每一条数据线有一个负载（只接到 1 片存储器）。位扩展法中，所有芯片都应同时被选中，各芯片$\overline{\text{CS}}$端可直接接地，也可并联在一起，根据地址范围的要求，与高位地址线译码产生的片选信号相连。对于此例，若地址线 $A_0 \sim A_{12}$ 上的信号为全 0，即选中了存储器 0 号单元，则该单元的 8 位信息是由各芯片 0 号单元的 1 位信息共同构成的。

可以看出，位扩展的连接方式是将各芯片的地址线、片选 $\overline{CS}$、读/写控制线相应并联，而数据线要分别引出。

（2）字扩展

字扩展用于存储芯片的位数满足要求而字数不够（存储单元数不够）的情况，是对存储单元数量的扩展。图 6-23 给出了用 4 个 16 K ×8 位芯片经字扩展构成一个 64K ×8 位存储器系统的连接方法。

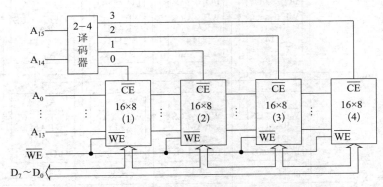

图 6-23　用 4 个 16K ×8 位芯片组成 64K ×8 位的存储器

图 6-23 中 4 个芯片的数据端都与数据总线 $D_7 \sim D_0$ 相连；地址总线低位地址 $A_{13} \sim A_0$ 与各芯片的 14 位地址线连接（16K = 2^{14}），用于进行存储器芯片的片内寻址；为了区分 4 个芯片的地址范围，还需要两根高位地址线 A_{14} 和 A_{15}，经 2-4 译码器译出 4 根片选信号线，分别和 4 个芯片的片选端相连。各芯片的地址范围见表 6-7。

表 6-7　各芯片地址空间分配表

片号 地址	$A_{15}A_{14}$	$A_{13}A_{12}A_{11}\cdots A_1A_0$	说明
1	00	000…00	最低地址（0000H）
	00	111…11	最高地址（3FFFH）
2	01	000…00	最低地址（4000H）
	01	111…11	最高地址（7FFFH）
3	10	000…00	最低地址（8000H）
	10	111…11	最高地址（BFFFH）
4	11	000…00	最低地址（C000H）
	11	111…11	最高地址（FFFFH）

可以看出，字扩展的连接方式是将各芯片的地址线、数据线、读/写控制线并联，由片选信号来区分各片地址。也就是说，将低位地址线直接与各芯片地址线相连，以选择片内的某个单元；用高位地址线经译码器产生若干不同片选信号，连接到各芯片的片选端，以确定各芯片在整个存储空间中所属的地址范围。

（3）字和位同时扩展

在实际应用中，往往会遇到字数和位数都需要扩展的情况，下面举例说明。

若使用 l×k 位存储芯片构成一个容量为 M × N 位（M > l，N > k）的存储器，那么这个存储器共需要（M/l）×（N/k）个存储器芯片。连接时可将这些芯片分成（M/l）个组，每组有

（N/k）个芯片，组内采用位扩展法，组间采用字扩展法。

图 6-24 给出了用 2114（1K×4 位）RAM 芯片构成 4K×8 位存储器的连接方法。

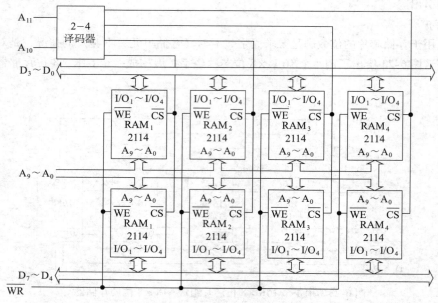

图 6-24　字和位同时扩展连接图

在图 6-24 中，将 8 片 2114 芯片分成了 4 组（RAM_1、RAM_2、RAM_3 和 RAM_4），每组两片。组内用位扩展法构成 1K×8 位的存储模块，4 个这样的存储模块用字扩展法连接便构成了 4K×8 位的存储器。用 $A_9 \sim A_0$ 10 根地址线对每组芯片进行片内寻址，由于同组芯片应同时被选中，故同组芯片的片选端应并联在一起。本例用 2-4 译码器对两根高位地址线 $A_{10} \sim A_{11}$ 译码，产生 4 根片选信号线，分别与各组芯片的片选端相连。

6.3.2　存储器与 CPU 的连接

在 CPU 对存储器进行访问时，首先要在地址总线上发出地址信号，选择要访问的存储单元，然后还要向存储器发出读/写控制信号，最后在数据总线上进行信息交换。因此，存储器与 CPU 的连接实际上就是存储器与三总线中相关信号线的连接。

（1）存储器与控制总线的连接

在控制总线中，与存储器相连的信号线数量不多，如 8086/8088 最小方式下的 M/$\overline{\text{IO}}$（8088 为 $\overline{\text{M}}$/IO）、$\overline{\text{RD}}$ 和 $\overline{\text{WR}}$，最大方式下的 $\overline{\text{MRDC}}$、$\overline{\text{MWTC}}$、$\overline{\text{IORC}}$ 和 $\overline{\text{IOWC}}$ 等，连接也非常简单，有时这些控制线（如 M/$\overline{\text{IO}}$）也与地址线一同参与地址译码，生成片选信号。

（2）存储器与数据总线的连接

对于不同型号的 CPU，数据总线的数目是不同的，连接时要特别注意。

8086 CPU 的数据总线有 16 根，其中高 8 位数据线 $D_{15} \sim D_8$ 接存储器的高位库（奇地址库），低 8 位数据线 $D_7 \sim D_0$ 接存储器的低位库（偶地址库），根据 $\overline{\text{BHE}}$（选择奇地址库）和 A_0（选择偶地址库）的不同状态组合决定对存储器进行字操作或字节操作。图 6-25 给出了由两片 6116（2K×8 位）构成的 2K 字（4KB）的存储器与 8086 CPU 的连接情况。

由于 8088CPU 的数据总线有 8 根，存储器为单一存储体组织，没有高低位库之分，故数据线连接方式较简单，直接将 8 位数据线 $D_7 \sim D_0$ 接存储器数据线，进行字节操作。

（3）存储器与地址总线的连接

前面已经提到，对于由多个存储芯片构成的存储器，其地址线的译码分成片内地址译码和片间地址译码两部分。片内地址译码主要用于对各芯片内某存储单元的选择，而片间地址译码主要用于产生片选信号，以决定每一个存储芯片在整个存储单元中的地址范围，避免各芯片地址空间的重叠。片内地址译码在芯片内部完成，连接时只需将相应数目的低位地址总线与芯片的地址线引脚相连。片选信号通常要由高位地址总线经译码电路生成。地址译码电路可以根据具体情况选用各种门电路构成，也可使用现成的译码器，如 74LS138（3-8 译码器）等。图 6-26 给出了74LS138 的引脚图。表 6-8 为 74LS138 译码器的真值表。

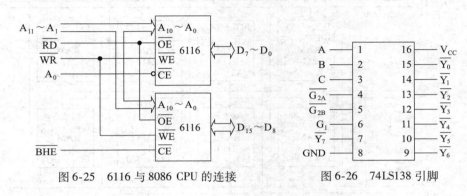

图 6-25　6116 与 8086 CPU 的连接　　　图 6-26　74LS138 引脚

表 6-8　74LS138 译码器真值表

G_1	$\overline{G_{2A}}$	$\overline{G_{2B}}$		C	B	A	译码器输出
1	0	0		0	0	0	$\overline{Y_0}=0$，其余为 1
1	0	0		0	0	1	$\overline{Y_1}=0$，其余为 1
1	0	0		0	1	0	$\overline{Y_2}=0$，其余为 1
1	0	0		0	1	1	$\overline{Y_3}=0$，其余为 1
1	0	0		1	0	0	$\overline{Y_4}=0$，其余为 1
1	0	0		1	0	1	$\overline{Y_5}=0$，其余为 1
1	0	0		1	1	0	$\overline{Y_6}=0$，其余为 1
1	0	0		1	1	1	$\overline{Y_7}=0$，其余为 1
不是上述情况				×	×	×	$\overline{Y_0} \sim \overline{Y_7}$，全为 1

片间地址译码一般有线选法、部分译码和全译码等方法。

1）线选法是直接将某高位地址线接某存储芯片片选端，该地址线信号为 0 时选中所连芯片，然后再由低位地址对该芯片进行片内寻址。线选法不需要外加专门的逻辑电路和译码电路，线路的连接简单。线选法的缺点：可寻址的地址范围减少，即寻址能力的利用率太低，使大量地址空间浪费，不能充分利用系统的存储空间，可用于小型微机系统或芯片较少的情况。

2）全译码是指除了地址总线中参与片内寻址的低位地址线外，其余所有高位地址线全部参与片间地址译码。全译码不会产生地址码重叠的存储区域，对译码电路要求较高。

3）部分译码是线选法和全译码相结合的方法，即利用高位地址线译码产生片选信号时，有的地址线未参加译码。这些空闲地址线在需要时还可以对其他芯片进行线选。部分译码会产生地址码重叠的存储区域。

【例6-3】 采用 2114（1K×4bit）芯片扩展组成容量为 4K×8bit 存储器。

分析：由于需要进行字、位同时扩展才能满足存储器的容量要求，需要 8 片 2114，存储器芯片与 CPU 的连接电路如图 6-27 所示，根据连接线路可以写出各组芯片的地址范围，见表 6-9。

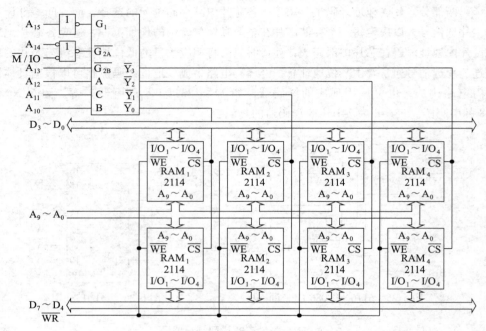

图 6-27　字位同时扩展连接图

表 6-9　各组芯片的地址范围

芯片	$A_{15} \sim A_{10}$	$A_9 \sim A_0$	地址范围
RAM$_1$	000000	0000000000	0000H
		1111111111	03FFH
RAM$_2$	000001	0000000000	0400H
		1111111111	07FFH
RAM$_3$	000010	0000000000	0800H
		11111111111	0BFFH
RAM$_4$	000011	0000000000	0C00H
		1111111111	0FFFH

习题

一、单选题

1. 已知某 EPROM 芯片的地址线为 $A_0 \sim A_{18}$，数据线为 $D_0 \sim D_7$，则它的容量为（　　）。

A. 128KB　　　　　　B. 256KB　　　　　　C. 512KB　　　　　　D. 1024KB

2. 16KB 的 SRAM 芯片应有（　　）根地址输入端。

A. 12　　　　　　　　B. 13　　　　　　　　C. 14　　　　　　　　D. 15

3. 由 16K×4 位 RAM 芯片组成 32KB 存储器模块，需要（　　）片 RAM。

A. 2　　　　　　　　B. 4　　　　　　　　C. 8　　　　　　　　D. 16

4. 主存和 CPU 之间增加高速缓存的目的是（　　　）。

   A. 解决 CPU 和主存之间的速度匹配问题

   B. 解决 CPU 和外存之间的速度匹配问题

   C. 扩大存储器容量

   D. 既扩大内存容量，又提高存取速度

5. 要使74LS138 译码器的 $Y_0 \sim Y_7$ 引脚的某一位为 L（低电平），则正确的控制端电平为（　　　）。

   A. $G = L$，$G_{2A} = L$，$G_{2B} = L$ B. $G = H$（高电平），$G_{2A} = H$，$G_{2B} = H$

   C. $G = H$，$G_{2A} = L$，$G_{2B} = L$ D. $G = L$，$G_{2A} = H$，$G_{2B} = H$

二、填空题

1. 存储器中存放的计算机系统工作所需的信息有＿＿＿＿＿＿＿＿＿＿＿＿。

2. Intel 6116 芯片的地址线为＿＿＿＿＿＿条，数据线为＿＿＿＿＿＿条。

3. Intel 2114 芯片的地址线为＿＿＿＿＿＿条，数据线为＿＿＿＿＿＿条。

4. Intel 2732A 芯片的地址线为＿＿＿＿＿＿条，数据线为＿＿＿＿＿＿条。

5. 用 8 片 2164 DRAM 芯片可构成＿＿＿＿＿＿容量的存储器，地址线为＿＿＿＿＿＿条，数据线为＿＿＿＿＿＿条。

三、应用题

1. 8086/8088 系统中存储器的逻辑地址和物理地址之间有什么关系？写出存储器地址 3FB0H：0053H 的段地址、偏移地址和物理地址。

2. 某程序数据段中存有两个数据字：1234H 和 5A6BH，若已知（DS）= 5AA0H，它们的偏移地址分别为 245AH 和 3245H，试画出它们在存储器中的存放情况。

3. 现有 1024 × 1 位静态 RAM 芯片，若要组成存储容量为 64K × 8 位的存储器，共需要多少个 RAM 芯片？应分为多少组？共需要多少根片内地址选择线？共需要多少根芯片选择线？请画出其与系统总线连接示意图。

第 7 章 Chapter

微型计算机和外设间的数据传输

在接口电路基本概念的基础上，本意介绍 CPU 与 I/O 设备间的信号，I/O 接口的功能及基本组成，I/O 端口的编址，CPU 与外设间的数据传送方式（无条件传送方式、条件传送方式、中断方式及 DMA 方式），可编程 DMA 控制器 8237A 的结构、功能及编程应用。

7.1 I/O 概述

无论是用于科学计算、数据处理还是实时控制，微型计算机都需要与 I/O 设备或被控对象之间频繁地交换信息。例如，要通过输入设备把程序、原始数据、控制参数、被检测的现场信息送入计算机处理，而计算机则要通过输出设备把计算结果、控制参数、控制状态输出显示或发送给被控对象。

CPU 和外界交换信息的过程称为输入/输出（Input/Output，I/O），即通信。常用的输入设备有键盘、操纵杆、鼠标、光笔等；常用的输出设备有 CRT 显示终端、打印机、绘图仪、软/硬磁盘机、模/数转换器、数/模转换器等。输入设备和输出设备统称为外部设备，简称外设或 I/O 设备。

由此可见，为了完成一定的实际任务，微型计算机都必须与外界广泛地进行信息交换和传输，即与各种外部设备相联系。

一般来说，任何一台外部设备都不能直接与微机系统相连，都必须通过 I/O 接口电路与微机系统总线相连，原因有下列几条。

（1）外部设备的种类繁多、速度不匹配

外部设备可以是机械的、机电式的或其他形式，传送的速率相差较大，例如手动式键盘输入字符速度为秒级，而磁盘机能以几兆/秒甚至更高的速度传送信息。

（2）信号类型和电平幅度不匹配

输入、输出的信号类型不同，可以是数字量、模拟量（电压、电流），也可以是开关量，但 CPU 使用的信号都是二进制数字信号且是标准的 TTL 电平。

（3）信号格式不匹配

输入、输出信号的类型等也是各种各样，有串行、并行等。CPU 系统总线传送的都是并行数据。

（4）时序不匹配

各种外设工作原理不同、结构也不同，都有适应自己工作原理的定时和控制逻辑，而这些定时与 CPU 的时序往往是不一样的。

总之，由于 I/O 设备的多样性，使得它不可能直接与 CPU 相连，必须通过一个中间环节——I/O 接口来协调这些矛盾，实现信息交换。

外部设备与 CPU 之间进行信息交换需要通过相应的电路来完成它们之间的速度匹配、信号转换，并完成某些控制功能。通常把一种介于主机和外设之间，用来完成它们之间的速度匹配、信号转换，以及某些控制功能的缓冲电路称为 I/O 接口电路，简称 I/O 接口（Interface）。一台微型计算机的输入/输出系统应该包括 I/O 接口、I/O 设备及相关的控制软件。

I/O 接口就是使微处理器（CPU）和外部设备连接起来，并使二者之间正确进行信息交换而专门设计的逻辑电路，是计算机和外设进行信息交换的中转站。

7.2　CPU 与 I/O 设备间的信号

CPU 与 I/O 设备之间交换的信息可分为数据信息、状态信息和控制信息 3 类。

1. 数据信息

在微型计算机中，数据通常为 8 位、16 位、32 位或 64 位，它们大致可分为数字量、模拟量和开关量 3 种类型。

（1）数字量

数字量是计算机可以直接发送、接收和处理的数据。例如，由键盘、显示器、打印机及磁盘等 I/O 外设与 CPU 交换的信息，是以二进制形式表示的数或以 ASCII 码表示的字符等。

（2）模拟量

当微机用于控制系统时，现场通常都是连续变化的物理量，如电流、电压、流量、压力、温度、湿度、位移、转速等，这些物理量通过各种传感器转换为模拟的电信号，再通过 A/D 转换器转换为数字电信号后送入计算机处理，处理之后又必须通过 D/A 转换器输出模拟信号，经功率放大后去驱动控制对象。

（3）开关量

开关量可表示两个状态，如开关的断开和闭合，机器的运转与停止，阀门的打开与关闭等。这些开关量通常要经过相应的电平转换才能与计算机连接。

开关量只要用一位二进制数 0 或 1 即可表示。

2. 状态信息

状态信息作为 CPU 与外设之间交换数据时的联络信息，用来反映输入、输出设备当前工作状态的信号，由外设通过接口送往 CPU。CPU 通过对外设状态信号的读取，可得知输入设备的数据是否准备好、输出设备是否空闲等情况。

对于输入设备，一般用"准备就绪"（READY）信号的高低来表明待输入的数据是否准备就绪；对于输出设备，则用"忙"（BUSY）信号的高低表示输出设备是否处于空闲状态，如为空闲状态，则可接收 CPU 输出的信息，否则 CPU 要暂停送数。

3. 控制信息

控制信息是 CPU 通过接口传送给外设的，CPU 通过发送控制信息设置外设（包括接口）的工作模式、控制外设的工作。例如，读信号、写信号，以及外设的启动信号和停止信号就是常见的控制信息。

虽然数据信息、状态信息和控制信息含义不同，但在微型计算机系统中，CPU 通过接口和外设交换信息时，只能用输入指令（IN）和输出指令（OUT）传送数据，因此，状态信息、控制信息也是作为数据信息传送的，即把状态信息作为一种输入数据，而把控制信息作为一种输出数据，这样，状态信息和控制信息也通过数据总线来传送。但在接口中，这 3 种信息是在不同的寄存器（端口）中分别存放的。

7.3 I/O 接口的功能及基本组成

7.3.1 I/O 接口的功能

I/O 接口是用来连接微机和外设的一个中间部件，因此，I/O 接口电路要面对主机和外设两个方面进行协调和缓冲。面对主机的部分是标准且统一的，因为不同外设面对的 CPU 都是相同的，所以接口与 CPU 间的连接与控制是标准的，而接口电路面对外设的部分则随外设的不同而不同，是非标准的，但一般而言，I/O 接口通常具有下列功能：

1）能对传送数据提供缓冲功能，用以协调主机与外设间的定时及数据传输速度的差异。

2）数据格式变换功能，如逻辑极性变换以及串行、并行变换等。

3）能反映外设当前的工作状态（如是否就绪、是否空闲）、接收 CPU 的控制信号。

4）能提供信号电平的匹配功能。例如，用 MOS 工艺制造的微处理器，其输入、输出电平以及扇出能力与外设相匹配时，其间必须要加缓冲电路。又如，串行接口通常用的是非 TTL 电平，这就需要接口电路提供 TTL 电路与非 TTL 电平的变换。

5）数据输入、输出功能，即能在 CPU 和外设间提供双向的数据传送，这是接口电路的最基本功能。

6）能对外设进行中断管理。例如，暂存中断请求、中断优先级排队、提供中断类型码等。

7）具有设备选择（或地址译码）功能，即判断当前 CPU 启动的是否是与本接口电路所连接的外设。

8）具有定时与控制功能，即提供接口内部工作所需的时序以及与 CPU 时序的协调。

此外，对接口电路来说，还应有错误检测功能等。当然，对一个具体的接口电路来说，不一定要同时具备上述所有功能。

7.3.2 I/O 接口的基本组成

不同的外设需要配备不同的接口电路。不同的 I/O 接口其内部结构各不相同，但无论哪种 I/O接口，就一般情况而言，必须具有以下基本部件：

（1）数据输入、输出寄存器（或称数据锁存器）

数据输入、输出寄存器用来实现接口电路的数据缓冲功能，即和缓冲器一起实现对输入、输出数据的缓冲。

（2）命令寄存器

命令寄存器用来接收 CPU 的各种控制命令，以实现 CPU 对外设具体操作的控制。

（3）状态寄存器

状态寄存器用来反映外设的当前工作状态或接口电路本身的工作状态，即用状态寄存器中的某一位反映外设的状态。常用的两个状态位是"准备就绪"信号（READY）和"忙"信号（BUSY）。

（4）译码电路

译码电路用来将系统的地址信息转变为对接口电路芯片的片选信号。

（5）控制逻辑

控制逻辑用来提供接口电路内部工作所需要的时序以及向外发出的各种控制信号或状态信号，是接口电路的核心部件。

图 7-1 所示是 I/O 接口电路的基本组成及其与系统的连接。

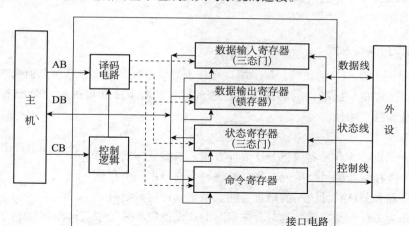

图 7-1　I/O 接口电路的基本组成及其与系统的连接

由图 7-1 可知，从结构上来说，接口电路既要与主机系统相连，又要与不同的 I/O 设备相连，由于 I/O 设备的多样性，使得各种具体接口电路的内部结构和功能随所连的 I/O 设备的不同而差别很大，之所以说微机应用系统设计中最主要和最复杂的设计就是 I/O 接口电路的设计，原因就在于此。不过随着大规模集成电路技术的发展，目前大多数 I/O 接口电路都已制成大规模集成电路芯片的形式，并且已标准化、系统化而且许多芯片都是可编程的，这就为简化微机应用系统的设计提供了方便。在所有的 I/O 接口电路中，与系统总线相连的部分的结构非常类似，因为不同的接口都是连接在同一条总线上的。

图 7-1 中的 I/O 接口电路只是一个基本部分，实际上为了支持接口逻辑，系统中还需配置许多其他支持逻辑电路，如较大的系统中还要配置总线收发器以提高数据总线的驱动能力等。

7.4　I/O 端口的编址

7.4.1　I/O 端口及端口地址

由图 7-1 可知，每一个 I/O 接口电路中都包含有一组寄存器，主机和外设进行数据传送时，各类信息（数据信息、控制信息和状态信息）在进入接口电路以后分别进入不同的寄存器，通常把接口电路中 CPU 可以直接访问的每一个寄存器或控制电路称为一个 I/O 端口（port）。为便于 CPU 的访问，每一个 I/O 端口都赋予一个地址，称为 I/O 端口地址。

在一个接口电路中，可能含有多个 I/O 端口，其中用来接收 CPU 的数据或将外设数据送往 CPU 的端口称为数据端口；用来接收 CPU 发出的各种命令以控制接口和外设操作的端口称为控制端口；用来接收反映外设或接口本身工作状态的端口称为状态端口。

可见，CPU 对外部设备的输入、输出操作实际上是通过接口电路中的 I/O 端口实现的，即输入、输出操作归结为对相应 I/O 端口的读/写操作。

对一个具有双向工作（既可输入又可输出）的接口电路，通常有 4 个端口，即数据输入端口、数据输出端口、控制端口和状态端口，其中数据输出端口和控制端口是只写的，而数据输入端口和状态端口是只读的。但在实际应用中，系统为了节省地址空间，往往将数据输入、输出端口对应赋予同一端口地址。这样，当 CPU 利用该端口地址进行读操作时，实际是从数据输入端口读取数据，而当进行写操作时，实际是向数据输出端口写入数据。同样，状态端口和控制端口也赋予同一端口地址。

7.4.2　I/O 端口的编址方式

为便于 CPU 对 I/O 端口的访问，每个端口有一个端口地址。那么，系统如何来给每个端口分配端口地址呢？这就是 I/O 端口的编址方式。通常，系统对 I/O 端口的地址分配有两种编址方式，即统一编址和独立编址。

1. 统一编址方式

统一编址方式也称为存储器映像 I/O 编址方式。该编址方式将每一个 I/O 端口作为存储器的一个单元看待，即每一个端口占一个存储单元地址，存储器和 I/O 共处统一的地址空间。系统设计时，划分一部分存储空间作为 I/O 地址空间。这时存储器与 I/O 设备的唯一区别仅是所占用的地址空间不同，如图 7-2 所示。

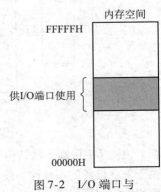

图 7-2　I/O 端口与内存单元统一编址

一般指定 I/O 端口占用存储空间的高地址端，并选用地址最高位作为 I/O 寻址"标志"。例如，对于 64KB 的存储空间，当 A_{15} 为"1"时，高端的 32KB 空间作为 I/O 端口地址空间；而当 A_{15} 为 0 时，低端的 32KB 地址空间作为存储器地址空间。之所以选用地址最高位为 I/O 寻址标志，是因为对于地址最高位，软件较容易控制。将地址空间的一半划给 I/O 端口，而在实际使用过程中，可能只用了极少的一部分，所以有时也可对部分高位地址进行译码，以确定具体的 I/O 空间。

统一编址方式的优点：

1）CPU 对 I/O 设备的管理，是用访问内存的指令实现的。任何对存储器操作的指令都可用于对 I/O 端口的访问，这就大大增加了程序设计的灵活性，并使 CPU 对外设的控制更方便。例如，可以用传送指令 MOV 实现 CPU 内寄存器和 I/O 端口间的数据传送，可以用逻辑指令（AND、OR、TEST 等）控制 I/O 端口中一些位的状态。

2）在统一编址方式下，CPU 是对存储器访问还是对 I/O 端口进行访问取决于地址总线的最高位状态（1 或 0）以及读、写控制信号。实际上，不论对哪个空间进行访问，CPU 均把它看成一个存储单元，是读出还是写入取决于读、写控制信号，至于访问哪个空间（是 I/O 空间还是存储器单元），只要程序员编程时予以注意（给出合适地址）即可。

统一编址的不足之处是，I/O 端口占用了一定的内存可寻址空间，会给程序设计带来一些不便。

2. 独立编址方式

独立编址方式就是为存储器和 I/O 端口建立两个完全独立的地址空间，且二者可以重叠，如图 7-3 所示。

Intel x86 系列微处理器的 I/O 端口采用独立编址方式。8086/8088 端口地址 16 位，能取 $2^{16} = 64$K 个不同的 I/O 端口地址。任何两个连续的 8 位端口可作为一个 16 位端口，称为字端口。字端口类似于存储器的字地址。I/O 地址空间不分段。

独立编址方式的优点：

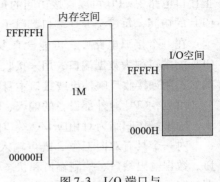

图 7-3　I/O 端口与内存单元独立编址

1）I/O 端口地址空间与存储器空间完全独立。

2）CPU 使用专门的信号来区分是对存储器访问还是对 I/O 端口进行访问。

例如，在 8086 中，用 $M/\overline{IO}$（8088 中用 $IO/\overline{M}$）信息确定是对存储器访问还是对 I/O 端口进行访问，当 $M/\overline{IO}=1$（高电平）时，表示 CPU 是对存储器进行访问（即进行读/写操作），当 $M/\overline{IO}=0$（低电平）时，表示 CPU 是对 I/O 端口进行访问。

3）在独立编址时，CPU 对 I/O 端口的访问必须用专门的输入/输出指令（IN、OUT 指令）来实现数据的传送，而输入/输出数据的通道则与存储器共享系统总线。

一般来说，在微机中，CPU 用地址总线的低位对 I/O 设备寻址，如在 8086 中用地址总线的低 16 位进行 I/O 寻址，可提供的 I/O 端口地址空间为 64KB。

独立编址方式的缺点是 I/O 指令功能弱、类型单一，这给输入、输出带来不便。另外，需要专设控制 I/O 读写的引脚信号（如 $M/\overline{IO}$）会增加 CPU 的引脚数。

7.4.3　I/O 端口的地址分配和地址译码

了解系统的 I/O 端口地址分配，对于微机应用系统设计者来说是很重要的，当需要向系统中增加外设时就必须要占用 I/O 端口地址，也就是说，系统中哪些地址已被占用，哪些是空闲的，可供用户使用，必须十分清楚，否则无法进行 I/O 接口电路的设计。下面以 IBM - PC/XT 机为例，说明系统 I/O 端口地址的分配及 I/O 端口地址的译码方法。

1. I/O 端口地址分配

IBM - PC/XT 机中使用独立的 I/O 寻址方式，即使用 $A_9 \sim A_0$ 共 10 位地址可对 $2^{10}=1024$ 个 I/O 端口进行寻址，在硬件上，根据 I/O 接口的复杂程度分成两部分：

1）位于系统主板上的 I/O 接口芯片：如 DMA 控制器、中断控制器、并行接口、定时器/计数器、键盘接口等。

2）位于系统扩展槽上的 I/O 接口卡：每个扩展槽上可输入一个 I/O 接口板（卡），如磁盘驱动器、打印机接口卡、显示卡等。

因此，系统将 1024 个 I/O 端口空间分成两部分。前 512 个（即 $A_9=0$）端口地址分配给系统板上的 I/O 接口电路；后 512 个（即 $A_9=1$）端口地址分配给 I/O 扩展槽上的 I/O 接口卡用。系统板上接口芯片的端口地址和扩展槽上接口卡的端口地址分配表分别如表 7-1 和表 7-2 所示（注意，其中一部分是让 DOS 系统占用的，未列出来）。

表 7-1　系统板上接口芯片的端口地址

I/O 芯片名称	端口地址
DMA 控制器 1	000H ~ 00FH
DMA 控制器 2	0C0H ~ 0DFH
DMA 页面寄存器	080H ~ 09FH
中断控制器 1	020H ~ 03FH
中断控制器 2	0A0H ~ 0BFH
定时器	040H ~ 05FH
并行接口（键盘）	060H ~ 06FH
RT/CMOS RAM	070H ~ 07FH
协处理器	0F0H ~ 0FFH

表 7-2　扩展槽上接口卡的端口地址

I/O 接口名称	端口地址
游戏控制卡	200H ~ 20FH
并行口控制卡 1	370H ~ 37FH
并行口控制卡 2	270H ~ 27FH
串行口控制卡 1	3F8H ~ 3FFH
串行口控制卡 2	2F8H ~ 2FFH
原型插件板（用户可用）	300H ~ 31FH
同步通信卡 1	3A0H ~ 3AFH
同步通信卡 2	380H ~ 38FH
单显 MDA	3B0H ~ 3BFH
彩显 CGA	3D0H ~ 3DFH
彩显 EGA/VGA	3C0H ~ 3CFH
硬驱控制卡	1F0H ~ 1FFH
软驱控制卡	3F0H ~ 3F7H
PC 网卡	360H ~ 36FH

2. I/O 端口地址译码

（1）I/O 端口地址译码方法

I/O 端口地址译码方法分为两步：第一步选择芯片；第二步选择端口。

CPU 为了对 I/O 端口进行读/写操作，必须要确定访问的 I/O 端口位于哪个 I/O 接口电路芯片内，以及具体的 I/O 端口（寄存器），为此，要将 I/O 端口地址的高位及指示 I/O 设备操作的控制信号送到译码器的输入端，当 I/O 指令执行时，译码器的输出便可产生使 I/O 接口芯片工作的片选信号（$\overline{\text{CS}}$）；将端口地址的低位直接连到 I/O 接口芯片的端口选择端来选择具体的 I/O 端口。

（2）I/O 端口地址译码电路

I/O 端口地址译码方法是灵活多样的，当采用独立编址方式时，地址译码分两步进行：第一步选择芯片；第二步选择芯片上的某一端口。一般用译码器（如 74LS138）或逻辑门电路来产生片选信号和端口选择信号。一般来说，用地址线的高位部分和控制信号（如 M/$\overline{\text{IO}}$、$\overline{\text{RD}}$、$\overline{\text{WR}}$ 等）进行组合（译码）产生 I/O 接口电路的片选信号（$\overline{\text{CS}}$），用地址线的低位部分直接连到 I/O 接口芯片实现端口的选择。

通常，用逻辑门电路译码产生的端口地址是固定或单一的，如图 7-4 所示，该电路可译出 2E7H 写操作端口地址；当接口电路中需使用多个端口地址时，可采用译码器进行译码，如图 7-5 所示是用 74LS138 译码器（3－8 译码器）产生位于 PC 系统板上的 I/O 端口地址。

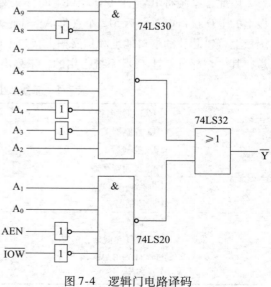

图 7-4　逻辑门电路译码

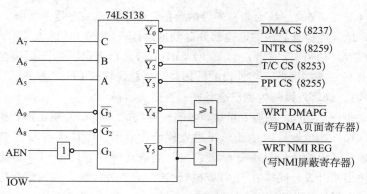

图 7-5　74LS138 译码器译码

7.5　CPU 与外设间的数据传送方式

CPU 为与各种不同的外设进行数据传送，必须采用多种控制方式。CPU 与外设的数据传送控制方式通常有 3 种：程序控制方式、中断方式和 DMA 方式。程序控制方式是指 CPU 与外设间的数据传送在程序控制下实现。程序控制方式又分为无条件传送和条件传送两种。

7.5.1　无条件传送方式

无条件传送方式是在外设或外部控制过程的时间是固定的或已知的条件下进行数据传送的一种方式。在该方式中，外设总被认为已处于准备就绪或准备接收状态，程序不必查询外设的状态，当需要与之交换数据时，直接执行输入、输出指令，开始发送或接收数据。无条件传送是一种最简单的输入/输出传送方式，一般只用于简单、低速的外设的操作，如开关、继电器、LED 显示器等。由于简单外设在作为输入设备时，输入数据的保持时间相对于 CPU 的处理时间长得多，故可以直接使用三态缓冲器与系统总线相连，所需的硬件和软件都比较简单，图 7-6 所示为无条件传送方式的工作原理图。

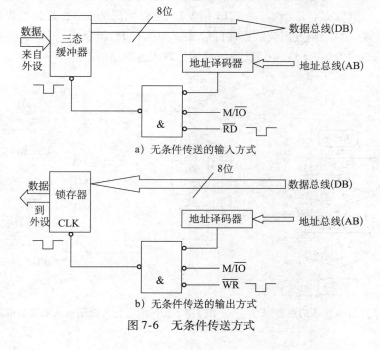

a）无条件传送的输入方式

b）无条件传送的输出方式

图 7-6　无条件传送方式

输入数据时（见图 7-6a），认为来自外设的数据已经输入至三态缓冲器中，于是 CPU 执行 IN 指令，指定的端口地址经地址总线的低位部分送到地址译码器，CPU 进入了输入周期（I/O 读周期）。选中的地址信号（译码器输出）和 M/$\overline{\text{IO}}$ 及 $\overline{\text{RD}}$ 信号进行逻辑"与"后接至三态缓冲器的使能端，选通（打开）三态缓冲器，将外设的数据经数据总线输入 CPU。显然，这样做的条件是当 CPU 执行 IN 指令时，确信外设的数据已准备好，否则会出错。

输出数据时（见图 7-6b），一般要求接口具有锁存功能，即 CPU 输出的数据经数据总线加到输出锁存器的输入端，端口地址由地址总线送入地址译码器，CPU 执行 OUT 指令使 M/$\overline{\text{IO}}$、$\overline{\text{WR}}$ 信号有效，并与地址译码输出信号进行逻辑"与"后选通锁存器，将 CPU 输出的数据锁入锁存器保存，并由它输出给外设。同样，当 CPU 执行 OUT 指令时，也必须确信所选中的外设的锁存器是空的，即外设已做好接收准备。

7.5.2　条件传送方式

条件传送方式也称程序查询方式，这种方式的特点是：在数据传送之前，CPU 要执行查询程序去查询外设的当前状态，只有当外设处于准备就绪（输入设备）或空闲状态（输出设备）时，才执行输入或输出指令进行数据传送，否则，CPU 循环等待，直至外设准备就绪为止。可见，条件传送方式完成一次数据传送的步骤如下：

1）CPU 测试外设的当前状态。

2）当未准备就绪（如 READY =0）或忙（BUSY =1)时，则等待，重复步骤1），否则执行下一步。

3）CPU 执行 IN 或 OUT 指令进行数据传送。

4）传送结束后，使外设暂停。

条件传送方式的流程如图 7-7 所示。

条件传送方式数据输入的接口电路如图 7-8 所示。当输入设备准备好输入数据后便向接口发出一个选通信号，该信号一方面把数据输入锁存器，另一方面使 D 触发器置"1"，给出准备就绪信号 READY。数据和状态必须从不同的端口输入到数据总线。当 CPU 要求外设输入数据时，CPU 首先发出一个读状态信号（执行一条 IN 指令），检查数据是否准备好，当数据已准备好（设状态口 READY 位为 D_1），则发出读数据端口信号（即执行 IN 指令），打开数据缓冲器，数据经总线送入 CPU，数据传送完毕后，使状态位清零，输入过程结束。

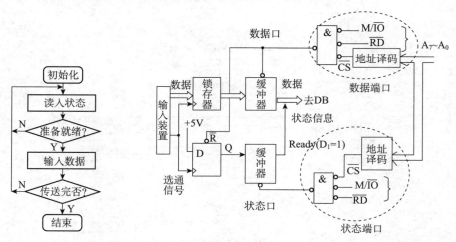

图 7-7　条件传送方式的流程图　　　　图 7-8　条件传送方式数据输入的接口电路图

【例 7-1】　设数据口地址为 60H，状态口地址为 61H，传送的字节数为 100，状态位 $D_1 = 1$ 表示外设准备就绪，输入的数据存放在以 SI 为间址寄存器的内存中，则条件传送方式数据输入的程序如下：

```
        MOV    SI,0      ;地址指针初始化
        MOV    CX,100    ;字节计数器初始化
LP1: IN     AL,61H    ;读状态位
        TEST   AL,02H    ;检测数据准备是否就绪
        JZ     LP1       ;若未就绪,则等待
        IN     AL,60H    ;读数据口
        MOV    [SI],AL   ;存数据
        INC    SI        ;修改地址指针
        DEC    CX
        JNZ    LP1
        HLT
```

条件传送方式数据输出的接口电路如图 7-9 所示。

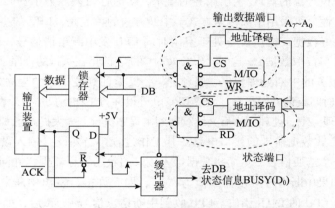

图 7-9　条件传送方式数据输出的接口电路图

当 CPU 要向接口输出一个数据时，必须先读取外设的状态以了解外设是否空闲，若外设的数据寄存器为空，可以接收 CPU 输出的数据，则 CPU 执行 OUT 指令进行数据输出，否则等待。因此，接口电路中也必须有状态口。

当输出设备把 CPU 输出的数据取走后，会向接口发出一个回答信号 $\overline{ACK}$，使 D 触发器置 "0"，即让 BUSY 线为 0，当 CPU 读回这个状态口信息后，得知外设为空，于是执行输出指令，一方面把数据总线上的数据输出到输出锁存器，另一方面使 D 触发器置 "1"，以通知外设，CPU 已准备好数据，外设可以取走，同时也建立一个 "忙" 状态信号（即 BUSY = 1）表示当前外设处于 "忙" 状态，禁止 CPU 输出新的数据，接口中数据口为 8 位，状态口仅 1 位。

【例 7-2】　设某接口电路的输出数据口地址为 300H，状态口地址为 301H，状态口中 D_0 位为 0 表示输出装置空闲，待输出数据存放在内存 BUF 中，试编写用条件传送方式实现输出 100 个字节数据的程序。

程序如下：

```
        LEA    SI, BUF       ;地址指针初始化
        MOV    CX, 100       ;字节计数器初始化
```

```
LP1: MOV     DX, 301H
     IN      AL, DX          ;读状态位
     TEST    AL, 01H         ;检测外设是否空闲
     JNZ     LP1             ;若忙,则等待
     MOV     AL, [SI]        ;取要输出的数据
     MOV     DX, 300H
     OUT     DX, AL          ;输出至端口
     INC     SI              ;修改地址指针
     LOOP    LP1
     HLT
```

7.5.3　中断方式

虽然条件传送方式比无条件传送可靠,但在条件传送方式中,CPU 处于主动地位,它要不断地读取状态字来检测外设状态,真正用于数据传送的时间很短,大部分时间是在查询等待,CPU效率很低。特别是当系统中有多个外设时,CPU 必须逐个查询,而外设的工作速度又各不相同,CPU 不能及时满足外设提出的输入/输出服务的要求,实时性较差。为了提高 CPU 的利用率和使系统具有较好的实时性,可采用中断传送方式。中断方式的特点是,CPU 的主动查询改为被动响应,当输入设备准备好数据或输出设备处于空闲时向 CPU 发中断申请信号,请求 CPU 为它们服务（输出数据或从接口读取数据）。这时,CPU 暂时中断当前正在执行的程序（即主程序）转去执行为输入/输出设备服务的中断处理程序,服务完毕,又返回到被中断的程序处继续执行。这样,CPU 就不用花费大量时间查询外设状态,而使 CPU 和外设并行工作,只是当外设状态就绪或准备好时,用很短时间去处理一下,处理完毕后又继续回到主程序执行,大大提高了 CPU 的工作效率。

图 7-10 是中断方式数据输入的接口电路。其工作过程：当外设（输入设备）准备好一个数据时,便向接口发一个选通信号,从而将数据锁入接口的数据锁存器中,并同时使中断请求触发器置"1"。这时,如果中断屏蔽触发器的值为"1",即允许接口发出中断申请信号,则产生一个中断申请信号送至 CPU 的 INTR 引脚。CPU 收到中断请求信号 INTR 后,如果 CPU 内部的中断允许触发器为 1（IF = 1）,则在当前指令执行完后,响应中断。通过 $\overline{\text{INTA}}$ 引脚向接口发送一个中断响应信号,接口电路收到 $\overline{\text{INTA}}$ 信号后,将中断类型码送入数据总线,同时将中断请求触发器复位,CPU 根据中断类型码从中断向量表中找到对应的中断服务程序的入口地址,从而进入中断服务程序。中断处理程序的主要功能是读取接口电路中输入锁存器中的数据,经数据总线送入CPU。中断服务程序执行完毕后,CPU 返回断点处继续执行刚才中断的程序。

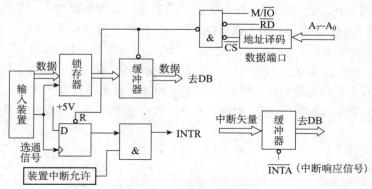

图 7-10 中断方式数据输入的接口电路图

利用中断方式，在一定程度上提高了 CPU 的效率，对于那些传送速率要求不高、数据量不大而有一定实时性要求的场合，使用中断方式是行之有效的。

7.5.4 DMA 方式

采用中断控制方式时，CPU 与外设间的数据传送是依靠 CPU 执行中断服务程序来完成的。每传送一个数据，CPU 执行一次中断操作，即 CPU 暂停执行当前程序，转去执行相应的中断服务程序。而在执行中断服务程序的前后及执行过程中，要进行很多辅助操作，如保护现场（保存 CPU 内的相关寄存器的值，将其压入堆栈）、保护断点，以及返回前还要恢复现场和恢复断点，这些操作会花费 CPU 大量时间。此外，数据传送过程也是由 CPU 通过执行程序完成的，对于输出操作，CPU 要通过程序将数据从内存读出，送入 CPU 内的累加器，再从累加器经数据总线输出到 I/O 端口；对于输入，过程正好相反。这样每次过程都要花费几十甚至几百微秒的 CPU 时间。另外，当系统中连有多台外设时，CPU 为每台设备服务，必须轮流查询每台外设，而外设的要求是随机的，这样就可能出现那些任务时间紧迫而优先级又低的外设不能及时得到服务，从而丢失数据，系统的实时性变差。因此，中断方式对于那些高速外设，如磁盘、磁带、数据采集系统等，不能满足传送速率上的要求。于是，就提出了一种新的传送控制方法，该方法的基本思路：外设与内存间的数据传送不经过 CPU，传送过程也不需要 CPU 干预，而是在外设和内存间开设直接通道由一个专门的硬件控制电路来直接控制外设与内存间的数据交换，从而提高传送速度和 CPU 的效率，CPU 仅在传送前及传送结束后花很少的时间做一些后续处理。这种方法是直接存储器存取（Direct Memory Access）方式，简称 DMA 方式。用来控制 DMA 传送的硬件控制电路是 DMA 控制器。

1. DMA 控制器的基本功能及组成

根据上述 DMA 方式的基本原理，DMA 控制器（DMAC）应具有以下基本功能：

1）能接收外设的 DMA 请求，并能向 CPU 发总线请求，以便取得总线使用权。

2）能接收 CPU 的总线允许信号以及对总线控制。

3）在获得总线控制权后能提供访问存储器和 I/O 端口的地址，并在数据传送过程中能自动修改地址指针，指向下一个要传送的数据。

4）在 DMA 期间，向存储器和 I/O 设备发出所需要的控制信号（主要是读/写控制信号）。

5）能控制数据传送过程的进行及结束。为此，应具有一个字节计数器以控制传送何时结束。

6）当 DMA 传送结束时，能向 CPU 发 DMA 结束信号，以便 CPU 恢复对总线的控制。

根据 DMA 控制器应具有的基本功能，DMA 控制器在硬件结构上也应该具有以下基本部件：

1）地址寄存器，其作用是接收 CPU 预置的存储器起始地址，以及在传送过程中自动修改地址，指出下一个要访问的存储单元（实现上述基本功能 3)）。

2）字节计数器，其作用是接收 CPU 预置的数据传送的总字节数，以及在传送过程中控制传送过程何时结束。为此，该字节计数器应具有自动减 1 功能。

3）控制寄存器，其作用是接收 CPU 的命令，以决定 DMA 传送方向及传送方式（如输出（从内存到外设）、输入（从外设到内存）或传送一个数据或一批数据等）。

4）状态寄存器，用来反映 DMA 控制器及外设的当前工作状态等。

5）内部定时与控制逻辑，用来产生 DMA 控制器内部定时信号和外部控制信号。

如图 7-11 所示是单通道 DMA 控制器的基本组成及对外连接线。

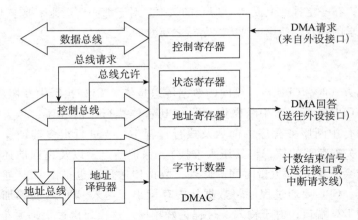

图 7-11　单通道 DMA 控制器的基本组成及对外连接线

2. DMA 控制器的工作方式

DMA 传送通常是用于高速外设（如磁盘机、磁带机等）与存储器间的大批量数据传送，因此，它可以控制数据从外设到内存的传送（输入过程），也可以控制数据从内存到外设的传送（输出过程）。不论是输入还是输出，使用 DMA 传送时，有以下几种工作方式：

1）单字节传送方式。即每进行一次 DMA 传送只传送 1 字节的数据，DMA 控制器就释放总线，交出总线控制权。在这种模式下，CPU 至少可以得到一个总线周期时间进行其他的处理。DMA 控制器若仍要获得总线控制权以便继续数据传送，还可再提出总线请求。

2）成批传送方式。成批传送方式也称做块传送方式，就是一次 DMA 传送要连续传送一批数据，然后才释放总线，交出总线控制权。

3）请求传送方式。该方式与成批传送方式类似，只不过每传送一个数据后总要测试外设的 DMA 请求信号（如 DREQ），当该信号仍有效时，则连续传送，否则暂停 DMA 传送，待该信号再次有效后，继续传送。

4）级联传送方式。级联传送方式就是将多个 DMA 控制器级联起来，同时处理多台外设的数据传送。当系统中接有多台高速外设时，可采用该方式。

对于一个实际的 DMA 系统，具体采用哪种方式，要视具体要求而定。

3. DMA 操作过程

一个完整的 DMA 操作过程大致分为 3 个阶段，即准备阶段（初始化）、数据传送阶段和传送结束阶段。

准备阶段主要是 DMA 控制器接受 CPU 对其进行初始化，初始化的内容包括设置存储器的地址、传送的数据字节数，决定 DMA 控制器工作方式和传送方向等控制字，以及对相关的各接口电路进行初始化设置。

传送结束阶段主要是 DMA 控制器在传送完成后向 CPU 发结束信号，以便 CPU 撤销总线允许信号，收回总线控制权。

综上所述，DMA 控制器是一个特殊的接口部件，从工作方式来说，在它未取得总线控制权之前，如同一个普通接口，同样要接受 CPU 的控制，如初始化等，这时它是一个从模块；当它获得总线控制权后，它又像一个 CPU，控制外设与内存间的数据传送，这时它成为总线主模块。

7.6　可编程 DMA 控制器 8237A

7.6.1　8237A 概述

Intel 8237A 是一种有 40 个引脚的高性能可编程 DMA 控制器。8237A 采用的主频为 5MHz，其传送速度可达 1.6MB/s。

8237A 的特点：

1）8237A 芯片有 4 个独立的 DMA 通道，每个通道均可独立地传送数据，可控制 4 个 I/O 外设进行 DMA 传送。

2）每个通道的 DMA 请求都可以分别允许和禁止。每个通道的 DMA 请求有不同的优先权，优先权可以是固定的，也可以是循环的。

3）每个通道均有 64KB 的寻址和计数能力，即一次 DMA 传送的数据最大长度可达 64KB。

4）可以在存储器与外设间进行数据传送，也可以在存储器的两个区域之间进行传送。

5）8237A 有 4 种 DMA 传送方式，分别为单字节传送方式、数据块传送方式、请求传送方式和级联方式。

6）8237A 芯片有一个结束处理的输入信号，允许外界用此输入端结束 DMA 传送或重新初始化。

7）8237A 可以级联，以扩展更多的通道。

8）8237A 采用 40 脚双列直插式，+5V 工作电源。

8237A 有两种不同的工作状态：从态方式和主态方式。

1）在 DMA 控制器未取得总线控制权时，必须由 CPU 对 DMA 控制器进行编程，以确定通道的选择、数据传送的方式和类型、内存单元起始地址、地址是递增还是递减及要传送的总字节数等，CPU 也可以读取 DMA 控制器的状态。这时，CPU 处于主控状态，而 DMA 控制器就和一般的 I/O 芯片一样，是系统总线的从设备，这种工作方式称为从态方式。

2）当 DMA 控制器取得总线控制权后，系统就完全在它的控制下，使 I/O 设备和存储器之间或存储器与存储器之间进行直接的数据传送，这种工作方式称为主态方式。

7.6.2　8237A 内部结构与引脚功能

1. 8237A 的内部结构

8237A 的内部结构如图 7-12 所示，主要由 3 个基本控制逻辑单元、3 个地址/数据缓冲器单元和 1 组内部寄存器组成。

（1）控制逻辑单元

控制逻辑单元包括定时和控制逻辑、命令控制逻辑和优先级控制逻辑，它们的功能分别如下。

1）定时和控制逻辑：根据初始化编程所设置的工作方式寄存器的内容和命令，在输入时钟信号的控制下，产生 8237A 的内部定时信号和外部控制信号。

2）命令控制逻辑：主要是在 CPU 控制总线（即 DMA 处于空闲周期）时，将 CPU 在初始化编程时送来的命令字进行译码；当 8237A 进入 DMA 服务时，对 DMA 的工作方式控制字进行译码。

3）优先级控制逻辑：用来裁决各通道的优先顺序，解决多个通道同时请求 DMA 服务时可能出现的优先权竞争问题。

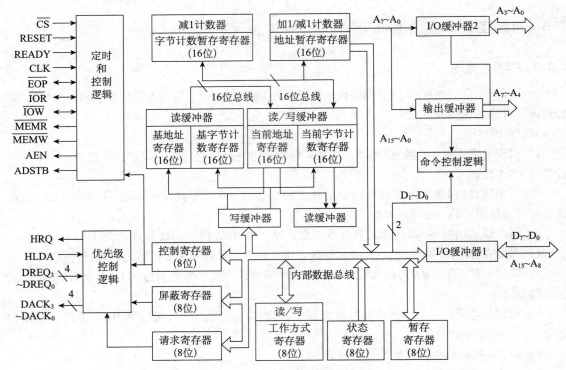

图 7-12　8237A 的内部结构图

（2）地址/数据缓冲器单元

缓冲器包括 I/O 缓冲器 1、I/O 缓冲器 2 和输出缓冲器，功能分别如下。

1）I/O 缓冲器 1：8 位、双向、三态地址/数据缓冲器，作为 8 位数据 $D_7 \sim D_0$ 输入/输出和高 8 位地址 $A_{15} \sim A_8$ 输出缓冲。

2）I/O 缓冲器 2：4 位、双位、地址缓冲器，作为地址 $A_3 \sim A_0$ 输出缓冲。

3）输出缓冲器：4 位、单向、地址缓冲器，作为地址 $A_7 \sim A_4$ 输出缓冲。

（3）内部寄存器

8237A 的内部寄存器共有 12 个，见表 7-3。

表 7-3　8237A 的内部寄存器

名称	位数	数量	CPU 访问方式
基地址寄存器	16	4	只写
基字节计数寄存器	16	4	只写
当前地址寄存器	16	4	可读可写
当前字节计数寄存器	16	4	可读可写
地址暂存寄存器	16	1	不能访问
字节计数暂存寄存器	16	1	不能访问
控制寄存器	8	1	只写
工作方式寄存器	8	4	只写
屏蔽寄存器	8	1	只写
请求寄存器	8	1	只写
状态寄存器	8	1	只读
暂存寄存器	8	1	只读

2. 8237A 的引脚

8237A 采用双列直插式，有 40 个引脚，其引脚排列如图 7-13 所示。

$DB_7 \sim DB_0$：8 位地址/数据线。当 CPU 控制总线时，$DB_7 \sim DB_0$ 作为双向数据线，由 CPU 读/写 8237A 内部寄存器；当 8237A 控制总线时，$DB_7 \sim DB_0$ 输出被访问存储器单元的高 8 位地址信号 $A_{15} \sim A_8$，并由 ADSTB 信号锁存。

$A_3 \sim A_0$：地址线，双向。当 CPU 控制总线时，$A_3 \sim A_0$ 为输入，作为 CPU 访问 8237A 时内部寄存器的端口地址选择线。当 8237A 控制总线时，$A_3 \sim A_0$ 为输出，作为被访问存储器单元的地址信号 $A_3 \sim A_0$。

$A_7 \sim A_4$：地址线，单向。当 8237A 控制总线时，$A_7 \sim A_4$ 为输出，作为被访问存储器单元的地址信号 $A_7 \sim A_4$。

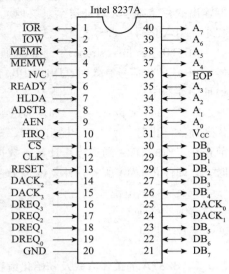

图 7-13　8237A 的引脚

$\overline{CS}$：片选信号，低电平有效。当 CPU 控制总线时，$\overline{CS}$ 为低电平，选中指定的 8237A。

$\overline{IOR}$（I/O read）：I/O 读信号，双向，低电平有效。当 CPU 控制总线时，$\overline{IOR}$ 为输入信号，CPU 读 8237A 内部寄存器的状态信息；当 8237A 控制总线时，$\overline{IOR}$ 为输出信号，与 $\overline{MEMW}$ 配合控制数据由外设传至存储器。

$\overline{IOW}$（I/O write）：I/O 写信号，双向，低电平有效。当 CPU 控制总线时，$\overline{IOW}$ 为输入信号，CPU 写 8237A 内部寄存器；当 8237A 控制总线时，$\overline{IOW}$ 为输出信号，与 $\overline{MEMR}$ 配合控制数据由存储器传至外设。

$\overline{MEMR}$（memory read）：存储器读信号，输出，低电平有效，与 $\overline{IOW}$ 配合控制数据由存储器传至外设。

$\overline{MEMW}$（memory write）：存储器写信号，输出，低电平有效，与 $\overline{IOR}$ 配合控制数据由外设传至存储器。

$DREQ_3 \sim DREQ_0$（DMA request）：4 个通道的 DMA 请求输入信号，由请求 DMA 传送的外设输入，其有效极性和优先级可以通过编程设定。

$DACK_3 \sim DACK_0$（DMA acknowledge）：4 个通道的 DMA 响应输出信号，作为对请求 DMA 传送外设的应答信号，其有效极性可以通过编程设定。

HRQ（hold request）：总线请求信号，输出，高电平有效，与 CPU 的总线请求信号 HOLD 相连。当 8237A 接收到 DREQ 请求后，使 HRQ 变为有效电平。

HLDA（hold acknowledge）：总线应答信号，输入，高电平有效。与 CPU 的总线响应信号 HLDA 相连。当 HLDA 有效后，表明 8237A 获得了总线控制权。

CLK（clock）：时钟信号。作为芯片内部操作的定时，并控制数据传送的速率。

RESET：复位信号，高电平有效。芯片复位后，屏蔽寄存器置 1，其他寄存器被清零，8237A 处于空闲周期，可接受 CPU 的初始化操作。

READY（I/O device ready）：外设准备就绪信号，输入，高电平有效。READY = 1，表示外设已经准备就绪，可以进行读/写操作；READY = 0，表示外设未准备就绪，需要在总线周期中插入

等待周期 T_W。

AEN（address enable）：地址允许信号，输出，高电平有效。当 AEN 有效时，将 8237A 控制器输出的存储器单元地址送至系统地址总线，禁止其他总线控制设备使用总线。在 DMA 传送过程中，AEN 信号一直有效。

ADSTB（address strobe）：地址选通信号，输出，高电平有效，作为外部地址锁存器选通信号。当 ADSTB 信号有效时，$DB_7 \sim DB_0$ 传送的存储器高 8 位地址信号（$A_{15} \sim A_8$）被锁存到外部地址锁存器中。

$\overline{EOP}$（end of process）：DMA 传送结束信号，双向，低电平有效。当 8237A 的任一通道数据传送计数停止时，产生$\overline{EOP}$输出信号，表示 DMA 传送结束；也可以由外设输入$\overline{EOP}$信号，强迫当前正在工作的 DMA 通道停止计数，数据传送停止。无论是内部停止还是外部停止，当$\overline{EOP}$有效时，立即停止 DMA 服务，并复位 8237A 的内部寄存器。

Vcc：+5V 电源。

GND：接地。

N/C：未用。

7.6.3　8237A 的工作方式及初始化编程

8237A 有主控和从属两种工作状态，当它没有获得总线控制权时，作为从属设备由 CPU 控制，如初始化操作。8237A 一旦获得总线控制权，由从属状态变为主控状态，控制 DMA 进行数据传送。数据传送完毕，将总线控制权交还给 CPU，又由主控状态变为从属状态。

1. 8237A 的工作方式

上文提到过，8237A 共有 4 种工作方式，分别是单字节传送方式、数据块传送方式、请求传送方式和级联传送方式，下面对它们进行详细介绍。

（1）单字节传送方式

在单字节传送方式下，每进行一次 DMA 操作，只传送 1 字节数据。8237A 每完成一个字节的传送，计数器便自动减 1，地址寄存器的值加 1 或减 1。接着，8237A 释放系统总线，把控制权交还给 CPU。但在 8237A 释放总线后，会立即对 DREQ 端进行测试，一旦 DREQ 有效，则 8237A 会立即发送总线请求，在获得总线控制权后，又成为总线主模块而进行 DMA 传送。

单字节传送方式的特点：一次 DMA 传送 1 字节数据，占用 1 个总线周期，然后释放系统总线。这种传送方式效率较低，但它会保证在两次 DMA 传送之间，CPU 有机会获得总线控制权，执行一次 CPU 总线周期。

（2）数据块传送方式

在数据块传送方式下，8237A 一旦获得总线控制权，就会连续地传送数据块，直到当前字节计数器减到 0 或由外设产生$\overline{EOP}$信号，才终止 DMA 传送，释放总线控制权。

数据块传送方式的特点：一次请求传送一个数据块，效率高，然而，在整个 DMA 传送期间，CPU 长时间无法控制总线，无法响应其他 DMA 请求或处理其他中断。

（3）请求传送方式

与数据块传送方式类似，请求传送方式也是一种连续传送数据的方式。

在请求传送方式下，8237A 每传送 1 字节就要检测一次 DREQ 信号是否有效，若有效，则继续传送下一个字节；若无效，则停止数据传送，结束 DMA 过程。但 DMA 的传送现场（当前地址寄存器和当前字节计数器的值）全部保持，待请求信号 DREQ 再次有效时，8237A 接着原来的计数值和地址继续进行数据传送，直到当前字节计数器减到 0 或由外设产生 $\overline{\text{EOP}}$ 信号，终止 DMA 传送，释放总线控制权。

请求传送方式的特点：DMA 操作可由外设利用 DREQ 信号控制数据传送的过程。

（4）级联传送方式

当一片 8237A 的通道不够用时，可通过多片级联的方式增加 DMA 通道，如图 7-14 所示。这种级联方式由主、从两级构成，8237A 从片的 HRQ 和 HLDA 引脚与 8237A 主片的 DREQ 和 DACK 引脚连接，一片主片最多可连接 4 片从片。在级联方式下，从片进行 DMA 传送，主片在从片与 CPU 之间传递联络信号，并对从片各通道的优先级进行管理。

级联方式的特点：可扩展多个 DMA 通道。

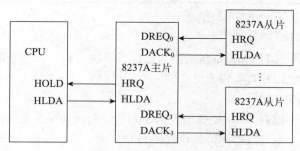

图 7-14　二级 8237A 级联

8237A 有 4 个 DMA 通道，它们的优先顺序采用两种方式，但不论采用哪种优先权方式，经裁决让某个通道获得服务后，其他通道无论其优先权高低，均被禁止，直到已服务的通道结束数据传送。DMA 传送不存在嵌套。

1）固定优先权方式：4 个通道的优先权是固定的，即通道 0 的优先权最高，通道 1 其次，通道 2 再次，通道 3 最低。

2）循环优先权方式：4 个通道的优先权是循环变化的，即在每次 DMA 操作周期（不是 DMA 请求，而是 DMA 服务）之后，各个通道的优先权都发生变化。刚刚服务过的通道的优先权降为最低，它后面通道的优先权变为最高。

2. 8237A 的内部寄存器结构

8237A 的内部寄存器有两类。一类称为通道寄存器，每个通道包括基地址寄存器、当前地址寄存器、基字节计数器、当前字节计数器和工作方式寄存器，这些寄存器的内容在初始化编程时写入；另一类为控制寄存器和状态寄存器，这类寄存器是 4 个通道公用的，其中控制寄存器用来设置 8237A 的传送类型和请求控制等，初始化编程时写入，而状态寄存器存放 8237A 的工作状态信息，供 CPU 读取查询。8237A 内部寄存器的端口地址分配及读/写操作功能见表 7-4。

表 7-4　8237A 内部寄存器端口地址分配及读/写操作功能

通道号	A_3 A_2 A_1 A_0	地　址	读操作（$\overline{\text{IOR}}=0$）	写操作（$\overline{\text{IOW}}=0$）
0	0　0　0　0	DMA + 00H	当前地址寄存器	基（当前）地址寄存器
	0　0　0　1	DMA + 01H	当前字节计数器	基（当前）字节计数器
1	0　0　1　0	DMA + 02H	当前地址寄存器	基（当前）地址寄存器
	0　0　1　1	DMA + 03H	当前字节计数器	基（当前）字节计数器
2	0　1　0　0	DMA + 04H	当前地址寄存器	基（当前）地址寄存器
	0　1　0　1	DMA + 05H	当前字节计数器	基（当前）字节计数器

（续）

通道号	A₃ A₂ A₁ A₀	地 址	读操作（$\overline{\text{IOR}}$ =0）	写操作（$\overline{\text{IOW}}$ =0）
3	0 1 1 0	DMA + 06H	当前地址寄存器	基（当前）地址寄存器
	0 1 1 1	DMA + 07H	当前字节计数器	基（当前）字节计数器
公用	1 0 0 0	DMA + 08H	状态寄存器	控制寄存器
	1 0 0 1	DMA + 09H		请求寄存器
	1 0 1 0	DMA + 0AH		单通道屏蔽寄存器
	1 0 1 1	DMA + 0BH		方式寄存器
	1 1 0 0	DMA + 0CH		清除先后触发器
	1 1 0 1	DMA + 0DH	暂存寄存器	主清除（软件复位）
	1 1 1 0	DMA + 0EH		清除屏蔽寄存器
	1 1 1 1	DMA + 0FH		四通道屏蔽寄存器

注：DMA 地址由 $\overline{\text{CS}}$ 信号和 8237A 页面寄存器提供。

（1）当前地址寄存器

当前地址寄存器用来保存 DMA 传送的当前地址，每次传送后，这个寄存器的值自动加 1 或减 1。当前地址寄存器由 CPU 写入或读出。

（2）当前字节计数器

当前字节计数器用来保存 DMA 传送的剩余字节数，每次传送后减 1。这个计数器的值可由 CPU 写入和读出。当前字节计数器的值从 0 减到 FFFFH 时，终止计数。

（3）基地址寄存器

基地址寄存器中存放着与当前地址寄存器相同的初始值。初始化时，CPU 将起始地址同时写入基地址寄存器和当前地址寄存器，但是基地址寄存器不会自动修改，且不能读出。

（4）基字节计数器

基字节计数器中存放着与当前字节计数器相同的初始值。初始化时，CPU 将传送数据的字节数同时写入基字节计数器和当前字节计数器，但是基字节计数器不会自动修改，且不能读出。由于字节计数器从 0 开始减 1，直到 FFFFH 时才终止计数，所以，实际传送的字节数要比写入字节计数器的值多 1，因此，如果需要传送 N 字节数据，初始化编程时写入字节计数器的值应为 N – 1。

（5）工作方式寄存器

工作方式寄存器中存放相应通道的方式控制字，如图 7-15 所示。地址加 1 或减 1 是指每传送 1 字节数据，当前地址寄存器的值（即存储器单元地址）加 1 或减 1。自动预置是指当字节计数器从 0 开始减 1，直到 FFFFH 并产生 $\overline{\text{EOP}}$ 信号时，当前字节计数器和当前地址寄存器自动从基字节计数器和基地址寄存器中获取初始值，从头开始重复操作。

（6）控制寄存器

控制寄存器存放 8237A 的控制字，如图 7-16 所示。它用来设置 8237A 的操作方式，影响每个通道。复位时，控制寄存器清零。在系统性能允许的范围内，为获得较高的传输效率，8237A 能将每次传输时间从正常时序的 3 个时钟周期变成压缩时序的两个时钟周期。

（7）请求寄存器

8237A 除了可以利用硬件 DREQ 信号提出 DMA 请求外，当工作在数据块传送方式时，也可以通过软件发出 DMA 请求。请求寄存器如图 7-17 所示。在执行存储器与存储器之间的数据传送时，由通道 0 从源数据区读取数据，由通道 1 将数据写入目标数据区，此时启动 DMA 过程是由内部软件 DMA 请求来实现的，即对通道 0 的请求寄存器写入 04H，产生 DREQ 请求，使 8237A 产生总线请求信号 HRQ，启动 DMA 传送。

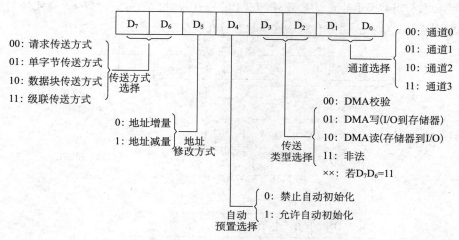

图 7-15　8237A 工作方式寄存器

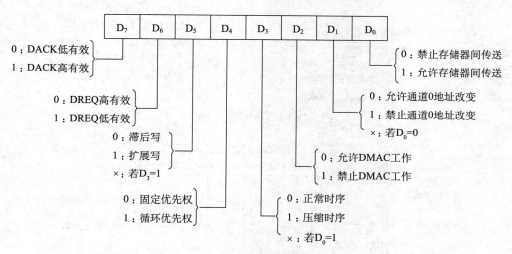

图 7-16　8237A 控制寄存器

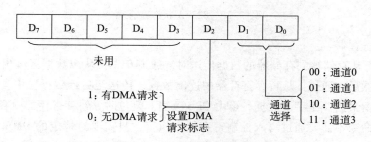

图 7-17　8237A 请求寄存器

（8）屏蔽寄存器

8237A 的每个通道都有一个屏蔽位，当该位为 1 时，屏蔽对应通道的 DMA 请求。屏蔽位可以用两种命令字置位或清除，单通道屏蔽字和四通道屏蔽字分别如图 7-18 和图 7-19 所示。

（9）状态寄存器

状态寄存器用来存放各通道的工作状态和请求标志，如图 7-20 所示。低 4 位对应表示各通道的终止计数状态。当某通道终止计数或外部$\overline{EOP}$信号有效时，则对应位置1。高4位对应表示各通道的请求信号 DREQ 输入是否有效。这些状态位在复位或被读出后，均清零。

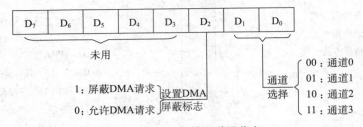

图 7-18 8237A 单通道屏蔽字

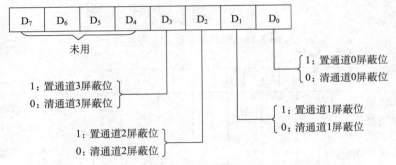

图 7-19 8237A 四通道屏蔽字

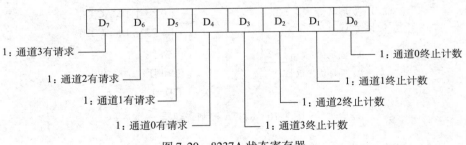

图 7-20 8237A 状态寄存器

（10）暂存寄存器

8237A 在进行从存储器到存储器的数据传送时，通道 0 先把从源数据区读出的数据送入暂存寄存器中保存，然后由通道 1 从暂存寄存器中读出数据，传送至目标数据区中。传送结束时，暂存寄存器只会保留最后一个字节数据，可由 CPU 读出。复位时，暂存寄存器内容清零。

注意，清除命令不需要通过写入控制寄存器来执行，只需要对特定的 DMA 端口执行一次写操作即可完成。主清除命令的功能与复位信号 RESET 类似，可以对 8237A 进行软件复位。只要对 $A_3 \sim A_0 = 1101B$ 的端口执行一次写操作，便可以使 8237A 处于复位状态。

3. 8237A 的初始化编程

8237A 的初始化编程分为以下几个步骤。

1）发主清除命令：向 DMA +0DH 端口执行一次写操作，就可以复位内部寄存器。

2）写地址寄存器：将传送数据块的首地址（末地址）按照先低位后高位的顺序写入基地址

寄存器和当前地址寄存器。

3）写字节计数器：将传送数据块的字节数 N（写入的值为 N−1）按照先低位后高位的顺序写入基字节计数器和当前字节计数器。

4）写工作方式寄存器：设置工作方式和操作类型。

5）写屏蔽寄存器：开放指定 DMA 通道的请求。

6）写控制寄存器：设置 DREQ 和 DACK 的有效极性，启动 8237A 开始工作。

7）写请求寄存器：只有用软件请求 DMA 传送（存储器与存储器间的数据块传送）时，才需要写该寄存器。

7.6.4　8237A 应用举例

【例 7-3】　编写使用 DMA 从接口往内存传输一个数据块的程序。

编程时，分别对 DMA 控制器和接口的以下信息进行初始化：

1）往 DMA 控制器的字节计数器中写入初始值，以决定数据块传输长度。

2）往 DMA 控制器的地址寄存器中写入初始值，以确定存放数据块的内存首地址。

3）对 DMA 控制器设置控制字，指出数据传输的方向，以及是否块传输，并启动 DMA 操作。

4）对接口部件设置控制字，指出数据传输的方向，并启动 I/O 操作。

设 INTSTAT 为 DMA 控制器的状态寄存器；BYTE_REG 为 DMA 控制器的字节计数器；ADD_REG 为 DMA 控制器的地址寄存器；DMA_CON 为 DMA 控制器的控制字寄存器；INT_CON 为 DMA 控制器的接口控制寄存器。

程序如下：

```
STA:  IN    AL,        INTSTAT      ;状态寄存器 D₂ 位为 I/O 设备忙
      TEST  AL,        04H
      JNZ   STA
      MOV   AX,        COUNT        ;数据块长度
      OUT   BYTE_ REG, AX
      LEA   AX,        BUFFER       ;内存单元首地址
      OUT   ADD_ REG,  AX
      MOV   AL,        DMAC         ;DMA 控制器 D₃ 位为1,接受 DMA 请求
      OR    AL,        09H          ;DMA 控制寄存器 D₀ 位为传输方向控制
      OUT   DMA_ CON,  AL           ;1:输入,0:输出
      MOV   AL,        INTC         ;接口控制寄存器 D₂ 位为1,启动 I/O 操作
      OR    AL,        05H          ;接口控制寄存器 D₀ 位为数据传输方向
      OUT   INT_ CON,  AL           ;1:输入,0:输出
      HLT
```

【例 7-4】　在 IBM−PC/XT 微机中，8237A 的具体应用是：8237A 占据 00H~0FH 16 个端口地址。它的通道 0 用于动态 RAM 刷新，通道 1 提供网络通信传输功能，通道 2 和通道 3 分别用来进行软盘驱动器和硬盘驱动器与内存之间的数据传输。系统采用固定优先级。在 4 个 DMA 请求信号和应答信号中，只有 DREQ₀、DACK₀ 是和系统主板相连的，而 DREQ₁~DREQ₃ 和 DACK₁~DACK₃ 接到总线扩展槽，与对应的网络接口板、软盘接口板、硬盘接口板相关信号连接。

1）对 8237A 进行初始化编程。

```
        MOV   AL,   04H
        OUT   08H,  AL          ;发控制命令,关闭8237A
        MOV   AL,   00H
        OUT   0DH,  AL          ;发复位命令
        MOV   DX,   00H         ;取通道0地址寄存器的端口地址
        MOV   CX,   04H
        MOV   AL,   0FFH
W1:     OUT   DX,   AL          ;写地址低8位
        OUT   DX,   AL          ;写地址高8位,16位地址为0FFFFH
        INC   DX
        INC   DX
        LOOP  W1                ;使4个通道地址寄存器的值均为0FFFFH
        MOV   AL,   58H         ;对通道0模式选择:单字节读传输,地址加1
                                ;变化,设置自动预置功能
        OUT   0BH,  AL
        MOV   AL,   41H         ;通道1模式选择:单字节校验传输,地址加1
                                ;变化,无自动预置功能
        OUT   0BH,  AL
        MOV   AL,   42H         ;通道2模式选择:同通道1
        OUT   0BH,  AL
        MOV   AL,   43H         ;通道3模式选择:同通道1
        OUT   0BH,  AL
        MOV   AL,   00H         ;设置控制命令,DACK为低电平有效
        OUT   08H,  AL          ;DREQ为高电平有效,固定优先级,启动工作
        MOV   AL,   00H
        OUT   0FH,  AL          ;设置综合屏蔽命令:对4个通道清除屏蔽
        HLT
```

此时，4 个通道开始工作，只有通道 0 真正进行传输，通道 1~3 为校验传输。由于校验传输是一种虚拟传输，并不真正进行传输，所以不修改地址，地址寄存器的值不变。

2）对 8237A 通道 1~3 地址寄存器的值进行测试，程序如下：

```
        MOV   DX,   02H         ;取通道1的地址寄存器端口地址
        MOV   CX,   03H         ;通道数为3
R1:     IN    AL,   DX          ;读地址低8位
        MOV   AH,   AL
        IN    AL,   DX          ;读地址高8位
        CMP   AX,   0FFFFH      ;比较读取的值与写入的0FFFFH是否相等
        JNZ   STOP              ;若不等,则转STOP
        INC   DX
        INC   DX
        LOOP  R1                ;对3个通道均进行测试
        ...
STOP:   HLT                    ;测试出错,停机等待
```

习题

1. 解释下列概念：I/O 接口、I/O 端口、DMA。
2. I/O 接口电路的作用是什么？
3. 简述 I/O 接口电路的基本组成。
4. I/O 接口中通常有哪几类端口？CPU 与外设间传送的信号有哪几类？
5. 常用的 I/O 端口编址方式有哪几种？各自的特点如何？8086/8088 中采用的是哪一种？
6. I/O 端口地址的常用译码方法有哪些？常用译码电路有哪几种，各自特点是什么？
7. 某 I/O 端口译码电路如图 7-21 所示，指出 $\overline{Y_0}$ 的端口地址范围。

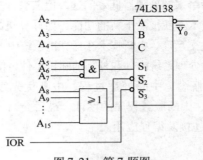

图 7-21　第 7 题图

8. CPU 与外设间数据传送的控制方式有哪几种？简述各种方式的控制过程（含义）及各自特点。
9. 设数据口地址为 200H，状态口地址为 201H，传送的字节数为 200，状态位 $D_3 = 1$ 表示外设准备就绪，输入的数据存放在 Buff 开始的内存中，编写条件传送方式输入数据的程序。
10. 设某接口电路的输出数据口地址为 80H，状态口地址为 81H，状态口中 D_2 位为 0 表示输出装置空闲，待输出数据存放在内存 BUFF 中，试编写用查询方式实现输出 100 字节数据的程序。
11. DMA 控制器具有哪些功能？它有几种工作模式？简述这些工作模式的含义。
12. DMA 控制器的基本组成包括哪些部件，各自的作用是什么？
13. 8237A 有哪几种工作方式？
14. 简述 8237A 初始化编程的步骤。

第 8 章 Chapter

中断系统

中断技术是现代计算机发展过程中的一项重要技术，最初引入中断技术只是为了解决采用程序查询方式对 I/O 接口进行控制所带来的处理器低效问题，但随着计算机系统结构的不断改进以及应用技术水平的日益提高，中断技术不断被赋予新的功能，如计算机故障检测与自动处理、实时信息处理、多道程序分时操作和人机交互等。中断技术在计算机系统中的应用，不仅可以实现 CPU 与外部设备并行工作，而且可以及时处理系统内部和外部的随机事件，使系统能够更加有效地发挥效能。

本章首先介绍中断的基本概念、中断处理过程、中断优先级及中断嵌套，然后介绍 8086/8088 中断源类型、中断向量表、中断服务程序的设计，最后介绍可编程中断控制器 8259A 的结构和功能、工作方式、与 CPU 的连接及编程应用。

8.1 中断概述

8.1.1 中断的基本概念

"中断"是微处理器程序运行的一种方式。计算机在执行正常程序的过程中，当出现某些紧急情况、异常事件或其他请求时，CPU 会暂时中断正在运行的程序，转而去执行对紧急情况或其他请求的操作处理。处理完成以后，CPU 回到被中断程序的断点处接着往下继续执行，这个过程称为中断。

相对被中断的原程序来说，中断处理程序是临时嵌入的一段程序。因此，一般将被中断的原程序称为主程序，而将中断处理程序称为中断服务子程序。主程序被中止的地方，称为断点，也就是 CPU 返回主程序时执行的第一条指令的地址。中断服务子程序一般存放在内存中一个固定的区域内，它的起始地址称为中断服务子程序的入口地址。中断过程示意图如图 8-1 所示。

中断是一项重要而复杂的技术，由计算机的软硬件共同完成。为实现中断功能而设置的硬件电路和与之相应的软件，称为中断系统。一个完整的中断系统一般具有下面一些功能：

1）能实现中断响应、中断处理、中断返回和中断屏蔽。

2）能实现中断优先级排队。

3）能实现中断嵌套。

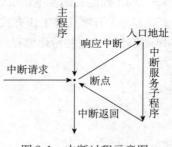

图 8-1　中断过程示意图

8.1.2 中断源

CPU 要响应中断，必须有外部设备或应用程序向 CPU 发出中断请求，这种引起中断的设备或事件称为中断源。

中断源一般分为硬件中断源和软件中断源两类。

硬件中断源，又称为外部中断源，有以下几种：

1）外部 I/O 设备：如键盘、显示器、打印机等。

2）数据通道：如软盘、硬盘、光盘等。

3）实时时钟：如外部的定时电路。

4）用户故障源：如电源掉电、奇偶校验错误等。

软件中断源，又称为内部中断源，有以下几种：

1）CPU 执行指令过程出错：如除数为 0、运算结果溢出等。

2）执行中断指令：如 INT 21H。

3）为调试程序设置的断点：如断点、单步执行等。

4）非法操作或指令引起异常处理。

8.1.3 中断处理过程

对于一个中断源的中断处理过程，应包括下列几个步骤：中断请求、中断响应、中断处理。

1. 中断请求

当某一中断源需要 CPU 为其进行中断服务时，就发出中断请求信号，使中断控制系统中的中断请求触发器置位，向 CPU 申请中断。系统要求中断请求信号一直保持到 CPU 对其进行中断响应为止。

但在某种情况下，CPU 可能不能响应中断，此时当中断源向 CPU 申请中断后，CPU 就不能终止当前正在运行的程序并转到中断服务程序，这种情况称为禁止中断。一般在 CPU 内部有一个中断允许触发器，只有当该触发器的状态为允许状态时，CPU 才能响应外部中断，否则 CPU 不能响应中断。中断允许触发器可以通过指令进行置位和复位。

在另一种情况下，比如当 CPU 正在进行中断处理，此时 CPU 可能不能响应几种特殊类型的中断，而其余的中断则可以响应，这种情况称为中断屏蔽。

中断屏蔽可以通过中断控制系统中的中断屏蔽触发器来实现，将中断源对应的中断屏蔽触发器置 1，则该中断源的中断请求被屏蔽，否则该中断源的中断请求被允许。

可见，要想产生一个外部中断请求信号，需满足两个条件：一是 CPU 允许中断，二是中断源未被屏蔽。

2. 中断响应

CPU 对系统内部中断源提出的中断请求必须响应，而且会自动获取中断服务子程序的入口地址，执行中断服务子程序。对于外部中断，CPU 在每条指令执行的最后一个时钟周期去检测中断请求输入端 INTR 引脚，判断有无中断请求。若 CPU 查询到中断请求信号有效，且此时 CPU 内部的中断允许触发器的状态为 1（即 IF = 1），则 CPU 在现行指令执行完后，向发出中断请求的外设回送一个低电平有效的中断应答信号$\overline{\text{INTA}}$，作为对中断请求 INTR 的应答，系统自动进入中断响应周期。

在中断响应周期内，CPU 要通过内部硬件自动完成以下 3 件事情：

（1）关中断

CPU 响应中断后，输出中断响应信号$\overline{\text{INTA}}$，自动将状态标志寄存器的内容压入堆栈保护起来，然后将中断标志位 IF 与跟踪标志位 TF 清零，从而自动关闭外部硬件中断。因为

CPU 刚进入中断时要保护现场，主要涉及堆栈操作，此时不能再响应中断，否则将造成系统混乱。

（2）保护断点

保护断点就是将 CS 和 IP 的当前内容压入堆栈保存，以便中断处理完毕后能返回被中断的主程序继续执行，这一过程也是由 CPU 自动完成。

（3）形成中断服务程序的入口地址

当系统中有多个中断源时，一旦有中断请求，CPU 必须确定是哪一个中断源提出的中断请求，并由中断控制器给出中断服务子程序的入口地址，分别装入 CS 与 IP 两个寄存器，CPU 转入相应的中断服务子程序开始执行。

3．中断处理

CPU 一旦响应中断，便可转入中断服务子程序的执行。CPU 在中断处理过程中需完成以下几项工作。

（1）保护现场

主程序和中断服务子程序都要使用 CPU 内部寄存器等资源，为使中断处理程序不破坏主程序中寄存器的内容，应先将断点处各寄存器的内容压入堆栈保护起来，然后再进入中断处理。保护现场是由用户使用 PUSH 指令实现的。

（2）开中断

此时，开中断的目的是允许实现中断嵌套。开中断是由用户使用 STI 指令实现的。

（3）中断服务

中断服务是执行中断的主体部分，不同的中断请求，有各自不同的中断服务内容，需要根据中断源所要完成的功能，事先编写相应的中断服务子程序并存入内存，等待中断请求响应后调用执行。

（4）关中断

此时，关中断的目的是确保恢复现场的工作不受干扰。

（5）恢复现场

当中断处理完毕后，用户通过 POP 指令依次将保存在堆栈中的各个寄存器的内容弹出，以恢复主程序断点处寄存器的原值。

（6）开中断

此处的开中断与恢复现场前的关中断对应，以便中断返回后，其他的可屏蔽中断请求能再次得到响应。

（7）中断返回

执行完中断服务子程序，返回到原先被中断的程序，此过程称为中断返回。为了能正确地返回到原来程序的断点处，在中断服务程序的最后应专门放置一条中断返回指令（如 8086/8088 的 IRET 指令）。该指令使原来在中断响应过程中的 IP 和 CS 值以及状态标志寄存器依次从堆栈中弹出（即恢复断点地址和标志寄存器中的内容），以便继续执行主程序。

8.1.4　中断优先级

在实际的计算机系统中，一般存在多个中断源，但是，由于 CPU 引脚的限制，往往只有一条中断请求输入引脚。于是，当有多个中断源同时发出请求时，就要求 CPU 能够识别是哪些中断源产生的中断请求，并且需要根据各设备的轻重缓急，为每个中断源进行排队，并给出顺序编号，这就确定了每个中断源在接受 CPU 服务时的优先等级，称为中断优先级。

当有多个中断源同时向 CPU 请求中断时，中断控制逻辑能够自动地按照中断优先级进行排队，称为中断优先级判优，然后选中当前优先级最高的中断进行处理。对于不同级别的中断请求，一般的处理原则是：

1）CPU 按优先级由高到低依次处理。

2）高优先级中断可以打断低优先级中断。

3）低优先级中断不可以打断高优先级中断。

4）中断处理时，出现同级别请求，应在当前中断处理结束后再处理新的请求。

在微机系统中，通常用 3 种方法来确定中断源的优先级别，即软件查询法、硬件排队电路法和专用中断控制芯片法。

1. 软件查询法

软件查询法是识别中断源最简单的一种方法。这种方法利用软件的查询程序，当有外部设备申请中断时，CPU 响应中断后，在中断服务子程序中通过查询确定是哪些外设申请中断，并根据预先的定义判断它们的优先权。应用软件查询法时，还需要一个简单的硬件电路配合进行。以 8 个中断源为例，其硬件电路如图 8-2 所示，将 8 个外设的中断请求组合起来作为一个端口，并将各个外设的中断请求信号相"或"，产生一个总的 INT 信号。

采用软件查询法识别中断源的过程，其实就是用软件逐个测试中断源状态的过程。在中断处理程序的开始，先把中断寄存器的内容读入 CPU，再对寄存器内容进行逐位查询，查到某位状态为 1，表示与该位相连的外设有中断请求，于是转到与其相应的中断服务子程序，同时该外设撤销其中断请求信号。查询的顺序实际上就是中断源的中断优先级顺序。因此，软件查询法又可称为跳步链程序法或依次测试方法。软件查询法流程图如图 8-3 所示。

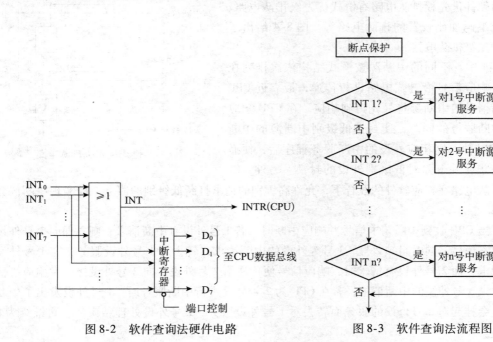

图 8-2　软件查询法硬件电路　　　　图 8-3　软件查询法流程图

软件查询的程序段如下：

```
IN      AL,n        ;n 为中断寄存器的端口地址
TEST    AL,80H      ;D7 有请求?
JNZ     LP1         ;有,转到对应中断服务程序
TEST    AL,40H      ;D6 有请求?
JNZ     LP2         ;有,转到对应中断服务程序
        ⋮
```

软件查询法的特点:

1）灵活性好。因为用程序对设备进行查询的顺序实际上就是中断源的中断优先级顺序,而查询顺序是用户可以通过软件任意改变的。这是软件查询法的主要优点。

2）节省硬件。不需要有判断和确定优先权的硬件排队电路。

3）响应速度慢,服务效率低。如果要响应优先级最低的中断源的中断请求,那么必须先将优先级高的中断源全部查询一遍,特别是在中断源比较多的时候,可能导致优先级低的中断源等待中断服务的时间会很久。

4）无法实现中断嵌套。如果 CPU 开始处理一个优先级别较低的中断服务,之后又有高优先级别的中断源发出中断请求,此时,也只能等到 CPU 处理完低优先级的中断,再去响应高优先级的中断,不允许高优先级的中断请求打断低优先级的中断服务,即无法实现中断嵌套。

2. 硬件排队电路法

为了提高识别中断源的速度,采用硬件来完成中断源的排队,这种方法称为硬件排队电路法。采用硬件排队电路法时,各个外设的优先级与其接口在排队电路中的位置有关。

常用的硬件优先权排队电路有链式优先级排队电路、硬件优先级编码加比较器的排队电路等。图 8-4 给出了一个链式优先级排队电路。

在图 8-4 中,不同的中断源按链式结构依次排列在 CPU 周围,响应信号沿链式电路进行传递,最靠近 CPU 并发出中断请求的中断源将最先得到响应。在 CPU 响应相应外设中断服务的同时,便封锁低级别中断源的中断请求。在 CPU 执行完相应外设的中断服务程序后,便撤销其中断请求,并解除对低级别外设的封锁。另外,链式优先级排队电路在相应软件的配合下,允许高级别的请求打断低级别的服务,即实现中断嵌套功能。

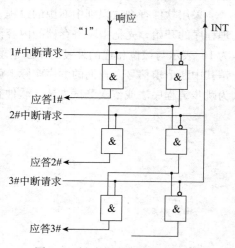

图 8-4 链式优先级排队电路

例如,当 CPU 收到中断请求信号并响应中断时,若 1 号外设有中断请求,则立即向 1 号外设接口发出应答信号,同时封锁 2 号、3 号等外设的中断请求,转去对 1 号外设服务;若 1 号外设没有中断请求,而 2 号外设有请求时,响应信号便传递给 2 号外设,向 2 号外设接口发出应答信号,同时封锁 3 号外设的中断请求;若在 CPU 为 2 号外设进行中断服务时,1 号外设发出了中断请求,CPU 会挂起对 2 号外设的服务而转去对 1 号外设服务,1 号外设处理结束后,再继续为 2 号外设服务。

硬件排队电路法的特点:

1）采用硬件电路来实现,可节省 CPU 的时间,而且速度较快,但是成本较高。

2）优先级别高的中断请求将自动封锁优先级别低的中断请求的处理。

3）允许高级别的请求打断低级别的服务，以实现中断嵌套功能。

3. 专用中断控制芯片法

在目前的微机系统中，解决中断优先级管理最常用的办法是采用可编程中断控制器。这种控制器中的中断类型寄存器、中断屏蔽寄存器都是可编程的，当前中断服务寄存器也可以用软件进行控制，而且优先级排列方式也可以通过程序来设置，使用起来十分方便，这样的控制器在各种微机系统中得到了普遍应用。本章后面将介绍广泛应用于 80x86 微机系统中的专用可编程中断控制芯片 8259A。

8.1.5 中断嵌套

在有多个中断源的微机系统中，当 CPU 响应了某一个中断请求，正在执行该中断服务子程序时，又有另一个中断源向 CPU 发出了中断请求，由于中断源具有不同的优先级别，CPU 响应将会分为下列两种情况：

1）如新来的中断请求的优先级等于或低于当前正在响应中断的优先级，这时，CPU 将新来的中断请求排到中断队列中，继续执行当前的中断服务程序，执行完毕后再去执行新来的中断请求。

2）如果新来的中断请求优先级高于正在执行中断的优先级，CPU 则不得不打断正在执行的中断服务子程序而去处理新的、更高级别的中断，处理完后再返回低级别中断服务子程序，这个过程称为中断嵌套。中断嵌套示意图如图 8-5 所示。

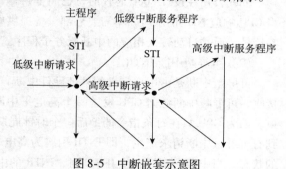

图 8-5　中断嵌套示意图

CPU 执行主程序时，在开头位置安排一条开中断指令 STI，以便开放可屏蔽中断。CPU 响应中断请求后，在进入中断服务程序前，硬件会自动实现关中断，以保证在中断响应期间 CPU 不被打扰。为了实现中断嵌套，应在低级别中断服务程序的开始处加一条开中断指令 STI，以便实现中断嵌套。

8.2　8086/8088 中断系统

8.2.1　8086/8088 中断源分类

8086/8088 微处理器可以处理多达 256 种不同类型的中断，每个中断对应一个中断类型号，256 种中断对应的中断类型号分别为 0~255。这 256 种中断源分为两大类：一类来自外部，即由硬件产生，称为硬件中断，又称外部中断；另一类来自内部，即由软件（中断指令）产生，或者满足某些特定条件后引发 CPU 中断，称为软件中断，又称内部中断。8086/8088 的中断源结构如图 8-6 所示。

1. 硬件中断

硬件中断是由 8086/8088 CPU 的外部中断请求引脚 NMI 和 INTR 引起的中断过程，又分为非屏蔽中断和可屏蔽中断两种。

（1）非屏蔽中断 NMI

若 CPU 的 NMI 引脚接收到一个有效高电平持续 2 个时钟周期以上的上升沿信号时，则可能会产生一次中断，由于这种中断的响应不受中断允许标志 IF 的控制，故称为非屏蔽中断。

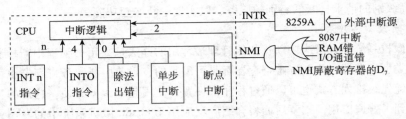

图 8-6　8086/8088 中断源结构（线上数字对应中断类型号）

非屏蔽中断主要应用于处理系统的故障或意外事件，如电源掉电、奇偶校验错误或受到严重的干扰。在 IBM PC/XT 机中，非屏蔽中断源有 3 种：浮点运算协处理器 8087 的中断请求、系统板上 RAM 的奇偶校验错和扩展槽中的 I/O 通道错。以上三者中的任何一个都可以单独提出中断请求，但是否真正形成 NMI 信号，还要受 NMI 屏蔽寄存器的控制。当这个屏蔽寄存器的 $D_7 = 1$ 时才允许向 CPU 发送 NMI 请求，否则即使有中断请求，也不能发出 NMI 信号。NMI 屏蔽寄存器的端口地址为 A0H，可以用 OUT 指令对这一位写入 1 或 0，达到允许或禁止 NMI 的效果。

Intel 公司在设计 8086 芯片时，已将非屏蔽中断 NMI 的中断类型号预先定义为 2 号，因此，当 CPU 响应 NMI 请求时，不需要外部设备提供中断类型号，CPU 在总线上也不发送 $\overline{INTA}$ 中断应答信号，而是自动转入相应的中断服务子程序。

（2）可屏蔽中断 INTR

可屏蔽中断是由用户定义的外部硬件中断，其请求信号是电平触发的，由 CPU 的 INTR 引脚接收。可屏蔽中断源向 CPU 发送一个高电平中断请求信号时，该信号必须保持到当前指令的结束。因为 CPU 只在每条指令的最后一个时钟周期才对 INTR 引脚的状态进行采样，如果 CPU 采样到有可屏蔽中断请求产生，即 INTR 引脚为高电平，它是否去响应还要取决于中断允许标志位 IF 的状态。当中断允许标志位 IF = 0 时，INTR 的中断请求被屏蔽，CPU 不予响应；当 IF = 1 时，则 CPU 响应该可屏蔽中断，即执行中断响应的总线周期，具体操作是：通过 $\overline{INTA}$ 引脚向产生中断请求的中断源发送两个连续的中断应答信号的负脉冲，外部中断源在接收到第二个负脉冲时，其接口电路自动将中断类型号送给数据总线，CPU 将自动从数据总线上获取该中断类型号，由中断类型号就可在中断向量表中找到中断服务子程序的入口地址。

2. 软件中断

软件中断又称内部中断，属于执行指令引起的中断。8086/8088 CPU 有丰富的内部中断功能，通常分为以下几类：

（1）除法出错中断

CPU 在执行除法指令 DIV 或 IDIV 时，若发现除数为 0 或商超过了有关寄存器所能表达的数值范围，则立即产生一个类型号为 0 的除法出错中断。

（2）单步中断（"陷阱"中断）

若 CPU 内的标志寄存器中的跟踪标志位 TF = 1，且中断允许标志 IF = 1 时，每执行完一条指令，CPU 将引起一次类型号为 1 的内部中断，称为单步中断。单步中断是一种很有用的调试方法，CPU 每执行完一条指令后就停下来，显示当前所有寄存器的内容和标志位的值以及下一条要执行的指令，便于用户检查该条指令执行的操作及预期结果是否正确。通常，程序编好后，在 Debug 调试程序时可使用单步中断检查程序，通过跟踪命令 T 来实现单步运行。

（3）断点中断

8086/8088 CPU 通过断点中断给用户提供一个调试手段，其中断类型号为3。通常，在 Debug 调试程序时，可通过运行命令 G 在程序中任意指定断点地址，当 CPU 执行到断点处时便产生中断，同时显示当前各寄存器的内容和标志位的值以及下一条要执行的指令，供用户检查在断点以前的程序运行是否正常。

（4）溢出中断

在执行溢出中断指令 INTO 时，若标志寄存器中的溢出标志位 OF = 1，则会产生一个类型号为4的内部中断，称为溢出中断。对带符号数来说，溢出就意味着出错（加、减运算），应及时发现并处理，因此，通常在带符号数的加、减法运算后面总是跟着 INTO 指令。当溢出标志位 OF = 0 时，则 INTO 指令不产生中断，CPU 继续运行原程序；当溢出标志位 OF = 1 时，进入溢出中断处理程序，打印出一个出错信息，在处理程序结束时，不返回原程序继续运行，而是把控制权交给操作系统。如下面的指令用来测试加法的溢出：

```
ADD    AX, VAR
INTO
```

（5）指令中断

当 8086/8088 CPU 执行中断指令 INT n 时，会产生一个软件中断，其中 n 为中断类型号，理论上 n 可取 0 ~ 255。实际上，执行 INT n 软件中断指令所引起的中断很像由 CALL 指令所引起的子程序调用，因此，用户在调试外部中断服务程序时，可以用 INT n 指令来代替，只要使类型号 n 与该外设的类型号相同即可，从而控制程序转入该外设的中断服务子程序。

另外，微机系统的 ROM – BIOS 和 DOS 功能调用已定义了许多中断类型，其操作大多涉及外部设备的输入/输出操作。例如，DOS 功能调用 INT 21H，具有很强的功能。

与硬件中断相比，软件中断的特点有：执行软件中断，CPU 不需要从外部接口中读取中断类型号，也不发送中断响应信号，即 CPU 不执行中断响应的总线周期；除单步中断以外，所有的软件中断都不能被屏蔽；硬件中断是随机产生的，由 I/O 设备引起，而指令中断是由程序事先安排好的，并不具备随机性；除单步中断外，所有软件中断的优先级都比硬件中断的优先级高。8086/8088 CPU 的中断优先级由高到低的顺序如下：

- 除法出错中断、INT n、INTO、断点中断
- 非屏蔽中断 NMI
- 可屏蔽中断 INTR
- 单步中断

8.2.2 中断向量表

通常，对于每个中断源，都会有一个中断服务程序存放在内存中，而每个中断服务程序都有一个入口地址，CPU 只需取得中断服务程序的入口地址便可转到相应的处理程序去执行。

中断向量是指中断服务程序的入口地址，包括段地址与偏移地址。每个中断向量占据 4 个连续的字节单元，两个高字节单元存放入口的段地址 CS，两个低字节单元存放入口的段内偏移地址 IP。8086/8088 微处理器可以处理 256 种不同类型的中断，存放这些中断向量共需内存空间为：$256 \times 4 = 1024B = 1KB$，这样，内存储器的最低 1KB 字节空间用来存放 256 个中断向量，称这一片内存区为中断向量表，地址范围是 0 ~ 3FFH，其作用就是按照中断类型号从小到大的顺序存储

对应的中断向量。中断向量表反映了中断类型码与中断服务程序入口地址之间的联系，如图 8-7 所示。

那么，各种中断如何转入各自的中断服务程序呢？对于软件中断，指令本身提供了中断类型码；对于硬件中断，在中断响应过程中，CPU 通过从接口电路获取的中断类型号，计算对应中断向量在表中的位置，并从中断向量表中获取中断向量，将程序流程转向中断服务程序的入口地址。具体计算方法是：将中断类型号 n 乘以 4 得到中断向量在中断向量表中的地址 4n，而向量表地址对应的前两个字节 $(4n, 4n+1)$ 内容为入口的偏移地址（IP），即 IP = $(4n, 4n+1)$，后两个字节 $(4n+2, 4n+3)$ 内容为入口的段地址（CS），即 CS = $(4n+2, 4n+3)$，于是 CPU 即可转到 n 号中断的中断服务程序。

上述这种 CPU 根据中断类型号找到该中断源的中断服务程序入口地址信息的中断方式，称为向量中断，又称为矢量中断。IBM PC/XT 微机系统的中断类型定义见表 8-1。

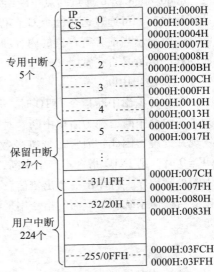

图 8-7　8086/8088 中断向量表

表 8-1　IBM PC/XT 中断类型表

地址（H）	类型码（H）	中断名称	地址（H）	类型码（H）	中断名称
0 ~ 3	0	除法出错	60 ~ 63	18	常驻 BASIC 入口
4 ~ 7	1	单步	64 ~ 67	19	引导程序入口
8 ~ B	2	不可屏蔽	68 ~ 6B	1A	时间调用
C ~ F	3	断点	6C ~ 6F	1B	键盘 CTR-BREAK 控制
10 ~ 13	4	溢出	70 ~ 73	1C	定时器报时
14 ~ 17	5	打印屏蔽	74 ~ 77	1D	显示器参数表
18 ~ 1B	6	保留	78 ~ 7B	1E	软盘参数表
1C ~ 1F	7	保留	7C ~ 7F	1F	字符点阵结构参数
20 ~ 23	8	定时器	80 ~ 83	20	程序结束，返回 DOS
24 ~ 27	9	键盘	84 ~ 87	21	系统功能调用
28 ~ 2B	A	保留	88 ~ 8B	22	结束地址
2C ~ 2F	B	通信口 2	8C ~ 8F	23	CTRL-BREAK 退出地址
30 ~ 33	C	通信口 1	90 ~ 93	24	标准错误出口地址
34 ~ 37	D	硬盘	94 ~ 97	25	绝对磁盘读
38 ~ 3B	E	软盘	98 ~ 9B	26	绝对磁盘写
3C ~ 3F	F	打印机	9C ~ 9F	27	程序结束，驻留内存
40 ~ 43	10	显示 I/O 调用	A0 ~ FF	28 ~ 3F	为 DOS 保留
44 ~ 47	11	装置检查调用	100 ~ 17F	40 ~ 5F	保留
48 ~ 4B	12	存储器容量检查调用	180 ~ 19F	60 ~ 67	为用户软中断
4C ~ 4F	13	软盘/硬盘/I/O 调用	1A0 ~ 1FF	68 ~ 7F	不用
50 ~ 53	14	通信 I/O 调用	200 ~ 217	80 ~ 85	BASIC 使用
54 ~ 57	15	盒式磁带 I/O 调用	218 ~ 2C3	86 ~ F0	BASIC 解释程序
58 ~ 5B	16	键盘 I/O 调用	3C4 ~ 3FF	F1 ~ FF	未用
5C ~ 5F	17	打印机 I/O 调用			

8.2.3 8086/8088 CPU 的中断处理过程

8086/8088 CPU 每执行一条指令的最后一个时钟周期都要检测是否有中断请求，如果有中断请求且满足一定条件时，就去响应中断。8086/8088 CPU 的中断处理过程如图 8-8 所示，图中（1）~（5）是 CPU 的内部处理，由硬件自动完成。所有软件中断和非屏蔽中断不需要从数据总线上读取中断类型码，而可屏蔽中断需要由 CPU 读取中断类型码，其中断类型码由发出可屏蔽中断申请信号的接口电路提供。图 8-8 所示的中断处理过程还反映出了 8086/8088 系统中各中断源优先级的高低。

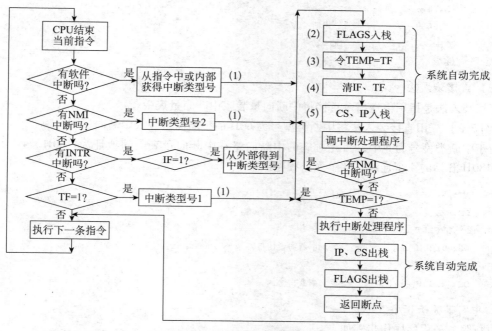

图 8-8　8086/8088 CPU 中断处理过程

8.2.4 中断服务程序的设计

中断服务程序包括主程序和中断服务子程序两部分。

1. 主程序

主程序的功能主要是对整个中断过程进行控制，包括主、子程序间的转换。在主程序中，一般要进行初始化设置，内容包括：

1）中断向量的设置或装入，即将中断向量装入中断向量表。

2）如果是可屏蔽中断，设置 8259A 的屏蔽寄存器的屏蔽位，以决定中断的开放和禁止。

3）设置 CPU 中断允许标志 IF。

下面介绍中断向量的装入方法，一种是 DOS 系统功能调用法（INT 21H）；另一种是直接装入法。

（1）DOS 系统功能调用法（INT 21H）

功能号：

AH = 25H

入口参数：

AL = 中断类型号

DS = 中断向量的段地址

DX = 中断向量的偏移地址

【例 8-1】　用 DOS 系统功能调用法将中断类型号为 60H 的中断向量装入中断向量表。

```
PUSH    DS                  ;保护 DS
MOV     DX,OFFSET INT60     ;取中断向量的偏移地址
MOV     AX,SEG INT60        ;取中断向量的段地址
MOV     DS,AX
MOV     AH,25H              ;送功能号
MOV     AL,60H              ;送中断类型号
INT     21H                 ;DOS 功能调用
POP     DS                  ;恢复 DS
```

（2）直接装入法

直接装入法是指用传送指令直接将中断向量装入中断向量表中。

【例 8-2】　用直接装入法将中断类型号为 60H 的中断向量装入中断向量表。

由于中断类型号为 60H，因此对应的中断向量在中断向量表中的地址为：60H×4 = 0180H，即从 0180H 开始的 4 个连续存储单元。程序段如下：

```
XOR  AX,AX             ;(AX) = 0
MOV  DS,AX
MOV  AX,OFFSET INT60
MOV  DS:[0180H],AX     ;装入中断向量的偏移地址
MOV  AX,SEG INT60
MOV  DS:[0180H+2],AX   ;装入中断向量的段地址
```

2. 中断服务子程序

中断服务子程序操作步骤如下：

1）保护现场，即将一些需要保护的寄存器依次压入堆栈。

2）开中断，即执行 STI 指令，使中断允许标志位 IF = 1，允许中断嵌套。

3）执行中断处理程序。

4）关中断，即执行 CLI 指令，使中断允许标志位 IF = 0。

5）恢复现场，依次将保护现场时压入堆栈的寄存器，按照后进先出的顺序弹出。

6）执行中断返回指令 IRET，返回主程序。

【例 8-3】　编写一个完整的中断程序，要求：当内存变量 NUM 大于 100 时，产生一个中断类型号为 40 的中断。

主程序和中断服务子程序的流程图分别如图 8-9 和图 8-10 所示。

程序设计如下：

```
CODE    SEGMENT  PARA
        ASSUME   CS:CODE,DS:CODE
INT40   PROC     FAR
        PUSH     AX
        PUSH     BX
```

```
          PUSH      CX
          PUSH      DX
          PUSH      SI
          PUSH      DI
          PUSH      BP
          PUSH      DS
          PUSH      ES                    ;保护现场

          STI                             ;开中断
          JMP       START
NUM       DB        ?                     ;定义内存变量
STR1      DB        'The NUM is overflow!' ;定义中断后要显示的字符串
          DB        0DH,0AH,'$'
START:    PUSH      CS                    ;中断服务程序开始
          POP       DS                    ;设 DS = CS
          CMP       NUM,100               ;判断 NUM 是否大于 100
          JBE       RETURN                ;若 NUM≤100,则关中断
          LEA       DX,STR1
          MOV       AH,9
          INT       21H                   ;显示 The NUM is overflow!
          MOV       AH,1
          INT       21H                   ;从键盘输入一个字符,用于暂停
RETURN:   CLI                             ;关中断
          POP       ES
          POP       DS
          POP       BP
          POP       DI
          POP       SI
          POP       DX
          POP       CX
          POP       BX
          POP       AX                    ;恢复现场
          IRET                            ;中断返回
INT40     ENDP
H_ LEN    EQU       $ - INT40             ;计算驻留内存中断服务程序的长度
MAIN      PROC      FAR                   ;主程序
          LEA       DX,INT40              ;DX 存放中断向量的偏移地址
          MOV       AX, SEG INT40
          MOV       DS,AX                 ;DS 存放中断向量的段地址
          MOV       AL,40                 ;AL 存放中断类型号
          MOV       AH,25H                ;AH 存放功能号
          INT       21H
          MOV       NUM,200
          INT       40                    ;执行 40 号中断测试
          MOV       AH,31H                ;以下为驻留内存,31H 为功能号
```

```
        MOV     AL,0                              ;返回值
        MOV     DX,((H_ LEN +15) /16) +10H      ;计算驻留内存长度,见下文说明
        INT     21H
        MOV     AH,4CH
        INT     21H
MAIN    ENDP
CODE    ENDS
        END     MAIN
```

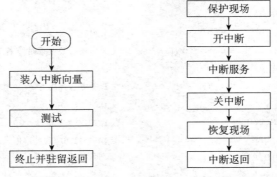

图 8-9　主程序流程图　　　图 8-10　中断服务子程序流程图

说明:

1)（H_ LEN +15）/16 是为了在求驻留长度时凑齐 16 字节的整数,因为驻留长度是按节（PARA,1 节 =16 字节）计算的;

2)（(H_ LEN +15)/16) +10H 是因为.EXE 文件最开始还有 100H 字节（即 10H 节）的程序段前缀（PSP）,也必须一并驻留于内存中。

8.3　可编程中断控制器 8259A

8.3.1　8259A 概述

在微机系统中,中断控制器是专门用来管理 I/O 中断的器件,它的功能是接收外部中断源的中断请求,并对中断请求进行处理后再向 CPU 发出中断请求,然后由 CPU 响应中断并进行处理。在 CPU 响应中断的过程中,中断控制器仍然负责管理外部中断源的中断请求,从而实现中断的嵌套与禁止,而如何对中断进行嵌套和禁止则与中断控制器的工作模式与状态有关。

Intel 系列的 8259A 芯片就是一个可编程的中断控制器,可以由软件编程设置其工作模式,使用时非常灵活方便。另外,8259A 中断控制器的功能也比较强大,1 片 8259A 能管理 8 级中断,可以利用多片 8259A 芯片来实现主从式中断系统,在不增加任何其他电路的情况下,可以用 9 片 8259A 来管理 64 级中断。本节主要介绍中断控制器 8259A 的内部结构、工作原理和工作方式,并且介绍它的编程和使用方法。

8.3.2　8259A 的内部结构与外部引脚

1.8259A 的内部结构

8259A 的内部结构如图 8-11 所示,它由中断请求寄存器（Interrupt Request Register, IRR）、

中断服务寄存器（In Service Register，ISR）、中断屏蔽寄存器（Interrupt Mask Register，IMR）、中断优先级判别器（Priority Resolver，PR）、级联缓冲/比较器、读/写控制逻辑、控制电路、数据总线缓冲器组成。

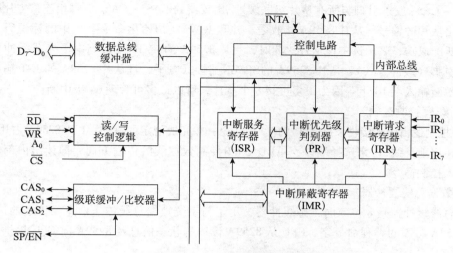

图 8-11　8259A 的内部结构图

（1）中断请求寄存器

中断请求寄存器是一个 8 位寄存器，该寄存器的 8 位（$D_7 \sim D_0$）用来存放由外部中断源输入的中断请求信号 $IR_0 \sim IR_7$，当某个输入端为高电平时，该寄存器的相应位置 1，该寄存器具有锁存功能。当某个中断请求被响应时，IRR 中的相应位自动清零，并且该中断输入线上的中断请求应及时撤销，否则在中断服务程序处理完后，该中断输入线上的高电平可能会引起又一次中断服务。

（2）中断优先级判别器

中断优先级判别器对存放在中断请求寄存器中的中断请求进行优先级识别，判别哪个中断请求具有最高优先级，并在接收到中断响应脉冲$\overline{INTA}$期间，将最高级别的中断请求送到中断服务寄存器中；当出现多重中断时，PR 还可以判定是否允许新出现的中断请求去打断正在被处理的中断。

（3）中断服务寄存器

中断服务寄存器是一个 8 位寄存器，用来存放所有正在处理中的中断请求，包括尚未服务完而中途被别的中断打断了的（即中断嵌套）中断请求。当任何一级中断被响应，CPU 要去执行它的中断服务程序时，ISR 相应位置 1；当中断嵌套时，ISR 中可有多位置 1。当 8259A 收到"中断结束"命令时，ISR 中的相应位会清零。当 8259A 采用中断自动结束方式时，ISR 中刚被置 1 的位在中断响应结束时自动复位。

（4）中断屏蔽寄存器

中断屏蔽寄存器也是一个 8 位寄存器，用来存放对各级中断请求的屏蔽信息，实现对各级中断的有选择的屏蔽。当用软件编程使中断屏蔽寄存器中某位置 1 时，则表示中断请求寄存器 IRR 中对应的中断请求被屏蔽，该中断请求被禁止进入中断优先级判别器；当 IMR 中某位清零时，则表示允许对应的中断请求进入中断优先级判别器。中断屏蔽寄存器中的各屏蔽位是相互独立的，屏蔽优先级高的中断源并不影响其他较低优先级的中断请求被允许。

（5）级联缓冲/比较器

级联缓冲/比较器主要用于多片 8259A 的级联结构，通过级联，最多可将中断源由 8 级扩展到 64 级。级联时，有 1 片 8259A 主片和最多 8 片 8259A 从片，主片 8259A 的级联缓冲/比较器可通过 $CAS_2 \sim CAS_0$ 三条引脚与所有从片级联缓冲/比较器的 $CAS_2 \sim CAS_0$ 引脚相连，主片通过这三条引脚输出从片的编号，从片 8259A 接收之，并和 ICW3（初始化命令字）中的标识码进行比较匹配，若匹配成功，表示选中该从片。此时，主片 8259A 的 $\overline{SP}/\overline{EN}$ 端接高电平（非缓冲方式）或作为输出引脚（缓冲方式），从片 8259A 的 $\overline{SP}/\overline{EN}$ 端接低电平，且从片 8259A 的 INT 输出引脚接到主片的中断输入端 IR 上。因为最多可接 8 个从片，所以最多可管理 64 级中断。

（6）读/写控制逻辑

读/写控制逻辑用来接收来自 CPU 的读/写命令，并完成规定的操作。1 片 8259A 占用两个 I/O 端口地址，用地址线 A_0 来选择端口，用 $\overline{RD}$ 和 $\overline{WR}$ 控制数据线的传输方向，即读出内部寄存器的内容和写入控制命令。

（7）数据总线缓冲器

数据总线缓冲器是 8 位双向三态缓冲器，用于与系统数据总线传送信息。传送的信息包括：CPU 向 8259A 写入的编程命令字、CPU 从 8259A 读取的状态信息及 8259A 向 CPU 提供的中断类型号。

（8）控制电路

控制电路是 8259A 的内部控制器，用来按 CPU 设置的工作方式控制 8259A 的全部工作。当有某个中断源向 8259A 发送请求信号时，中断请求寄存器的相应位置 1，若中断未被屏蔽，接着发送到中断优先级判别器进行判别，若判定该中断源是当前最高优先级，则向 CPU 发出中断请求信号 INT，当接收到 CPU 的中断响应信号 $\overline{INTA}$ 后，就使中断服务寄存器的相应位置 1，并将 IRR 中的相应位清零，同时 8259A 将该中断源的中断类型号发送到数据总线，供 CPU 读取。

2. 8259A 的外部引脚及功能

8259A 是 28 引脚的双列直插式芯片，其外部引脚如图 8-12 所示。8259A 的引脚可分为 3 个部分：与 CPU 连接的引脚、与外设连接的引脚及用于级联的引脚。

（1）与 CPU 连接的引脚

$D_7 \sim D_0$：8 位双向三态数据线，与系统数据总线相连，用来传送控制字、状态字和中断类型号。

A_0：端口选择信号线，输入。当 $A_0 = 0$ 时，选中偶地址端口；当 $A_0 = 1$ 时，选中奇地址端口。在系统中，必须分配给 8259A 两个端口地址，其中一个为偶地址，另一个为奇地址，并且要求偶地址较低，奇地址较高。该引脚一般与 CPU 的某根地址线相连，用来表明是哪一个端口被访问。

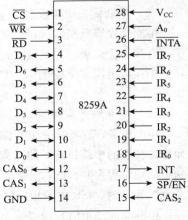

图 8-12　8259A 外部引脚

在 8088 系统中，由于系统的数据总线是 8 位的，因此 8259A 的 $D_7 \sim D_0$ 可以直接与系统的数据总线相连，而此时 8259A 的 A_0 引脚也可以直接与系统中地址总线的 A_0 引脚相连，这样，8259A 就分配了两个相邻的一奇一偶的端口地址，从而满足了 8259A 对端口地址的要求。

但是，在 8086 系统中，由于数据总线是 16 位的，因此 8259A 的 A_0 引脚连接方式就与 8088 系统不同。这里，有一个较为简单的解决方法，即将 8086 系统中 16 位数据总线中的高 8 位弃之不用，直接将 8259A 的 $D_7 \sim D_0$ 8 位数据线与系统中数据总线的低 8 位相连。但需要注意一点，此时分配给 8259A 芯片的两个端口地址在系统中并不是相邻的一奇一偶地址，而是相邻的两个偶地址，8259A 的 A_0 引脚与系统中地址总线的 A_1 引脚相连，而偶地址时系统地址总线的 A_0 引脚总是为 0，这样就满足了 8259A 对端口地址的要求。

在实际的 8086 系统中，对 8259A 端口地址的分配就是按照上述的方法，即分配给 8259A 两个相邻的偶地址，其中一个 $A_1 = 0$，$A_0 = 0$，这个地址较低，另外一个 $A_1 = 1$，$A_0 = 0$，这个地址较高。

$\overline{\text{WR}}$：写控制信号，输入，低高电平有效。用来通知 8259A 从数据线上接收 CPU 发送的控制命令字。

$\overline{\text{RD}}$：读控制信号，输入，低高电平有效。用来通知 8259A 将某个内部寄存器的内容送上数据总线。

$\overline{\text{CS}}$：片选信号，输入，低电平有效。通过地址译码器与地址总线相连。只有当 $\overline{\text{CS}} = 0$ 时，CPU 才能对 8259A 进行读/写操作。

INT：中断请求信号线，输出，高电平有效。与 CPU 的可屏蔽中断请求输入引脚 INTR 相连，用于向 CPU 发出中断请求。

$\overline{\text{INTA}}$：中断响应信号，输入，低电平有效。与 CPU 的 $\overline{\text{INTA}}$ 引脚相连，用于接收来自 CPU 的中断响应信号。中断响应信号由两个负脉冲组成，第一个负脉冲用来通知 8259A，表示 CPU 即将响应中断，第二个负脉冲要求 8259A 将中断类型号送上数据总线。

（2）与外设连接的引脚

$\text{IR}_7 \sim \text{IR}_0$：这 8 个引脚分别用来接收外部 I/O 设备的中断请求。在多片 8259A 组成的主从式系统中，主片 $\text{IR}_7 \sim \text{IR}_0$ 分别与各从片的 INT 端相连，而各从片的 $\text{IR}_7 \sim \text{IR}_0$ 端则直接与外部 I/O 设备相连，这样就实现了主从式结构。

（3）用于多片级联的引脚

$\text{CAS}_2 \sim \text{CAS}_0$：级联控制信号，双向。主片 8259A 与所有从片 8259A 的这 3 个引脚分别连在一起，用来分时选中各从片。对于 8259A 主片来说，这 3 条引脚为输出信号，对于 8259A 从片来说，这 3 条引脚则为输入信号，作为从片的标识码。当某从片 8259A 提出中断请求时，主片 8259A 通过 $\text{CAS}_2 \sim \text{CAS}_0$ 向该从片输出相应的标识码，以通知从片中断请求已被响应。

$\overline{\text{SP}}/\overline{\text{EN}}$：级联/缓冲允许双功能信号，双向。该引脚是作为输入或输出，与 8259A 的工作方式有关。

如果 8259A 工作在缓冲方式下，那么 $\overline{\text{SP}}/\overline{\text{EN}}$ 引脚作为输出，此时，该引脚与总线驱动器的允许端相连，8259A 通过该引脚发出总线驱动器的驱动信号。

如果 8259A 工作在非缓冲方式下，此时，$\overline{\text{SP}}/\overline{\text{EN}}$ 引脚作为输入端，当系统中只有单片的 8259A 芯片时，$\overline{\text{SP}}/\overline{\text{EN}}$ 端必须接高电平。如果系统是由多片 8259A 组成的主从式系统，那么主片的 $\overline{\text{SP}}/\overline{\text{EN}}$ 端接高电平，从片的 $\overline{\text{SP}}/\overline{\text{EN}}$ 接低电平。

8.3.3　8259A 的工作方式

单片 8259A 可以管理 8 级外部中断，在多片 8259A 级联方式下，最多可以管理 64 级外部中断，通过编程可以设置中断优先级判别、中断嵌套、中断屏蔽、中断结束、中断触发和总线连接等多种工作方式。

1. 中断优先级判别方式

8259A 中断优先级的管理方式有固定优先级方式和自动循环优先级方式两种。

（1）固定优先级方式

固定优先级方式是 8259A 的默认方式，也是最常用的中断优先级方式。在该方式下，8259A 的中断请求输入端 $IR_7 \sim IR_0$ 引入的中断源具有固定的优先级序列，它们由高到低的优先级顺序是：$IR_0 > IR_1 > IR_2 > IR_3 > IR_4 > IR_5 > IR_6 > IR_7$，其中，$IR_0$ 的优先级最高，IR_7 的优先级最低。当有多个 IR_i（$i = 0 \sim 7$）请求时，中断优先级判决器将它们与当前正在处理的中断源的优先级进行比较，选出当前优先级最高的 IR_i，向 CPU 发出中断请求 INT。

（2）自动循环优先级方式

在自动循环优先级方式中，8259A 的中断请求输入端 $IR_7 \sim IR_0$ 引入的中断源优先权级别是可以改变的。其变化规律是：当某一个中断请求 IR_i（$i = 0 \sim 7$）服务结束后，该中断源的优先级自动降为最低，而原来比它低一级的中断请求 IR_{i+1} 的优先级自动升为最高。

例如，当前 8259A 的中断请求输入端 IR_0 有中断请求，当 CPU 为其服务完毕时，IR_0 优先级自动降为最低，而其后的 IR_1 的优先级升为最高，其余依此类推。

在自动循环优先级方式中，按确定循环时的最低优先权的方式不同，又分为普通自动循环方式和特殊自动循环方式两种。

普通自动循环方式的特点是：$IR_7 \sim IR_0$ 中的初始最高优先级是固定的，即系统指定 IR_0 的优先级最高，以后按右循环规则进行循环排队。

而特殊自动循环方式的特点是：$IR_7 \sim IR_0$ 中的初始最低优先级是由用户通过编程指定的。

例如，当用户编程设置为特殊自动循环方式时，可同时指定 IR_i（$i = 0 \sim 7$）为最低优先级，则 IR_{i+1} 为最高优先级，其他依此类推。

2. 中断嵌套方式

8259A 的中断嵌套方式有两种，即全嵌套方式和特殊全嵌套方式。

（1）全嵌套方式

全嵌套方式是 8259A 在初始化时自动进入的一种最基本的优先级管理方式。其特点是：中断优先级管理为固定方式，即 IR_0 优先级最高，IR_7 优先级最低。在 CPU 中断服务期间（即执行中断服务子程序过程中），若有新的中断请求到来，只允许比当前服务的中断请求的优先级"高"的中断请求进入，而禁止同级与低级中断请求进入。

（2）特殊全嵌套方式

特殊全嵌套方式是 8259A 在多片级联方式下使用的一种最基本的优先级管理方式。其特点是：中断优先级管理为固定方式，$IR_7 \sim IR_0$ 的优先顺序与完全嵌套规定相同；与全嵌套方式不同之处是，在 CPU 中断服务期间，除了允许高级别的中断请求进入外，还允许同级的中断请求进入，从而实现了对同级中断请求的特殊嵌套。此方式主要用于多片 8259A 级联时主片 8259A 的优先级设置。

例如，在级联方式下，主片 8259A 通常设置为特殊全嵌套方式，从片 8259A 设置为完全嵌套方式。当主片为某一个从片的中断请求服务时，从片中的 $IR_7 \sim IR_0$ 的请求都是通过主片中的某个 IR_i 请求引入的。因此，从片的 $IR_7 \sim IR_0$ 对于主片 IR_i 来说，它们属于同级，只有主片工作于特殊完全嵌套方式时，才能保证从片实现完全嵌套。

3. 中断屏蔽方式

中断屏蔽是对 8259A 的外部中断源 $IR_7 \sim IR_0$ 实现屏蔽的一种中断管理方式，有普通屏蔽和特殊屏蔽两种方式。

（1）普通屏蔽方式

普通屏蔽方式是通过对 8259A 的中断屏蔽寄存器 IMR 操作，来实现对中断请求 IR_i（$i = 0 \sim 7$）的屏蔽。由编程写入操作命令字 OCW_1，将 IMR 中的 D_i（$i = 0 \sim 7$）位置 1，以达到对 IR_i（$i = 0 \sim 7$）中断请求的屏蔽。例如，通过编程对 OCW_1 写入 55H（01010101B），则相应屏蔽了从 IR_0、IR_2、IR_4、IR_6 引入的 4 个中断源。

（2）特殊屏蔽方式

在某些场合，可能希望一个中断服务程序能动态地改变系统的优先级结构，可以使用特殊屏蔽方式。特殊屏蔽方式允许低优先级中断请求中断正在服务的高优先级中断。这种屏蔽方式通常用于级联方式中的主片，即对于同一个请求 IR_i（$i = 0 \sim 7$）上连接有多个中断源的场合。

在特殊屏蔽方式中，可在中断服务子程序中用中断屏蔽命令来屏蔽当前正在处理的中断，同时可使 ISR 中的对应当前中断的相应位清零，这样一来，不仅屏蔽了当前正在处理的中断，而且也真正开放了较低级别的中断请求。

在这种情况下，虽然 CPU 仍然继续执行较高级别的中断服务子程序，但由于 ISR 中对应当前中断的相应位已经清零，如同没有响应该中断一样。所以，此时对于较低级别的中断请求，8259A 仍然能产生 INT 中断请求，CPU 也会响应较低级别的中断请求。

例如，当前正在执行 IR_2 的中断服务程序，设置了特殊屏蔽方式后，再对 OCW_1 写入命令使 IMR 中的 $D_2 = 1$，就会在屏蔽 IR_2 的同时，使当前中断服务寄存器中对应位自动清零，这样可屏蔽当前正在处理的中断，又开放了较低级别的中断，即系统可以响应任何未被屏蔽的中断请求，好像优先级规则不起作用一样。待中断服务程序结束前，应将 IMR 中的 D_2 复位（$D_2 = 0$），并撤销特殊屏蔽方式。

4. 中断结束方式

中断结束方式是指在中断服务程序结束时，CPU 应及时清除中断服务标志位，否则就意味着中断服务还在继续，致使优先级低的中断请求无法得到响应。中断服务标志位存放在中断服务寄存器中，当某个中断源 IR_i（$i = 0 \sim 7$）被响应后，ISR 中的 D_i（$i = 0 \sim 7$）位置 1，服务完毕后应及时清除。

8259A 提供了以下 3 种中断结束方式。

（1）自动结束方式

自动结束方式是利用中断响应信号 $\overline{INTA}$ 的第 2 个负脉冲的后沿，将 ISR 中的中断服务标志位清除，这种中断服务结束方式是由硬件自动完成的。

需要注意的是，ISR 中的中断服务标志位的清除是在中断响应过程中完成的，并非在中断服务子程序结束时。若在中断服务子程序的执行过程中，有另一个比当前中断优先级低的请求信号到来，由于 8259A 并没有保存任何标志来表示当前服务尚未结束，致使低优先级的中断请求进入，从而打乱正在服务的程序。因此这种方式只能用在只有单片 8259A 且多个中断不会嵌套的系统中，主从式结构一般不用中断自动结束方式。

（2）普通结束方式

普通结束方式是通过在中断服务子程序中编程写入操作命令字 OCW_2，向 8259A 传送一个普通 EOI（End Of Interrupt）命令来清除 ISR 中当前优先级别最高的位。

由于这种结束方式是清除 ISR 中优先级别最高的一位，适合使用在完全嵌套方式下的中断结束，因为在完全嵌套方式下，中断优先级是固定的，8259A 总是响应优先级最高的中断，保存在

ISR 中的最高优先级的对应位一定对应于正在执行的中断服务程序。

EOI 结束命令必须放在中断返回指令 IRET 之前，若没有 EOI 结束命令，ISR 中对应位仍为 1，即使中断服务程序已执行完，还在继续屏蔽同级或低级的中断请求；若 EOI 结束命令放在中断服务程序中的其他位置，会引起同级或低级中断在本次中断未处理完之前进入，产生嵌套错误。

（3）特殊结束方式

特殊结束方式是通过在中断服务子程序中编程写入操作命令字 OCW_2，向 8259A 传送一个特殊 EOI 命令来清除 ISR 中的指定位。

在特殊 EOI 命令中需明确指出复位 ISR 中的哪一位，以避免因嵌套结构而出现错误。因此，它可以用于完全嵌套方式下的中断结束，更适用于嵌套结构有可能遭到破坏的中断结束。

5. 中断触发方式

8259A 中断请求输入端 $IR_7 \sim IR_0$ 的触发方式有电平触发和边沿触发两种。另外，当 CPU 的 IF 标志复位，禁止可屏蔽中断请求进入时，CPU 还可通过查询方式获得中断请求信号。

（1）电平触发方式

在电平触发方式下，8259A 检测到 IR_i（$i = 0 \sim 7$）端有高电平时产生中断。在这种触发方式中，要求触发电平必须保持到中断响应信号 $\overline{INTA}$ 有效为止，并且在 CPU 响应中断后，应及时撤销该请求信号，以防止 CPU 再次响应，出现重复中断现象。

（2）边沿触发方式

在边沿触发方式下，8259A 检测到 IR_i（$i = 0 \sim 7$）端有由低电平到高电平的跳变信号时产生中断。需要注意的是，当 IR_i（$i = 0 \sim 7$）端产生上升沿后，应保持高电平直到中断被响应为止。

6. 中断查询方式

允许 8259A 不工作于中断方式，而是以查询方式工作。当在程序中将 CPU 的中断允许标志位 IF 清零时，表示禁止 8259A 对 CPU 的中断请求，CPU 只能采用中断查询方式利用软件查询来确定中断源，实现对外设的中断服务。因此，中断查询方式即有中断的特点，又有查询的特点。

7. 总线连接方式

8259A 数据线与系统数据总线的连接有两种方式，即缓冲方式和非缓冲方式。

（1）缓冲方式

一般在多片 8259A 级联系统中，8259A 通过数据总线缓冲器与系统数据总线相连，而不是直接与系统数据总线相连，此时 8259A 工作在缓冲方式。在此方式下，8259A 的 $\overline{SP}/\overline{EN}$ 为输出引脚，在 8259A 输出中断类型号时，$\overline{SP}/\overline{EN}$ 输出一个低电平，用以锁存或开启数据总线缓冲器。

（2）非缓冲方式

当系统中只有一片 8259A 或少量几片 8259A 级联时，一般将它直接与系统数据总线相连，此时 8259A 工作在非缓冲方式。

8.3.4　8259A 的编程

在使用 8259A 时，除按各引脚规定的信号接好电路外，还必须编程来选定其工作方式，如各中断请求信号的优先级分配、中断屏蔽、中断类型号及中断的触发方式等。8259A 的工作方式是由 CPU 通过命令字进行控制的。

8259A 有两类命令字，即初始化命令字（Initialization Command Words，ICW）和操作命令字（Operation Command Word，OCW）。

初始化命令字有 4 个，即 ICW_1、ICW_2、ICW_3 和 ICW_4。通常是系统开机时，由初始化程序填写，而且在整个系统工作过程中保持不变。

操作命令字有 3 个，即 OCW_1、OCW_2 和 OCW_3。操作命令字在 8259A 应用程序中使用，可在初始化后根据需要随时写入，并且在写入次序上没有严格的要求。

1. 8259A 的初始化命令字

在 8259A 的 4 个初始化命令字中，其中 ICW_1 写入偶地址端口，$ICW_2 \sim ICW_4$ 写入奇地址端口。

（1）ICW_1

ICW_1 称做芯片控制初始化命令字，要求写入偶地址端口，各位的具体含义如图 8-13 所示。

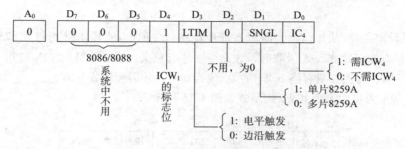

图 8-13 ICW_1 各位的含义

$D_7 \sim D_5$：这 3 位在 8086/8088 系统中不用，通常设为 0。

D_4：该位设置为 1，是 ICW_1 的标志位。因为后面的 OCW_2 与 OCW_3 这两位操作命令字也是填入 8259A 的偶地址端口，为了区别，OCW_2 与 OCW_3 的 D_4 位总是为 0，这样，8259A 就可以识别填入的是哪一个命令字了。

D_3（LTIM）：该位用来设定中断请求信号的触发方式。如果 $LTIM = 0$，则为边沿触发方式；如果 $LTIM = 1$，则为电平触发方式。

D_2：该位在 8086/8088 系统中不用，通常设为 0。

D_1（SNGL）：该位用来表明本片是否与其他 8259A 芯片处于级联状态，如果 $SNGL = 1$，表明系统中只有一片 8259A；如果 $SNGL = 0$，表明系统中有多片 8259A。

D_0（IC_4）：该位用来表明初始化程序是否设置 ICW_4 命令字，如果需要设置，则该位必须为 1。而在 8086/8088 系统中，ICW_4 命令字是必须设置的，也就是说，该位必须设置为 1。

【例 8-4】　某 8086/8088 微机系统中，使用单片 8259A，中断申请信号为上升沿触发，端口地址为 20H、21H，则其初始化命令字应为：00010011B = 13H，设置 ICW_1 的指令为：

```
MOV AL, 13H
OUT 20H, AL
```

（2）ICW_2

ICW_2 用来设定中断类型码，必须写入奇地址端口，各位的具体含义如图 8-14 所示。

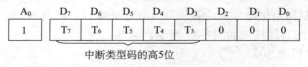

中断类型码的高5位

图 8-14　ICW_2 各位的含义

由于一个 8259A 芯片能接受 8 种不同类型的中断，因此对应的中断类型码也有 8 个，在这里，8259A 是这样解决这个问题的，中断类型码的高 5 位与 ICW_2 的高 5 位相同，而中断类型码的低 3 位则由引入中断的引脚序号来决定。例如，若由 IR_0 引脚引入中断，则低 3 位自动取值为"000"，依此类推，若由 IR_7 引脚引入中断，则低 3 位自动取值为"111"。因此，在设置 ICW_2 的初始化命令字时，只有高 5 位是有效的。

【例 8-5】 设 $IR_0 \sim IR_7$ 引脚上的中断类型号为 08H～0FH，端口地址为 21H，则设置 ICW_2 的指令如下。

```
MOV AL,08H ;ICW2 = 08H
OUT 21H,AL
```

（3）ICW_3

ICW_3 用来设定主片/从片标志，需写入奇地址端口。ICW_3 的具体格式与该 8259A 是主片还是从片有关。只有在多片 8259A 级联时，该命令字才有意义。由于 ICW_1 的 D_1 位用来指明系统中是否有多片 8259A，因此，只有当 ICW_1 的 D_1 位为 0 时，才需要设置 ICW_3。

如果该 8259A 为主片，则 ICW_3 的格式如图 8-15 所示。

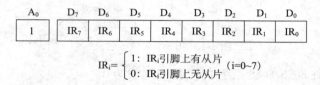

$IR_i = \begin{cases} 1: IR_i 引脚上有从片 \\ 0: IR_i 引脚上无从片 \end{cases}$ （i=0~7）

图 8-15 主片 8259A ICW_3 各位的含义

如果该 8259A 为主片，则它的 $IR_7 \sim IR_0$ 引脚必然要与从片的 INT 端相连接，ICW_3 的 $D_7 \sim D_0$ 就是用来表明哪几个引脚连接了从片，如果某位取值为 1，则对应的引脚上连接有从片，如果某位取值为 0，则对应的引脚上未连接从片。例如，当 ICW_3 = AAH（10101010B）时，表明在 IR_7、IR_5、IR_3、IR_1 这 4 个引脚上连接有从片，而其余的引脚则未接从片。

如果该 8259A 为从片，则 ICW_3 的格式如图 8-16 所示。

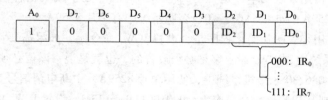

图 8-16 从片 8259A ICW_3 各位的含义

$D_7 \sim D_3$ 位不用，一般都赋予 0。

$D_2 \sim D_0$ 位的取值与从片的 INT 端连接在主片的哪个中断请求输入引脚有关。例如，某个从片连接到主片的 IR_5 引脚上，则 ICW_3 中的 $D_2 \sim D_0$ 位取值为"101"。

（4）ICW_4

ICW_4 称做方式控制初始化命令字，必须写入奇地址端口。当 ICW_1 的 D_0 位（IC_4）为 1 时，必须设置 ICW_4。ICW_4 的具体格式如图 8-17 所示。

$D_7 \sim D_5$：这 3 位总设置为 0。

D_4（SFNM）：如果该位取值为 1，则说明系统工作在特殊全嵌套方式下；如果取值为 0，则说明系统工作在全嵌套方式下。

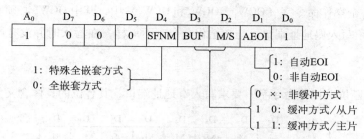

图 8-17　ICW$_4$ 各位的含义

D_3（BUF）：如果该位取值为 1，则说明 8259A 工作在缓冲方式下；如果取值为 0，则说明 8259A 工作在非缓冲方式下。

D_2（M/S）：当 8259A 工作在缓冲方式下时，即 D_3（BUF）位为 1 时，该位有效。如果 M/S 为 1，表明该片为主片；如果 M/S 为 0，则表明该片为从片。

D_1（AEOI）：如果该位为 1，则 8259A 工作在中断自动结束方式下；如果为 0，则 8259A 工作在非自动结束方式下。

D_0：如果该位取值为 1，则表明该系统为 8086/8088 系统；如果取值为 0，则为 8080 或 8085 系统。

（5）8259A 的初始化流程

8259A 必须通过初始化命令字对其进行初始化编程才能正常工作，并且初始化命令字必须按照一定的顺序写入。8259A 的初始化流程按以下步骤进行：

1）通过 ICW$_1$ 设置 8259A 是否级联、请求信号格式以及后面是否设置 ICW$_4$。

2）通过 ICW$_2$ 设置中断类型码。

3）判断系统是否为级联方式，如果是，则转向下一步，否则转向步骤 5。

4）根据当前 8259A 的情况（主片或从片），设置 ICW$_3$。

5）如果不需要设置 ICW$_4$，则结束初始化流程；如果需要设置，则通过 ICW$_4$ 设置是否为特殊全嵌套方式、是否为缓冲方式、是否为自动结束中断方式、是否为 8086/8088 系统。

【例 8-6】　单片 8259A，8088 模式，边沿触发，与系统连接采用非缓冲方式，IR$_0$ 中断类型号为 08H，优先级设置为全嵌套中断方式，自动结束中断，试对其进行初始化编程。

分析：首先写出 8259A 的各个初始化命令字，由于是单片 8259A，因此不需要设置 ICW$_3$。

```
ICW₁:00010011B=13H
ICW₂:00001000B=08H        ;中断类型号高 5 位为 00001B
ICW₄:00000011B=03H
```

初始化程序如下：

```
MOV    AL,13H
OUT    20H,AL      ;初始化 ICW₁
MOV    AL,08H
OUT    21H,AL      ;初始化 ICW₂
MOV    AL,03H
OUT    21H,AL      ;初始化 ICW₄
```

2. 8259A 的操作命令字

在 8259A 的 3 个操作命令字（OCW_1、OCW_2 和 OCW_3）中，其中 OCW_1 必须写入奇地址端口，OCW_2 和 OCW_3 必须写入偶地址端口。与初始化命令字不一样，在写入时并没有严格的次序要求，可以在需要时写入。

（1）OCW_1

OCW_1 称为中断屏蔽操作命令字，要求写入奇地址端口，其各位的具体含义如图 8-18 所示。

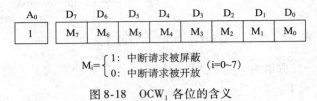

图 8-18　OCW_1 各位的含义

当 OCW_1 中的某位为 1 时，则与之对应的中断请求被屏蔽；如果某位为 0，则对应的中断请求被允许。例如，$OCW_1 = 17H$（00010111），则 IR_7、IR_6、IR_5、IR_3 上的中断请求被允许，其余的中断请求则被屏蔽。

（2）OCW_2

OCW_2 是用来设置优先级循环方式和结束方式的操作命令字，必须写入偶地址端口，它的具体格式如图 8-19 所示。

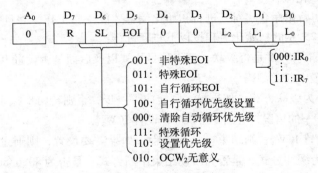

图 8-19　OCW_2 各位的含义

D_7（R）：该位为 1 时，系统的中断优先级按循环方式设置；如果该位为 0，则为非循环方式。

D_6（SL）：若该位为 1，则 $D_2 \sim D_0$ 3 位有效；若该位为 0，则 $D_2 \sim D_0$ 3 位无效。

D_5（EOI）：如果 8259A 不是工作在自动中断结束方式下，则必须通过对该位的设置来结束中断。当该位为 1 时，则复位当前 8259A 中断服务寄存器的对应位。

$D_4 \sim D_3$：OCW_2 的两位特征位，均为 0。

$D_2 \sim D_0$：当 D_6（SL）为 1 时，此 3 位有效。其编码决定了 8 个中断源的某一个被复位（对应的 IS_i（$i = 0 \sim 7$）$= 0$）或规定某一个的优先级最低。

D_7、D_6、D_5 这 3 位配合使用，可以实现不同的功能。一方面，它们可以设定 8259A 的优先级循环方式，另外一方面，它们可向 8259A 发出中断结束命令。下面将对这 3 位取值的各种组合进行详细解释。

当 R = 1、SL = 0、EOI = 0 时，$D_2 \sim D_0$ 3 位无效，且同时设置 8259A 工作在优先级自动循环方式下。

当 R = 1、SL = 1、EOI = 0 时，$D_2 \sim D_0$ 3 位有效，且同时设置 8259A 工作在优先级特殊循环模

式下，此时 $D_2 \sim D_0$ 3 位的取值确定一个级别最低的优先级，这样，8259A 的初始优先级便确定了。例如，如果 $D_2 D_1 D_0 = 101$，则 IR_5 为最低优先级，这样系统初始的优先级队列由高到低依次为 IR_6、IR_7、IR_0、IR_1、IR_2、IR_3、IR_4、IR_5。

当 $R = 0$、$SL = 0$、$EOI = 0$ 时，8259A 结束优先级自动循环方式。

当 $R = 0$、$SL = 1$、$EOI = 0$ 时，OCW_2 无意义。

当 $R = 0$、$SL = 0$、$EOI = 1$ 时，$D_2 \sim D_0$ 3 位无效，OCW_2 用来使当前正在被处理的中断所对应 IS_i（$i = 0 \sim 7$）位清零，即通知 8259A 中当前中断处理程序已经结束，此时 8259A 仍工作在优先级自动循环方式，但优先级次序左移一位。

当 $R = 1$、$SL = 1$、$EOI = 1$ 时，$D_2 \sim D_0$ 3 位有效，此时 8259A 中指定的 IS_i（$i = 0 \sim 7$）位清零，用来通知 8259A 对应的中断已经处理完毕，而 IS_i（$i = 0 \sim 7$）取值则由 $D_2 \sim D_0$ 3 位的取值来确定。例如，如果 $D_2 D_1 D_0 = 101$，则对应于 $IS_5 = 0$。该命令一般用于优先级特殊循环方式。执行完该命令后，8259A 的当前最低优先级为 IS_i（$i = 0 \sim 7$）。

当 $R = 1$、$SL = 0$、$EOI = 1$ 时，$D_2 \sim D_0$ 3 位无效，OCW_2 用来使当前正在处理的中断所对应的 IS_i（$i = 0 \sim 7$）位清零（实际上该位为最高 IS_i 位），并使 8259A 工作在非循环的工作方式下。该编码用于全嵌套的工作方式下。

当 $R = 0$、$SL = 1$、$EOI = 1$ 时，$D_2 \sim D_0$ 3 位有效，此时 8259A 指定的 IS_i（$i = 0 \sim 7$）位被清除，IS_i 的取值由 $D_2 \sim D_0$ 3 位来确定，系统仍工作在非循环的工作方式下。

（3）OCW_3

OCW_3 有 3 个功能，分别是：设置和撤销特殊屏蔽方式、设置中断查询方式及设置对 8259A 内部寄存器的读出。OCW_3 必须写入偶地址端口，具体格式如图 8-20 所示。

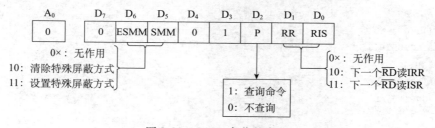

图 8-20　OCW_3 各位的含义

D_7：该位无作用，通常设为 0。

D_6（ESMM）：该位是特殊屏蔽方式允许位。当 ESMM 位设置为 1 时，D_5（SMM）位有效；当 ESMM 位设置为 0 时，D_5（SMM）位无效。

D_5（SMM）：当 D_6（ESMM）为 1 时，该位有效。如果 SMM 位为 1，表示设置特殊屏蔽方式；如果 SMM 位为 0，则表示清除特殊屏蔽方式。

$D_4 \sim D_3$：这两位为 OCW_3 的特征位，必须设定为 01。

D_2（P）：该位是查询方式位，当 P 位设置为 1 时，8259A 工作在中断查询工作方式下，此时的 D_1（RR）和 D_0（RIS）位是无效的。当 CPU 向 8259A 输出该查询命令字后，紧接着应执行一条输入指令，8259A 就自动将查询字送到数据总线上。该查询字的格式如图 8-21 所示。

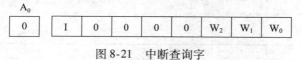

图 8-21　中断查询字

其中，I = 1 表明该 8259A 芯片 $IR_7 \sim IR_0$ 中发生了有效的中断请求，$W_2 \sim W_0$ 表明请求服务的最高优先级编码，比如该 3 位取值为 101，说明当前优先级最高的中断请求为 IR_5。I = 0 表示无请求。CPU 可以反复对 8259A 查询，但每次查询前都应先送一次 $D_2 = 1$ 的 OCW_3。该查询字是用输入指令从偶地址端口读入的。

D_1（RR）与 D_0（RIS）：这两位配合使用，可以读出 8259A 内部寄存器 IRR 和 ISR 的内容。与读查询字类似，也是在发出读命令字后，再紧接着从偶地址读入寄存器内容。当 D_2（P）= 0 时，该两位有效。此时若 $D_1 D_0 = 10$，表明紧接着要读出 IRR 的值；若 $D_1 D_0 = 11$，表明紧接着要读出 ISR 的值。

例如，设置特殊屏蔽 OCW_3 的控制字为：01101000B = 68H；撤销特殊屏蔽 OCW_3 的控制字为：01001000B = 48H。设置查询命令 OCW_3 的控制字为：00001100B = 0CH。读中断请求寄存器时，OCW_3 的控制字为：00001010B = 0AH；读中断服务寄存器时，OCW_3 的控制字为：00001011B = 0BH。

需要说明的是，读中断屏蔽寄存器时，无须设置 OCW_3 控制字，直接读 OCW_1 控制字即可。

【例 8-7】　试编写一段程序，实现将 8259A 的 IRR、ISR 和 IMR 三个寄存器的内容读出并送入从 0080H 开始的内存单元中。设 8259A 的端口地址分别为 20H、20H。

分析：用 OCW_3 读取 8259A 的 IRR 和 ISR 的内容时，应先指出读哪个寄存器，然后再用 IN 指令读出；而读取 IMR 的内容时不必指出，直接从奇地址端口读取即可。

参考程序如下：

```
MOV    AL,0000 1010B        ;OCW₃ =0AH,读取 IRR
OUT    20H,AL
IN     AL,20H               ;读回 IRR 的内容
MOV    [0080H],AL           ;存入内存
MOV    AL,00001011B         ;OCW₃ =0BH,读取 ISR
OUT    20H,AL
IN     AL,20H               ;读回 ISR 的内容
MOV    [0081H],AL           ;存入内存
IN     AL,21H               ;读回 IMR
MOV    [0082H],AL           ;存入内存
```

前面介绍了 8259A 的 4 个初始化命令字和 3 个操作命令字，对于这 7 个命令字，在编程时 CPU 除了可用输出指令对它们逐一地写入外，在查询状态时还可用输入指令将其内容读出。为了寻址各个命令字，除了用地址信号 A_0 进行端口选择外，还需要用这些命令字的某些位作为其特征位，或者按写入的先后顺序来进行区别，比如 ICW_2、ICW_3、ICW_4 总是跟在 ICW_1 后面写入；而 OCW_1 总是单独写入。表 8-2 列出了对 8259A 各个命令字读/写时的信号关系。

表 8-2　8259A 命令字的读/写

$\overline{CS}$	A_0	$\overline{RD}$	$\overline{WR}$	D_4	D_3	读写操作
0	0	1	0	0	0	写 OCW_2
0	0	1	0	0	1	写 OCW_3
0	0	1	0	1	×	写 ICW_1
0	1	1	0	×	×	写 ICW_2、ICW_3、ICW_4、OCW_1
0	0	0	1			读 IRR、ISR，中断查询字
0	1	0	1	-		读 IMR

8.3.5　8259A 与 CPU 的连接

1. 单片 8259A

单片 8259A 与 8088 CPU 的连接如图 8-22 所示。

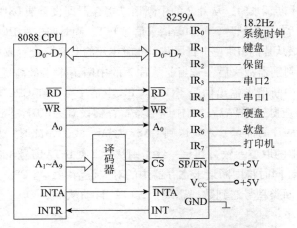

图 8-22　单片 8259A 与 8088 CPU 的连接

2. 多片 8259A 级联

8086/8088 CPU 使用一片 8259A 芯片管理 8 个外部中断源，当申请中断的外设多于 8 个时，可以将多片 8259A 级联使用。在级联系统中，只能有一片 8259A 作为主片，其余的 8259A 均作为从片。多片 8259A 级联的连接图如图 8-23 所示。

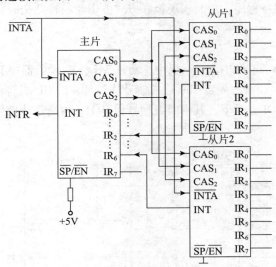

图 8-23　多片 8259A 级联

在图 8-23 中，主片 8259A 的 IR_2 和 IR_6 两个中断请求输入引脚分别接从片 1 和从片 2 的中断请求输出信号 INT。主片的中断请求输出信号 INT 连接到 CPU 的中断请求输入端 INTR，CPU 的中断响应输出线 $\overline{INTA}$ 连接到所有 8259A 的中断响应输入端 $\overline{INTA}$。在多片主从式系统中，若系统数据总线的连接方式为非缓冲方式，则主片的 $\overline{SP}/\overline{EN}$ 端接 +5V；若系统数据总线的连接方式为缓冲方式，则主片的 $\overline{SP}/\overline{EN}$ 端和数据总线驱动器的输出允许端 OE 相连。从片的 $\overline{SP}/\overline{EN}$ 端始终接地。

主片的 $CAS_2 \sim CAS_0$ 三条引脚分别与从片的 $CAS_2 \sim CAS_0$ 相连,而主片正是靠这三条引脚来通知从片发出的中断请求是否得到响应。

下面以图 8-23 为例,说明在 8259A 级联方式下的中断过程。

在 8259A 级联方式下,主片在初始化时通常设置为特殊全嵌套工作方式,当从片 2 的 IR_3 中断请求输入引脚收到一个中断请求时,从片 2 的中断请求寄存器即设置成 08H(00001000B),经内部中断优先级判别器判定后,产生从片 2 的中断请求信号 INT,同时向主片 IR_6 申请中断,若主片的中断屏蔽寄存器未对连接该从片的 IR_6 位进行屏蔽,此时主片的 IRR 应设置成 40H(01000000B)。

经过主片的优先级判别器裁决后,若当前从片 2 的中断请求为最高优先级,则从片 2 的 INT 请求就可以通过主片的中断请求输出信号 INT 向 CPU 申请中断。在 CPU 响应中断时,主片在接到 CPU 的第一个中断响应脉冲 $\overline{INTA}$ 后,将中断服务寄存器设置为 40H,同时将中断请求寄存器中的对应位清零,并且将从片的标识号 110 送到 $CAS_2 \sim CAS_0$ 线上,此时,从片 2 判断自身的标号是否与 $CAS_2 \sim CAS_0$ 线上的取值一致,如果一致,则从片 2 对 $\overline{INTA}$ 信号予以响应,将本片的中断服务寄存器设置为 08H,同时将中断请求寄存器中的对应位清零。当 CPU 发送第二个中断响应脉冲 $\overline{INTA}$ 时,从片 2 将中断类型号送到数据总线上,CPU 自动从 $D_7 \sim D_0$ 上获得中断类型号,转去执行相应的中断服务程序。

当 CPU 正在执行中断服务程序时,若从片 2 又接收到由 IR_0 引入的中断请求,则从片 2 的 IRR 即设置为 01H(00000001B)。由于 IR_0 的优先级大于 IR_3,因此从片 2 再次向主片 8259A 的 IR_6 端申请中断。由于主片 8259A 事先已设置为特殊全嵌套工作方式,因此允许同级中断再次向 CPU 发送中断申请。同样,在 CPU 响应中断时,主片 ISR 的状态并不变,仍为 40H,从片 2 的 ISR 设置为 01H。将主片和从片 2 的 IRR 相应位清零后,CPU 暂停执行原来的中断服务程序,转去执行更高级别的中断服务程序,从而实现级联方式下中断的特殊全嵌套。

8.3.6 8259A 应用举例

【例 8-8】 在某个 8088 最小方式系统中,通过 74LS138 译码器接有一片 8259A 中断控制器芯片,电路如图 8-24 所示。有一外设中断请求信号从 8259A 的 IR_1 引脚输入,设 8259A 工作在全嵌套、非缓冲、非自动 EOI 方式下,其中断类型号为 C1H,中断申请信号为上升沿触发,试编写 8259A 的初始化程序。

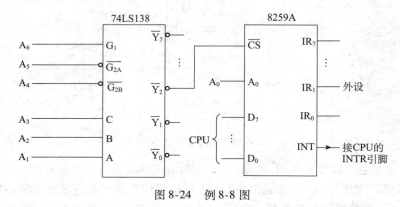

图 8-24 例 8-8 图

分析:由图 8-24 可以看出,74LS138 译码器的 $\overline{Y_2}$ 输出端接 8259A 的 $\overline{CS}$ 片选信号,因此可以译出 8259A 芯片的两个地址,分别为:44H 和 45H。

根据题意，可以写出 8259A 的初始化命令字，分别为：$ICW_1 = 13H$，$ICW_2 = C0H$，$ICW_4 = 01H$。由于是单片 8259A，因此不需要设置 ICW_3。

8259A 的初始化程序如下：

```
MOV    AL,13H
OUT    44H,AL       ;写 ICW₁
MOV    AL,0C0H
OUT    45H,AL       ;写 ICW₂
MOV    AL,01H
OUT    45H,AL       ;写 ICW₄
```

【例 8-9】   某系统有两片 8259A，如图 8-25 所示，从片 8259A 接主片的 IR_2，主片的 IR_4 和 IR_5 有外部中断引入，从片 IR_0 和 IR_3 上也分别有外设中断引入。主片中断类型号分别为 64H 和 65H，地址分别为 20H 和 21H。从片中断类型号分别为 40H 和 43H，地址分别为 A0H 和 A1H。试分别写出主、从片 8259A 的初始化程序。

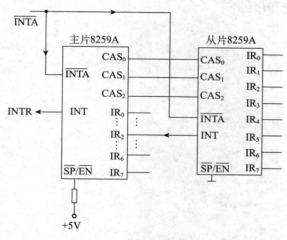

图 8-25   例 8-9 图

1）对主片 8259A 设定如下要求：
- 主片 8259A 有级联，从 IR_2 引入。
- 中断请求信号为边沿触发方式。
- 中断类型号为 60H ~ 67H。
- 采用特殊全嵌套方式。
- 采用非自动结束 EOI，非缓冲方式。
- 屏蔽 IR_2、IR_4 和 IR_5 以外的中断源。

主片 8259A 的初始化程序如下：

```
MOV    AL,  11H
OUT    20H, AL       ;写 ICW₁
MOV    AL,  60H
OUT    21H, AL       ;写 ICW₂
MOV    AL,  04H
OUT    21H, AL       ;写 ICW₃
MOV    AL,  11H
```

```
OUT    21H,   AL           ;写 ICW₄
       ...
MOV    AL,    0CBH
OUT    21H,   AL           ;写 OCW₁
MOV    AL,    20H
OUT    20H,   AL           ;写 OCW₂
       ...
```

2）对从片 8259A 设定如下要求：

- 从片 8259A 接在主片 IR_2 上。
- 中断请求信号为边沿触发方式。
- 中断类型号为 40H ~ 47H。
- 采用特殊全嵌套方式。
- 采用非自动结束 EOI，非缓冲方式。
- 屏蔽 IR_0 和 IR_3 以外的中断源。

从片 8259A 的初始化程序如下：

```
MOV    AL,    11H
OUT    0A0H,  AL           ;写 ICW₁
MOV    AL,    40H
OUT    0A1H,  AL           ;写 ICW₂
MOV    AL,    02H
OUT    0A1H,  AL           ;写 ICW₃
MOV    AL,    11H
OUT    0A1H,  AL           ;写 ICW₄
       ...
MOV    AL,    0F6H
OUT    0A1H,  AL           ;写 OCW₁
MOV    AL,    20H
OUT    0A0H,  AL           ;写 OCW₂
       ...
```

【例 8-10】　图 8-26 为 IBM PC/XT 系统中 8259A 的连接示意图。从图 8-26 中可以看出，8259A 的 IR_1 端引入键盘中断，要求编程实现每次按下任意键、CPU 响应中断时，屏幕显示字符串 "Hello!"。

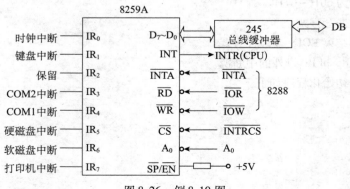

图 8-26　例 8-10 图

已知 8259A 的中断类型号为 08H ~ 0FH，端口地址分别为 20H、21H，中断请求信号为边沿触发方式，采用特殊全嵌套、非自动结束 EOI、非缓冲方式。

参考程序如下：

```
DATA     SEGMENT
BUF      DB 'Hello!',0AH,0DH,'$'
DATA     ENDS
CODE     SEGMENT
         ASSUME CS:CODE,DS:DATA
START:   MOV      AL,11H
         OUT      20H,AL           ;写 ICW₁
         MOV      AL,08H
         OUT      21H,AL           ;写 ICW₂
         MOV      AL,11H
         OUT      21H,AL           ;写 ICW₄
         MOV      AX,SEG INT9
         MOV      DS,AX
         MOV      DX,OFFSET INT9
         MOV      AL,09H           ;AL = 09H
         MOV      AH,25H           ;AH = 25H
         INT      21H              ;设置中断向量表
         IN       AL,21H           ;读中断屏蔽寄存器
         AND      AL,0FDH          ;OCW₁ = 11111101B,开放 IR₁ 中断
         OUT      21H,AL           ;写 OCW₁
         STI
LP:      JMP      LP               ;等待中断
INT9:    MOV      AX,DATA          ;中断服务程序
         MOV      DS,AX
         MOV      DX,OFFSET BUF
         MOV      AH,09
         INT      21H              ;显示每次中断的提示信息
         MOV      AL,20H
         OUT      20H,AL           ;写 OCW₂,发出 EOI 结束中断
         IN       AL,21H           ;读中断屏蔽字 OCW₁
         OR       AL,02H           ;OCW₁ = 00000010B,屏蔽 IR₁ 中断
         OUT      21H,AL           ;写 OCW₁
         STI
         MOV      AH,4CH
         INT      21H
         IRET
CODE     ENDS
         END      START
```

习题

1. 名词解释：中断、中断源、中断优先级、中断嵌套。
2. CPU 响应可屏蔽中断的条件是什么？

3. 试说明如何为外设编写中断服务程序，画出程序流程图。

4. 说明 8086 CPU 对中断的响应过程。

5. 8086 系统中可以引入哪些中断？如何引入？

6. 说明中断优先级的作用及确定优先级时要考虑的问题。

7. 中断向量表的功能是什么？简述 CPU 利用中断向量表转入中断服务程序的过程。

8. 简述 8259A 的内部结构和主要功能。

9. 8259A 分别有哪几个初始化命令字和操作命令字，各起什么作用？

10. 假设 8086 CPU 从 8259A 中读取的中断类型号为 59H，其中断向量在中断向量表中的地址是多少？

11. 某 8088 系统有两片 8259A，其中主片定义为：上升沿触发，中断类型号为 08H～0FH，在 IR$_4$ 引脚级联从片，非自动结束 EOI、全嵌套、非缓冲方式，端口地址是 20H、21H；从片定义为：上升沿触发、中断类型号为 70H～77H、级联到主片的 IR$_4$ 引脚，非自动结束 EOI、全嵌套、非缓冲方式，端口地址是 C0H、C1H。试分别编写主、从片 8259A 的初始化程序。

微型计算机接口技术

随着大规模集成电路技术的发展，PC 机主板上已经用两块专用芯片代替了以前大量的接口芯片和中小规模集成电路。但是，它们仍然具有并行接口 8255A、串行接口 8251A、定时/计数器 8253（8254）、中断控制器 8259 和 DMA 控制器等芯片的作用。并且在自行设计应用系统时，仍然要使用这些通用的接口芯片。中断控制器 8259 和 DMA 控制器在前面章节已经介绍。本章主要介绍可编程定时/计数器芯片 8254 的功能、引脚、工作方式以及在发声系统中的应用等；可编程并行接口芯片 8255A、可编程串行通信接口 8251A 的基本功能、内部结构、引脚功能及应用举例；以及模拟量的输入/输出，包括模拟接口组成，模/数转换技术，数/模（D/A）转换器，模/数（A/D）转换器。

9.1 可编程定时/计数器芯片 8254

在计算机系统、工业控制领域以及日常生活中，都存在定时、计时和计数问题，尤其是计算机系统中的定时技术特别重要，有时需要通过定时来实现某种控制或操作，如定时中断、定时检测、定时扫描等。

9.1.1 微机系统中的定时

在微机系统中常常需要为处理器和外设提供时间标记，或对外部时间进行计数。例如，分时系统的程序切换、向外设定时周期性地发出控制信号、外部事件发生次数达到规定值后产生中断，以及统计外部事件发生的次数等，因此，需要解决系统的定时问题。

微机系统中的定时可分为内部定时和外部定时两类。内部定时是计算机本身运行的时间基准或时序关系，计算机的每个操作都是按照严格的时间节拍执行的；外部定时是外部设备实现某种功能时，本身所需要的一种时序关系，如打印机接口标准 Centronics 就规定了打印机与 CPU 之间传送信息应遵守的工作时序。计算机内部定时已由 CPU 硬件结构确定了，是固定的时序关系，无法更改。外部定时，由于外设或被控对象的任务不同，功能各异，无一定模式，往往需要用户根据 I/O 设备的要求进行安排。当然，用户在考虑外设和 CPU 连接时，不能脱离计算机的定时要求，即应以计算机的时序关系为依据来设计外部定时机构，以满足计算机的时序要求，这叫做时序配合。至于在一个过程控制、工艺流程或监控系统中，各个控制环节或控制单元之间的定时关系，完全取决于被处理、加工、制造和控制的对象的性质，因而可以按各自的规则独立进行设计。

9.1.2 定时方法

为获得所需要的定时，要求有准确而稳定的时间基准，产生这种时间基准通常采用两种方法，即软件定时和硬件定时。

（1）软件定时

软件定时是指利用 CPU 内部定时机构，应用软件编程，循环执行一段程序而产生的等待延时。这是常用的一种定时方法，主要用于短时延时。这种方法的优点是不需增加硬件设备，只需编制相应的延时程序以备调用。缺点是 CPU 执行延时时间增加了 CPU 的时间开销，延时时间越长，这种等待开销越大，降低了 CPU 的效率，浪费了 CPU 的资源。并且，软件延时的时间随主机频率不同而发生变化，即定时程序的通用性差。

（2）硬件定时

硬件定时是采用可编程通用的定时/计数器或单稳延时电路产生定时或延时，可细分为不可编程的硬件定时和可编程的硬件定时。不可编程的硬件定时尽管定时电路并不很复杂，但这种定时电路在硬件连接好以后，定时值和定时范围不能由程序来控制和改变，使用不灵活。可编程定时/计数器是为方便计算机系统的设计和应用而研制的，定时值及其范围可以很容易地由软件来控制和改变，能够满足各种不同的定时和计数要求，因此得到广泛应用。可编程的硬件定时不占用 CPU 的时间，定时时间长，使用灵活，尤其是定时准确，定时时间不受主机频率影响，定时程序具有通用性。目前，通用的定时/计数器集成芯片种类很多，如 Intel 8253/8254、Zilog 公司的 CTC 等。

8253/8254 是 Intel 公司生产的通用定时/计数器。8254 是在 8253 的基础上稍加改进而推出的改进型产品，两者的硬件组成和引脚完全相同。本节主要介绍 8254 可编程定时/计数器芯片的功能、引脚、工作方式等。

8254 的主要功能是定时和计数。微机内的动态存储器刷新电路，系统日时钟的技术以及发声系统的声源都是由 8254 芯片来完成的。片内有 3 个独立的 16 位计数器，每个计数器可编程设定为 6 种不同的工作方式，可作为频率发生器、实时时钟、外部事件计数器和单脉冲发生器等，最高计数频率可达 10MHz。8254 芯片如图 9-1 所示。

图 9-1　8254 芯片图

9.1.3　定时/计数器的作用

1. 定时/计数

（1）定时

定时是最常见和最普遍的问题，一天 24 小时的定时称为日时钟，长时间的定时（日、月、年直至世纪的定时）称为实时钟（日时钟运行原理如图 9-2 所示）。在监测系统中，对被测点定时取样。在打印程序中，查"忙"（Busy）信号，一般等待 10ms，若超过 10ms 还是忙，就进行超时处理。在读键盘时，为了去抖，一般延迟一段时间再读。在步进电动机速度控制程序中，利用在前一次和后一次发送相序代码之间延时的时间间隔来控制步进电动机的转速。

（2）计数

相对定时来说，计数使用得更多。例如，生产线上对零件和产品的计数、对大桥和高速公路上车流量的统计等。定时/计数器 8254 内部最基本的单元也是减 1 计数器。

（3）定时与计数的关系

定时的本质就是计数，只不过这里"数"的单位是时间单位。如果把多个小片计时单位累加起来，就可获得一段时间。例如，以秒为单位来计数，计满 60 秒为 1 分，计满 60 分为 1 小时，计满 24 小时即为 1 天。因此，定时的本质就是计数，我们把计数作为定时的基础来讨论。

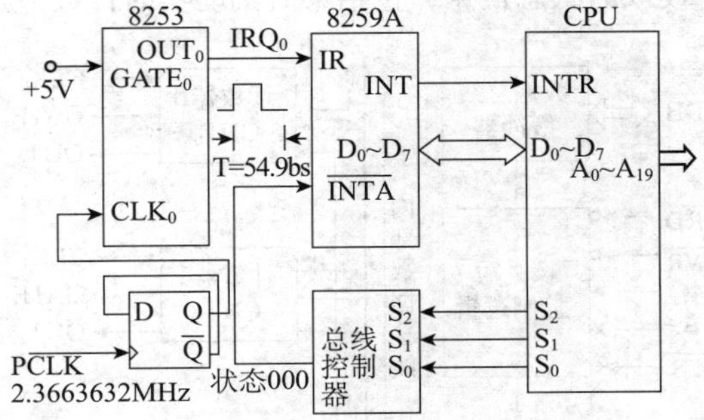

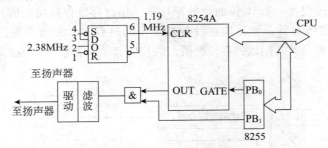

图 9-2 日时钟运行原理

2. 频率-声音-音乐

从定时、计数问题还可以引出或派生出一些其他的概念和术语。例如，如果把计数和定时联系起来，就会引出频率的概念。例如，采集数据的次数加上时间，就会引出每秒采集多少次，即采样频率。由频率可以引出声音，频率高，声音的音调高；频率低，声音的音调低。如果不仅考虑发声频率的高低，还考虑发声所占时间的长短，就会引出音乐的概念。把音调的高低和发声的长短巧妙地结合起来，便产生了美妙动听的音乐。

因此，定时/计数技术与频率、声音以及音乐之间有密切的联系，本章将对 8254 在发声系统中的应用进行详细介绍（其原理图如图 9-3 所示）。

图 9-3 8254A 发声系统构成

9.1.4 8254 内部结构、引脚及工作原理

定时和计数的本质是相同的，它们都是对一个输入脉冲进行计数，如果输入脉冲的频率一定，则记录一定个数的脉冲，其所需的时间是一定的。例如，输入脉冲的频率为 2MHz，则计数 2×10^6——定时 1 秒。

因此，使用同一个接口芯片，既能进行计数又能进行计时，统称为定时/计数器。

1. 8254 内部结构

8254 内部结构如图 9-4 所示。

从图 9-4 可知，8254 芯片由数据总线缓冲器、读/写控制逻辑、控制字寄存器和 3 个计数器通道组成。3 个计数器通道和控制字寄存器通过内部数据总线相连，内部数据总线再经缓冲器与 CPU 数据总线相接。

（1）数据总线缓冲器

实现 8254 与 CPU 数据总线连接的 8 位双向三态缓冲器，用以传送 CPU 向 8254 的控制信息、

数据信息以及 CPU 从 8254 读取的状态信息，包括某时刻的实时计数值。

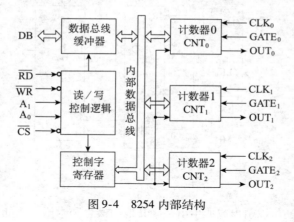

图 9-4　8254 内部结构

（2）控制字寄存器

8 位只写寄存器，用于存放由 CPU 写入芯片的方式选择控制字或命令字，由它来控制 8254 中各计数器通道的工作方式。

（3）计数器通道

图 9-4 中的 3 个计数器通道是完全独立但结构和功能完全相同的定时/计数器通道，每个通道的内部结构大致如图 9-5 所示，只是其中的控制字寄存器并非每个通道各有一个，而是 3 个通道共用一个。每一个通道包含一个 16 位的计数寄存器（用以存放计数初始值）、一个 16 位的减法计数器和一个 16 位的锁存器，锁存器在计数器工作的过程中，跟随计数值的变化，在接收到 CPU 发来的读计数值命令时，用以锁存计数值，供 CPU 读取，读取完毕后，输出锁存器又跟随减 1 计数器变化。

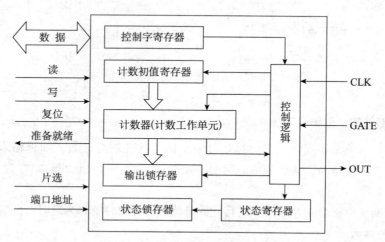

图 9-5　计数器通道内部结构示意图

当写入控制字时，将同时清除计数初值寄存器的内容。计数工作单元（CE）和计数初值寄存器（CR）、输出锁存器（OL）均为 16 位，而内部总线的宽度为 8 位，因此 CR 的写入和 OL 的读出都必须分两次进行。若在初始化时只写入 CR 的一个字节，则另一个字节的内容保持为 0。CE 是 CPU 不能直接读/写的，需要修改其初值时，只能通过写入 CR 实现；需要读 CE 的当前内容时，必须先写入读回命令，将 CE 的内容锁存于 OL，然后再读出 OL 内容。经锁存后的 OL 内容将一直保持至 CPU 读出时为止。在 CPU 读出 OL 后，OL 又跟随 CE 变化。状态寄存器保持当前控制字寄存器的内容、输出状态以及 CR 内容是否已装入 CE 的指示状态，同样必须先锁存到状态锁存器，才允许 CPU 读取（8253 中没有状态寄存器和状态锁存器，这是 8254 和 8253 的主要区别之一）。OUT、CLK 和 GATE 的作用是每个通道和外界联系的引脚信号。当某通道用做计数器时，应将要求计数的次数预置到该通道的 CR 中，被计数的事件应以脉冲方式从 CLK_i 端输入，每输入一个计数脉冲，计数器内容减 1，待减至 0 时，OUT_i 端将有信号输出，表示计数次数到。当某通道用做定时器时，由 CLK_i 端输入一定周期的时钟脉冲，同时根据定时的时间长短确定所需的计数值，并预置到 CR 中，每输入一个时钟脉冲，计数器内容减 1，待计数值减到 0 时，OUT_i 端将有输出，表示定时时间到。可见，任一通道无论是作为计数器还是定时器使用，其内部操作完全相同，区别仅在于前者是由计数脉冲（间隔不一定相同）进行减 1 计数，而后者是由周期一定的时钟脉冲做减 1 计数。作为计数器使用时，要求计数的次数可直接作为计数初值预置到减 1 计数器；而作为定时器使用时，计数初值即定时系数应根据要求定时的时间和时钟脉冲周期进行如下换算才能得到：

$$定时系数 = \frac{要求定时的时间}{时钟脉冲周期}$$

此外，各通道还可用来产生各种脉冲序列，向各个通道输入的门控信号 $GATE_i$ 的作用也因工作方式不同而异，有关内容将在 9.1.5 节详述。

（4）读/写控制逻辑

读/写控制逻辑接收系统总线来的信号，并产生内部的各种控制信号。其中 A_1、A_0 为端口地址线，用于区别是访问某个计数器通道还是控制字寄存器，通常它与系统地址总线的 A_1、A_0 相连。$\overline{RD}$ 和 $\overline{WR}$ 用于指明是读操作还是写操作。在片选信号 $\overline{CS}$ 有效时，$\overline{RD}$ 信号与 A_1、A_0 配合，指示是读出哪个计数器通道的 OL 或状态锁存器内容；而 $\overline{WR}$ 信号则与 A_1、A_0 配合，指示是写入控制字寄存器还是写入某个计数器通道的 CR。

2. 8254 引脚功能

8254 引脚如图 9-6 所示。

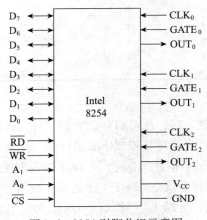

图 9-6　8254 引脚分组示意图

8254 与 CPU 的接口引线包括数据线 $D_7 \sim D_0$，它们全部是双向、三态，用来和数据总线相连。另外，还有 5 条输入控制引脚，用来接收 CPU 送来的地址和控制信息，这些引脚分别介绍如下。

$\overline{CS}$：片选信号。为低电平时，表示 8254 被选中。通常，该信号的控制是通过译码电路的输出端提供的。

$\overline{RD}$：读信号，低电平有效，与 CPU 的 $\overline{RD}$ 控制线相连。当 CPU 执行 IN 输入指令时，该信号有效，将数据信息或状态信息从 8254 读至 CPU。

$\overline{WR}$：写信号，低电平有效，与 CPU 的 $\overline{WR}$ 控制线相连。当 CPU 执行 OUT 输出指令时，该信号有效，将数据信息或控制字从 CPU 写入 8254。

A_1、A_0：端口选择信号，用来指明哪一个端口被选中。8254 有 3 个数据端口和一个控制端口。数据端口用来传送数据，控制端口用来接收 CPU 传送来的控制字。

数据和控制字都是通过 CPU 的数据总线传送给 8254 的。8254 根据端口选择信号 A_1、A_0 的组合把数据总线传送来的信息传送到相应的端口。

每个计数器有 3 条引线。

CLK：计数时钟，输入。用于输入定时脉冲或计数脉冲信号。CLK 可以是系统时钟脉冲，也可以由系统时钟分频或者其他脉冲源提供，输入的时钟频率在 1 ~ 10MHz 范围内（8253 的输入时钟频率在 1 ~ 2MHz）。

GATE：门控信号，输入，由外部信号通过 GATE 端控制计数器的启动计数和停止计数的操作。

OUT：时间到或计数结束输出引脚。当计数器计数到 0 时，在 OUT 引脚有输出。在不同的模式下，可输出不同电平的信号。

8254 的内部端口选择是由引线 A_1、A_0 决定的，各个通道的读/写操作的选择见表 9-1。

表 9-1　8254 端口选择表

$\overline{CS}$	$\overline{RD}$	$\overline{WR}$	A_1	A_0	寄存器选择和操作	
0	1	0	0	0		计数器 #0
0	1	0	0	1		计数器 #1
0	1	0	1	0	写入操作	计数器 #2
0	1	0	1	1		控制字寄存器
0	0	1	0	0		计数器 #0
0	0	1	0	1	读出操作	计数器 #1
0	0	1	1	0		计数器 #2
0	0	1	1	1		
0	1	1	×	×	无操作	
1	×	×	×	×	禁止	

3. 8254 工作原理

对 CLK 信号进行"减 1 计数"时，首先 CPU 把控制字写入控制字寄存器，把计数初始值写入计数初值寄存器，然后，定时/计数器按控制字要求计数。计数从计数初始值开始，每当 CLK 信号出现一次，计数值减 1，当计数值减为 0 时，从 OUT 端输出规定的信号（具体形式与工作模式有关）。当 CLK 信号出现时，计数值是否减 1（即是否计数），受"门控信号"GATE 的影响，一般情况下，仅当 GATE 有效时，才减 1。门控信号 GATE 如何影响计数操作，以及输出端 OUT 在各种情况下输出的信号形式与定时/计数器的工作模式有关。这里，应该指出以下 3 点：

1) CLK 信号是计数输入信号，即计数器对 CLK 端出现的脉冲个数进行计数。因此，CLK 端可以输入外部事件，这种情况下，对应于定时/计数器作为计数器使用。CLK 端也可接入一个固定频率的时钟信号，即对该时钟脉冲计数，从而达到计时的目的。

2）OUT 信号在计数结束时发生变化，可以将 OUT 信号作为外部设备的控制信号，也可以将 OUT 信号作为向 CPU 申请中断的信号。

3）CPU 可以从输出锁存器中读出当前计数值。一般情况下，输出锁存器的值随着计数器的计数值变化，CPU 读取其值之前，应向控制字寄存器发送一个锁存命令，这时，输出锁存器的值不再随计数器的值变化，CPU 用输入指令从输出锁存器中读取当前计数值。输入指令（读命令）同时又使输出锁存器的值随计数器的值变化。

9.1.5　8254 工作方式

8254 共有 6 种工作方式，各方式下的工作状态是不同的，输出的波形也不同，其中比较灵活的是门控信号，由此组成了 8254 丰富的工作方式、波形。

（1）8254 工作方式的基本原则

1）控制字写入计数器时，所有的控制逻辑电路立即复位，输出端 OUT 进入初始状态。初始状态对不同的模式来说不一定相同。

2）在计数初始值写入后，要经过一个时钟周期上升沿和一个下降沿，计数执行部件才可以开始进行计数操作，因为第一个下降沿将计数寄存器的内容送减 1 计数器，如图 9-7 所示。

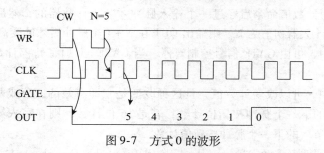

图 9-7　方式 0 的波形

3）通常，在每个时钟脉冲 CLK 的上升沿，采样门控信号 GATE。在不同的工作方式下，门控信号的触发方式是有具体规定的，或者是电平触发，或者是边沿触发。在有的模式中，两种触发方式都是允许的。其中方式 0、2、3、4 是电平触发，方式 1、2、3、5 是上升沿触发，如图 9-8 所示。

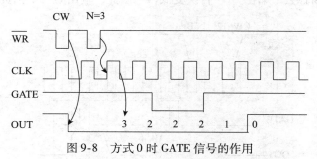

图 9-8　方式 0 时 GATE 信号的作用

4）在时钟脉冲的下降沿，计数器做减 1 计数，0 是计数器所能容纳的最大初始值，二进制相当于 2^{16}，用 BCD 码计数时，相当于 10^4。

（2）方式 0——计数结束产生中断（Interrupt On Terminal Count）方式

方式 0 为典型的事件计数用法。当计数单元 CE 计至 0 时，OUT 信号由低变高，可作为中断请求信号。

方式 0 的波形如图 9-9 所示。当控制字写入控制字寄存器后，输出 OUT 变低，当计数值写入计数器后开始计数，在整个计数过程中，OUT 保持为低，当计数到 0 后，OUT 变高；GATE 的高低电平控制计数过程是否进行。

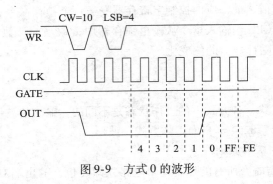

图 9-9 方式 0 的波形

从波形图中不难看出，方式 0 有如下特点：

1）计数器只计一遍，当计数到 0 时，不重新开始计数，OUT 保持为高，直到输入一个新的计数值，OUT 才变低，开始新的计数。

2）计数值是在写计数值命令后经过一个输入脉冲才装入计数器的，然后下一个脉冲开始计数，因此，如果设置计数器初值为 N，则输出 OUT 在 N + 1 个脉冲后才能变高。

3）在计数过程中，可由 GATE 信号控制暂停。当 GATE = 0 时，暂停计数；当 GATE = 1 时，继续计数。

4）在计数过程中，可以改变计数值，且这种改变是立即有效的，分成两种情况：若是 8 位计数，则写入新值后的下一个脉冲按新值计数；若是 16 位计数，则在写入第一个字节后，停止计数，写入第二个字节后的下一个脉冲按新值计数。

（3）方式 1——硬件可重触发单稳（Hardware Retriggerable One-Shot）方式

计数器相当于一个可编程的单稳态电路。方式 1 的波形如图 9-10 所示。CPU 向 8254 写入控制字后 OUT 变高，并保持，写入计数值后并不立即计数，只有外界 GATE 信号启动后（一个正脉冲）的下一个脉冲才开始计数，OUT 变低，计数到 0 后，OUT 才变高，此时再来一个 GATE 正脉冲，计数器又开始重新计数，输出 OUT 再次变低……因此，输出为一单拍负脉冲。

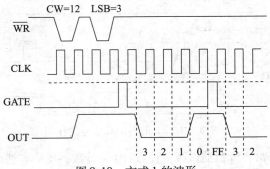

图 9-10 方式 1 的波形

从波形图不难看出，方式 1 有下列特点。

1）输出 OUT 的宽度为计数初值的单脉冲。

2）输出受门控信号 GATE 的控制，分 3 种情况：

- 若计数到 0 后再来 GATE 脉冲，则重新开始计数，OUT 变低。
- 若在计数过程中来 GATE 脉冲，则从下一 CLK 脉冲开始重新计数，OUT 保持为低。
- 在改变计数值后，只有当 GATE 脉冲启动后，才按新值计数，否则原计数过程不受影响，仍继续进行，即新值的改变是从下一个 GATE 开始的。

3）计数值是多次有效的，每来一个 GATE 脉冲，就自动装入计数值开始从头计数，因此，在初始化时，计数值写入一次即可。

（4）方式 2——速率发生器（Rate Generator）方式（也叫做 n 分频方式）

方式 2 的波形如图 9-11 所示，在这种方式下，CPU 输出控制字后，输出 OUT 变高，写入计数值后的下一个 CLK 脉冲开始计数，计数到 1 后，输出 OUT 变低，经过一个 CLK 后，OUT 恢复为高，计数器重新开始计数……因此，在这种方式下，只需写入一次计数值，就能连续工作，输出连续相同间隔的负脉冲（前提是 GATE 保持为高），即周期性地输出。在方式 2 下，8254 有下列使用特点：

1）通道可以连续工作。

2）GATE 可以控制计数过程，当 GATE 为低时，暂停计数，当恢复为高后，重新从初值开始计数（注意：该方式与方式 0 不同，方式 0 是继续计数）。

3）若重新设置新的计数值，即在计数过程中改变计数值，则新的计数值是下次有效的，同方式 1。

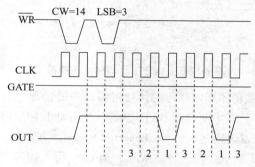

图 9-11　方式 2 的波形

（5）方式 3——方波速率发生器（Square Wave Mode）

在这种方式下，OUT 端输出的是方波或近似方波信号。它的典型用法是作为波特率发生器。

方式 3 的波形如图 9-12 所示。这种方式下的输出与方式 2 一样，都是周期性的，而不同之处是周期不同，CPU 写入控制字后，输出 OUT 变高，写入计数值后开始计数，不同的是减 2 计数，当计数到一半计数值时，输出变低，重新装入计数值进行减 2 计数，当计数到 0 时，输出变高，装入计数值进行减 2 计数，一直循环。

在方式 3 下，8254 有下列使用特点：

1）通道可以连续工作。

2）关于计数值的奇偶，若为偶数，则输出标准方波，高低电平各为 N/2 个；若为奇数，则在装入计数值后的下一个 CLK 使其装入，然后减 1 计数，计数至 $(N+1)/2$，OUT 输出状态改变，再减至 0，OUT 又改变状态，重新装入计数值后循环此过程。因此，在这种情况下，输出 $(N+1)/2$ 个 CLK 高电平，$(N-1)/2$ 个 CLK 低电平。

3）GATE 信号能使计数过程重新开始，当 GATE = 0 时，停止计数，当 GATE 变高后，计数器重新装入初值开始计数，尤其是当 GATE = 0 时，若 OUT 此时为低，则立即变高，其他动作同上。

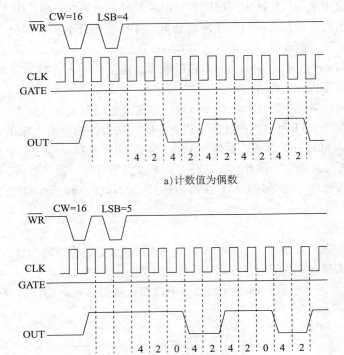

a) 计数值为偶数

b) 计数值为奇数

图 9-12　方式 3 下计数器的工作波形

4）在计数期间改变计数值不影响现行的计数过程，一般情况下，新的计数值是在现行计数过程结束后才装入计数器。但若中间遇到 GATE 脉冲，则在此脉冲后即装入新值开始计数。

（6）方式 4——软件触发选通（Software Triggered Strobe）方式

方式 4 的波形如图 9-13 所示，在这种方式下，当 CPU 写入控制字后，OUT 立即变高，写入计数值开始计数，当计数到 0 后，OUT 变低，经过一个 CLK 脉冲后，OUT 变高，这种计数是一次性的（与方式 0 有相似之处），只有当写入新的计数值后才开始下一次计数。

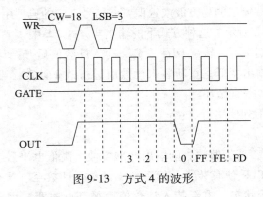

图 9-13　方式 4 的波形

在方式 4 下，8254 有下列使用特点：

1）当计数值为 N 时，则间隔 N + 1 个 CLK 脉冲输出一个负脉冲（计数一次有效）。

2）当 GATE = 0 时，禁止计数；当 GATE = 1 时，恢复继续计数。

3）在计数过程中，重新装入新的计数值，则该值是立即有效的（若为 16 位计数值，则装入第一个字节后停止计数，装入第二个字节后开始按新值计数）。

（7）方式 5——硬件触发选通（Hardware Triggered Strobe）方式

方式 5 与方式 1 十分相似，只不过 CE 计数到 0 时 OUT 端产生的是负选通脉冲。方式 5 的波形如图 9-14 所示，在这种方式下，当控制字写入后，OUT 立刻变高，写入计数值后并不立即开始计数，而是由 GATE 的上升沿触发启动计数，当计数到 0 时，输出变低，经过一个 CLK 后，输出恢复为高，计数停止，若再有 GATE 脉冲来，则重新装入计数值开始计数，上述过程重复。

在方式 5 下，8254 有下列使用特点：

1）在这种方式下，若设置的计数值是 N，则在 GATE 脉冲后，经过（N + 1）个 CLK 后 OUT 才输出一个负脉冲。

2）若在计数过程中又来一个 GATE 脉冲，则重新装入初值开始计数，输出不变，即计数值多次有效。

3）若在计数过程中修改计数值，则该计数值在下一个 GATE 脉冲后装入，开始按此值计数。

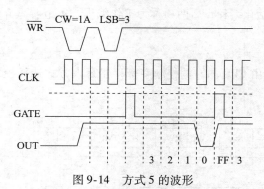

图 9-14　方式 5 的波形

尽管 8254 有 6 种工作模式，但从输出端来看，仅为计数和定时两种工作方式。作为计数器时，8254 在 GATE 的控制下，进行减 1 计数，减到终值时，输出一个信号。作为定时器时，8254 在门控信号 GATE 控制下，进行减 1 计数，减到终值时，又自动装入初始值，重新做减 1 计数，于是，输出端会不断地产生时钟周期整数倍的定时时间间隔。

（8）8254 工作方式小结

1）方式 2、方式 4、方式 5 的输出波形是相同的，都是宽度为一个 CLK 周期的负脉冲，但方式 2 连续工作，方式 4 由软件触发启动，方式 5 由硬件触发启动。

2）方式 5 与方式 1 工作过程相同，但输出波形不同，方式 1 输出的是宽度为 N 个 CLK 脉冲的低电平有效的脉冲（计数过程中输出为低），而方式 5 输出的为宽度为一个 CLK 脉冲的负脉冲（计数过程中输出为高）。

3）输出端 OUT 的初始状态。方式 0 在写入方式控制字后输出为低，而其余方式，则在写入控制字后，输出均为高电平。

4）任一种方式均是在写入计数初值后才能开始计数。方式 0、方式 2、方式 3、方式 4 都是在写入计数初值后开始计数的，而方式 1 和方式 5 还需要外部触发启动后才开始计数。

5）在这 6 种工作方式中，只有方式 2 和方式 3 是连续计数，其他方式都是一次计数，要继续工作需要重新启动，方式 0、方式 4 由软件启动，方式 1、方式 5 由硬件启动。

6）门控信号的作用。通过门控信号 GATE，可以干预 8254 某一通道的计数过程，在不同的工作方式下，门控信号起作用的方式也不一样，其中方式 0、方式 2、方式 3、方式 4 是电平起作用，方式 1、方式 2、方式 3、方式 5 是上升沿起作用，方式 2、方式 3 对电平和上升沿都可以起作用。

7）在计数过程中改变计数值时，各种方式的作用有所不同。

8）在计数到 0 后，计数器的状态为：方式 0、方式 1、方式 4、方式 5 继续倒计数，变为 FFH、FEH……，而方式 2、方式 3 则自动装入计数初值继续计数。

9.1.6 8254 的编程与应用

为了使用 8254，必须通过读/写操作对它编程。在下列情况下，需要对 8254 编程。

1）工作之前写入控制字，以确定每个计数器通道的工作方式。

2）工作之前写入每个计数器通道的计数初值。

3）工作过程中改变某通道的计数初值。

4）写入命令字或状态字，以读出某一时刻某一通道的 CE 内容或状态寄存器内容。

其中，前两项称为初始化编程，后两项称为工作编程。本节着重介绍控制字、命令字、状态字格式以及编程方法。

（1）控制字

要使 8254 工作，必须由 CPU 向它的控制字寄存器写入方式选择控制字。方式选择控制字的格式如图 9-15 所示。

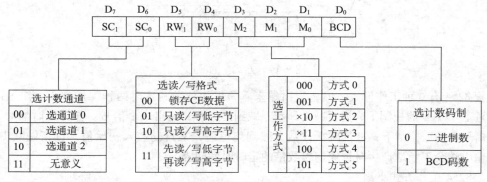

图 9-15 8254 控制字格式

最高两位 SC_1、SC_0 用于指明写入本控制字的计数器通道。$SC_1SC_0 = 00$，01，10，分别表示选择通道 0、通道 1、通道 2。注意，每写一个控制字，只能选择一个通道的工作方式；要设置 3 个通道的工作方式，必须对同一地址（控制字寄存器）写入 3 个控制字。SC_1、SC_0 不能同时为 1。

RW_1、RW_0 用于定义对所选计数通道的读/写操作格式，即指明是只读出输出锁存器（OL）或写入计数初值寄存器（CR）的低字节，还是只读/写其高字节，抑或是先读/写其低字节，再读/写其高字节。例如，如果向计数通道 1 写入的控制字的高 4 位为 0111，那么以后向其 CR 预置初值时必须用两条输出指令，先后将初值的低字节和高字节写入 CR 的低 8 位和高 8 位。同样，从 OL 读数时，也必须用两条输入指令先后将其低 8 位和高 8 位读出。而如果控制字的 $RW_1$$RW_0 = 01$ 或 10，则向 CR 写入初值或从 OL 读出数值时，每次只需一条 OUT 指令或 IN 指令，写入或读出指定的低字节或高字节的内容。$RW_1RW_0 = 00$ 是将所选通道中 CE 的当前内容锁存到输出锁存

器 OL 中，为 CPU 读取当前计数值做准备。这时的控制字实际上就是后面将要讲到的锁存命令字。

M_2、M_1、M_0 三位用于指定所选通道的工作方式。

BCD 位是计数码制选择位，用于定义所选通道是按二进制计数还是按 BCD 码计数。

（2）命令字和状态字

8254 有两个命令字：计数器锁存命令字和读回命令字。锁存命令字是和 8253 兼容的。读回命令字是 8254 才有的，它包含锁存命令字的功能但有所扩充。

锁存命令字和读回命令字使用与控制字相同的地址写入 8254。计数器锁存命令字用来将当前的 CE 内容锁存到输出锁存器 OL，供 CPU 读出。锁存命令字格式如图 9-16 所示。

D_7	D_6	D_5	D_4	D_3	D_2	D_1	D_0
SC_1	SC_0	0	0	×	×	×	×

图 9-16　锁存命令字格式

其中，$D_5 D_4 = 00$ 为锁存命令特征值；SC_1、SC_0 的含义和控制字相同，是计数通道选择位，不能同时为 1；$D_3 \sim D_0$ 位可为任意状态，在锁存命令中无任何意义。

读回命令字用来将指定计数器通道的 CE 当前内容锁存入 OL 或/和将状态寄存器内容锁存入状态锁存器。和锁存命令字不同，它能同时规定锁存几个计数器通道的当前 CE 内容和状态寄存器内容。读回命令字的格式如图 9-17 所示。

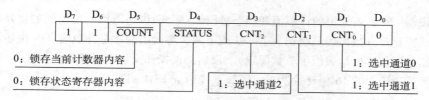

图 9-17　读回命令字格式

当 $\overline{COUNT}$ 位为 0 时，CNT_2、CNT_1、CNT_0 位选中的通道的当前 CE 内容均锁存，以备 CPU 读取。当某一个计数器被读取后，该计数器自行失锁，但其他计数器并不受影响。如果对同一个计数器发出多次读回命令，但并不立即读取计数值，那么只有第一次发出的读回命令是有效的，后面的无效，即以后读取的计数值仅是第一个读回命令所锁存的数。

同样，若 $\overline{STATUS}$ 位为 0，则凡是 CNT_2、CNT_1、CNT_0 位指定的计数器通道的状态寄存器内容都将被锁存入相应通道的状态锁存器，供 CPU 读取。状态字格式如图 9-18 所示。

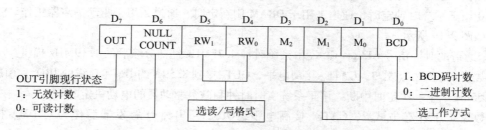

图 9-18　状态字格式

其中，$D_5 \sim D_0$ 与前面控制字的对应位意义相同。D_7 位（OUT）反映了相应计数器通道 OUT 端的现行状态，利用它可以通过软件来监视计数器输出，以减少系统的硬件开销。D_6 位（NULL

COUNT）指示 CR 内容是否已装入 CE，若最后写入 CR 的内容已装入 CE，则 D_6 位为 0，表示可读计数；若 CR 内容未装入 CE，则 D_6 位为 1，表示无效计数，读取的计数值将不反映刚才写入的那个新计数值。

与对当前 CE 内容的读回规则一样，若对同一个状态寄存器发送了多次读回命令，但每次发送命令后并未当即读取其状态，那么除第一次读回命令引起的锁存操作有效外，其余均无效，即发送多次读回命令后读取的状态，总是第一次命令发出时刻计数器的状态。

如果读回命令的 D_5 位（COUNT）、D_4 位（$\overline{STATUS}$）都为 0，则被选定计数通道的现行 CE 内容和状态同时被锁存，它相当于发出两条单独的 CE 值和状态的读回命令。在 6 条读回命令依次写入但均未紧跟读操作时，各命令执行后的结果见表 9-2。

表 9-2　读回命令举例

次序	命令								命令作用	执行结果
	D_7	D_6	D_5	D_4	D_3	D_2	D_1	D_0		
1	1	1	0	0	0	0	1	0	读回通道 0 的计数值和状态	锁存通道 0 的计数值和状态
2	1	1	1	0	0	1	0	0	读回通道 1 的状态	锁存通道 1 的状态
3	1	1	1	0	1	1	0	0	读回通道 2、1 的状态	锁存通道 2 的状态，但对通道 1 无效
4	1	1	0	1	1	1	0	0	读回通道 2 的计数值	锁存通道 2 的计数值
5	1	1	0	1	0	0	1	0	读回通道 1 的计数值和状态	锁存通道 1 的计数值，但对状态无效
6	1	1	1	0	0	0	1	0	读回通道 0 的状态	命令无效，通道 0 的状态早已锁存

最后要说明一点，若通道的计数值和状态都已锁存，则该通道第一次读出的将是状态字，而不管先锁存的究竟是计数值还是状态。下一次或下两次再读出的才是计数值（一次还是两次由编程时方式控制字所规定的计数值字节数而定）。以后的读操作又回到无锁存的计数。

例如，要读通道 1 的 16 位计数器，编程如下（地址 F8H ~ FEH）。

```
MOV  AL,40H    ;
OUT  0FEH,AL   ;锁存计数值
IN   AL,0FAH   ;
MOV  CL,AL     ;低 8 位
IN   AL,0FAH   ;
MOV  CH,AL     ;高 8 位
```

（3）8254 应用举例

在微机系统中，经常需要采用定时/计数器进行定时或计数控制。如在 PC/XT 系统中，8254 的通道 0 用于系统时钟定时，通道 1 用于 DRAM 刷新定时，通道 2 用于驱动扬声器工作。8254 接口电路如图 9-19 所示。

3 个通道的时钟信号 CLK_2 ~ CLK_0 由系统时钟 4.77MHz 经四分频后的 1.19MHz 提供。

计数器 0 工作在方式 3，$GATE_0$ 接高电平，OUT_0 接到 8259A 的 IR_0（总线的 IRQ_0）引脚，要求每隔 55ms 产生一次定时中断，用于系统实时时钟和磁盘驱动器的电动机定时。

计数器 1 工作在方式 2，$GATE_1$ 接高电平，OUT_1 输出经 D 触发器后作为对 DMA 控制器 8237A 通道 0 的 $DREQ_0$ 信号，每隔 15ms 定时启动刷新 DRAM。

计数器 2 工作在方式 3，$GATE_2$ 由 8255A 芯片的 PB_0 控制，OUT_2 输出的方波和 8255A 芯片的 PB_1 信号进行"与"操作，再经过驱动和低通滤波，产生驱动扬声器发声的音频信号。

计数初始值的计算如下。

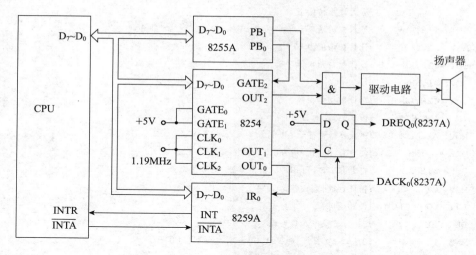

图 9-19 8254 的接口电路

计数器 0：55ms（54. 925 493ms）产生一次中断，即每秒产生 18. 206 次中断请求，所以，

$$计数初始值 = \frac{1. 193\ 18\ \text{MHz}}{18. 206} = 65\ 536\ （即 0000\text{H}）$$

计数器 1：在 PC/XT 计算机中，要求在 2ms 内进行 128 次刷新操作，由此可计算出每隔 2ms/128 = 15. 084μs 必须进行一次刷新操作。所以，

$$计数初始值 = 15. 084μs × 1. 193\ 18\ \text{MHz} = 17. 997\ 9 ≈ 18$$

计数器 2：假设扬声器的发声频率为 1kHz，则

$$计数初始值 = \frac{1. 193\ 18\ \text{MHz}}{1\text{kHz}} ≈ 1\ 190$$

设 8254 的端口地址为 40H ~ 43H，8255A 的端口地址为 60H ~ 63H。下面给出计数器 0 和计数器 1 的初始化程序以及计数器 2 的扬声器驱动程序。

计数器 0 的初始化程序为：

```
MOV  AL,36H    ;计数器 0 方式 3,采用二进制计数,先低字节后高字节
               ;写入计数初始值
OUT  43H,AL    ;写入控制端口
MOV  AL,0      ;计数初始值 0000H
OUT  40H,AL    ;写计数初始值低字节
OUT  40H,AL    ;写计数初始值高字节
```

计数器 1 的初始化程序为：

```
MOV  AL,54H    ;计数器 1 方式 2,采用二进制数计数,只写低字节
OUT  43H,AL    ;写入控制端口
MOV  AL,18     ;计数初始值为 18
OUT  41H,AL    ;写计数初始值
```

计数器 2 的扬声器驱动程序为：

```
BEEP  PROC  FAR
MOV   AL,0B6H    ;计数器 2 方式 3,采用二进制计数,先低字节后高字节
```

```
                        ;写入计数初始值
        OUT   43H,AL    ;写入控制端口
        MOV   AX,1190   ;计数初始值为1190
        OUT   42H,AL    ;写计数初始值低字节
        MOV   AL,AH
        OUT   42H,AL    ;写计数初始值高字节
        IN    AL,61H    ;读8255A的B口
        MOV   AH,AL     ;B口数据暂存于AH中
        OR    AL,03H    ;使PB₁和PB₀均为1
        OUT   61H,AL    ;打开GATE₂门,OUT₂输出方波,驱动扬声器
        MOV   CX,0      ;循环计数,最大值为2¹⁶
   L0:  LOOP  L0        ;循环延时
        DEC   BL        ;BL为子程序入口条件
        JNZ   L0        ;BL=6,发长声(约3s),BL=1,发短声(约0.5s)
        MOV   AL,AH     ;恢复8255A的B口值,停止发声
        OUT   61H,AL
        RET             ;子程序返回
   BEEP ENDP
```

8254 定时/计数器的应用非常广泛,不仅可以为微机系统提供定时信号,在实际工程中可以应用 8254 对外部事件进行计数,还可以通过 8254 驱动扬声器,编写简单的音乐程序等。

9.2 并行通信接口

随着计算机技术的发展和应用,计算机间以及计算机与数据设备间的并行通信成为一个新的热点。计算机间通信的目的是为了实现在不同的计算机间交换数据等信息。传统的计算机间以及计算机与数据设备间的通信大多采用串行通信,原因主要是为了降低通信线路的成本。然而,串行通信的传输速率低,比较适合远距离通信。而并行通信的传输速率高,但需要并行通信线路,通信线路的成本高。因此,在要求通信速度高而通信距离短(几米至几十米)时,可以采用并行通信。

以传送 8 位数据 01101010 为例,并行通信与串行通信的过程如图 9-20 所示。

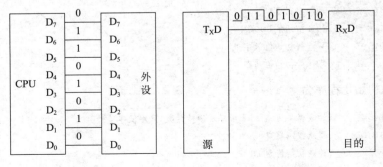

图 9-20 并行通信与串行通信示意图

并行通信是将传送数据的各位分别用一根线同时进行传输,同时并行传送的二进位数就是数据宽度,而实现与外设并行通信的接口电路就是并行接口。同一般的接口电路一样,并行接口是

一组能实现连接 CPU 与外部设备并加以控制的逻辑电路。由于各种 I/O 设备和被控对象多为并行数据线连接，CPU 用并行接口组成应用系统很方便，故使用十分普遍。

一个并行接口可以设计为只作为输出接口或输入接口，也可以既作为输出接口又作为输入接口。双向输入/输出接口有两种实现方法：一种方法是利用一个接口中的两个通路，一个作为输入通路，另一个作为输出通路；另一种方法是用一个双向通路，既可输入又可输出。这些都是具体电路的不同表现形式。8255A 是一种可以同时实现输入/输出的双向的可编程并行接口芯片。

9.2.1　并行通信接口的特点

下面介绍一下并行通信接口的特点。

1）并行接口最基本的特点是在多根数据线上以数据字节为单位与 I/O 设备或被控对象传送信息，如打印机接口、A/D 及 D/A 转移器接口、IEEE-488 接口、开关量接口、控制设备接口等。与此相对应的有串行接口，它是在一根线上以数据位为单位在 I/O 设备或通信设备之间传送信息，如 CRT、键盘及调制解调器接口等。因此，并行接口的"并行"含义不是指接口与系统总线一侧的并行数据线，而是指接口与 I/O 设备或被控对象一侧的并行数据线。

2）在并行接口中，除了少数场合外，一般都要求在接口与外设之间设置并行数据线的同时，至少还要设置两根联络信号，以便互锁异步握手方式的通信。握手信号线在有些接口芯片中是固定的，如 Z80-PIO 中提供 Ready 和 Strobe 进行握手联络。而在另一些接口芯片中，握手信号线是通过软件编程指定的，如下文将要讲到的 8255A。

3）在并行接口中，每次以 8 位或 16 位为单位同时传送。因此，当采用并行接口与外设交换数据时，即使只用到其中的一位，也要一次输入/输出 8 位或 16 位。

4）并行传送的信息不要求固定的格式，这与串行传送的信息有数据格式的要求不同。例如，起步式异步串行通信的数据帧格式是一个包括起始位、数据位、检验位和停止位等的数据。

另外，从并行接口的电路结构来看，并行口有硬件连接接口和可编程接口之分。硬件连接接口的工作方式及功能用硬件连接来设定，用软件编程的方法不能改变；如果接口的工作方式及功能可以用软件编程序的方法改变，就叫做可编程接口。

9.2.2　并行通信原理

（1）典型的并行接口结构

并行接口与 CPU、外设的连接如图 9-21 所示。

1）控制寄存器：CPU 对外设的操作命令都寄存在控制寄存器中。

2）状态寄存器：主要用来提供外设的各种状态位，供 CPU 查询。

3）输入缓冲寄存器和输出缓冲寄存器：缓冲器的作用是用来暂存数据。这两个寄存器主要用来匹配 CPU 和外设的数据处理速度。

（2）数据输入过程

1）外设先使状态线"输入数据准备好"为高电平（有效）。

2）数据接收到输入缓冲寄存器中。

3）把"数据输入回答"信号置成高电平（有效），并发给外设。

4）外设接到回答信号后，将撤销"输入数据准备好"的信号。

5）当接口收到数据后，会在状态寄存器中设置"数据输入准备好"状态位，以便 CPU 对其进行查询或中断输入。

（3）数据输出过程

1）当外设从接口接收到一个数据后，接口的输出缓冲寄存器"空"，使状态寄存器"数据输出准备好"状态位为高电平有效。

2）CPU 将输出数据送到接口的输出缓冲寄存器。

3）接口向外设发送一个启动信号，启动外设接收数据。

4）外设接收到数据后，向接口回送一个"数据输出回答"信号。

5）接口电路收到该信号后，自动将接口状态寄存器中的"数据输出准备好"状态位重新置为高电平。

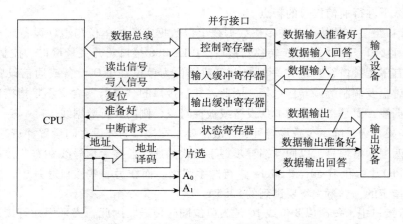

图 9-21　并行接口与 CPU、外设连接示意图

9.2.3　可编程并行接口芯片 8255A

可编程并行接口芯片种类较多，如 Intel 公司的 8255A（PPI）、Motorola 公司的 MC6820（PIA）和 Zilog 公司的 Z80 - PIO。

Intel 8255A 是一种通用的可编程并行输入/输出接口芯片。其功能可通过程序设定，通用性强。通过它可以直接将 CPU 数据总线与外部设备连接起来，使用方便、灵活，也可以方便地应用在 Intel 系列微处理器系统中。

Intel 8255A 接口芯片有 3 个 8 位并行输入/输出端口，可利用编程方法设置 3 个端口作为输入端口或输出端口。芯片的工作方式分别为基本输入/输出、选通输入/输出和双向输入/输出方式。在与 CPU 的数据总线传送数据时可以选择无条件传送方式、查询传送方式和中断传送方式的任意一种。在 Intel 8255A 芯片的 3 个端口中，端口 C 既可作为数据端口也可作为控制端口。当端口 C 作为数据端口时，既可作为 8 位数据端口，也可分别作为两个 4 位数据端口，还可对端口 C 的每一位进行操作，设置某一位为输入或输出，为位控提供便利条件。

1. 8255A 的内部结构及引脚功能

8255A 的内部结构如图 9-22 所示，包括 4 个部分：数据总线缓冲器、读/写控制逻辑、A 组控制部件和 B 组控制部件，以及端口 A、端口 B、端口 C。

（1）端口 A、端口 B 和端口 C

8255A 芯片内部有 3 个 8 位端口，分别为端口 A、端口 B 和端口 C。这 3 个端口可与外部设备相连，用来与外设进行数据信息、控制信息和状态信息的交换。

端口 A 包含一个 8 位数据输出锁存器/缓冲器和一个 8 位数据输入锁存器。因此，用端口 A 作为输入端口或输出端口时，数据均受到锁存。

端口 B 包含一个 8 位的数据输入缓冲器和一个 8 位的数据输出锁存器/缓冲器。因此，端口 B 作为输入端口时不能对数据进行锁存，作为输出端口时能对数据进行锁存。

端口 C 包含一个 8 位数据输入缓冲器和一个 8 位的数据输出锁存器/缓冲器。因此，端口 C 作为输入端口时不能对数据进行锁存，作为输出端口时能对数据进行锁存。端口 C 可以分成两个 4 位端口，可分别定义为输入端口或输出端口，还可定义为控制、状态端口，配合端口 A 和端口 B 工作。

（2）A 组和 B 组控制部件

端口 A 和端口 C 的高 4 位（$PC_7 \sim PC_4$）构成 A 组，由 A 组控制部件对它进行控制；端口 B 和端口 C 的低 4 位（$PC_3 \sim PC_0$）构成 B 组，由 B 组控制部件对它进行控制。这两个控制部件各有一个控制单元，接收来自数据总线送来的控制字，并根据控制字确定各端口的工作状态和工作方式。

（3）数据总线缓冲器

数据总线缓冲器是一个双向三态的 8 位缓冲器，与 CPU 系统数据总线相连。输入数据、输出数据、控制命令字均需要通过数据总线缓冲器进行传送。

（4）读/写控制逻辑

读/写控制逻辑接收来自 CPU 地址总线的信号和控制信号，并发出命令到两个控制组（A 组和 B 组），把 CPU 发出的控制命令字或输出的数据通过数据总线缓冲器送到相应的端口，或者把外设的状态或输入的数据从相应的端口通过数据总线缓冲器送到 CPU。

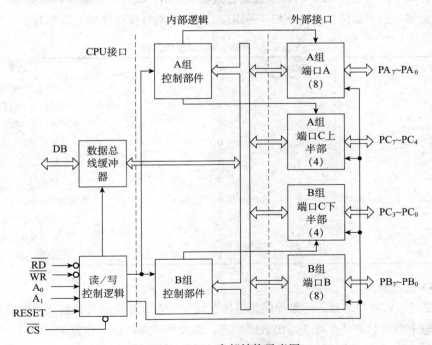

图 9-22　8255A 内部结构示意图

2. 引脚特性

8255A 是 40 引脚双列直插式芯片，包括与外设连接的 3 个 8 位 I/O 端口数据线 $PA_7 \sim PA_0$、$PB_7 \sim PB_0$、$PC_7 \sim PC_0$，与 CPU 连接的双向、三态数据线引脚 $D_7 \sim D_0$ 及输入控制引脚 RESET、$\overline{CS}$、$\overline{RD}$、$\overline{WR}$、A_1、A_0，以及电源线 Vcc、GND，如图 9-23 所示。

对于 $PC_7 \sim PC_0$，其中若干根复用线用于"联络"信号或状态信号，其具体定义与端口的工作方式有关。

输入控制引脚用来接收 CPU 送来的地址和控制信息，这些引脚分别如下。

RESET：复位信号，高电平有效。当 RESET 有效时，内部所有寄存器（包括控制寄存器）均被清零，同时端口 A、端口 B 和端口 C 被自动设为输入数据工作方式。

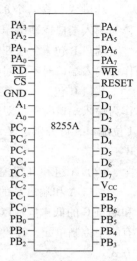

图 9-23　8255A 引脚

$\overline{CS}$：片选信号。低电平时表示 8255A 被选中。通常，该信号的控制是通过译码电路的输出端提供的。

$\overline{RD}$：读信号，低电平有效，与 CPU 的控制线相连。当 CPU 执行 IN 输入指令时，该信号有效，将数据信息或状态信息从 8255A 读至 CPU。

$\overline{WR}$：写信号，低电平有效，与 CPU 的控制线相连。当 CPU 执行 OUT 输出指令时，该信号有效，将数据信息或控制字从 CPU 写入 8255A。

A_1、A_0：端口选择信号，用来指明哪一个端口被选中。8255A 有 3 个数据端口和一个控制端口。数据端口用来传送数据，控制端口用来接受 CPU 传送来的控制字。

数据和控制字都是通过 CPU 的数据总线传送给 8255A。8255A 根据端口选择信号 A_1、A_0 的组合把数据总线传送来的信息传送到相应的端口。8255A 端口操作选择见表 9-3。

表 9-3　8255A 端口操作选择

A_1	A_0	$\overline{RD}$	$\overline{WR}$	$\overline{CS}$	功能
0	0	0	1	0	端口 A→数据总线
0	1	0	1	0	端口 B→数据总线
1	0	0	1	0	端口 C→数据总线
0	0	1	0	0	数据总线→端口 A
0	1	1	0	0	数据总线→端口 B
1	0	1	0	0	数据总线→端口 C
1	1	1	0	0	数据总线→端口 D（控制端口）
×	×	×	×	1	数据总线→三态
1	1	0	1	0	非法操作
×	×	1	1	0	数据总线→三态

3. 8255A 的控制字

8255A 是可编程接口芯片。可编程就是用指令的方法先对芯片进行初始化，然后决定芯片的端口是处于输入数据状态还是处于输出数据状态，以及每个端口的工作方式。8255A 的工作方式和接口功能是 CPU 通过把控制字写入控制寄存器来实现的。

8255A 共有两个控制字，即方式选择控制字和对 C 口置位/复位控制字。

（1）方式选择控制字

8255A 的方式选择控制字格式和各位的含义如图 9-24 所示。方式选择控制字用来设定 A 口、B 口和 C 口的数据传送方向和工作方式。工作方式分别是方式 0、方式 1 和方式 2。A 口可工作在 3 种方式中的任何一种方式下，B 口只能工作在前两种工作方式下，C 口只能工作在方式 0 下。

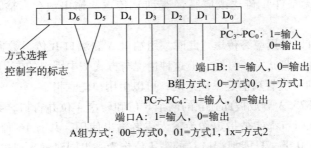

图 9-24　8255A 方式选择控制字格式

（2）PC 口置位/复位控制字

C 口的置位/复位控制字可实现对 C 口的每一位进行控制。置位使该位为 1，复位使该位为 0。该控制字的格式如图 9-25 所示。

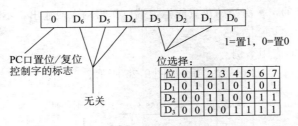

图 9-25　C 口置位/复位控制字格式

D_7 位是特征位，$D_7 = 0$ 为置位/复位控制字。D_4、D_5、D_6 三位无意义，可为任意值。D_0 位用来选择对所选定的端口 C 的位是置位还是复位。D_3、D_2、D_1 三位用来选择对端口 C 的具体某一位进行操作。

使用 8255A 芯片前，必须先对其进行初始化。初始化时只要 CPU 执行一条输出指令，把控制字写入控制寄存器即可。

9.2.4　8255A 的工作方式

8255A 有以下 3 种工作方式，用户可以通过编程来设置。

方式 0 ——简单输入/输出——查询方式。A、B、C 三个端口均可。

方式 1 ——选通输入/输出——中断方式。A、B 两个端口均可。

方式 2 ——双向输入/输出——中断方式。只有端口 A 才有。

工作方式的选择可通过向控制端口写入控制字来实现。

1. 8255A 方式 0

8255A 中的方式 0 是简单的输入/输出方式，没有规定固定的应答联络信号，可用 A、B、C 三个端口中的任一位充当查询信号，其余 I/O 口仍可作为独立的端口和外设相连。

方式 0 的应用场合有两种：一种是同步传送；另一种是查询传送。

（1）8255A 方式 0 的特点

1）方式 0 是一种基本输入/输出工作方式，通常不用联络信号，或不使用固定的联络信号。因此，所谓 I/O 方式是指查询方式传送，也包括无条件传送。在方式 0 下，8255A 的 24 条 I/O 线全部由用户分配功能，不设置专用联络信号。这种方式不能采用中断和 CPU 交换数据，只能用于简单（无条件）传送或应答（查询）传送。输出锁存，输入只有缓冲能力而无锁存功能。

在方式 0 下，也可以采用应答传送，此时，用端口 A 和端口 B 传送数据，而把端口 C 的上、下半部作为应答用的控制与状态信号线。但这种情况与方式 1 中固定的专用联络信号线不同，端口 C 中的哪根线充当何种应答功能是不固定的，可以由用户任意指定。

2）在方式 0 下，8255A 分成彼此独立的两个 8 位和两个 4 位并行口，共 24 根 I/O 线，全部由用户支配。这 4 个并行口都能被指定作为输入或者输出使用，共有 16 种不同的使用组态。要特别强调的是，在方式 0 下，只能把端口 C 的高 4 位作为一组同时输入或输出，不能再把 4 位中的一部分作为输入另一部分进行输出。

3）在方式 0 下，不设置专用联络信号线，需要联络时可由用户任意指定端口 C 中的某个线完成某种联络功能。端口信号线之间无固定的时序关系，由用户根据数据传送的要求决定输入/输出的操作过程。方式 0 中没有设置固定的状态字。

4）方式 0 是单向 I/O，一次初始化只能指定端口作为输入或输出，不能指定端口同时既作为输入又作为输出。

（2）8255A 方式 0 的应用举例

8255 作为打印机接口，工作于方式 0，如图 9-26 所示。

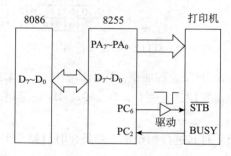

图 9-26　方式 0 与打印机连接示意图

1）打印机工作情况：当打印机正在处理一个字符或正在打印一行字符时，打印机"忙"信号 BUSY = 1，否则，BUSY = 0。在 8086 向打印机送数前，应先查询打印机状态，当 BUSY = 0 时，可以向打印机送数据。

当 $\overline{STB}$ 有效（负脉冲）时，把数据线的数据送入打印机内，一方面，使 BUSY = 1，另一方面，打印机内部控制电路控制输出。

2）具体连接：PC_2 输入，用于接收打印机状态（BUSY）。当 PC_2 = BUSY = 1，打印机忙，不能向其送数。当 PC_2 = BUSY = 0，打印机不忙，可向其送数。

PC_6 输出，连至打印机 $\overline{STB}$。当把数据送至打印机的数据线后，应在 $\overline{STB}$ 上输出一个负脉冲，打印机收到该负脉冲后，把数据线上的数据存入其缓冲区。

$PA_7 \sim PA_0$ 输出，连至打印机数据端。

3）工作过程：8255 初始化后，使 PC_6 为高电平，然后查询打印机状态（BUSY = PC_2），若打印机不忙（BUSY = PC_2 = 0），送出数据，使 PC_6（$\overline{STB}$）为低，然后使 PC_6（$\overline{STB}$）为高，相当于在 $\overline{STB}$ 上输出一个负脉冲，使打印机接收数据。

4）程序设计：设 PA 口地址：0D0H；PB 口地址：0D2H；PC 口地址：0D4H；控制口地址：0D6H。

```
    MOV AL,81H          ;方式选择控制字,PA、PB、PC 均为方式 0;PA 输出,PC₇~PC₄ 为输出;PC₃~PC₀
                         为输入。PB 未用,规定为输出
    OUT 0D6H,AL
    MOV AL,0DH          ;① PC₆ 置 1,0DH=00001101B,即 STB 为高电平
    OUT 0D6H,AL
LPST:
    IN AL,0D4H          ;读 PC 口
    AND AL,04D          ;② 打印机忙否(PC₂=BUSY=?)
    JNZ LPST            ;PC₂=1,打印机忙,等待
    MOV AL,CL
    OUT 0D0H,AL         ;③ CL 中的字符送 PA 口
    MOV AL,0CH
    OUT 0D6H,AL         ;④ 置 PC₆=0,即 STB=0;00001100B=0CH
    MOV AL,0DH          ;⑤置 PC₆=1,即 STB=1,00001101B=0DH
    OUT 0D6H,AL
```

2. 8255A 方式 1

方式 1 是一种选通 I/O 方式，端口 A 和端口 B 仍作为两个独立的 8 位 I/O 数据通道，可单独连接外设，通过编程分别设置它们为输入或输出。而端口 C 则要有 6 位（分成两个 3 位）分别作为端口 A 和端口 B 的应答联络线，其余两位仍可工作在方式 0，可通过编程设置为输入或输出。

图 9-27 给出了 8255A 的端口 A 和端口 B 方式 1 的输入组态。

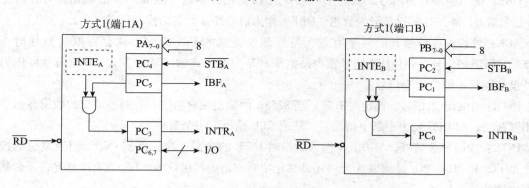

图 9-27 方式 1 输入组态

$\overline{STB}$：选通输入信号，低电平有效。当它有效时，数据从输入设备输入到端口 A 或端口 B 锁存器。$\overline{STB}$ 是由外设输入给 8255A 的控制信号。

IBF：输入缓冲器满信号，高电平有效。它是对 $\overline{STB}$ 信号的响应信号。当 $\overline{STB}$ 有效时，把数据传送到输入锁存器，输入锁存器锁存数据后，发出输入缓冲器满 IBF 信号。

IBF 信号是由 8255A 发出的状态信号，通常供 CPU 查询使用。当查询到 IBF 为高电平时，说明输入锁存器已有数据，执行输入指令，读信号有效，数据由 8255A 锁存器传送到 CPU，同时读信号$\overline{RD}$的后沿使 IBF 置 0，等待下一个数据的输入。

INTR：中断请求信号，高电平有效。当外部设备把数据输入到输入锁存器锁存后，且对输入数据的端口（端口 A 或端口 B）是不屏蔽的，即 INTE 置 1 时，8255A 用 INTR 信号向 CPU 发出中断申请，请求 CPU 将输入锁存器中的数据取走。当 CPU 响应中断，执行输入指令，读信号$\overline{RD}$的后沿将 INTR 降为低电平，等待下一个数据的输入。

INTE：中断屏蔽信号，高电平有效。此信号用于决定端口 A 和端口 B 是否允许申请中断。当 INTE 为 1 时，使端口处于中断允许状态；当 INTE 为 0 时，使端口处于禁止中断状态。INTE 的置位/复位是通过对 C 口置位/复位控制字实现的。具体来说，$INTE_A$的置位/复位是通过 PC_4 的置位/复位控制字来控制，$INTE_B$的置位/复位是通过对 PC_2 的置位/复位控制字来控制。

在方式 1 输入时，端口 C 的 PC_6 和 PC_7 两位是空闲的，它们具有置位/复位功能，也可用做输入或输出数据，由方式选择控制字的 D_3 位为 1 还是为 0 来决定。

图 9-28 给出了 8255A 的端口 A 和端口 B 方式 1 的输出组态。

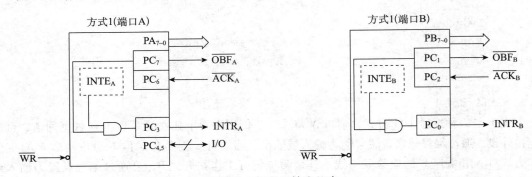

图 9-28　方式 1 输出组态

$\overline{OBF}$：输出缓冲器满信号，低电平有效。当 CPU 把数据输入到 8255A 的输出锁存器时，使$\overline{OBF}$信号置 0，通知外部设备取走数据。$\overline{OBF}$可作为启动外部设备的控制信号。

$\overline{ACK}$：外设响应信号，低电平有效。当外部设备从 8255A 的输出锁存器取走数据时，向 8255A 发回通知信号，并使$\overline{OBF}$信号置为高电平。若为查询式输出数据方式，$\overline{OBF}$信号可作为查询外设忙还是不忙的检测信号。

INTR：中断请求信号，高电平有效。当 8255A 的输出锁存器空，且对该端口的数据输出申请是不屏蔽时，向 CPU 发出中断申请信号，请求 CPU 输出下一个数据。

INTE：中断屏蔽信号，与方式 1 输入数据时 INTE 的含义一样。但使 INTE 置位/复位的控制信号是 PC_6 和 PC_2。PC_6 是端口 A 允许还是禁止中断申请的控制信号，PC_2是端口 B 允许还是禁止中断申请的控制信号。

在方式 1 输出时，端口 C 的 PC_5 和 PC_4 未使用，如果利用这两位进行数据的输入或输出，可通过方式选择控制字的 D_3 位控制。它们也具有置位/复位功能。

（1）8255A 方式 1 的特点

1）方式 1 是一种选通输入/输出方式，因此，需设置专用的联络信号线或应答信号线，以便对 I/O 设备和 CPU 两侧进行联络。这种方式通常用于查询（条件）传送或中断传送。数据的输入/输出都有锁存能力。

2）PA 和 PB 为数据口，而 PC 口的大部分引脚分配给专用（固定）的联络信号用，对已经分配给联络信号的端口 C 引脚，用户不能再指定做其他用途。

3）各联络信号之间有固定的时序关系，传送数据时，要严格按照时序进行。

4）在输入/输出操作过程中，产生固定的状态字，这些状态信息可作为查询或中断请求使用。状态字从 PC 口读取。

5）单向传送。一次初始化只能设置在一个方向上传送，不能同时进行两个方向的传送。

（2）8255A 方式 1 设计实例——8255A 作为中断方式下的打印机接口

中断方式下打印机工作过程分析：

$\overline{\text{DATASTRABE}}$ 有效，打印机数据输入线上的数据送入打印机内部缓冲器，同时，打印机一方面处理打印，另一方面发出 $\overline{\text{ACKNLG}}$（已接收数据的响应信号）。

PC 口配合 PA、PB 以方式 1 工作。

PA：方式 1，输出。PC_3、PC_6、PC_7 配合 PA 工作。

```
PC0  : STB(DATASTRABE)
PC7  : OBF(未用,打印机不使用该信号)
PC3  : INTR
PC6  : ACK(ACKNLG)
```

PB：未用。

PC_0 作为打印机选通信号 $\overline{\text{DATASTRABE}}$。

设端口 A 地址 0C0H，端口 B 地址 0C2H，端口 C 地址 0C4H，控制口地址 0C6H。

主程序：

```
MAIN: MOV AL,0A0H      ;方式选择控制字
                       ;PA 方式 1 输出、PB 未用(设为方式 0 输出)、
                       ;PC4 ~ PC7、PC0 ~ PC3 输出
      OUT 0C6H,AL
      MOV AL,01H       ;置 PC0 =1,使 STB 无效
      OUT 0C6H,AL      ;替换中断向量前关中断
      CLI
      MOV AH,25H       ;替换中断向量的典型方式
      MOV AL,0BH       ;IR3 的类型码为 0BH
      MOV DX,OFFSET ROUTINTR
      PUSH DS
      MOV AX,SEG ROUTINTR
      MOV DS,AX
      INT 21H
      POP DS
      MOV AL,0DH       ;置 PC6 =1 的操作
      OUT 0C6H,AL      ;使 8255 允许中断(INTEA =1)
      STI              ;CPU 开中断
      ……
```

中断处理程序：

```
ROUTINTR:
MOV AL,[DI]                    ;DI 为打印字符缓冲区地址
OUT 0C0H,AL
MOV AL,00H                     ;置 PC₀ =0,产生选通信号STB
OUT 0C6H,AL
INC AL                         ;置 PC₀ =1,撤销选通信号STB
……
IRET
```

需要注意以下两点：

1）在方式 1 下，PC 口信号线的分配是固定的。

只有按照指定的方式与外设或 CPU 联结，8255A 才能完成其工作。例如，PB 口方式 1 输出时，$INTE_B$ 固定从 PC_0 发出。因此，应将 PC_0 与 8259 的某个 IR 线相连，而不能使用其他 PC 线。PC 口配合 PA、PB 方式 1 工作。

2）应注意信号 INTE 的操作方式。

例如，PB 口方式 1 输出，置 PC_2 为 1 的软件操作，使 $INTE_B$ 有效，而不是使 PC_2 信号置为 1，因为这时 PC_2 实际是固定作为输入（$\overline{ACK}$）。

3. 8255A 方式 2

方式 2 为双向选通 I/O 方式，只有端口 A 才有此方式。这时，端口 C 有 5 根线用做端口 A 的应答联络信号，其余 3 根线可用做方式 0，也可用做端口 B 方式 1 的应答联络线。

方式 2 就是方式 1 的输入与输出方式的组合，各应答信号的功能也相同。而端口 C 余下的 $PC_0 \sim PC_2$ 正好可以充当端口 B 方式 1 的应答线，若端口 B 不用或工作于方式 0，则这 3 条线也可工作于方式 0。

图 9-29 给出了 8255A 的端口 A 方式 2 组态。

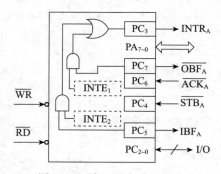

图 9-29 端口 A 方式 2 组态

$PC_4 \sim PC_7$ 分别定义为输入缓冲器满 IBF_A、外设输入选通信号$\overline{STB_A}$、外设接收到数据后回答信号$\overline{ACK_A}$ 和输出缓冲器满$\overline{OBF_A}$。有效电平及含义同方式 1 输入数据和方式 1 输出数据时相同，只有 $INTR_A$ 有双重定义。在输入时，$INTR_A$ 为输入缓冲器满，且中断允许触发器 $INTE_1$ 为 1 时，$INTR_A$ 有效，向 CPU 发出中断申请；在输出时，$INTR_A$ 为输出缓冲器空，且中断允许触发器 $INTE_2$ 为 1 时，$INTR_A$ 有效，向 CPU 发出中断申请。输出中断屏蔽信号 $INTE_1$ 的置位/复位控制通过对端口 C 的 PC_6 写入置位/复位控制字来实现；输入中断屏蔽信号 $INTE_2$ 的置位/复位控制通过对端口 C 的 PC_4 写入置位/复位控制字来实现。

8255A 方式 2 特点如下：

8255A 方式 2 是指双向传输方式 PA 口为双向选通输入/输出。一次初始化可指定 PA 口既作为输入口又作为输出口。这一点与在方式 0 和方式 1 下，一次初始化只能指定为输入口的单向传送不同，因此，方式 2 只适合 PA 口。当 PA 口工作于方式 2 时，PC 中有 5 根线配合 PA 口工作（PC_3、PC_4、PC_5、PC_6、PC_7 配合 PA，可任意规定为输入或输出）。

9.2.5　8255A 应用举例

8255A 作为通用的 8 位并行通信接口芯片，用途非常广泛，可以与 8 位、16 位和 32 位 CPU 相连，构成并行通信系统。下面通过例子来讨论 8255A 在应用系统中的接口设计方法及编程技巧。

例如，8255A 连接开关和 LED 显示器的接口电路设计。要求：8255A 的端口 B 连接 4 个开关 $K_3 \sim K_0$，设置为方式 0 输入，端口 A 加驱动器连接一个共阳极 LED 显示器，设置为方式 0 输出，将端口 B 4 个开关输入的 16 种状态 0H ~ 0FH 送端口 A 输出显示。8255A 的 A_0、A_1 接地址总线的 A_1、A_2，其端口地址为：0FFF8H、0FFFAH、0FFFCH、0FFFEH。画出接口电路连接图，并编制汇编语言源程序实现上述功能。

分析：根据要求，接口电路如图 9-30 所示。8255A 的 $D_7 \sim D_0$，$\overline{WR}$，$\overline{RD}$ 与 CPU 的 $D_7 \sim D_0$、$\overline{WR}$、$\overline{RD}$ 对应连接，A_0 和 A_1 与 CPU 的地址线 A_1 和 A_2 连接，$\overline{CS}$ 与译码器输出端连接，端口 B 的 $PB_3 \sim PB_0$ 连接 4 个开关 $K_3 \sim K_0$，其输入有 16 种组合状态，即 0000 ~ 1111（0H ~ 0FH），端口 A 经过 74LS06（六高压输出反向驱动器）驱动之后与 LED 显示器连接，可输出一位十六进制数 0 ~ F。

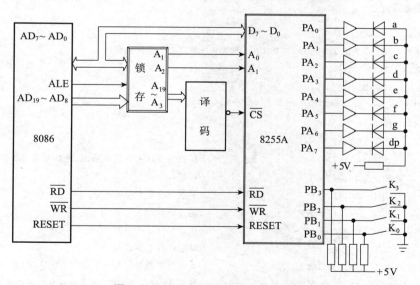

图 9-30　8255A LED 显示器接口电路

8255A 的端口地址由地址线 A_0、A_1 和片选信号 $\overline{CS}$ 的逻辑组合确定。如图 9-31 所示，LED 显示器由 8 个发光二极管组成，其中，7 个发光二极管分别对应 a、b、c、d、e、f、g 7 个字段，另外一个发光二极管为小数点 dp。LED 有共阳极和共阴极两种结构，共阳极 LED 的二极管阳极均接 +5V，输入端为低电平时，二极管导通发亮；共阴极 LED 的二极管阴极均接地，输入端为高电平时，二极管导通发亮。因此，通过 7 段组合可以显示 0 ~ 9 和 A ~ F 所对应的 7 段显示代码，见表 9-4。

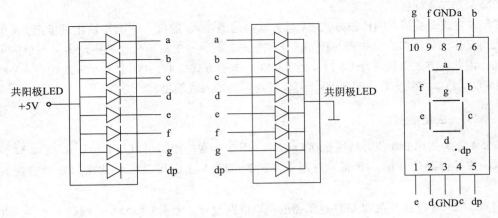

图 9-31　LED 显示器

在本例中采用共阳极 LED，当端口 B 输入 $K_3 \sim K_0$ 的状态为 0011B 时，端口 A 对应输出 7 段显示代码为 B0H，则 LED 显示数字 3。LED 显示器 7 段显示代码见表 9-4。

表 9-4　LED 显示器 7 段显示代码

显示字符	0	1	2	3	4	5	6	7	8	9	A	B	C	D	E	F
共阴极 7 段显示代码	3FH	06H	5BH	4FH	66H	6DH	7DH	07H	7FH	6FH	77H	7CH	39H	5EH	79H	71H
共阳极 7 段显示代码	C0H	F9H	A4H	B0H	99H	92H	82H	F8H	80H	90H	88H	83H	C6H	A1H	86H	8EH

显示程序如下：

```
DATA    SEGMENT
LIST    DB  0C0H,0F9H,0A4H,0B0H,…,8EH   ;共阳极 7 段显示代码表
DATA    ENDS
CODE    SEGMENT
ASSUME  CS:CODE,DS:DATA
START:  MOV  AX,DATA
        MOV  DS,AX
        MOV  AL,82H               ;控制字端口 A 方式 0 输出,端口 B 方式 0 输入
        MOV  DX,0FFFEH            ;控制口地址
        OUT  DX,AL               ;将控制字写入控制端口
L0:     MOV  DX,0FFFAH           ;端口 B 地址
        IN   AL,DX               ;读取端口 B 开关状态
        AND  AL,0FH              ;屏蔽端口 B 高 4 位
        MOV  BX,OFFSET LIST      ;共阳极 7 段显示代码表的首地址送给 BX
        AND  AX,00FFH            ;屏蔽 AX 的高位字节,保留端口 B 的开关状态
        ADD  BX,AX               ;形成显示字符的代码地址
        MOV  AL,[BX]             ;取出显示代码送给 AL
        MOV  DX,0FFF8H           ;端口 A 地址
        OUT  DX,AL               ;显示代码送端口 A 显示
        CALL DELAY               ;调用显示延时子程序
        JMP  L0                  ;循环显示
DELAY   PROC                     ;显示延时子程序
```

```
            PUSH  CX
            PUSH  AX
            MOV   CX,0010H
T1:         MOV   AX,0010H
T2:         DEC   AX
            JNZ   T2
            LOOP    T1
            POP   AX
            POP   CX
            RET                        ;子程序返回
DELAY       ENDP
CODE        ENDS
            END   START
```

此程序是循环显示程序，可由〈Ctrl + C〉组合键强迫中断。

9.3 串行通信接口

微机内部的数据传送方式为并行方式。若外设采用串行通信方式，则微机与外设之间需加串行接口。串行接口基本功能就是在输入数据时进行串/并转换；在输出数据时进行并/串转换。

相对于并行通信，串行通信的速度比较慢，这种方式所用的传输线少（例如二根），因而在通信时可降低成本，比较经济。另外，它还可以借助于现存的电话网进行数据传送，因此串行通信适合于远距离且传送速度要求不很高的通信。例如，远距离的计算机系统之间都采用串行通信；在近距离系统之间，如同一室的微机之间，也广泛采用串行通信方式；在 PC 机上键盘、鼠标器与主机之间，也采用串行通信方式。

串行通信线路上传送的是数字信号，表示传送数字信号能力的指标为数据速率（data rate），其单位为 bit/s（bit per second），即每秒钟传送的二进制位数。

9.3.1 串行通信的基本概念

串行通信指的是两个功能模块之间只通过一条或两条数据线进行信息交换，发送方将数据分解成二进制位，一位位地分时经过单条数据线发送。

1. 串行通信的分类

串行通信中有两种通信方式，即同步通信（Synchronous Data Communication，SYNC）与异步通信（Asynchronous Data Communication，ASYNC）。

同步通信通过把多个信息组成一个信息帧进行传输，是一种连续传送数据的方式。

异步通信是指两个被发送的字符之间的传输间隔时间是任意的，每个字符间都要增加分隔位，规定传输字符的开始与结束。

（1）异步通信

异步通信以一个字符为传输单位，通信中两个字符间的时间间隔是任意的，然而在同一个字符中的两个相邻位代码间的时间间隔是固定的。在异步通信过程中，CPU 与外设之间必须遵循某些规定，称为通信协议，一般包括数据格式、传送速率和时钟频率。

1）数据格式：图 9-32 给出了异步通信的标准数据格式。

由图 9-32 可知，传输的每个字符由 4 个部分组成：起始位、信息位、奇偶检验位和停止位。

一个字符由起始位开始，停止位结束。

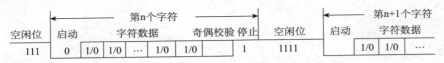

图 9-32　异步通信的标准数据格式

起始位：数据传输一开始，输出线由 "1" 跳变为 "0"，"0" 作为起始信号，占用一位。

信息位：起始位的后面是 5～8 个信息位，构成一个字符。通常采用 ASCII 码，从最低位开始传送，靠时钟定位。

奇偶校验位：信息位后面是奇/偶校验位，校验位可设置也可不设置，设置时，可设为奇校验也可设为偶校验位，只占一位。

停止位：用来标示一个字符的结束，用 "1" 来作为停止位。其位数可为 1 位、1.5 位或 2 位。

另外，还存在一个空闲位，该位处于逻辑 "1" 状态时，表示当前线路上没有数据传送。

2）传输速率：也叫波特率，是衡量数据传输速率的指标，表示每秒钟传送的二进制位数。国际上规定了标准波特率系列，最常用的标准波特率是：110 波特、300 波特、600 波特、1200 波特、1800 波特、2400 波特、4800 波特、9600 波特和 19200 波特。例如，数据传输速率为 180 字符/秒，而每个字符包括一个起始位、8 个数据位和一个停止位，共 10 位，则其传送的波特率为 $10 \times 180 = 1800 \text{bit}/ 秒 = 1800$ 波特。

3）时钟频率：在进行异步通信时，发送方需要用时钟来决定每一位对应的时间长度，接收方也需要用时钟来决定每一位对应的时间长度，前者称为发送时钟，后者称为接收时钟。根据传送的波特率来确定发送时钟和接收时钟的频率，它们的关系是：

$$时钟频率 = n \times 波特率$$

其中，n 叫做波特率系数或波特率因子，可以是位传输率的 1 倍、16 倍、32 倍或者 64 倍。

（2）同步通信

同步通信是指把多个字符或者多个信息位组成信息帧进行传输，是一种连续传送数据的方式。同步通信用同步字符，即一串特定的二进制序列，去通知接收器串行数据第一位何时到达。串行数据信息以连续的形式发送，每个时钟周期发送一位数据。数据信息间不留空隙，数据信息后是两个错误校验字符。同步通信可采用单同步数据格式（一个同步字符的数据格式）或双同步数据格式（两个同步字符的数据格式），如图 9-33 所示。在同步通信中，要求用时钟来实现发送端与接收端之间的同步。

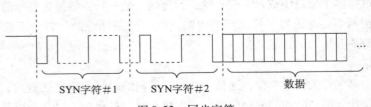

图 9-33　同步字符

同步通信的速度高于异步通信，但它要求有时钟来实现发送端与接收端之间的同步，故硬件复杂。

2. 串行通信的数据传输方式

根据数据传送方向的不同，串行通信有以下 3 种方式，如图 9-34 所示。

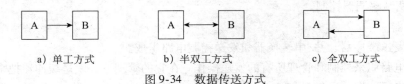

a）单工方式　　　b）半双工方式　　　c）全双工方式

图 9-34　数据传送方式

（1）单工（simplex）方式

在单工方式下，仅有单条数据传输线，支持在一个方向上的数据传送。采用该方式时，已经确定了通信两点中的一点为接收端，另一点为发送端，即由设备 A 传送到设备 B。在这种传送方式中，设备 A 只能作为发送器，设备 B 只能作为接收器。

（2）半双工（half-duplex）方式

在半双工方式下，仅有单条数据传输线，分时实现双向传输数据，即设备 A 作为发送器，发送数据到设备 B，设备 B 为接收器。也可以将设备 B 作为发送器，发送数据到设备 A，设备 A 为接收器。由于 A、B 之间仅有一根数据传送线，它们都有独立的发送器和接收器，所以在同一个时刻只能进行一个方向的传送。

（3）全双工（full-duplex）方式

在全双工方式下，有两条数据传输线，支持数据在两个方向上同时传送，即设备 A 可发送数据到设备 B，设备 B 也可以同时发送数据到设备 A，它们都有独立的发送器和接收器。

在计算机串行通信中主要使用半双工和全双工方式。

9.3.2　可编程串行通信接口 8251A

可编程串行接口芯片有多种型号，常用的有 Intel 公司生产的 8251A，Motorola 公司生产的 6850、6952、8654，Zilog 公司生产的 SIO 及 TNS 公司生产的 8250 等。

1. 8251A 基本功能

Intel 8251A 是一种可编程的通用同步/异步接收发送器（Universal Synchronous/Asynchronous Receiver/Transmitter，USART），其工作方式可以通过编程设置，能够以同步或异步串行通信方式工作，能自动完成帧格式。

Intel 8251A 具有独立的接收/发送器。在异步方式下，用于产生 8251 内部时序的时钟 CLK 输入至少应为发送或接收时钟的 4.5 倍。接收/发送（R_XC/T_XC）时钟应为波特率的 1 倍、16 倍或 64 倍（由 8251A 的工作方式字设定）。在广泛应用 Intel 80x86 的微型计算机中，其基本功能为：

1）可工作在同步或异步方式。当工作在同步方式时，波特率为 0～64K；当工作在异步方式时，波特率为 0～19.2K。

2）具有独立的发送器和接收器，能以单工、半双工和全双工方式进行通信。

3）同步方式时，字符可选择为 5～8bit，可加奇偶校验位，可自动检测同步字符。

4）异步方式时，字符可选择为 5～8bit，可加奇偶校验位，自动为每个字符添加一个启动位，并允许通过编程选择 1、1.5 或 2 位停止位，可以检查假启动位，自动检测和处理终止字符。波特率因子可选为 1、16、64。

5）能提供一些基本的控制信号，方便与 MODEM 相连。

2. 8251A 的内部结构

8251A 内部结构如图9-35所示，由5个部分构成：发送器、接收器、数据总线缓冲器、读/写逻辑控制电路、调制解调器控制。

（1）发送器

发送器由发送缓冲器、并/串转换器和发送控制电路组成。

发送控制电路用来控制和管理所有的发送操作。在它的管理下，发送缓冲器把来自CPU的并行数据变换成串行数据，通过引脚 T_XD（第19脚）向外发送。

若设定为异步方式，则由发送控制电路自动在其首尾加上起始位、校验位和停止位，然后从起始位开始，经移位寄存器从数据输出线 T_XD 逐位串行输出。

若设定为同步方式，则在发送数据前，发送控制电路在数据中插入同步字符和校验位；如果CPU没有提供同步字符，则发送控制电路会自动补上同步字符，然后才逐位串行输出数据。

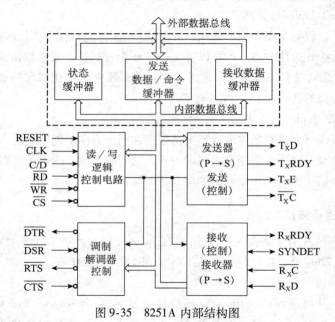

图 9-35　8251A 内部结构图

如果 CPU 与 8251A 之间采用中断方式交换信息，那么 T_XRDY 可作为向 CPU 发出的中断请求信号。当发送器中的 8 位数据串行发送完毕时，由发送控制电路向 CPU 发出 T_XE 有效信号，表示发送器中移位寄存器已空，CPU 可向 8251A 发送缓冲器写入下一个数据。

（2）接收器

接收器由接收缓冲器、串/并转换器和接收控制电路组成。

接收控制电路用来控制和管理所有的接收操作。在它的管理下，接收缓冲器接收 R_XD（第3脚）线上输入的串行数据，并按规定方式将其转变为并行数据，存放在接收数据缓冲寄存器中。

在异步方式下，8251A 在允许接收和准备好接收数据时，在 R_XD 线上检测低电平，将检测到的低电平作为起始位，接收器开始接收一帧信息，完成字符装配，并进行奇偶校验、删除起始位和停止位，把已转换的并行数据置入接收数据缓冲器中，同时发出 R_XRDY 信号送 CPU，表示已经收到一个可用的数据。

若设定为同步方式，则首先搜索同步字符。8251A 检测 R_XD 线，每当 R_XD 线上出现一个数据位时，接收并送入移位寄存器移位，与同步字符寄存器的内容进行比较，如果不相等，则接收下一位数据，并且重复上述比较过程。当两个寄存器的内容一致时，8251A 的 SYNDET 变为高电平，表示同步字符已经找到，同步已经实现。

采用双同步方式时，就要在测得输入移位寄存器的内容与第一个同步字符寄存器的内容相同后，再继续检测此后输入移位寄存器的内容是否与第二个同步字符寄存器的内容相同，如果相同，则认为同步已经实现。

在实现同步之后，接收器和发送器间开始进行数据的同步传输。这时，接收器利用时钟信号对 $R_x D$ 线进行采样，并把收到的数据位送到移位寄存器中。在 $R_x RDY$ 引脚上发出一个信号，表示收到了一个字符，通知 CPU 取走数据。

（3）数据总线缓冲器（I/O 缓冲器）

数据总线缓冲器包含 3 个 8 位、双向、三态的缓冲器，是 8251A 与 CPU 之间传送数据、状态和控制信息的通道。其中两个寄存器分别用来存放 CPU 向 8251A 读取的数据或状态信息，另一个寄存器用来存放 CPU 向 8251A 写入的数据或控制。

（4）读/写控制电路

读/写控制电路用来接收 CPU 送来的一组控制信号，以决定 8251A 的具体操作。$\overline{CS}$、$C/\overline{D}$、$\overline{RD}$、$\overline{WR}$ 信号配合起来可决定 8251A 的操作，见表 9-5。接收时钟信号 CLK 完成 8251A 的内部定时；接收复位信号 RESET，使 8251A 处于空闲状态。

表 9-5　8251A 读/写操作真值表

$\overline{CS}$	$C/\overline{D}$	$\overline{RD}$	$\overline{WR}$	功能
0	0	0	1	CPU 从 8251A 读数据
0	1	0	1	CPU 从 8251A 读状态
0	0	1	0	CPU 写数据到 8251A
0	1	1	0	CPU 写命令到 8251A
1	×	×	×	总线浮空（无操作）

（5）调制解调控制电路

调制解调控制电路用来简化 8251A 和调制解调器的连接。远距离通信时提供与 MODEM 联络的信号；近距离串行通信时提供与外设联络的应答信号。

3. 8251A 的引脚功能

8251A 采用 28 脚双列直插式封装，如图 9-36 所示。

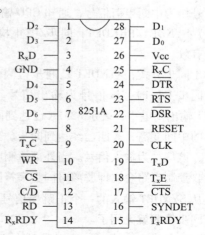

图 9-36　8251A 引脚

8251A 可以作为 CPU 与外设或调制解调器间的接口，其接口信号可以分为两组：一组为与 CPU 的接口信号，另一组为与外设（或调制解调器）的接口信号。

（1）与 CPU 的接口信号

1）$\overline{CS}$：片选信号，低电平有效。

2）$C/\overline{D}$：控制/数据（control/data）信号：$C/\overline{D}=1$，传送的是命令、控制、状态等控制字；$C/\overline{D}=0$，传送的是真正的数据。

3）$\overline{RD}$、$\overline{WR}$：读、写控制信号，低电平有效，与 $\overline{CS}$、$C/\overline{D}$ 配合以决定 8251A 操作，见表9-5。

4）$D_7 \sim D_0$：三态双向数据总线，直接与 CPU 的数据总线相连，传送 CPU 与 8251A 的命令信息、数据及状态信息。

5）CLK：时钟输入，为芯片内部有关电路工作提供的时钟。在同步方式下，CLK 的频率必须大于发送器输入时钟$\overline{T_XC}$和接收器输入时钟$\overline{R_XC}$频率的 30 倍；在异步方式下，CLK 的频率必须大于发送和接收时钟的 4.5 倍。CLK 的周期要在 $0.42 \sim 1.35\mu s$ 范围内。

6）RESET：复位信号，当该输入引脚出现一个 6 倍 CLK 时钟周期宽的高电平信号时，芯片复位。复位后，芯片处于空闲状态，等待命令。

7）$T_X RDY$：发送器准备好信号（Transmitter Ready），高电平有效，$T_X RDY=1$，发送缓冲器空；$T_X RDY=0$，发送缓冲器满。只有当 8251A 允许发送（即操作命令字的 $T_X EN=1$）并且 $\overline{CTS}=0$ 和 $T_X EN=1$ 时，通知 CPU 可以向 8251A 写入下一个字符。CPU 向 8251A 写入下一个字符后，$T_X RDY$ 自动复位。当用查询方式时，CPU 可从状态寄存器的 D_0 位检测该信号，判断发送缓冲器所处状态。当用做中断方式时，此信号作为中断请求信号。

8）$T_X E$：发送移位寄存器空闲（transmitter empty）信号，高电平有效，$T_X E=0$，发送移位寄存器满；$T_X E=1$，发送移位寄存器空，CPU 可向 8251A 的发送缓冲器写入数据。在同步方式下，若 CPU 来不及输出新字符，则 $T_X E=1$，同时发送器在输出线上插入同步字符，以填充传送间隙。当 $T_X E$ 有效时，$T_X RDY$ 必有效；发送数据缓冲器满时，$T_X E$ 必无效。

9）$R_X RDY$：接收器准备好（receiver ready）信号，高电平有效，$R_X RDY=1$ 表示接收缓冲器已装有输入的数据，通知 CPU 取走数据。若操作命令字的 $R_X E=1$（允许接收），且当 8251A 已从 $R_X D$ 端逐位接收了一个字符，并完成了格式变换，接收的字符已以并行数据存放在接收数据缓冲器中时，此信号有效。若用查询方式，可从状态寄存器 D_1 位检测该信号。若用中断方式，可用该信号作为中断申请信号，通知 CPU 输入数据。$R_X RDY=0$ 表示输入缓冲器空。

10）SYNDET/BRKDET：同步/中止检测（synchronous/break detect）信号，复用功能引脚，高电平有效。

对于同步方式，SYNDET 是同步检测信号，该信号既可工作在输入状态也可工作在输出状态。内同步工作时，该信号为输出信号。当检测到从 $R_X D$ 端输入的一个或两个同步字符后，SYNDET 输出高电平，表示 8251A 已达到同步，若为双同步，此信号在传送第二个同步字符的最后一位的中间变高，表明已经达到同步。当 CPU 执行一次读状态操作时，复位 SYNDET。外同步工作时，该信号为输入信号。当外部检测电路检测到同步字符后，就从该引脚输入一个正跳变信号，接收控制电路会立即脱离对同步字符的搜索过程，8251A 在下一个 $\overline{R_X C}$ 下降沿开始收集数据字符。从 SYNDET 输入的一个正跳变信号至少应维持一个 $\overline{R_X C}$ 周期。当程序指定为外同步方式时，内同步检测就无用了。

当工作于异步方式时，该引脚是中止信号检测端 BRKDET，为输出端。当检测到中止字符后，该引脚输出高电平。中止字符是由在通信线上的连续的 0 组成，它是用来在完全双工通信时中止发生器终端的。只要 8251A 操作命令字中的 SBRK 为 1，则 8251A 始终发送中止符（T_XD 线上一直输出低电平）。若从 R_XD 线上接收到 1，那么 BRKDET 端立即变低。

（2）与 MODEM 接口的信号线

1）$\overline{DTR}$：数据终端准备好（data terminal ready）信号，输出，低电平有效。可用软件编程方法控制，将操作命令字中的 D_1 置 1 而变为有效，使$\overline{DTR}$线输出低电平，表示 CPU 准备就绪。

2）$\overline{DSR}$：数据装置准备好（data set ready）信号，输入，低电平有效，表示调制解调器或外设准备好。CPU 可通过执行输入指令，检测状态控制字 D_7 位是否为 1。该信号实际上是对$\overline{DTR}$的回答，通常用于接收数据。

3）$\overline{RTS}$：请求发送（request to send）信号，输出，低电平有效。用于通知调制解调器或外设，8251A 要求发送。可由操作命令字的 $D_5 = 1$ 而使其有效。

4）$\overline{CTS}$：允许传送（clear to send）信号，输入，低电平有效，是调制解调器或外设对 8251A 的$\overline{RTS}$信号的回答，表示接收方做好接收数据的准备。将操作命令字中 D_0 位置 1，且$\overline{CTS} = 0$，8251A 才能串行发送。

5）T_XD：发送数据（transmitter data）线，当 CPU 送往 8251A 的并行数据转变为串行数据后，通过 T_XD 送往外设。

6）R_XD：接收数据（receiver data）线，用来接收外设送来的串行数据，数据进入 8251A 后转变为并行方式。

7）$\overline{T_XC}$：发送器时钟（transmitter clock）信号，输入，用来控制发送字符的速度。数据是在$\overline{T_XC}$的下降沿由 T_XD 逐位发出。同步方式下，$\overline{T_XC}$的频率等于数据波特率；异步方式下，$\overline{T_XC}$的频率由软件定义，可以为数据波特率的 1 倍、16 倍或者 64 倍。

8）$\overline{R_XC}$：接收器时钟（receiver clock）信号，输入，用来控制接收字符的速度，其频率和波特率的关系同$\overline{T_XC}$。

在实际使用过程时，$\overline{T_XC}$和$\overline{R_XC}$往往连在一起，由同一个外部时钟来提供。

9.3.3　8251A 的控制字和初始化

8251A 芯片的工作方式由其初始化编程确定，其动作过程需要由 CPU 发出一些命令来完成，CPU 还要了解其工作状态，以保证在数据传送中协调 CPU 与外设的数据传送过程。8251A 有 3 种控制字，分别为工作方式控制字、操作命令控制字和状态字。

8251A 编程主要包括两类：一类是由 CPU 发出的控制字，即工作方式控制字和操作命令控制字；另一类是由 8251A 向 CPU 送出的状态字。

1. 工作方式控制字（模式字）

工作方式控制字决定 8251A 是工作在异步方式还是同步方式。异步方式时，是关于传送的数据位的位数、停止位的位数、传送速率等的约定；同步方式时，是双同步或单同步等约定。其格式如图 9-37 所示。

D_1D_0 确定通信方式是同步方式还是异步方式，若为异步通信方式，则确定其数据传送速率，如 ×64 表示时钟频率是发送或接收波特率的 64 倍，依此类推。

D_3D_2 确定字符的位数。

D_5D_4 确定奇偶校验的性质。

D_7、D_6 在同步方式和异步方式下的意义不同。异步方式时，规定停止位的位数；同步方式时，确定是内同步还是外同步，以及同步字符的个数。

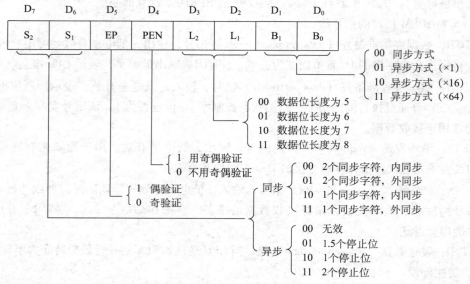

图 9-37　工作方式控制字

2. 操作命令控制字（控制字）

要使 8251A 处于发送数据或接收数据状态，通知外设准备接收数据或者发送数据，需通过 CPU 执行输出指令，发出相应的控制字来实现。操作命令控制字的格式如图 9-38 所示。

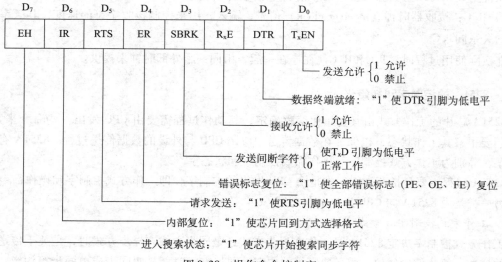

图 9-38　操作命令控制字

D_0、D_2 两位分别决定是否允许 $T_x D$ 线向外设串行发送数据，是否允许 $R_x D$ 线接收外部输入的串行数据。半双工方式时，CPU 要交替将这两位置 1。

D_1、D_5 两位是调制解调控制电路与外设的 "握手" 信号。当 8251A 作为接收数据方，并已准备好接收数据时，$D_1 = 1$，使 $\overline{DTR}$ 线输出有效信号；当 8251A 作为发送数据方，并已准备好发送数据时，$D_5 = 1$，使 $\overline{RTS}$ 线输出有效信号。

D_3 选择是否发送间断字符。$D_3 = 1$，$T_X D$ 线上一直发 0 信号，即输出连续的空号；$D_3 = 0$，恢复正常工作。正常通信时，$D_3 = 0$。

D_4 是清除错误标志位。用于使状态字中的错误标志位 D_3（奇偶错）、D_4（溢出错）、D_5（帧错）复位。

D_6 是内部复位信号。$D_6 = 1$，迫使 8251A 复位，使 8251A 回到初始化编程阶段。

D_7 为跟踪方式位。同步方式下接收数据时需设置该操作。在同步方式下，使 $D_2 = 1$ 的同时，还必须使 $D_7 = 1$、$D_4 = 1$。这样，$R_X D$ 线上开始接收信号，接收器也开始搜索同步字符。当搜索到同步字符时，使 SYNDET 引脚输出为 "1"。此后，再将 D_7 位置 0，进行正常接收。

3. 状态字

CPU 通过输入指令读取状态控制字，了解 8251A 传送数据时所处的状态，做出是否发出命令，以及是否继续下一个数据传送的决定。状态字存放在状态寄存器中时，CPU 只能读取状态寄存器，而不能对它进行写入操作。状态字的格式如图 9-39 所示。

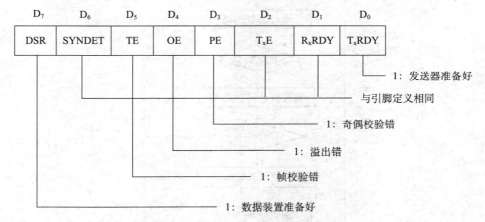

图 9-39　状态字

D_0 是发送准备好标志位，此状态位与引脚 $T_X RDY$ 的定义有所不同。只要发送缓冲器出现空闲，则该位置 1。而对于引脚 $T_X RDY$，必须在发送缓冲器空，输入引脚 $\overline{CTS} = 0$，状态位 $D_0 = 1$，控制字中 $D_0 = 1$，并且外设或调制解调器接收数据方可以接收下一个数据时，才能使 $T_X RDY$ 引脚有效。

D_6、D_2、D_1 位与引脚 SYNDET、$T_X E$、$R_X RDY$ 的定义完全相同。

D_3、D_4、D_5 分别为奇偶校验错、溢出错、帧校验错的标志位。可通过操作命令控制字的 ER 位对这 3 个标志位复位。接收器按照事先约定的方式进行奇偶校验计算，然后将奇偶校验位的期望值与实际值进行比较，若不一致，则 $D_3 = 1$。$D_4 = 1$ 表示接收缓冲器已准备好一个字符数据，但 CPU 未能及时读取，后面的字符数据就会将前一个字符数据覆盖，造成字符丢失。D_5 仅对异步方式有用，当在任一字符的结尾没有检测到规定的停止位时，$D_5 = 1$。

D_7 是数据装置准备好位。当输入引脚 $\overline{DSR}$ 有效时，$D_7 = 1$，表示调制解调器或外设发送方已准备好要发送的数据。

4. 初始化编程

在接通电源时，8251A 能通过硬件电路（从 RESET 引脚输入一个复位信号）自动进入复位状态，但不能保证总是正确地复位。为了确保送方式字和命令字之前已正确复位，应先向 8251A 的控制口连续写入 3 个 0H，然后再向该端口写入一个使 D_6 位为 1 的复位命令字（40H），用指令使 8251A 可靠复位。

在传送数据前要对 8251A 进行初始化，这样才能确定发送方与接收方的通信格式，以及通信的时序，从而保证可以准确无误地传送数据。在系统复位后，必须先写入方式控制字，再写入操作命令字。在一批数据传送完毕后，可以利用操作命令字使 8251A 复位，重新设置 8251A 的工作方式控制字，以完成其他传送任务。需要指出的是，工作方式控制字必须跟在复位命令之后。

由于 8251A 的方式控制字和操作命令字本身均无特征标志，而且写入同一个端口，因此，为了区分它们，这两个字必须严格按规定顺序写入。8251A 初始化编程的流程如图 9-40 所示。

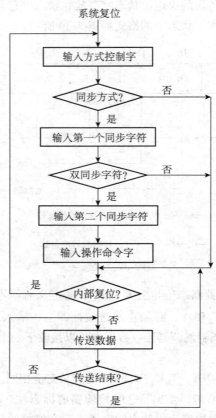

图 9-40　8251A 初始化编程的流程

（1）异步方式下初始化示例

假设 8251A 命令寄存器地址为 42H，试按下列要求初始化 8251A：

1）异步通信方式，波特率系数为 16。

2）数据位 7 位，偶校验，两个停止位。

分析：工作方式控制字为 11111010B = FAH；操作命令控制字为 00110111B = 37H。

初始化程序如下：

```
MOV    DX,42H
XOR    AL,AL        ;AL = 00000000B
OUT    DX,AL
OUT    DX,AL
OUT    DX,AL
MOV    AL,40H       ;01000000B
OUT    DX,AL
MOV    AL,0FAH      ;11111010B
OUT    DX,AL
MOV    AL,37H       ;00110111B
OUT    DX,AL
```

（2）同步方式下初始化

假设 8251A 命令寄存器地址为 42H，试按下列要求初始化 8251A：

1）内同步通信方式，两个同步字符（设同步字符为 16H）。

2）数据位 7 位，偶校验。

分析：工作方式控制字为 00111000B = 38H；操作命令控制字为 10010111B = 97H。

初始化程序如下：

```
MOV    DX,42H
XOR    AL,AL        ;AL = 00000000B
OUT    DX,AL
OUT    DX,AL
OUT    DX,AL
MOV    AL,40H       ;01000000B
OUT    DX,AL
MOV    AL,38H       ;00111000B
OUT    DX,AL
MOV    AL,97H       ;10010111B
OUT    DX,AL
```

（3）读 8251A 状态字

设 8251A 的控制和状态端口地址为 42H，数据端口地址 40H，初始化为异步通信，7 个数据位，用 1 位偶校验，两位停止位，波特率系数 16。在 N 个字符输入后，把它们放在 BUFFER 标号所指的内存缓冲区中。

初始化程序如下：

```
MOV  DX,42H
XOR  AL,AL
OUT  DX,AL
OUT  DX,AL
OUT  DX,AL
MOV  AL,40H
OUT  DX,AL
MOV  AL,0FAH
OUT DX,AL
```

```
                MOV AL,35H
                OUT DX,AL
                MOV  DI,0            ;变址寄存器初始化
                MOV  CX,N            ;计数器初始化,共收取 N 个字符
        BEGIN: IN AL,42H
                TEST AL,02H          ;测试 R_xRDY 位是否 =1
                JZ BEGIN
                IN  AL,40H           ;读取字符
                MOV BUFFER[DI],AL
                INC  DI              ;修改缓冲区指针
                IN  AL,42H           ;读取状态字
                TEST  AL,38H         ;测试有无帧校验错、奇/偶校验错和溢出错
                JZ  ERROR            ;如有错,则转到出错处理程序
                LOOP  BEGIN          ;如无错,则再接收下一个字符
                JMP  EXIT            ;如输入满足 80 个字符,则结束
        ERROR: CALL  ERR-0UT        ;调用出错处理程序
        EXIT: …
```

9.3.4　8251A 应用举例

（1）8251A 与 CPU、RS-232-C 的硬件连接

RS-232-C 的全称是 EIA-RS-232-C 标准（Electronic Industry Association，EIA 美国电子工业协会；Recommended Standard，RS 推荐标准；232 为标识号；C 为 RS-232-C 的最新一次修改（1969））。该标准规定了连接电缆和机械、电气特性、信号功能及传送过程。RS-232-C 是最为常见的串行接口，RS-232-C 规定标准接口有 25 条线（如图9-41 所示），4 条数据线、11 条控制线、3 条定时线、7 条备用和未定义线，常用的只有 9 根，常用于与 25-pin D-sub 端口一同使用，其最大传输速率为 20kbps，线缆最长为 15 米。RS-232-C 端口用于将计算机信号输入控制投影机。RS-232-C 串口的接线方法有一定的标准，其中常用的简单连接是将一个 RS-232-C 串口的引脚（针或孔，下同）2 和引脚 3 分别与另一个 RS-232-C 串口的引脚 3 和引脚 2 连接，2 个 RS-232-C 串口的引脚 7 直接连接。

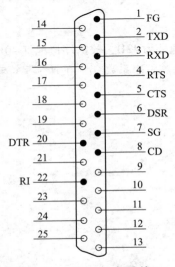

图 9-41　RS-232-C 标准接口

8251A 作为串行通信接口，与 CPU、RS-232-C 的硬件连接如图 9-42 所示经 RS-232-C 标准接口，8251A 可连接异步/同步调制解调器等通信设备。

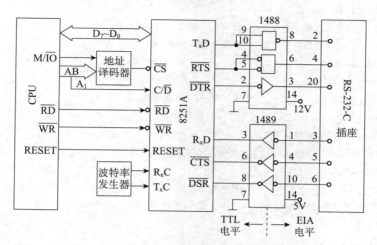

图 9-42　8251A 与硬件连接示意图

（2）软件编程控制通信

通过 8251A 实现相距较远的两台微型计算机相互通信的系统连接简化框图如图 9-43 所示。利用两片 8251A 通过标准串行接口 RS-232 实现两台 8086 微机之间的串行通信时，可采用异步或同步工作方式。

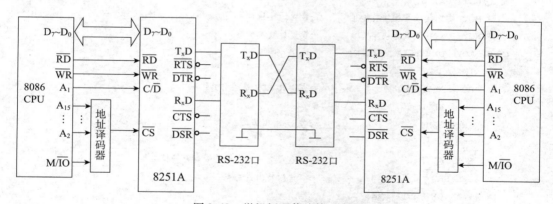

图 9-43　微机间通信连接示意图

分析：设系统采用查询方式控制传输过程，异步传送。

初始化程序由两部分组成：

1）将一方定义为发送器。发送端 CPU 每查询到 T_XRDY 有效，则向 8251A 并行输出一个字节数据。

2）将对方定义为接收器。接收端 CPU 每查询到 R_XRDY 有效，则从 8251A 输入一个字节数据，一直进行到全部数据传送完毕为止。

发送端初始化程序与发送控制程序如下：

```
STT: MOV  DX,8251A 控制端口
     MOV  AL,7FH
```

```
        OUT   DX,AL                      ;将8251A定义为异步方式,8位数据,1位停止位
        MOV   AL,11H                     ;偶校验,波特率系数为64,允许发送
        OUT   DX,AL
        MOV   DI,发送数据块首地址          ;设置地址指针
        MOV   CX,发送数据块字节数          ;设置计数器初值
NEXT:   MOV   DX,8251A控制端口
        IN    AL,DX
        AND   AL,01H                     ;查询TxRDY是否有效
        JZ    NEXT                       ;若无效,则等待
        MOV   DX,8251A数据端口
        MOV   AL,[DI]                    ;向8251A输出1字节数据
        OUT   DX,AL
        INC   DI                         ;修改地址指针
        LOOP  NEXT                       ;若未传输完,则继续下一个
        HLT
```

接收端初始化程序和接收控制程序如下:

```
  SRR:  MOV   DX,8251A控制端口
        MOV   AL,7FH
        OUT   DX,AL                      ;初始化8251A,异步方式,8位数据
        MOV   AL,14H                     ;1位停止位,偶校验,波特率系数64,允许接收
        OUT   DX,AL
        MOV   DI,接收数据块首地址          ;设置地址指针
        MOV   CX,接收数据块字节数          ;设置计数器初值
 COMT:  MOV   DX,8251A控制端口
        IN    AL,DX
        ROR   AL,1                       ;查询RxRDY是否有效
        ROR   AL,1
        JNC   COMT                       ;若无效,则等待
        ROR   AL,1
        ROR   AL,1                       ;有效则进一步查询是否有奇偶校验错
        JC    ERR                        ;有错则转出错处理
        MOV   DX,8251A数据端口
        IN    AL,DX                      ;若无错,则输入1字节到接收数据块
        MOV   [DI],AL
        INC   DI                         ;修改地址指针
        LOOP  COMT                       ;若未传输完,则继续下一个
        HLT
  ERR:  CALL  ERR-OUT
```

9.4 模拟量的输入/输出

在工业生产过程中,常常通过微型计算机对外部信号进行采集、处理、分析和实时控制。外部信号如温度、压力、速度、流量、电流、电压等都是连续变化的,都是模拟量。在计算机与外部环境通信时,需要有一种转换器将模拟信号变为数字信号,以便能够发送给计算机进行处理。

而计算机送出的控制信号，也必须经过变换器变成模拟信号，才能为控制电路所接受。这种变换器称为数/模（D/A，Digit to Analog）转换器和模/数（A/D，Analog to Digit）转换器。CPU 与模拟外设之间的接口电路称为模拟接口。

本节主要介绍计算机与 A/D 及 D/A 转换器的接口，以及有关的应用。

9.4.1　模拟接口组成

模拟量输入/输出通道是微型计算机与控制对象之间的一个重要接口，也是实现工业过程控制的重要组成部分。

模拟量输入/输出通道的结构如图 9-44 所示，下面分别介绍输入通道和输出通道中各环节的作用。

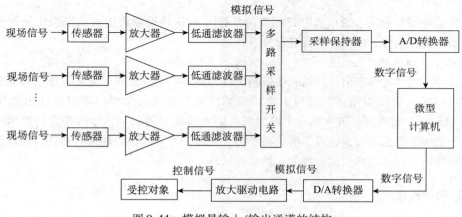

图 9-44　模拟量输入/输出通道的结构

1. 模拟量输入通道

典型的模拟量输入通道由传感器、放大器、低通滤波器、多路采样开关、采样保持器和 A/D 转换器组成。

（1）传感器

传感器是用于将工业生产现场的某些非电物理量转换为电量（模拟电流、电压）的器件。例如，热电偶、压力传感器等。

（2）放大器

放大器的作用是把传感器输出的信号放大到 ADC 所需的量程范围。一般来讲，传感器输出的电信号都较微弱，有些传感器的输出甚至是电阻值、电容值等非电量。为了方便与信号处理环节衔接，需要放大器（变送器）将传感器的输出信号转换成 0~10 mA 或 4~20 mA 的统一电流信号或者 0~5 V 的电压信号。

（3）低通滤波器

一般传感器通常安装在现场，环境可能比较恶劣，其输出常叠加有高频干扰信号，需要用低通滤波器降低噪声、滤去高频干扰，以增加信噪比。低通滤波电路可采用如 RC 滤波器或由运算放大器构成的有源滤波电路等。

（4）多路采样开关

把多个现场信号分时地接通到 A/D 转换器。在生产过程中，要监测或控制的模拟量往往不止一个，尤其是在数据采集系统中，需要采集的模拟量一般比较多，而且不少模拟量是缓慢变化的信号。对这类模拟信号的采集，可采用多路采样开关，使多个模拟信号共用一个 A/D 转换器进行采样和转换，以降低成本。

（5）采样保持器

周期性采样连续信号，并在 A/D 转换期间保持不变。由于输入模拟信号是连续变化的，而 A/D 转换器完成一次转换需要一定的时间，即转换时间。不同的 A/D 转换芯片，其转换时间不同。对于变化较快的模拟输入信号，如果不在转换期间保持输入信号不变，就可能引起转换误差。A/D 转换芯片的转换时间越长，对同样频率模拟信号的转换精度的影响就越大。因此，在 A/D 转换器前要增加一级采样保持电路，以保证在转换过程中，输入信号保持在其采样期间的值不变。

（6）A/D 转换器

A/D 转换是模拟量输入通道的中心环节，即利用 A/D 转换器将输入的模拟信号转换成计算机能够识别的数字信号，以便计算机进行分析和处理。

2. 模拟量输出通道

计算机输出信号是数字信号，而有些控制执行元件要求模拟输入电流或电压信号驱动，这就需要将数字量转换为模拟量，该过程由模拟量输出通道完成。典型的模拟量输出通道由 D/A（Digital to Analog）转换器、放大驱动电路组成。D/A 转换器将数字信号转换为模拟信号。其输出端一般还要加上低通滤波器，以平滑输出波形。另外，为了能够驱动执行器件，还需要设置驱动放大电路将输出的小功率模拟量放大，以驱动执行元件动作。

9.4.2　模/数转换技术

模/数转换技术主要有积分型模/数转换、逐次逼近型转换、并行转换、流水线转换、折叠插值转换和过采样 $\sum \triangle$ 模/数转换等。

（1）积分型模/数转换

积分型模/数转换在低速、高精度测量领域应用广泛，特别是在数字仪表领域。该转换有单积分和双积分两种转换方式，其中单积分模/数转换的工作原理是将被转换的电信号先变成一段时间间隔，然后再对时间间隔计数，从而间接地把模拟量转换成数字量。它的主要缺陷是转换精度不高，主要受到斜坡电压发生器、比较器精度以及时钟脉冲稳定性的影响。为了提高积分模/数型转换器在同样条件下的转换精度，可采用双积分模/数转换方式，双积分型转换器通过对模拟输入信号的两次积分，部分抵消了由于斜坡发生器所产生的误差，提高了转换精度。双积分转换方式的特点表现为：精度较高，可以达到 22 位；抗干扰能力强，由于积分电容的作用，能够大幅抑止高频噪声。但是，它的转换速度太慢，转换精度随转换速率的增加而降低，每秒 100～300 次（SPS）对应的转换精度为 12 位。因此，这种转换方式主要应用在低速高精度的转换领域。

（2）逐次逼近型转换

逐次逼近型方式目前应用最广泛，它是按照二分搜索法的原理，将需要进行转换的模拟信号与已知的不同参考电压进行多次比较，使转换后的数字量在数值上逐次逼近输入模拟量的对应值。优点：转换速度较高，可以达到 100 万次/秒（MPSP）；在低于 12 位分辨率的情况下，电路实现上较其他转换方式成本低；转换时间确定。缺点：需要数/模转换电路，要求较高的电阻或电容匹配网络，限制了其转换精度。

（3）并行转换

并行转换方式转换速度最快，是一种直接的模/数转换方式。该方式大大减少了转换过程的中间步骤，每一位数字代码几乎在同一时刻得到，因此，又称为闪烁型转换方式。它的主要优点是转换速度特别快，可达 50MPSP，特别适合高速转换领域；缺点是：分辨率不高，一般都在 10 位以下；精度较高时，功耗较大。这主要是受到了电路实现的影响，因为一个 N 位的并行转换器，需要 2^N-1 个比较器和分压电阻，当 N=10 时，比较器的数目就会超过 1000 个，精度越高，比较器的数目越多，制造越困难。

（4）流水线转换

流水线转换方式是对并行转换方式进行改进后的一种转换方式。该方式在一定程度上既具有并行转换高速的特点，又克服了制造困难的问题。以 8 位的两级流水线型为例，它的转换过程首先是进行第一级高 4 位的并行闪烁转换，得到高 4 位信号；然后把输入的模拟信号与第一级转换后数字信号所表示的模拟量相减，得到的差值送入第二级并行闪烁转换器，得到低 4 位信号。除了两级的流水线转换方式外，还有第三、第四甚至更多级的转换器。该方式的优点是：精度较高，可达 16 位左右；转换速度较快，16 位该类型的 ADC 速度可达 5MPSP，较逐次逼近型快；在分辨率相同的情况下，电路规模及功耗大大降低。但该方式是以牺牲速度来换取高精度，另外，还存在转换出错的可能，即当第一级剩余信号的范围不满足第二级并行闪烁 ADC 量程的要求时，会产生线性失真或失码现象，需要额外的电路进行调整。

（5）折叠插值转换

折叠插值转换方式克服了流水线转换所带来的速度下降问题，通过预处理电路，同时得到高位和低位数据，但元件的数目却大大减少。预处理电路，即折叠电路，就是把输入较大的信号映射到某一个较小的区域内，并将其转换成数字信号，这个数据为整个数字量的低位数据。然后再找出输入信号被映射的区间，该区间也以数字量表示，这个数据为整个数字量的高位数据。高位和低位数据经过处理，得到最后的数字信号。该方式的优点是：数据的两次量化是同时进行的，具有全并行转换的特点，速度较快；电路规模及功耗不大。其缺点是：信号频率过高时，有所谓"气泡"现象产生，需要额外的处理电路；且当位数超过 8 位时，如要保持较少的比较器数目，折叠插值变得十分麻烦，所以一般只用于 8 位以下的转换器。

（6）过采样 ΣΔ 模/数转换

过采样 ΣΔ 模/数转换是近十几年发展起来的一种模/数转换方式，目前在音频领域得到了广泛应用。该方式由 ΣΔ 调制器和数字滤波器两部分构成，调制器是核心部分，利用积分和反馈电路，具有独特的噪声成型功能，把大部分量化噪声移出基带，因而有极高的精度，可达 24 位以上。由于在进行 ΣΔ 调制时，采样频率通常是信号最高频率的 64 ~ 256 倍，所以通常把这种模/数转换方式称为过采样 ΣΔ 模/数转换。模拟信号经过调制后，得到的是一位的高速 ΣΔ 数字流，包含着大量的高频噪声，因此，还需要进行数字滤波，除去高频噪声和降频，转换后的数字信号以奈奎斯特频率（信号最高频率的 2 倍）输出。该方式主要优点是：转换的精度很高，可达 24 位以上；由于采用了过采样调制、噪音成形和数字滤波等关键技巧，充分发挥了数字和模拟集成技术的长处，使用很少的模拟元件和高度复杂的数字信号处理电路达到高精度（16 位以上）的目的；模拟电路仅占 5%，大部分是数字电路，并且模拟电路对元件的匹配性要求不高，易于用 CMOS 技术实现。但 ΣΔ 转换方式的采样频率过高，不适合处理高频（如视频）信号，这虽然可通过高阶的 ΣΔ 调制器来解决，但考虑到稳定性，一般只在 3 阶以下。

9.4.3 D/A 转换器

D/A 转换器是将数字量转换成模拟量的电路。数字量输入的位数有 8 位、12 位和 16 位等，输出的模拟量有电流和电压两种。按照数字量的传输方式（或与主机的接口方式）来划分，可分为串行 D/A 转换器和并行 D/A 转换器两种。串行 D/A 转换是把待转换数据一位位地串行传送给 D/A 转换器，因此速度较慢；而并行 D/A 转换是把待转换数据的各位同时传送给 D/A 转换器，因而速度相对较快。D/A 转换器主要由电阻网络、模拟转换开关、基准电源和运算放大器四部分组成，如图 9-45 所示。电阻网络是 D/A 转换器的核心部分，其主要网络形式有权电阻网络和 R-2R 梯形电阻网络，工作原理这里不作介绍。

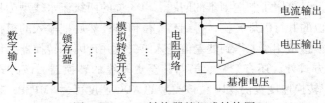

图 9-45　D/A 转换器的组成结构图

集成化的 D/A 转换器通常带有输入数据寄存器，可以和 CPU 的数据总线直接相连。对没有输入数据锁存器的芯片，不能直接和 CPU 的数据总线相连。大多数的 D/A 转换器为电流输出型，其求和运算放大器是外接的。

1. D/A 转换器性能参数

描述 D/A 转换器性能的参数很多，主要有分辨率、偏移误差、线性度、精度、温度灵敏度、建立（转换）时间。

1）分辨率（resolution）：反映 D/A 转换器对模拟量的分辨能力，是最小输出电压（对应的输入数字量只有 D_0 位为 1）与最大输出电压（对应的输入数字量的所有位全为 1）之比。如 N 位 D/A 转换器，其分辨率为：满量程电压/（$2^N - 1$）。例如，一个 D/A 转换器能够转换 8 位二进制数，若转换后的电压满量程是 5V，则它能分辨的最小电压为 5V/255 ≈ 20mV。在实际使用中，一般用输入数字量的位数来表示分辨率大小。常用的 8 位 D/A 转换器、12 位 D/A 转换器等，它们的分辨率取决于 D/A 转换器的位数。

2）偏移误差（offset error）：是指输入数字量为 0 时，输出模拟量对 0 的偏移值。该误差一般可在 D/A 转换器外部用电位器调节到最小。

3）线性度（linearity）：是指 D/A 转换器实际转移特性与理想直线之间的最大误差，或最大偏移。一般情况下，偏差值应小于 ±1/2LSB（LSB 是最低一位数字量变化引起的幅度变化）。

4）精度（accuracy）：表示实际模拟输出与理想模拟输出之间的最大偏差。精度可分为绝对精度和相对精度。绝对精度是指在输入端输入给定数字量时，在输出端实测的模拟量与理论值之间的偏差。相对精度是指当满量程值校准后，输入的任何数字量所对应的模拟输出值与理论值的误差。D/A 转换器的精度与芯片本身的结构和与外接电路的配置有关。外接运算放大器、外接参考电源等都可影响 D/A 转换器的精度。

5）温度灵敏度（temperature sensitivity）：温度灵敏度表明 D/A 转换器受温度变化影响的特性，是指在数字输入不变的情况下，模拟输出信号随温度的变化。一般 D/A 转换器的温度灵敏度

为 ±50PPM/℃（1PPM 为百万分之一）。

6）建立时间（转换时间，conversion time）：是指从数字输入端发生变化开始，到输出模拟值稳定在额定值的 ±1/2LSB 时所需的时间。该参数是表明 D/A 转换速率快慢的一个重要参数。在实际应用中，要正确选择 D/A 转换器，使其转换时间小于数字输入信号变化的周期。

2. DAC0832 的结构原理及引脚

DAC0832 是美国国家半导体公司采用 CMOS 工艺生产的 8 位电流输出型通用 DAC 芯片，具有与微机连接简单、转换控制方便、价格低等特点，目前得到了广泛应用。其数据的输入方式有双缓冲、单缓冲和直接输入，适用于要求几个模拟量同时输出的情况。DAC0832 芯片逻辑电平与 TTL 电平兼容，分辨率为 8 位，建立时间为 $1\mu s$，功耗为 20mW。

DAC0832 的逻辑结构框图如图 9-46 所示。

DAC0832 具有双缓冲功能，即输入数据可分别经过两个寄存器保存。第一个寄存器称为 8 位输入寄存器，由 8 个 D 锁存器组成，用来作为输入数据的缓冲寄存器，数据输入端可直接连接到微机的数据总线上。第二个寄存器为 8 位 DAC 寄存器，也由 8 个 D 锁存器组成。8 位输入数据只有经过 DAC 寄存器才能送到 8 位 D/A 转换器进行数/模转换。

（1）DAC0832 的引脚

DAC0832 芯片双列直插式 20 引脚如图 9-47 所示。

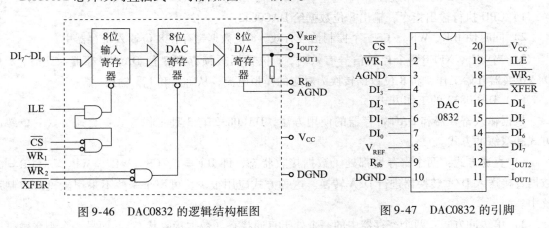

图 9-46　DAC0832 的逻辑结构框图　　　　图 9-47　DAC0832 的引脚

$DI_0 \sim DI_7$：8 位数据输入端。

ILE：输入锁存允许信号，高电平有效。该信号是控制 8 位输入寄存器的数据能否被锁存的控制信号之一。

$\overline{CS}$：片选信号，低电平有效。该信号与 ILE 信号一起用于控制 $\overline{WR_1}$ 信号能否起作用。

$\overline{WR_1}$：写信号 1，低电平有效。在 ILE 和 $\overline{CS}$ 有效时，该信号用于控制将输入数据锁存于输入寄存器中。

ILE、$\overline{CS}$、$\overline{WR_1}$ 是 8 位输入寄存器工作的 3 个控制信号。

$\overline{WR_2}$：写信号 2，低电平有效。在 $\overline{XFER}$ 有效时，该信号用于控制将输入寄存器中的数据传送到 8 位 DAC 寄存器中。

$\overline{XFER}$：传送控制信号，低电平有效。此信号和 $\overline{WR_2}$ 控制信号是决定 8 位 DAC 寄存器是否工作的控制信号。

8 位 D/A 转换器接收被 8 位 DAC 寄存器锁存的数据，并把该数据转换成相对应的模拟量，输出信号端如下。

I_{OUT1}：DAC 电流输出 1，它是逻辑电平为 1 的各位输出电流之和。当 DAC 寄存器中为全 1 时，输出电流最大，当 DAC 寄存器中为全 0 时，输出电流为 0。

I_{OUT2}：DAC 电流输出 2，它是逻辑电平为 0 的各位输出电流之和。I_{OUT2} 为一常数与 I_{OUT1} 之差，即 $I_{OUT1} + I_{OUT2} = $ 常数。

在实际使用时，总是将电流转为电压来使用，即将 I_{OUT1} 和 I_{OUT2} 加到一个运算放大器的输入。为保证转换电压的范围，保证 DAC0832 正常工作，应具有以下几个引线端：

R_{fb}：运算放大器的反馈电阻引脚，该电阻在芯片内，用做运算放大器的反馈电阻，接到运算放大器的输出端。

V_{REF}：参考电压输入引脚，接外部的标准电源，可在 $-10 \sim +10V$ 范围内选用。

V_{CC}：逻辑电源。可以在 $+5 \sim +15V$ 内变化。典型使用时用 $+15V$ 电源。

AGND：模拟地。芯片模拟电路接地点。

DGND：数字地。芯片数字电路接地点。使用时，这两个接地端应始终连在一起。

D/A 转换没有形式上的启动信号，将数据写入 DAC 寄存器的控制信号就是 D/A 转换器的启动信号。而且它也没有转换结束信号，D/A 转换的过程很快，一般还不到一条指令的执行时间。

（2）DAC0832 的工作过程

1）CPU 执行输出指令，输出 8 位数据给 DAC0832。

2）同时使 ILE、$\overline{WR_1}$、$\overline{CS}$ 三个控制信号有效，8 位数据锁存在 8 位输入寄存器中。

3）当 $\overline{WR_2}$、$\overline{XFER}$ 两个控制信号有效时，8 位数据被锁存到 8 位 DAC 寄存器，此时，8 位 D/A 转换器开始工作，将 8 位数据转换为对应的模拟电流，从 I_{OUT1} 和 I_{OUT2} 输出。

（3）DAC0832 的工作方式

根据输入寄存器和 DAC 寄存器的使用方法，DAC0832 有 3 种工作方式：直通方式、单缓冲方式和双缓冲方式。

1）直通方式：两个寄存器都处于数据接收状态，即 ILE = 1、$\overline{CS} = \overline{WR_1} = \overline{WR_2} = \overline{XFER} = 0$，数据直接送入 D/A 转换器进行 D/A 转换。这种方式应用很少，可用于一些不采用微机的控制系统中。

2）单缓冲方式：两个寄存器中的一个处于直通状态（数据接收状态），而另一个则受微机送来的控制信号控制，输入数据只经过一级缓冲送入 D/A 转换器。在这种方式下，只需执行一次写操作，即可完成 D/A 转换，可以提高 DAC 的数据吞吐量。一般将 8 位 DAC 寄存器置于直通方式中。

3）双缓冲方式：两个 8 位数据寄存器都不处于直通方式，数据需通过两个寄存器锁存后送入 D/A 转换电路，执行两次写操作才能完成一次 D/A 转换。这种方式特别适用于要求同时输出多个模拟量的场合。

3. DAC0832 与微处理器接口

计算机通过输出指令将要转换的数据送到 DAC 芯片实现 D/A 转换，但由于输出指令送出的数据在数据总线上持续时间很短，因此需要数据锁存器锁存 CPU 送来的数据。目前生产的 DAC 芯片有的片内带有锁存器（如 DAC0832），有的则没有。在实际应用中，若选用了不带锁存器的 DAC 芯片，则需在 CPU 和 DAC 芯片之间增加锁存电路。

　　DAC 芯片与主机连接时相当于一个"输出设备"，至少需要一级锁存器作为接口电路。考虑到有些 DAC 芯片的数据位数大于主机数据总线宽度，所以分成两种情况：主机位数等于或大于DAC 芯片位数、主机位数小于 DAC 芯片位数，下面分别进行介绍。

　　（1）主机位数大于或等于 DAC 芯片位数的连接

　　以 DAC0832 为例来说明 8 位 D/A 转换芯片与 ISA 总线的连接问题。如图 9-48 所示，由于DAC0832 内部有数据锁存器，其数据输入引脚可直接与 CPU 的数据总线相连。图 9-48 中，$\overline{XFER}$和 $\overline{WR_2}$ 接地，采用单缓冲方式，由输入寄存器控制数据的输入，当 $\overline{CS} = \overline{WR_1} = 0$ 时（ILE 始终为高电平），$DI_7 \sim DI_0$ 的数据被送入其内部的 D/A 转换电路进行转换。

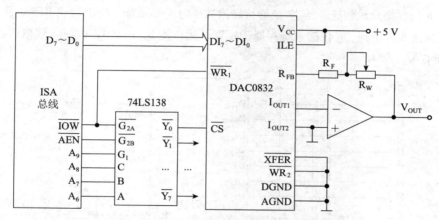

图 9-48　DAC0832 与 ISA 总线连接示意图

　　例如，要求系统的 V_{OUT} 端输出三角波，最高电压 5V，最低电压 0V。三角波电压范围为 0 ~5V，对应输入数据为 00H ~ FFH。三角波上升部分，从 00H 起加 1 直到 FFH。三角波下降部分，从 FFH 起减 1 直到 00H。可编程如下：

```
        MOV  DX,200H      ;设端口地址为 200H 送 DX
        MOV AL,00H        ;设置输出电压值
L1:   OUT DX,AL
        INC AL            ;修改输出数据
        CMP AL,0FFH
        JNZ L1
L2:   OUT DX,AL
        DEC AL            ;修改输出数据
        CMP AL,00H
        JNZ L2
        JMP L1
```

　　（2）主机位数小于 DAC 芯片位数的连接

　　当 DAC 芯片位数大于 8 位，与 8 位微处理器接口时，被转换的数据就需要分几次（D/A 位数≤16 时需两次）送出。对于片内带数据锁存器的 D/A 芯片，应通过合理地使用控制信号实现数据的锁存；对于没有锁存器的芯片，用户需要设计数据锁存电路。

　　以片内带有数据锁存器的 12 位 D/A 转换芯片 DAC1210 与外部数据总线为 8 位的 IBM PC/XT总线的接口为例进行说明。

DAC1210 是美国国家半导体公司生产的 12 位 D/A 转换器芯片，是智能化仪表中常用的一种高性能的 D/A 转换器。其逻辑结构与 DAC0832 类似，不同的是，DAC1210 具有 12 位的数据输入端，且其 12 位数据输入寄存器由一个 8 位的输入寄存器和一个 4 位的输入寄存器组成。两个输入寄存器的输入允许控制都要求 $\overline{CS}$ 和 $\overline{WR_1}$ 为低电平，但 8 位输入寄存器的数据输入还要求字节控制引脚 $B_1/\overline{B_2}$ 端为高电平。

DAC1210 与 IBM PC/XT 总线的连接如图 9-49 所示。由于 DAC1210 片内的 "8 位输入寄存器"（存放待转换数据的高 8 位）和 "4 位输入寄存器"（存放待转换数据的低 4 位）的输入允许控制都需要 $\overline{CS}=\overline{WR_1}=0$，且 "8 位输入寄存器" 还需要在 $B_1/\overline{B_2}=1$ 时才能被选通，所以，当 DAC1210 与 8 位数据总线相连，送 12 位的待转换数据时，必须首先使 $\overline{CS}=\overline{WR_1}=0$ 且 $B_1/\overline{B_2}=1$，以便将数据的高 8 位送到 "8 位输入寄存器" 锁存；然后使 $B_1/\overline{B_2}=0$，以便将数据的低 4 位送到 "4 位输入寄存器" 锁存。

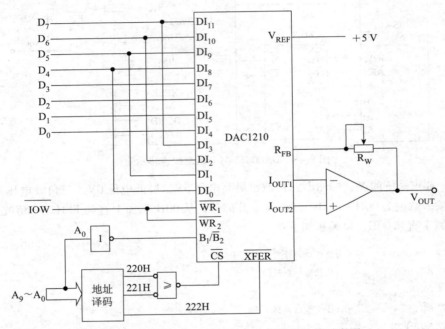

图 9-49　DAC1210 与 IBM PC/XT 总线的连接示意图

若 BX 寄存器中低 12 位为待转换的数字量，下面程序段可完成一次转换输出。

```
MOV  DX,220H   ;端口地址 220H 可保证在第一次执行 OUT 指令时,
               ;A₀=0,B₁/B̄₂=1,从而将高 8 位数据写入"8 位输入寄存器"中锁存
MOV  CL,4
SHL  BX,CL     ;BX 中的 12 位数左移 4 位
MOV  AL,BH     ;高 8 位送 AL
OUT  DX,AL     ;高 8 位送"8 位输入寄存器"锁存
INC  DX        ;端口地址变为 221H,保证在下一次执行 OUT 指令时,A₀=1,
               ;B₁/B̄₂=0,从而将低 4 位数据写入"4 位输入寄存器"中锁存
MOV  AL,BL     ;低 4 位送 AL
OUT  DX,AL     ;低 4 位送"4 位输入寄存器"锁存
INC  DX        ;端口地址变为 222H,保证在下一次执行 OUT 指令时,将两个寄
```

;存器的内容同时送 12 位的 DAC 寄存器,且使XFER有效,以便启动 D/A 转换

OUT　DX,AL　　　　;启动 D/A 转换

9.4.4　A/D 转换器

A/D 转换器通过一定的电路将模拟量转变为数字量。模拟量可以是电压、电流等电信号,也可以是压力、温度、声音等非电信号。但在 A/D 转换前,输入到 A/D 转换器的输入信号必须经各种传感器转换成电压信号。按照输出代码的有效位数,分为 4 位、6 位、8 位、10 位、13 位、14 位、16 位、24 位和 BCD 码输出的 3.5 位、4.5 位、5.5 位等多种;按照转换速度,可以分为超高速（转换时间≤1ns)、高速（转换时间≤1μs)、中速（转换时间≤1ms)、低速（转换时间≤1s) 等;按照转换方法,可分为逐位比较（逐位逼近）型、积分型、计数型、并行比较型、电压-频率型（即 V/F 型）等;按与计算机的接口方式,可分为并行 A/D 转换器和串行 A/D 转换器。

1. A/D 转换器性能参数

1) 分辨率:指 A/D 转换器能分辨的最小模拟输入量。通常用能转换成的数字量的位数表示,如 8 位、10 位等。位数越高,分辨率越高。例如,对于 10 位 A/D 转换器,当输入电压满刻度为 5V 时,其输出数字量的变化范围为 0 ~ 3FFH,转换电路对输入模拟电压的分辨能力为 5V/1023 = 4.89mV。

2) 转换时间:A/D 转换器完成一次转换所需的时间。编程时必须考虑此参数。若 CPU 采用无条件传送方式输入 A/D 转换后的数据,从启动 A/D 芯片转换开始,到 A/D 芯片转换结束,需要一定的延时时间,延时等待时间必须大于或等于 A/D 转换时间。

3) 量程:指所能转换的输入电压范围。

4) 精度:指与数字输出量对应的模拟输入量的实际值与理论值之差。A/D 转换电路中与每一个数字量对应的模拟输入量并非是单一的数值,而是一个范围 Δ。例如,满刻度输入电压为 5V 的 12 位 A/D 转换器,Δ = 5V/FFFH = 1.22mV,定义为数字量的最小有效位 LSB。若理论上输入的模拟量 A 产生数字量 D,而输入模拟量 A ± Δ/2 产生数字量还是 D,则称此转换器的精度为 ± 1/2LSB。当模拟电压 A + Δ/2 + Δ/4 或 A − Δ/2 − Δ/4 还是产生同一数字量 D,则称其精度为 ± 1/4LSB。目前常用的 A/D 转换器的精度为 ± 1/4 ~ 2LSB。

A/D 转换器转换时间的差别很大,可以在 100μs 到几个 μs 之间选择。由于位数增加,转换速率提高,A/D 转换器的价格也急剧上升,故应从实际需要出发,慎重选择。

2. ADC0809 的结构及引脚

ADC0809 是逐位逼近型 8 路模拟量输入、8 位数字量输出的 8 位 A/D 转换芯片,采用 CMOS 工艺制造,转换时间为 100μs,单极性输入,量程为 0 ~ + 5V,不需零点和满刻度校准,功耗较低（约 15mW),片内带有三态输出缓冲器,可直接与 CPU 总线连接。其性价比较高,是目前广泛采用的芯片之一,可应用于对精度和采样速度要求不高的数据采集场合或一般的工业控制领域。ADC0809 采用双列直插式 28 引脚封装,内部结构及引脚如图 9-50 所示。

(1) 内部结构

ADC0809 由三部分组成:8 路模拟量选通输入、8 位 A/D 转换器和三态输出锁存缓冲器。

1) 8 位模拟开关。

8 位模拟开关可采集 8 路模拟信号,通过多路转换开关,实现分时采集 8 路模拟信号。

IN$_7$ ~ IN$_0$:8 路模拟信号输入端。ADC0809 对输入模拟量的要求主要有:信号单极性,电压

范围 0 ~ 5V，若信号过小，则还需进行放大。另外，在 A/D 转换过程中，模拟量输入的值不应变化太快，对变化速度快的模拟量，在输入前应增加采样保持电路。

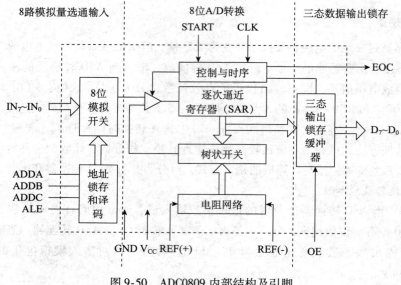

图 9-50 ADC0809 内部结构及引脚

2）地址锁存和译码。

ADDA、ADDB、ADDC：地址输入端，其中 ADDA 为低位地址，ADDC 为高位地址，用于选通 8 路模拟输入中的一路。通过对 3 个地址选择端的译码，控制通道选择开关，接通某一路的模拟信号，采集并保持该路模拟信号，输入到 DAC0809 比较器的输入端。通道选择见表 9-6。

表 9-6　通道选择表

ADDC	ADDB	ADDA	选中模拟通道
0	0	0	IN_0
0	0	1	IN_1
0	1	0	IN_2
0	1	1	IN_3
1	0	0	IN_4
1	0	1	IN_5
1	1	0	IN_6
1	1	1	IN_7

ALE：地址锁存允许信号，输入。当 ALE 引脚由低电平变为高电平时，ADDA、ADDB、ADDC 地址状态送入地址锁存器中，控制通道选择开关。当 ALE = 1 时，接通某一路的模拟信号；ALE = 0 时，锁存该路的模拟信号。

3）逐次逼近 A/D 转换器。

逐次逼近 A/D 转换器包括比较器、8 位树状开关 D/A 转换器、逐次逼近寄存器。

START：A/D 转换启动信号，输入，高电平有效。START 上升沿时，所有内部寄存器清零；START 下降沿时，开始进行 A/D 转换；在 A/D 转换期间，START 应保持低电平。

EOC：A/D 转换结束状态信号，输出。EOC = 0，正在进行转换；EOC = 1，转换结束。该状态信号既可作为查询的状态标志，也可作为中断请求信号使用。

CLK：时钟脉冲输入端。ADC0809 内部没有时钟电路，所需时钟信号由外界提供。要求时钟频率不高于 640kHz，通常使用频率为 500kHz 的时钟信号。

REF(+)、REF(−)：基准电压，用来与输入的模拟信号进行比较，作为逐次逼近的基准。其典型值为 +5V（REF(+) = +5V，REF(−) = 0V）。

4）8 位锁存器和三态门。

经 A/D 转换后的数字量保存在 8 位锁存寄存器中，当输出允许信号 OE 有效时，打开三态门，转换后的数据通过数据总线 $D_7 \sim D_0$ 传送到 CPU。由于 ADC0809 具有三态门输出功能，因而 ADC0809 数据线可直接挂在 CPU 数据总线上。

OE：输出允许信号，用于控制三态输出锁存器向 CPU 输出转换得到的数据。OE = 0，输出数据线呈高电阻；OE = 1，输出转换得到的数据。

（2）ADC0809 的工作过程

第一步确定 ADDA、ADDB、ADDC 三位地址，决定选择哪一路模拟信号；第二步让 ALE 端接受一个正脉冲信号，使该路模拟信号经选择开关达到比较器的输入端；第三步使 START 端接受一个正脉冲信号，START 的上升沿将逐次逼近寄存器复位，下降沿启动 A/D 转换；第四步使 EOC 输出信号变低，指示转换正在进行。A/D 转换结束，EOC 变为高电平，指示 A/D 转换结束。此时，数据已保存到 8 位锁存器中。EOC 信号可作为中断申请信号，通知 CPU 转换结束，可以读入经 A/D 转换后的数据。中断服务程序完成使 OE 信号变为高电平，打开 ADC0809 三态输出，由 ADC0809 输出的数字量传送到 CPU。EOC 信号也可作为查询信号，查询 EOC 端是否变为高电平状态。若为低电平状态则等待，若为高电平状态，使 OE 信号变为高电平，打开 ADC0809 三态门输出数据。

3. ADC0809 与微处理器接口

ADC0809 的接口设计需考虑以下问题：

1）ADDC、ADDB、ADDA 三端可直接连接到 CPU 地址总线 A_2、A_1、A_0 三端，但每一个模拟输入端对应一个口地址，8 个模拟输入端占用 8 个口地址，对于微机系统外设资源占用太多。因而，一般 ADDC、ADDB、ADDA 分别接在数据总线的 D_2、D_1、D_0 端，通过数据线输出一个控制字作为模拟通道选择的控制信号。

2）ALE 信号为启动 ADC0809 选择开关的控制信号，该控制信号可以和启动转换信号 START 同时有效。

3）ADC0809 芯片只占用一个 I/O 口地址，即启动转换与输出数据共用此口地址，用 IOR、IOW 信号来区分。

下面介绍 A/D 转换芯与 CPU 的接口。

（1）8 位 A/D 转换芯片与 CPU 的接口

由于 ADC0809 芯片内部集成了三态数据锁存器，其数据输出线可以直接与计算机的数据总线相连，因此，设计 ADC0809 与计算机的接口时主要是对模拟通道的选择、转换启动的控制以及读取转换结果的控制等方面进行设计。

可以用中断方式、查询方式或无条件传送方式将转换结果送至 CPU。无条件传送即启动转换后等待 100μs（ADC0809 的转换时间），然后直接读取转换结果。无条件传送方式接口电路简单。例如，用 ADC0809 对 8 路模拟信号进行循环采样，各采集 100H 个数据分别存放在数据段内的 8 个数据区中，采用无条件传送方式。ADC0809 与微型计算机的接口电路如图 9-51 所示。

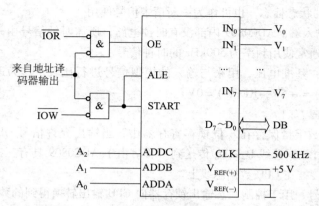

图 9-51　ADC0809 与微型计算机的接口

设图 9-51 中通道 0～7 的地址依次为 1F0H～1F7H，实现程序如下：

```
DATA        SEGMENT
            COUNT  EQU  100H
            BUFF  DB   COUNT * 8 DUP(?)
DATA        ENDS
CODE        SEGMENT
            ASSUME  CS:CODE,DS:DATA,SS:STACK
START:      MOV     AX,DATA
            MOV     DS,AX
            MOV     BX,OFFSET BUFF
            MOV     CX,COUNT
OUTL:       PUSH    BX
            MOV     DX,1F0H          ;指向通道 0
INLOP:      OUT     DX,AL            ;锁存模拟通道地址,启动转换
            MOV     AX,0             ;延时,等待转换结束
WAIT1:      DEC     AX
            JNZ     WAIT1
            IN      AL,DX            ;读取转换结果
            MOV     [BX],AL
            ADD     BX,COUNT         ;指向下一个通道的存放地址
            INC     DX               ;指向下一个通道的地址
            CMP     DX,1F8H          ;8 个通道是否都采集
            JB      INLOP
            POP     BX               ;弹出 0 通道的存放地址
            INC     BX               ;指向 0 通道的下一个存放地址
            LOOP    OUTL
            MOV     AH,4CH
            INT     21H
CODE        ENDS
            END     START
```

图 9-52 为 ADC0809 芯片通过通用接口芯片 8255A 与 8088 CPU 接口。ADC0809 的输出数据通过 8255A 的 PA 口输入给 CPU，地址锁存信号 ALE 和地址译码输入信号 ADDC、ADDB 和 ADDA 由 8255A 的 PB 口的 PB3～PB0 提供。A/D 转换的状态信息 EOC 则由 PC4 输入。CPU 以查询方式读取 A/D 转换后的结果。

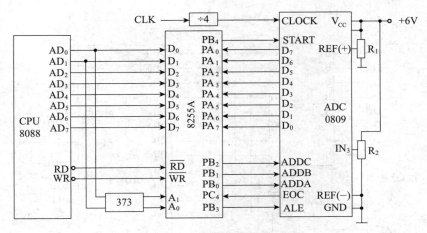

图 9-52　ADC0809 与 CPU 的接口

分析：确定 8255A 的工作方式。8255A 设定 A 口为输入，B 口为输出，均工作在方式 0，PC_4 为输入，设其端口地址为 40H ~ 43H。

实现程序如下：

```
START: MOV AL,98H      ;8255A 初始化,方式 0,A 口输入,B 口输出
       MOV DX,43H      ;8255A 控制字端口地址
       OUT DX,AL       ;送 8255A 方式字
       MOV AL,0BH      ;选 IN₃ 输入端和地址锁存信号
       MOV DX,41H      ;8255A 的 B 口地址
       OUT DX,AL       ;送 IN₃ 通道地址
       MOV AL,1BH      ;START←PB₄=1
       OUT DX,AL       ;启动 A/D 转换
       MOV AL,0BH;
       OUT DX,AL       ;START←PB₄=0
       MOV DX,42H      ;8255A 的 C 口地址
TEST1: IN  AL,DX       ;读 C 口状态
       AND AL,10H      ;检测 EOC 状态
       JZ  TEST1       ;如果未转换完,则再测试;如果转换完,则继续
       MOV DX,40H      ;8255A 的 A 口地址
       IN  AL,DX       ;读转换结果
```

(2) 12 位 A/D 转换芯片与 CPU 的接口

AD574 是 AD 公司生产的 12 位逐次逼近 A/D 转换芯片。AD574 系列包括 AD574、AD674 和 AD1674 等型号。AD574 的转换时间为 15 ~ 35μs，片内有数据输出锁存器，并有三态输出的控制逻辑。其运行方式灵活，可进行 12 位转换，也可进行 8 位转换；转换结果可直接以 12 位输出，也可先输出高 8 位，后输出低 4 位。可直接与 8 位和 16 位的 CPU 接口。输入可设置成单极性，也可设置成双极性。片内有时钟电路，无须加外部时钟。AD574 适用于对精度和速度要求较高的数据采集系统和实时控制系统。

图 9-53 为 AD574 与 ISA 总线的连接图。ISA 总线最早用于 IBM PC/AT 机，后来在许多兼容机上被采用，现在的 Pentium 机上也留有 1 ~ 3 个 ISA 插槽，在硬件上保持了向上兼容。由于 ISA 总线具有 16 位数据宽度，易于与 12 位的 AD574 接口，所以可以方便地构成 12 位的数据采集系统。如果对数据采集速度要求不高，为简化硬件设计，可以将 A/D 转换成的 12 位数据，分两次

读入计算机。

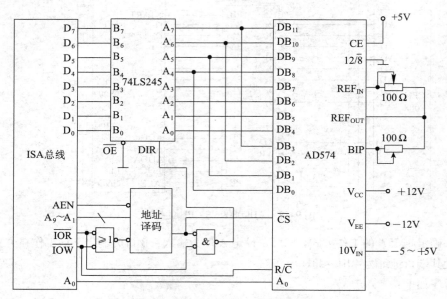

图 9-53　AD574 与 ISA 总线连接示意图

图 9-53 中的双向缓冲器 74LS245 用于数据总线缓冲。当 DIR = 1、R/$\overline{C}$ = 1 时，系统通过 74LS245 读 AD574 转换结果；当 DIR = 0，R/$\overline{C}$ = 0 时，系统用写外设操作来启动 AD574 做双极性 A/D 转换。由于电压从 $10V_{IN}$ 输入，因而外接 + 12V 和 − 12V 电源即可。译码电路用系统地址线 A_9 ～ A_1、控制线 $\overline{IOR}$ 和 $\overline{IOW}$ 译码。信号 AEN 必须参加译码，以防止 DMA 操作时对 AD574 的误操作。

地址 A_0 接 AD574 的 A_0，当用偶地址写 AD574 时，启动 12 位 A/D 转换，否则，启动 8 位 A/D 转换；当用偶地址读 AD574 时，读出高 8 位，否则读出低 4 位。由于 AD574 的转换结束信号 STS 没有考虑，在此使用延时的方法实现转换。

设 AD574 的偶地址和奇地址分别为 280H 和 281H，则采集程序如下：

```
MOV    DX,280H
OUT    DX,AL      ;写端口启动12位A/D转换
CALL   DELAY      ;调用延时子程序,等待转换结束
MOV    DX,280H
IN     AL,DX      ;读高8位
MOV    AH,AL
MOV    DX,281H
IN     AL,DX      ;从数据总线 D_7 ~ D_4 位读入低4位
```

9.4.5　模拟量输入/输出综合举例

使用 ADC0809 和 DAC0832 来捕获和重放语音信号，图 9-54 给出了相应的电路。这时，要求 ADC0809 采样大约 1 秒钟语音信号并保存到相应存储单元，D/A 转换器将此语音信号经扬声器重放 10 次，然后循环进行上述采样和重放，直到系统关闭。

分析：

1）DAC0832 的 I/O 端口地址由地址线 A_9 ～ A_0、$\overline{IOW}$、$\overline{IOR}$、AEN 等译码产生，设地址是 2F7H；ADC0809 的 EOC 状态查询地址为 2F6H；读 ADC0809 转换结果端口地址为 2F5H；启动 A/

D 转换端口地址为 2F0H。

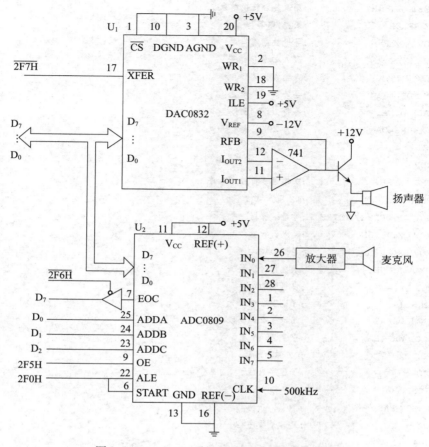

图 9-54 DAC0832 及 ADC0809 与 CPU 连接图

2）该程序读大约 1 秒钟语音信号，然后重放 10 次，重复此进程直到系统被关闭。语音信号被采样存储在 VOICE 存储区中，采样率为每秒钟采样 2048 次。设 DELAY 是延时 1/2048 秒的子程序，且数据段中已申请 2048 个单元给 VOICE。

相应的程序如下：

```
START: CALL READ            ;调用 A/D 采样语音子程序
       MOV CX,0AH           ;置为 10 次
LOOP1: CALL WRITE           ;调用 D/A 放音子程序
       LOOP LOOP1           ;重复放音 10 次
       JMP START            ;进入下一次循环
READ PROC NEAR              ;A/D 语音采样子程序
       MOV DI,OFFSET VOICE  ;寻址数据区
       MOV CX,0800H         ;装入计数器 CX=2048
READA: MOV AL,00H           ;选择 IN0 通道,D2=0,D1=0,D0=0
       MOV DX,2F0H          ;DX 指向 A/D 转换启动端口地址
       OUT DX,AL            ;启动 A/D 转换并选中 IN0 通道
       MOV DX,2F6H          ;寻址 EOC 状态端口地址
```

```
READB: IN AL,DX              ;取 EOC 状态
       TEST AL,80H           ;测试是否转换结束
       JZ READB              ;未完,则等待
       MOV DX,2F5H           ;寻址数据端口
       IN AL,DX              ;取 A/D 转换结果
       MOV [DI],AL           ;存到数据区
       INC DI                ;寻址下一个单元
       CALL DELAY            ;等待 1/2048 秒
       LOOP READA            ;重复 2048 次
       RET                   ;子程序返回
READ   ENDP
WRITE  PROC NEAR             ;D/A 语音重放子程序
       PUSH CX               ;CX 压入堆栈
       MOV DI,OFFSET VOICE   ;寻址数据区
       MOV CX,0800H          ;装入计数器
       MOV DX,2F7H           ;寻址 DAC
WRITEA : MOV AL,[DI]         ;从数据区取数据
       OUT DX,AL             ;发送到 DAC
       INC DI                ;寻址下一个单元
       CALL DELAY            ;等待 1/2048 秒
       LOOP WRITEA           ;重复 2048 次
       POP CX                ;CX 弹出堆栈
       RET                   ;子程序返回
WRITE  ENDP
DELAY  PROC NEAR
       ...                   ;延时子程序略
DELAY ENDP
```

习题

1. 可编程计数/定时器芯片 8254 有几个通道？每个计数通道与外设接口时有哪些信号线？每个信号的作用是什么？有几种工作方式？简述这些工作方式的主要特点。

2. 设 8254 芯片的计数器 0、计数器 1 和控制端口地址分别为 07C0H、07C2H、07C6H。定义计数器 0 工作在方式 3，CLK_0 为 5MHz，要求输出 OUT_0 为 1kHz 方波；定义计数器 1 用 OUT_0 作为计数脉冲，计数值为 2000，计数器计到 0 时向 CPU 发出中断请求，CPU 响应这一中断请求后继续写入计数值 2000，开始重新计数，保持每一秒钟向 CPU 发送一次中断请求。试编写对 8254 的初始化程序，并画出硬件连接图。

3. 试按如下要求分别编写 8254 的初始化程序，已知 8254 的计数器 0 ~ 2 和控制字 I/O 地址依次为 204H ~ 207H。

   （1）使计数器 1 工作在方式 0，仅用 8 位二进制计数，计数初值为 128。

   （2）使计数器 0 工作在方式 1，按 BCD 码计数，计数值为 3000。

   （3）使计数器 2 工作在方式 2，计数值为 02F0H。

4. 将 8254 定时器 0 设为方式 3（方波发生器），定时器 1 设为方式 2（分频器）。要求定时器 0 的输出脉冲作为定时器 1 的时钟输入，CLK_0 连接总线时钟 4.77MHz，定时器 1 输出 OUT_1 约为

30Hz，试编程实现。

5. 处理器通过 8255 的控制端口可以写入方式控制字和 C 口按位复位/置位控制字，8255 如何区分这两个控制字？

6. 可编程并行芯片 8255 有几个数据输入/输出端口？各有几种工作方式？简述这些工作方式的主要特点。

7. 某个工业控制系统，有 4 个控制点，分别由 4 个对应的输入端控制，现用 8255 的端口 C 实现该系统的控制，如图 9-55 所示。若开关 K0 ~ K3 打开，则对应发光二极管 L0 ~ L3 亮，表示系统该控制点运行正常；若开关闭合，则对应发光二极管不亮，说明该控制点出现故障。编写 8255 的初始化程序和这段控制程序。

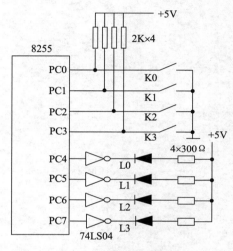

图 9-55 习题 7 附图

8. 串行通信和并行通信有什么异同？它们各自的优缺点是什么？

9. 串行通信有哪几种数据传送模式，各有什么特点？

10. 串行接口有哪些基本功能？简述典型异步/同步串行通信接口的工作过程。

11. 8251 内部有哪些寄存器？分别举例说明它们的作用和使用方法。

12. 试说明 8251A 的工作方式控制字、操作命令控制字和状态控制字各位的含义以及它们之间的关系。在对 8251A 进行初始化编程时，应按什么顺序向它的控制端口写入控制字？

13. 某系统中使可编程串行接口芯片 8251A 工作在异步方式，7 位数字，不带校验位，两位停止位，波特率系数为 16，允许发送也允许接收，若已知其控制口地址为 03FFH，试编写初始化程序。

14. 串行异步通信发送 8 位二进制数 01010101：采用起止式通信协议，使用奇校验和两个停止位。画出发送该字符时的波形图。若波特率为 1 200bit/s，则每秒最多能发送多少数据？

15. 在图 9-43 中，两台微机串行通信例子中，在不改变硬件的情况下，通信双方的约定改为 1 位停止位、奇校验、波特率系数为 16，其他参数不变，试编写出两台微机的初始化程序。

16. 若 8251A 的收、发时钟的频率为 38.4kHz，它的RTS和CTS引脚相连，试编写分别满足以下要求的初始化程序：（设 8251A 的地址为 40H 和 42H）

（1）半双工异步通信，每个字符的数据位数是 7，停止位为 1 位，偶校验，波特率为 600bit/s，发送允许。

（2）半双工同步通信，每个字符的数据位数是 8，无校验，内同步方式，双同步字符，同步字符为 16H，接收允许。

17. D/A 转换器主要有哪些技术指标？影响其转换误差的主要因素是什么？

18. DAC0832 芯片在逻辑上由哪几个部分组成？可以工作在哪几种模式下？不同工作模式在线路连接上有何区别？

19. 某工业现场的 3 个不同点的压力信号经压力传感器、变送器及信号处理环节等分别送入 ADC0809 芯片的 IN0、IN1 和 IN2 端。计算机巡回检测这三点的压力值并进行控制。试编写数据采集程序。

参 考 文 献

[1] 周明德，蒋本珊. 微机原理与接口技术 [M]. 北京：人民邮电出版社，2002.

[2] 刘乐善. 微型计算机接口技术及应用 [M]. 武汉：华中科技大学出版社，2000.

[3] 薛花. 微机原理与接口技术 [M]. 天津：天津大学出版社，2009.

[4] 龚尚福. 微机原理与接口技术 [M]. 西安：西安电子科技大学出版社，2003.

[5] 朱庆保，张正兰，张颖超. 微机原理与接口技术 [M]. 南京：南京大学出版社，2001.

[6] 徐惠民. 微机原理与接口技术 [M]. 北京：高等教育出版社，2007.

[7] 王忠民. 微型计算机原理 [M]. 2 版. 西安：西安电子科技大学出版社，2007.

[8] 徐晨，陈继红，王春明，徐慧. 微机原理及应用 [M]. 北京：高等教育出版社，2004.

[9] 颜志英. 微机系统与汇编语言 [M]. 北京：机械工业出版社，2007.

[10] 余春暄. 80x86/Pentium 微机原理及接口技术 [M]. 北京：机械工业出版社，2007.

[11] 裘雪红. 微型计算机原理及接口技术 [M]. 西安：西安电子科技大学出版社，2001.

[12] 王成耀. 80x86 汇编语言程序设计 [M]. 2 版. 北京：人民邮电出版社，2008.

[13] 龚荣武. 微机原理与接口技术 [M]. 北京：北京大学出版社，2005.

[14] 曹岳辉. 计算机硬件技术基础 [M]. 北京：清华大学出版社，2006.

[15] 廖建明. 汇编语言程序设计 [M]. 北京：清华大学出版社，2009.

[16] 钱珊珠. 微型计算机原理及应用 [M]. 北京：国防工业出版社，2008.

[17] 范延滨. 微型计算机系统原理、接口与 EDA 设计技术 [M]. 北京：北京邮电大学出版社，2006.

[18] 肖洪兵. 微机原理及接口技术 [M]. 北京：北京大学出版社，2010.

[19] 李恩林，陈斌生. 微机接口技术 300 例 [M]. 北京：机械工业出版社，2003.

推荐阅读

数据结构习题精析与考研辅导

作者：殷人昆 编著 ISBN：978-7-111-32283-2 定价：45.00元

针对《全国硕士研究生入学考试计算机专业基础综合考试大纲》，按照"知识点复习—关键问题点拨—选择填空题解析—综合应用题选讲"的安排复习每一个知识点。特别是，"关键问题点拨"部分还介绍了许多教科书中没有强调但不可忽视的细节。

作者将多年的"数据结构"课程教学经验、辅导本科生准备考试的经验包含在本书中，为读者学好"数据结构"课程和考前准备提供了有效建议。

对历年考研真题进行了深入剖析，特别是对容易失分之处进行了特别提示，有利于考生避免失误。

书中还附有模拟试卷，帮助读者巩固基础知识，进行考前演练。

数据结构编程实验：大学程序设计课程与竞赛训练教材（第2版）

作者：吴永辉 等 ISBN：978-7-111-55055-6 定价：79.00元

强调思维方式和解题策略的引导，通过对例题的分析促动学生思考各类数据结构、算法的本质特征，综合时间复杂度、空间复杂度、编程复杂度、思维复杂度等多方面因素选择最适合的解决方案。

对ACM程序设计竞赛、各类大学生程序设计竞赛、在线程序设计竞赛以及中学生信息学奥林匹克竞赛的试题进行了分析和整理，从中精选出200余道作为书中的例题，每道例题给出详尽的解析和标有详细注释的参考程序。

增加了当前热点的人工智能领域相关的数据结构题目，有利于读者未来从事该领域的研发工作。

本书提供丰富的配套学习资源（读者可从华章网站下载），包括所有试题的英文原版以及大部分试题的官方测试数据和解答程序。利用本书及配套的学习资源，读者完全可以通过自学来系统、全面地提升编程能力。